Die Dünen.

Bildung, Entwickelung und innerer Bau.

Von

N. A. Sokolów

Landesgeologen a. d. Geologischen Comité zu St. Petersburg.

Deutsche, vom Verfasser ergänzte Ausgabe

von

Andreas Arzruní.

Mit 15 Textfiguren und einer lithographirten Tafel.

Springer-Verlag Berlin Heidelberg GmbH

ISBN 978-3-642-52521-6   ISBN 978-3-642-52575-9 (eBook)
DOI 10.1007/978-3-642-52575-9

Vorwort des Uebersetzers.

Die russische wissenschaftliche Litteratur gewinnt seit etwa
zwei Jahrzehnten immer mehr an Umfang und Bedeutung. Werke
und Abhandlungen von grosser Tragweite gehören nicht zu den
Seltenheiten. Sie finden Anklang im eigenen Lande, wo die Zahl
der Leser sich fort und fort mehrt. Aber die geringe Kenntniss
der russischen Sprache in germanischen und romanischen Ländern
macht die Erzeugnisse der russischen geistigen Arbeit dem Aus-
lande unzugänglich. Zwar kommt es vor, dass der russische
Verfasser selbst für eine Uebertragung seiner Arbeit in eine westeuropäische Sprache sorgt, oder ihr einen Auszug in einer solchen
Sprache anhängt. Die Fälle erster Art sind aber selten und be-
schränken sich auf Abhandlungen, deren Umfang ihre Aufnahme
in einer Zeitschrift gestattet. Die Auszüge sind hingegen nur ein
Nothbehelf; sie können nicht befriedigen, da sie manche, oft wichtige Einzelheit nicht wiedergeben.

Dass ich unter diesen Umständen dem ·deutschen Leser eine
Uebersetzung vorlege, bedarf wohl keiner Begründung und Recht-
fertigung; dass ich aber unter vielen Werken, deren Uebertragung
wünschenswerth wäre, gerade das des Herrn Landesgeologen
Dr. N. A. Sokolów wählte, beruht auf einem Zufall: dem persön-
lichen Interesse, welches ich dem Gegenstande und der Schrift
selbst abgewann.

Die Arbeit erschien in russischer Sprache im Jahre 1884 und
wurde der physiko-mathematischen Fakultät der Kais. Universität
zu St. Petersburg als Magister-Dissertation vorgelegt. Im Jahre
1882 hatte der Verfasser bereits in einer kürzeren Abhandlung

die Ergebnisse seiner Untersuchungen an den Dünen der Küste
des Finischen Meerbusens, insbesondere von Sestrorétzk veröffentlicht, aber schon im Jahre vorher in einer Sitzung der Naturforscher-Gesellschaft zu St. Petersburg darüber Bericht abgestattet.
In die westeuropäische Litteratur drang über die Forschungen
des Herrn Sokolów nur wenig. Die englische „Nature" brachte
(1881, **23**, p. 569, April 14.) eine kurze Mittheilung über die erwähnte Sitzung, dann gab nach diesem Blatte Herr Günther
(Lehrb. d. Geophysik &c., 1885, **2**, 471) eine Notiz über die Dünen
von Sestrorétzk. Das hier vorliegende Werk ist aber meines Wissens
nur in der Pariser Akademie erwähnt worden, in einer Notiz des
Herrn Venukoff, welche Herr Daubrée mit der russischen
Schrift zugleich in der Sitzung vom 16. Februar 1885 (vgl.
Comptes rendus &c., 1885, **100**, 473) vorlegte.

Ich glaube kaum unrecht gehandelt zu haben, wenn ich einen
Theil meiner Musestunden einiger Monate der Uebersetzung gewidmet habe, um den deutsch lesenden Geologen und Geographen
das ganze Werk zugänglich zu machen, zumal der Herr Verfasser
es, unter Berücksichtigung der neuesten Litteratur, durch viele
werthvolle Zusätze bereichert und, wo es erforderlich schien, um-
gestaltet hat.

Eine grosse Schwierigkeit bietet stets die Wiedergabe der
russischen Laute mit Hülfe des lateinischen oder deutschen Alpha-
bets. Mich an bekannte Transscriptionen haltend, habe ich Folgendes angenommen: ë = ̆jo (deutsch); n' = gn französisch, ita-
lienisch oder ñ spanisch; s' = s ̆j (deutsch), t' = t ̆j (deutsch);
s = s der romanischen Sprachen, also = ss oder sz im Deutschen;
z = z französisch; ž = j französisch; tz = z oder tz deutsch.
Mit y ist das russische ы ausgedrückt, welches kein Aequivalent
unter den Vokalen der westeuropäischen Sprachen besitzt und
weder mit ui noch mit e muet, wie dies oft irrig angegeben
wird, wiederzugeben ist; am Besten lässt es sich nachmachen,
wenn man versucht, ein i bei möglichst auseinander gezerrtem
Munde auszusprechen. — Das russische harte l, welches etwas dem
englischen in all gleicht oder auch an das rheinische (kölnische)

erinnert, ist nicht weiter unterschieden worden; die Polen bezeichnen es durch ł. — Der bei asiatischen (turanischen &c.)
Wörtern vorkommende, dem italienischen g (vor e und i) entsprechende Laut ist mit dj ausgedrückt worden. — Bei An-
führungen aus anderen Autoren habe ich selbstverständlich an ihren
Transscriptionen nichts geändert.

Aachen, Juni 1894.

A. Arzruní.

Vorwort des Verfassers.

Im Herbst vorigen Jahres äusserte mir Herr Prof. Arzruní den Wunsch, meine vor zehn Jahren (1884) in russischer Sprache erschienene Arbeit über die Dünen ins Deutsche zu übertragen. Wie schmeichelhaft mir dieses Anerbieten auch war, befürchtete ich, dass mancherlei Umstände mir nicht gestatten würden, meine in vielen Beziehungen veraltete Schrift zu verbessern und zu ergänzen. In diesen letzten zehn Jahren sind über die Dünen, namentlich über die der Wüsten Afrikas und Asiens, viele wichtige Untersuchungen veröffentlicht worden: es genügt an die Arbeiten Joh. Walther's, „Die Denudation in der Wüste" und Rolland's „Recherches géologiques dans le Sahara algérien" und an die vielen und werthvollen Beobachtungen, welche in den Reisebeschreibungen und Forschungen von Nachtigal, Rohlfs, Lenz, Schweinfurth, Przewalsky, Muschkétow, Bogdanówitsch, Kónschin, Óbrutschew u. A. zerstreut sind, zu erinnern.

Ich kann nicht sagen, dass ich mich jetzt, nach beendeter Durchsicht meiner Arbeit, von der anfänglichen Befürchtung frei fühlte, da mancher Theil der Schrift entschieden eine gründlichere Umarbeitung erfordert hätte; allein es ist mir doch gelungen, einige wesentliche Zusätze zur russischen Ausgabe zu machen. Namentlich hielt ich es für angezeigt, der Besprechung der Festlandsdünen Turans und der Mongolei mehr Raum zu widmen, da die meisten, diese Gebiete betreffenden Untersuchungen in russischer Sprache geschrieben sind und ausserhalb der Grenzen Russlands wenig bekannt geworden sein werden.

Eine Durchsicht der inzwischen veröffentlichten ziemlich zahlreichen Arbeiten über die Dünen veranlasste mich nicht, irgend etwas Wesentliches in meinen vor zehn Jahren geäusserten Ansichten und Schlussfolgerungen zu ändern, was als Beweis für deren Berechtigung gelten darf. Am Wenigsten bedurften die den Stranddünen gewidmeten Abschnitte der Abänderungen oder Ergänzungen, einerseits da ihre Beschreibung am Eingehendsten geschehen war und andererseits weil in den letzten zehn Jahren keine einzige grössere Arbeit über diesen Gegenstand gedruckt worden ist. Ich habe vielmehr in allen mir inzwischen zur Kenntniss gelangten Abhandlungen und Notizen über die Stranddünen nichts wesentlich Neues zu finden vermocht. So sah ich in der sonst sehr beachtenswerthen Arbeit K. Keilhack's, „Die Wanderdünen Hinterpommerns" („Prometheus", Jahrg. V, 7, S. 102—108; 1893, No. 215) lediglich eine Wiederholung dessen, was ich vor un oder sogar vor elf Jahren über die Dünen von Sestrorétzk .nd andere Dünen des Finischen Meerbusens und der Baltischen Provinzen Russlands geäussert hatte.[1])

Zum Schluss möchte ich nicht unterlassen, Herrn Prof. Arzruni, der unter Anderem die grösste Sorgfalt darauf verwendete, um die Versehen und Fehler, welche sich in die russische Ausgabe eingeschlichen hatten, zu beseitigen, meinen aufrichtigsten Dank auszusprechen.

St. Petersburg, Mai 1894.

N. Sokolów.

---

[1]) Meine Arbeit über die Dünen und zugleich meine erste wissenschaftliche Arbeit überhaupt erschien unter dem Titel „Die Dünen des Finischen Meerbusens" in den „Trudý" der Naturforscher-Gesellschaft an der Universität zu St. Petersburg im Jahre 1882.

Inhaltsverzeichniss.

Einleitung.

Im Jahre 1879 hatte ich zuerst Gelegenheit die Dünen in der Umgegend von Sestrorétzk zu untersuchen. Zu jener Zeit verursachten sie der Bevölkerung keine geringe Sorge, indem sie den Wald, manche Ländereien und sogar Wohnhäuser verschütteten. Sie lenkten die Aufmerksamkeit des Petersburger Zemstwo auf sich, und die in die Presse gedrungene Kunde von der Gefahr, mit welcher die Dünen den Ort und die Gewehrfabrik bedrohten, gaben den Hauptanlass ab zu meiner Reise nach Sestrorétzk.

Die eigene Grossartigkeit der vom Winde zusammengewehten Flugsandhügel, sowie die gefällige Regelmässigkeit ihrer Umrisse übten auf mich einen tiefen Eindruck, während genauere Beobachtungen das Fehlerhafte mancher in der geologischen Litteratur allgemein gültigen und auch meiner dorther geschöpften Ansichten erwiesen und in mir den Wunsch erweckten, diese interessante Erscheinung mit möglichster Vollständigkeit zu studiren. Das Eingehen auf die speciell den Dünenbildungen gewidmete Litteratur vermochte diesen Wunsch nur zu verstärken, da es ein Fehlen einigermaassen genauer und ausreichender Kenntnisse der Dünen ergab. Wenn im Allgemeinen die bisher vorhandenen Vorstellungen über die an der Erdoberfläche sich abspielenden und ihre Züge verändernden Vorgänge, aus Mangel an Angaben, wenig scharf sind, so ist das Fehlen genauer Untersuchungen über die unter dem Einfluss des Windes stattfindenden Erscheinungen besonders fühlbar. Es giebt allerdings eine Anzahl sehr eingehender Monographieen über die Dünen einzelner Gegenden, sie sind aber von Forstleuten und Ingenieuren verfasst, verfolgen vorwiegend praktische Zwecke und lassen manche für den Geologen äusserst interessante Seite des Gegenstandes gänzlich unbeachtet.

Da das Studium solcher Erscheinungen nur dann fruchtbringend werden kann, wenn es nicht beiläufig, sozusagen zufällig geschieht, sondern unter Aufwand von Zeit und dabei an Ort und Stelle, wo sich die Gelegenheit bietet Schritt für Schritt den Vorgang zu verfolgen, z. B. die Gestalt einer Düne auf Grund ihrer Entstehung und weiteren Entwickelung zu erklären, so beschloss ich den Sommer 1880 in den Dünen zu verbringen und wählte zum Aufenthalt Sestrorétzk. Tag für Tag verbrachte ich in der Beobachtung der Bewegung, der Häufung des Sandes, verfolgte die Veränderungen wohl bekannter Dünenumrisse bei Winden verschiedener Stärke und verschiedener Richtung, bei veränderlichen topographischen Bedingungen. Ich sah wie der Wind auf der Oberfläche des Flugsandes schöne Wellen erzeugte, wie neue Dünen entstanden, allmählich wuchsen und ihre typischen Formen annahmen, wie alte Dünen vom Winde zerstört wurden, ihren inneren Bau aufschlossen, wie einige zur Ruhe gelangten, von Gras und Gebüsch bewachsen wurden, wie andere, bisher ruhende und bewachsene, wiederum vom Winde erschüttert wurden, sich ihrer pflanzlichen Bedeckung entledigten und in Bewegung geriethen. Gleichzeitig beobachtete ich die Wirkung der Wellen, welche den flachen sandigen Strand überflutheten, und verfolgte die Bildung der Strandwälle, um das Erzeugniss des Windes mit der Schöpfung der Meereswellen zu vergleichen.

Die im selben Sommer unternommenen Ausflüge nach der Mündung der NaRówa, zum Ufer des Ober-See's (Wérchneje Ózero) hinter Reval und in die Gegend von Ižora waren von besonderem Nutzen für das Studium des Einflusses topographischer Bedingungen einer Gegend auf die Entstehung und Entwickelung der Dünen. Die wesentlichsten Ergebnisse meiner Beobachtungen während jenes Sommers wurden in den „Arbeiten der Naturforscher-Gesellschaft" (Trudý Óbschtschestwa Jestéstwoïspytátelej) unter dem Titel „Die Dünen an der Küste des Finischen Meerbusens" (in russischer Sprache) veröffentlicht. Durch andere Forschungen abgelenkt, vermochte ich in den Jahren 1881 und 1882 dem Studium der Dünenbildungen nicht viel Zeit zu widmen, dennoch gelang es mir im Jahre 1881 einen interessanten Typus von Flussdünen am Wólchow kennen zu lernen, und im Jahre 1882, während einer Reise nach dem Altai, die kontinentalen äolischen Bildungen in der Umgegend der Stadt Barnaúl zu besichtigen. Darauf, im Sommer 1883, wandte ich mich wieder ausschliesslich dem Studium der Dünen zu und besuchte zu diesem Zwecke die Westküste Kurlands zwischen Windau und Polangen, die Südküste des Rigaer Meerbusens und die Küste Finlands zwischen den Dörfern Murila und Lautaranta. Dieses Mal lenkte ich meine Aufmerksamkeit hauptsächlich auf die Art der Fortbewegung des Sandes durch den Wind und bediente mich zweier tragbarer Anemometer zur Bestimmung der für die Fortführung von Sandkörnern bekannter Grösse erforderlichen Windstärke. Im Herbst desselben Jahres besichtigte ich auf einer Reise nach Odessa einige Flussdünen am Mittellauf und an der Mündung des Dnjepr, die sogenannten Sande von Alёschkino, was neben den im Frühjahr vorgenommenen Beobachtungen an den Dünen des Don und der Westlichen Düna meine Kenntnisse der Dünen der Flussthäler recht wesentlich vervollständigte. Ausserdem wurde mir die Gelegenheit geboten, einen Vergleich anzustellen zwischen den Strandbildungen an der sandigen Küste des Schwarzen Meeres mit den mir wohlbekannten ähnlichen Bildungen an der Ostsee. Endlich, um den Typus der Dünen der Sandwüsten kennen zu lernen, machte ich im Frühjahr 1884 einen Ausflug in die Kalmyken- und die Kirgisen-Steppe im Gouvernement Ástrachan, wo es mir glückte Inlanddünen der typischsten Gestalt, die sogenannten Barchane zu sehen und ihre Entstehung sowohl, als auch die Entwickelung ihrer bemerkenswerth regelmässigen Form zu verfolgen.

Ausser eigenen Erfahrungen standen mir Beobachtungen Anderer an einigen Dünen zu Gebote, für welche ich meinen aufrichtigen Dank auzudrücken mich verpflichtet fühle. Herr J. A. Protopópow machte mir einige Angaben über die Dünen des Weissen Meeres; Herr P. N. Wenjuków stellte mir in freundlichster Weise seine handschriftlichen Aufzeichnungen über die Dünen am Niemen und an der Oká in der Umgegend von Rjasán' zur Verfügung; Herr S. A. Margarítow untersuchte auf meine Bitte hin die Dünen am Don und Herr A. M. Nikólskij sandte mir sehr interessante Berichte über die Barchane des Gebietes von Semirétschensk zu.

Alle diese Beobachtungen, geprüft und vervollständigt nach den thatsächlichen Angaben der Litteratur, liegen meiner Arbeit zu Grunde. Der Litteratur konnte ich mich nur bei allgemeinen Fragen bedienen, wie die von dem Einfluss von Ebbe und Fluth auf die Dünenbildung, von der Beziehung der Dünen zu den Sekularschwankungen der Küste, oder zu der herrschenden Windrichtung u. dergl., ebenso bei der Beschreibung der Wüstendünen, über welche die verhältnissmässig reichste Litteratur vorliegt.

Aus Zweckmässigkeitsrücksichten ist gegenwärtige Schrift in zwei Theile getheilt worden. Im ersten werden die Erscheinungen selbst unter Anführung der allernothwendigsten Thatsachen systematisch besprochen; das übrige Thatsachenmaterial nebst einer Schilderung sowohl im Freien als auch im Laboratorium angestellter Versuche bildet den zweiten „Anhänge und Ergänzungen" betitelten Theil, in welchen auch monographische Beschreibungen einiger von mir besuchten Strand-, Fluss- sowie Binnenlanddünengebiete aufgenommen worden sind.

I.

Verbreitung der äolischen Bildungen. — Aehnlichkeit und Verschiedenheit der geologischen Thätigkeit des Windes und des Wassers. — Wirkung des Windes auf lockeren Sand. — Grosse Bedeutung der klimatischen Bedingungen (namentlich der Feuchtigkeit). — Geringe Tragkraft des Windes. — Veränderung der Windgeschwindigkeit in verschiedenen Höhen über der Erdoberfläche. — Korngrösse des von Winden verschiedener Stärke fortbewegten Sandes. — Art der Fortbewegung des Sandes durch Wind. — Häufung des Sandes zu Dünen durch Wind. — Eintheilung der Dünen nach dem Orte ihres Auftretens.

Die Reisen der letzten Decennien, welche uns mit den geophysikalischen und geologischen Verhältnissen der grossen Wüsten der Alten wie der Neuen Welt bekannt machten, zeigten uns zugleich, welchen thätigen Antheil der Wind an der Veränderung der Erdoberfläche nimmt. Neben dem mittelbaren Einfluss, den er als Vertheiler der atmosphärischen Niederschläge und der Wärme auf alle darauf gegründeten mannigfaltigen, das Antlitz der Erde beständig umgestaltenden geologischen Vorgänge übt, erreichen die unmittelbaren Wirkungen der Luftströmungen in den Wüsten — der Transport festen Materials, die Zerstörung alter Ablagerungen und die Bildung neuer — ein gewaltiges Maass. Ueberall finden sich riesige Windmulden — (kotlý wyduwánja == durch Ausblasen entstandene Kessel, „Kehlen“), Sandstein- oder Thongesteinsäulen und andere Anzeichen der zerstörenden Wirkung des Windes, welchem die atmosphärischen Niederschläge, namentlich aber die Veränderungen in der Lufttemperatur hierbei zu Hülfe kommen. Daneben breiten sich Sande in unabsehbarer Ausdehnung aus, auf welchen in riesenhaften Wellen sich über 100 Meter hohe, vom Winde errichtete, aber beständig veränderte, von Ort zu Ort bewegte Sandhügel erheben.

Diese Thätigkeit des Windes, sich auf Wüsten nicht beschränkend, tritt, obwohl in weniger bedeutendem Maasse, auch auf der übrigen Oberfläche des Festlandes in die Erscheinung. Selbst unter den für die Thätigkeit des Windes ungünstigen klimatischen Bedingungen Europas sind äolische Bildungen auch in diesem Welttheil ziemlich verbreitet. Abgesehen von den Meeresküsten, wo ihre bedeutende Entwickelung unwillkürlich die Aufmerksamkeit auf sich lenkt, sind sie auch mitten im Festlande, namentlich in den Flussthälern viel verbreiteter, als gemeinhin angenommen wird.

Die mechanische Wirkung der Luftströmungen auf die Erdoberfläche bietet im Ganzen eine grosse Aehnlichkeit mit derjenigen des Wassers. Diese Aehnlichkeit tritt namentlich in der äusseren Erscheinung, in der Zerstörung und der Ablagerung des Festen hervor, sozusagen in qualitativer Hinsicht. Dagegen führt ein Vergleich der Wind- und Wasserwirkungen in quantitativer Beziehung zu wesentlichen Unterschieden zwischen beiden. Die Wirkung des Windes ist, trotz seiner manchmal ausserordentlichen Geschwindigkeit, viel schwächer, als die des Wassers, namentlich seiner etwa 800 Mal geringeren Dichte wegen. Zu Gunsten des Wassers tritt noch seine lösende Kraft hinzu, welche in hohem Maasse seine Zerstörungsthätigkeit an den Gesteinen unterstützt.

Darum ist der Wirkungskreis des Windes unvergleichlich enger und beschränkt sich auf lockere Sande und thonige Gesteine. Zur Einwirkung des Windes auf andere Gesteine müssen diese vorher durch eine andere Kraft (Wellenschlag, fliessendes Wasser, schroffen Temperaturwechsel u. dgl. mehr) zerkleinert worden sein. Andererseits ist nicht zu leugnen, dass der Sandkörner treibende Wind auch eine unmittelbare Wirkung auf feste Gesteine ausübt. Viele Beobachter berichten über die schleifende und polirende Wirkung des vom Winde getragenen Sandes auf die festesten Gesteinsarten.[1]) Unzweifelhaft werden hierbei beständig kleine

---

[1]) Pacific railroad report, geol. rep. by Will. P. Blake, **5,** 92, 230, 231. Namentlich ist aber auf die vorzügliche Arbeit von Joh. Walther, „Die Denudation in der Wüste und ihre geologische Bedeutung — Untersuchungen üb. d. Bildung d. Sedimente in den ägyptischen Wüsten" (Abh. kgl. sächs. Ges. d. Wiss. 1891, **27** = d. math.-phys. Cl. **16,** 345—569) hinzuweisen, in welcher mit bemerkenswerther Sorgfalt Thatsachen über die denudirende Wirkung des Windes in den Wüsten Afrikas und Asiens zusammengestellt sind. — Ich selbst hatte Gelegenheit, im Dünengebiet der Küsten des Finischen Meerbusens in Folge zahlreicher durch Sandkörner bewirkter Kritzen, vollkommen matt gewordene Glassplitter zu finden. Durch dieselbe Ursache waren die sonst scharfen Ecken und Kanten des muscheligen Bruches des Glases voll-

Theilchen vom Gesteine losgelöst, indessen verläuft dieser Vorgang so langsam und ist von so geringem Umfange, dass er auf die Veränderung der Erdoberfläche einen nur unwesentlichen Einfluss haben kann.

Ein hohes Maass erreicht die Windthätigkeit eigentlich nur im lockeren Sande und nur da nehmen äolische Bildungen eine grosse Ausdehnung an. Auf thonige Gesteine wirkt der Wind merklich nur in Wüsten, bei äusserster Trockenheit des Klimas, weil nur unter diesen Bedingungen die Thontheilchen die Kohärenz, welche bei der geringsten Feuchtigkeit zum Vorschein kommt und der Einwirkung des Windes Widerstand leistet, einbüssen. Aber auch bei dem Sande, dem geeignetsten Materiale für den Transport, ist die Wirkung des Windes keine unbeschränkte. Auf feuchten Sand ist der stärkste Wind unwirksam, wovon ich mich sowohl an Meeresküsten, als auch in Sandwüsten zu überzeugen oft Gelegenheit hatte. Das Wasser, welches im feuchten Sande die Zwischenräume zwischen den Körnern ausfüllt und diese selbst umhüllt, bindet sie so fest an einander, dass selbst der stärkste Wind ausser Stande ist, ein Sandkorn von dem von ihm eingenommenen Platze wegzublasen; auch trocknet der Sand um so schwerer, je feiner er ist, infolge seiner grösseren Kapillarität. Bereits eine kleine Beimengung von Thon verleiht dem Sande die Fähigkeit, die Feuchtigkeit zurück zu halten, so dass an den Meeresküsten, an denen Regenfälle häufig sind und auch die Luft stets etwas feucht ist, ein solcher Sand niemals vollständig trocknet und der Wind ohne Einfluss auf ihn bleibt. So häuft sich an der Bucht von St. Michel der Sand nicht zu Dünen, trotz der grossen Massen, in welchen er vom Meere angeschwemmt wird und trotz der für starke Seewinde günstigen offenen Lage der Küste. Élie de Beaumont, welcher durch die Abwesenheit von Dünen an dieser zu ihrer Bildung sonst ausserordentlich begünstigten Küste überrascht war, fand dafür die richtige Erklärung in dem aus den benachbarten Ablagerungen herrührenden Thongehalt des Sandes.[1]

Neben dem unmittelbaren Widerstande dem Winde gegenüber,

---

kommen gerundet. Auch ist es eine längst bekannte Thatsache, dass die Fensterscheiben der Häuser, welchen sich die Dünen nähern, gleichmässig matt werden.

[1] Leçons de géol. pratique, **1,** 200, 1845.

begünstigt die Feuchtigkeit die Vegetation, welche nach und nach den Sand binden und vor der Einwirkung des Windes schützen kann. Es ist daher klar, welche wichtige Bedeutung klimatische Bedingungen, namentlich ein grösserer oder geringerer Grad von Feuchtigkeit für äolische Sandbildungen besitzen können. In der Sahara, den Wüsten Turans, der Mongolei, der Wüste von Atacama u. s. w. bietet die ausserordentliche Trockenheit des Klimas und das fast gänzliche Fehlen von Niederschlägen die denkbar unvortheilhaftesten Bedingungen für die Vegetation dar, zugleich aber die günstigsten für die Thätigkeit des Windes, welche sich denn auch auf Flächen von Hunderten und Tausenden von Quadratkilometern äussert. In Ländern mit feuchtem Klima dagegen, wie in Europa, beschränkt sich diese Thätigkeit fast nur auf schmale Streifen Landes an den Meeresküsten und an den Flussläufen, wo das Meer oder der Fluss einerseits zur Anhäufung lockeren Sandes beitragen, andererseits durch Unterwaschungen die volle Entwickelung einer Pflanzendecke behindern. Wenn es in Europa, freilich recht unbedeutende, rein kontinentale äolische Sandbildungen giebt, so ist ihre Entstehung, wenigstens bei den gegenwärtig herrschenden klimatischen Verhältnissen, fast ausschliesslich auf die Einmischung des Menschen in den Haushalt der Natur — Ausrodung der Wälder, Bestellung des Bodens, Weiden des Viehs u. s. w. — zurück zu führen.

Ausser dem Widerstande, welchen die Feuchtigkeit der Wirkung des Windes entgegensetzt, wird diese auch dadurch eingeschränkt, dass die Tragfähigkeit des Windes selbst wegen der geringen Dichte der Luft nur gering ist, sogar bei grosser Geschwindigkeit, welche schon beim sogenannten frischen Winde 7 bis 11 m in der Sekunde beträgt, jedoch 20 und mehr Meter erreichen kann.[1] Es ist ferner zu bemerken, dass die Windgeschwindigkeit meist

---

[1] Landskala des Winddruckes nach Mohn (Grundzüge d. Meteorologie, deutsche Orig.-Ausg. 1875, S. 121)

Windstärke		Windgeschwindigkeit in Metern in der Sekunde			Winddruck in kg auf den Quadratmeter		
0	still	0	bis	0,5	0	bis	0,15
1	schwach	0,5	„	4	0,15	„	1,87
2	mässig	4	„	7	1,87	„	5,96
3	frisch	7	„	11	5,96	„	15,27
4	stark	11	„	17	15,27	„	34,35
5	Sturm	17	„	28	34,35	„	95,4
6	Orkan		über	28		über	95,4

in mehr oder weniger grosser Höhe über der Erdoberfläche gemessen wird, während bei der Frage nach dem Transport festen Materials die Kenntniss der Geschwindigkeit der tiefsten, den Boden unmittelbar berührenden Luftschichten erforderlich ist, die naturgemäss geringer ist. Besonders rasch muss die Geschwindigkeit in der Nähe der Erdoberfläche abnehmen, da die Bewegung der ihr unmittelbar anliegenden Luftschicht in Folge der Reibung an den Unebenheiten des Bodens erheblich gehemmt wird, während in höheren Schichten die Reibung nur eine innere ist, bedingt durch die Kohärenz der Luft, die aber bekanntlich nicht gross ist. Für unseren Zweck, die Lösung der Frage von der Fähigkeit des Windes festes Material zu tragen, ist es von grosser Wichtigkeit zu wissen, wie sich dessen Geschwindigkeit an der Erdoberfläche verändert. Indessen fehlen zur Zeit fast alle Angaben hierüber. Unter den Beobachtungen, welche die relative Geschwindigkeit des Windes in verschiedenen Höhen zu bestimmen bezweckten, sind nur diejenigen von Stevenson,[1] Montigny,[2] Ragona[3] und die auf dem norwegischen Schiff „Nornen" angestellten[4] zu nennen. Die ersteren, obwohl die vollständigeren, bieten für uns, leider, nur wenig Interesse, da sie sich auf beträchtliche Höhen beziehen. Andererseits stimmen die Ragona's und die auf dem „Nornen" angestellten wenig mit einander überein. Ragona stellte vergleichende Beobachtungen in Höhen von 2 und 31 Metern über dem Boden in Modena an und fand bei 31 m Höhe eine 1,8 Mal grössere Geschwindigkeit als bei 2 m Höhe. Auf dem zu Queenstown (Irland) vor Anker liegenden Schiff „Nornen" wurden im Juli 1870 folgende Beobachtungen gemacht: bei 4,4 m ü. d. M. betrug die Windgeschwindigkeit 3,32 m in der Sekunde; bei 19,5 m entsprach sie 3,53 m und endlich bei 33,3 m erreichte sie 3,83 m. Vergleicht man diese Angaben mit denen Ragona's, so ergiebt sich nach dem italienischen Beob-

---

[1] Stevenson, Observations of the simultaneous force of the wind at different heights above the earths surface. Journ. scott. meteorolog. Soc. New. ser. **5**, Tab. IX and XI—LXIII.

[2] Ch. Montigny, Mesures d'altitudes barométriques prises à la tour de la cathédrale d'Anvers, sous l'influence de vents de vitesses et de directions différentes. Vitesse du vent aux divers étages de la tour d'Anvers. Bull. Acad. roy. sci. de Belgique 1872, **34**, 465.

[3] Zeitschr. der österr. Ges. f. Meteorologie, 1880, 66.

[4] Mohn, Grundz. d. Meteorologie, deutsche Ausg., 1875, S. 124.

achter eine viel raschere Aenderung in der Geschwindigkeit, denn jene ergeben bei 29 m Höhenunterschied ein Stärkeverhältniss von 1 : 1,8, während diese nur 1 : 1,15 liefern.

Dieses abweichende Ergebniss lässt sich allerdings durch den Umstand erklären, dass die erstgenannten Beobachtungen auf dem Festlande, die zweiten aber auf der See gemacht wurden, und dass die Reibung der untersten Luftschichten an der Wasseroberfläche geringer sein muss, als an einem noch so ebenen Boden.[1])

---

[1]) Ch. Montigny führte mit Hülfe des Woltmann'schen Anemometers Beobachtungen über die Windgeschwindigkeit in drei verschiedenen Höhen, auf den Galerien des Thurmes der Kathedrale zu Antwerpen aus:

Windrichtung	Galerie des cadrans, 68,18 m	Galerie octogone, 89,06 m	Galerie supérieure, 104,00 m	Zahl der Beobachtungen
N	4,93	5,50	5,73	14
NNO	4,45	4,96	5,33	9
NO	5,76	6,44	6,76	10
ONO	6,24	6,85	7,27	14
O	5,90	6,58	6,72	15
OSO	6,37	6,81	7,08	11
SO	3,85	4,20	4,46	12
SSO	4,55	5,05	5,54	7
S	4,17	4,72	5,10	5
SSW	7,60	8,12	8,44	13
SW	7,69	8,32	8,72	22
WSW	7,70	8,35	8,77	21
W	9,17	9,83	10,44	20
WNW	8,50	9,19	9,53	16
NW	6,66	7,32	7,88	20
NNW	6,65	7,34	7,82	15
	Mittel 6,26	Mittel 6,88	Mittel 7,23	Summe 224

Leider wird die Genauigkeit dieser Beobachtungen wesentlich durch den Umstand beeinträchtigt, dass sie nicht gleichzeitig ausgeführt wurden, dass ferner die Luftgeschwindigkeit vermindert und die Windrichtung abgelenkt wurde durch den Widerstand, welchen der Thurm selbst entgegensetzte. In dieser Hinsicht sind in Luftballons angestellte Beobachtungen brauchbarer. Darin ist jedoch vorläufig nur wenig geschehen. Ich möchte aber hier die Ergebnisse der bei 40 Luftschiffreisen in Russland angestellten Beobachtungen über die Windgeschwindigkeit erwähnen, welche von M. Pomórtzeff (Résultats scientifique de 40 ascensions aéronautiques faites en Russie. Texte russe avec un résumé français. Ingenieur-Journ. 1891, No. 5) zusammengestellt sind. Diese Beobachtungen zeigen, dass die Windgeschwindigkeit bis zu einer gewissen Höhe rasch zunimmt und nach Erreichung ihres Maximums wieder abnimmt. Die Höhe, in welcher die Maximal-Geschwindigkeit des Windes herrscht, ist nicht immer dieselbe, sondern hängt von der Vertheilung des Luftdruckes ab: Bei einem Luftdruck von 760 mm befindet sich das Maximum bei 1350—1400 m

"   "   "   " 754 "   "   "   "   "   " 1000 m

"   "   "   " 770 "   "   "   "   "   " 1600 "

In Anbetracht des Mangels an Angaben über die Verminderung der Windstärke in den tieferen Luftschichten, stellte ich einige gleichzeitige Beobachtungen in zwei Höhen über dem Boden an. Diese Beobachtungen, welche im Anhange eingehender wiedergegeben werden, zeigen, dass die Windgeschwindigkeit ziemlich rasch mit der Annäherung an den Boden abnimmt. Es konnte indessen durch diese, wenn auch in geringer Höhe von 0,25 und 1,25 m ausgeführten, Beobachtungen die Geschwindigkeit in der den Boden unmittelbar berührenden Luftschicht, in welcher sie sicherlich noch erheblich geringer ist, nicht festgestellt werden.

Auf Grund der wenigen vorliegenden Beobachtungen lässt sich eine die Geschwindigkeitsänderung des Windes mit der Entfernung vom Boden darstellende Kurve zur Zeit nicht ableiten; im Hinblick auf die grosse Analogie in den Gesetzen der Bewegung, des Widerstandes und der Reibung bei Luft und bei Wasser, dürften jedoch hierbei die Ergebnisse der Beobachtungen an dem Strömen des Wassers zu Grunde gelegt werden. Für dieses besitzen wir aber sehr genaue Beobachtungen, angestellt sowohl an Flüssen als auch an Kanälen, welche die Aenderung der Stromgeschwindigkeit in verschiedenen Höhen im Zusammenhang mit der Reibung am Boden zum Gegenstande haben. Sie haben ergeben, dass diese Aenderung durch eine Parabel ausgedrückt wird[1]) und machen es wahrscheinlich, dass sich auch die Aenderung der Windgeschwindigkeit durch eine ähnliche Kurve darstellen lässt.[2])

Es unterliegt keinem Zweifel, dass die Reibung, also auch die Verzögerung der untersten Luftschicht, sich mit der Windgeschwindigkeit ändert, und auch hierbei dürften, in Ermangelung direkter Beobachtungen an der Luft, die am Wasser angestellten herangezogen werden. Es ist zugleich zu berücksich-

---

Im Allgemeinen ist aber, nach Pomórtzeff, die die Veränderung der Windgeschwindigkeit mit der Höhe darstellende Kurve eine Parabel.

[1]) Von den hierher gehörenden Untersuchungen besitzen für den Geologen ein hohes Interesse namentlich diejenigen von Humphreys und Abbot: Report upon the physics and hydraulics of the Mississippi River &c. Philadelphia 1861.

[2]) Meine hier zum Ausdruck gebrachte Vermuthung scheint in den Beobachtungen, welche von Luftschiffern in den letzten Jahren angestellt wurden, ihre Bestätigung zu finden. Vgl. Anm. 1 auf S. 10.

tigen, dass die Reibung, welche die Luft am Boden erfährt, durch die Unebenheiten dieses letzteren bedingt und daher am meisten vergleichbar ist mit derjenigen des Wassers in Röhren, in welchen ein Niederschlag enthalten ist oder an Brettern, welche mit Sand überzogen sind (in Froude's Versuchen). Diese Reibung ist natürlich viel beträchtlicher, als die an einer ebenen Oberfläche und wächst dem Quadrat der Geschwindigkeit[1]) proportional.

Als Anzeichen einer wesentlichen Verringerung der Luftgeschwindigkeit an der Erdoberfläche kann der Umstand gelten, dass bisher keine unzweifelhaft äolische Sandablagerungen bekannt sind, deren Sandkörner mehr als 4 bis 5 mm im Durchmesser haben, die aus sogenanntem Perlsand bestehen.[2])

In Anbetracht des gänzlichen Fehlens irgendwelcher Beobachtungen über die Grösse der vom Winde von gewisser Geschwindigkeit fortbewegten Sandkörner, stellte ich eine Reihe solcher im Sommer 1883 in Sestrorétzk und Reval an. Ihre Ergebnisse, welche im Anhange ausführlicher besprochen werden sollen, machen auf grosse Genauigkeit keinen Anspruch, zumal das Wesen des Gegenstandes eine solche nicht zulässt. Sie sind kurz folgende:

Windstärke	Max. Grösse der Sandkörner
4,5— 6,7 m in der Sekunde	0,25 mm Durchmesser
6,7— 8,4 „ „ „ „	0,5 „ „
9,8—11,4 „ „ „ „	1,0 „ „
11,4—13,0 „ „ „ „	1,5 „ „

[1]) W. Froude, Report of the Brit. Assoc. f. the advanc. of sci. held in 1874, p. 249.

[2]) In den Beschreibungen über Wüstenreisen (Przewalsky, Rohlfs u. A.) finden sich nicht selten Berichte, dass heftiger Sturm Grand, ja Gerölle treibt. Es ist indessen anzunehmen, dass so grobes Material nur in Ausnahmefällen durch ausserordentlich heftige Wirbelwinde fortgerissen werden kann. Jedenfalls erzeugt der Wind aus solchem Materiale kaum nennenswerthe neue Ablagerungen und bestehen alle Wüstendünen aus mehr oder weniger feinem Sande. Schon das Vorhandensein grösserer Flächen in der Sahara, welche mit Kiesgeröll und „mit mark- bis thalergrossen Nummuliten bedeckt sind" (Joh. Walther, l. c. 392) spricht zu Gunsten der hier vertretenen Ansicht. Die Bildung solcher Geröll- (und Nummuliten-) Ablagerungen erklärt sich lediglich durch Ansammlung der in der ganzen Ablagerung zerstreuten Gerölle in Folge des Ausblasens aller feineren Bestandtheile durch Wind (Deflation). Auf eine ähnliche Bildungsweise von Geröllablagerungen in Windmulden im Dünengebiet des Finischen Meerbusens habe ich schon im Jahre 1882 („Die Dünen der Küste des Finischen Meerbusens" in den „Trudý St. Peterb. Óbschtschestwa Jestéstwoĭspytátelej", d. h. Arbeiten d. St. Petersb. Naturf. Ges. — **12, 171**) hingewiesen.

Die Windstärke wurde 4 Zoll über dem Boden bestimmt; am Boden selbst ist sie wesentlich geringer. Davon konnte ich mich auf experimentellem Wege überzeugen, indem ich Sandkörner auf Sandunterlage, d. h. unter denselben Reibungsbedingungen wie in der Natur, der Einwirkung eines einem Gasometer entstammenden Luftstroms aussetzte und diesen auf ein bestimmtes Korn direkt richtete. Ich kam zum Ergebniss, dass hier bei derselben Stromstärke, wie diejenige, welche in 4 Zoll Höhe gemessen wurde, Sand von grösserem Korn fortbewegt wurde.

Es ist soeben hervorgehoben worden, dass der behandelte Gegenstand eine grosse Genauigkeit in den Beobachtungen ausschliesst und nur annähernde Bestimmungen zulässt. Die Haupthindernisse sind folgende. Zunächst ist die Windgeschwindigkeit eine rasch und bedeutend wechselnde. Ein anscheinend gleichmässiger Wind stellt sich bei genauerer Prüfung als stossweise wirkend heraus, wobei zwischen den mehr oder weniger schnell auf einander folgenden Stössen Intervalle schwächeren Wehens, ja völliger Stille liegen. Ausserdem sind die Stösse sowohl ihrer Dauer, als auch ihrer Stärke nach durchaus ungleich.[1]) Ferner ändert sich auch die Windrichtung, obwohl unerheblich, so doch stetig, indem sie bald nach der einen, bald nach der anderen Seite abweicht. Alle diese Umstände erschweren in hohem Grade eine Bestimmung der wirklichen Windgeschwindigkeit in einem gegebenen Zeitpunkte. Die Schwierigkeit wird noch erhöht durch die unregelmässige Gestalt der Sandkörner und ihre verschiedene Lage zur Windrichtung und zu einander. Die Bedeutung der Lage des Kornes dem

---

[1]) Die soeben erschienenen höchst wichtigen Versuche von Langley (The internal work of the Wind. Am. J. sc. 1894, [3], **47**, 41) zeigen, dass nicht nur in unmittelbarer Nähe des Bodens, wo die Vorgänge wegen der Unebenheiten und der dadurch veranlassten Rückströmungen und Wirbel wesentlich komplicirt werden, sondern auch in bedeutender Höhe die Windgeschwindigkeit einen höchst unsteten Werth besitzt, dass starke Windstösse äusserst rasch durch schwächere, ja sogar durch vollkommene Windstille abgelöst werden. So änderte sich bei den Beobachtungen am 4. Februar 1893, welche auf der Warte der Smithsonian Institution in einer Höhe von 46,7 m über dem Boden ausgeführt wurden, im Verlauf weniger Sekunden die Geschwindigkeit des NW-Windes von 29 Meilen in der Stunde bis zu 0 (Windstille). Die von Langley gegebenen Tafeln mit den vom selbstzeichnenden Apparate aufgetragenen Kurven zeigen in überzeugender Weise die ausserordentlich rasche Aenderung der Windstärke.

Winde gegenüber tritt besonders überzeugend hervor bei Versuchen, bei welchen unter Anwendung des Gasometers die Geschwindigkeit eines Luftstromes konstant gehalten werden kann. Selbst die geringste Lagenänderung des Sandkornes wird unter sonst unveränderten Verhältnissen von wesentlichem Einfluss sein. Allerdings beziehen sich diese Erörterungen hauptsächlich auf Sandkörner, dern Grösse den Grenzwerth erreicht, bei dem sie eben noch von einem Winde gewisser Geschwindigkeit bewegt werden zu können. Ist das Korn bedeutend kleiner, so wird es vom Winde fortgeführt, ungeachtet seiner Lage.

Von Grösse und Lage des Kornes hängt auch die Art seiner Fortbewegung ab: die grösseren gleiten auf der Unterlage.

Da die überwiegende Mehrzahl der Sandkörner von unregelmässiger, abgeflachter Gestalt ist, so ist ihre Bewegung keine rollende, sondern eine gleitende. Die der grössten geschieht ruckweise und nur bei stärkeren Windstössen. Die Beobachtung lehrt, dass das Korn am meisten Widerstand leistet einer Kraft, welche es zwingt, seine ursprüngliche Lage zu verändern, wobei die Dauer des Windstosses von merklichem Einfluss ist. Ich habe wahrnehmen können, dass ein durch starke, aber kurze Windstösse in schwingende Bewegung gerathenes Korn, durch andauernde Wirkung von gleicher Stärke endlich verrückt wurde, dann sich aber auch bei verminderter Windstärke fortbewegte. Die Erklärung dieser Erscheinung ist darin zu suchen, dass die Körner auf der Oberfläche des lockeren Sandes, der Einwirkung des Windes ausgesetzt, nach Verlauf einiger Zeit die Lage annehmen, in welcher sie dieser Einwirkung den grössten Widerstand zu leisten vermögen oder sich ihr am meisten entziehen. Dafür spricht auch der Umstand, dass, wenn die Richtung des Windes verändert, er z. B. künstlich zurückgeworfen wird, er auf die Körner eine viel stärkere Wirkung ausübt, als der direkte. Dass dies alles nur für Körner gültig ist, welche gegenüber einem Winde von gegebener Stärke die Grenzgrösse erreichen, ist bereits hervorgehoben worden. Ist aber die Stärke des Windes grösser als die, welche sich eben noch wirksam erweist, so bewegen sich die Körner nicht mehr an der Oberfläche des Bodens, sondern werden, vom Winde ergriffen, in einiger Höhe über ihm getragen. Die verhältnissmässig grossen machen dabei Sprünge, indem sie von Zeit zu Zeit den Boden berühren, während die kleinsten in Gestalt einer Wolke manchmal ziemlich hoch über den Boden dahin jagen. Bei einer Windgeschwindigkeit von 4,5 m in der Sekunde streifen Sandkörner von 0,25 mm Durchmesser noch den Boden, dagegen schweben bei einer Geschwindigkeit von 15 m sogar Körner von 1 mm ziemlich hoch in der Luft. Ist der Wind nicht sehr stark und der Sand nicht sehr fein, so findet die Fortbewegung meist an der Oberfläche des Bodens selbst oder in einer Höhe von wenigen Centimetern statt.

Ausser diesen Bewegungsarten giebt es noch eine dritte, welche in einem langsamen Transport ganzer Sandzonen, in der Erzeugung von Sandwellen besteht. Unzweifelhaft hat Jeder Gelegenheit gehabt, auf kahler, lockerer Sandfläche kleine, nahezu parallel verlaufende Sandwellen zu sehen. Ebensolche Wellen lassen sich auf flachem, sandigem Strande, auf sandigem Flussbette wahrnehmen. Die Untersuchungen des Meeresbodens haben erwiesen, dass solche Wellen selbst in beträchtlicher Tiefe entstehen, wo sie jedoch nicht aus Sand, sondern aus feinstem Schlamm gebildet sind. Diese interessante Erscheinung hat schon früh die Aufmerksamkeit der Gelehrten auf sich gezogen. So beobachtete Lyell bei Calais eine solche Wellenbildung in trockenem, vom Winde zugeführtem Sande und benannte sie Ripple-marks. Diese Erscheinung wurde dann zum Gegenstande der Studien zahlreicher Forscher, besonders von Beete Jukes und von Forel, welcher wichtige Beobachtungen am Boden des Genfer Sees anstellte. In letzterer Zeit erschienen zwei recht umfassende Arbeiten, welche die Bildung der Sandwellen zum eigentlichen Gegenstande haben. Im Jahre 1882 veröffentlichte Hunt in den „Proceed. of the Royal Soc." zu London die Ergebnisse seiner experimentellen Untersuchungen am Meeresgrunde, und im Jahre 1883 erschien in den „Arch. des sc. phys. et nat." zu Genf eine ausgezeichnete Arbeit von De Candolle, welche eine Uebersicht über alle bis dahin angestellten Forschungen und einen Bericht über die zahlreichen und wichtigen eigenen Versuche des Verfassers enthält.[1] Lyell[2] erklärte die Entstehung

---

[1] Die Untersuchungen von G. Darwin (Proc. Roy. Soc. London, 1884, **36**, 18—43. — Nov. 1883) wurden in St. Petersburg erst nach Fertigstellung des Drucks der gegenwärtigen Schrift in russischer Sprache bekannt.

[2] Lyell, Man. of elem. geol. 6th edit., p. 19 (5th edit., 1855, p. 19).

der Sandwellen dadurch, dass der Wind den Sand zunächst zu
kleinen Hügeln anhäuft, diese dann mit einander verfliessen und
mehr oder weniger lange Ketten bilden, welche allmählich vorrücken, indem der Wind ein Sandkorn nach dem anderen von
der flachen Luvseite abträgt und über den Kamm hinüber auf
die steilere Leeseite aufschüttet, kurz, dass hier im Kleinen sich
die Vorgänge der Dünenbildungen wiederholen. Diese Erklärung
wurde dann auf jene Sandwellenbildungen übertragen, welche
man unter Wasser, bei Sandbänken der Meere, Binnenseen und
Flüsse kennt, mit dem einzigen Unterschiede, dass hier diese
Bildungen der Wirkung der Wellen zugeschrieben wurden, welche
sich gewissermaassen auf dem Sande abdrücken. Diese Ansicht
wurde von vielen Geologen angenommen und ist gegenwärtig die
herrschende in der geologischen Litteratur. Ein anderer eng-
lischer Geolog und Lyell's Zeitgenosse, Beete Jukes,[1]) gab
indessen eine etwas abweichende Erklärung. Er leugnete, dass
die Fluthwellen ihre an der Oberfläche zu Stande kommende Gestalt dem Sande des Untergrundes aufprägen könnten und nahm
an, dass die Sandwellen eher ein Ergebniss der auf dem Untergrunde in Folge der Brandung und der Gezeiten entstehenden
Strömungen sind, den auf einer Wasseroberfläche durch Luftströmungen erzeugten Wellen entsprechend. Forel[2]) kam auf
Grund zahlreicher und sorgfältiger Beobachtungen an den Sandwellen auf dem Boden des Genfer Sees zu dem Ergebniss, dass
sie symmetrisch sind, d. h. von beiden Seiten eine gleiche Böschung
besitzen und daher mit den unsymmetrischen Dünen nicht verglichen werden können. Es stellte sich ausserdem heraus, dass die
Richtung der Sandwellen von der Richtung des die Wasserwellen erzeugenden Windes unabhängig ist. Zu denselben Schlüssen gelangte auch Hunt[3]) durch seine eingehenden Untersuchungen der
Sandwellen an der Meeresküste bei Torbay, und auf Grund seiner
Beobachtungen an den Schwingungen des Wassers in einem Ge-
fässe. Wie Forel, schloss er sich der Ansicht von Beete Jukes
an und nicht derjenigen Lyell's. Mit den Arbeiten seiner Vor-

---

[1]) Beete Jukes, Man. of Geol., p. 17.

[2]) Forel, Les rides de fond étudiées dans le lac Léman. Arch. sc. phys.
et natur. 1883, (3), **10**, 39—72.

[3]) Arthur R. Hunt, On the formation of Ripplemark, Proc. Roy. Soc.
London, 1883, **34**, 1—18.

gänger wohl bekannt, schlug C. de Candolle[1]) den experimentellen Weg ein und gelangte zur Klarlegung der in Rede stehenden Erscheinung. Seine zahlreichen Versuche variirte er in der Weise, dass er sich nicht des Wassers und des Sandes allein, sondern vieler anderer fester Körper in gepulvertem Zustande und verschiedener Flüssigkeiten mit abweichender Kohärenz bediente. Die Versuche wurden auf zweierlei Art angestellt: bei einer Reihe wurde ein um eine horizontale Axe drehbarer Kasten in Anwendung gebracht, so dass das Wasser in schwingende Bewegungen versetzt werden konnte; in einer zweiten Versuchsreihe war das Gefäss cylindrisch und um seine Vertikalaxe drehbar, wobei das Wasser in rotirende Bewegung gerieth. Im ersten Falle lagerten sich die Sandwellen parallel der Axe, im zweiten radial. Die Ergebnisse seiner Versuche fasst de Candolle in folgender Weise zusammen: „Lorsqu'une matière visqueuse en contact avec un liquide moins visqueux qu'elle même, éprouve un frottement oscillatoire ou intermitant, résultant du mouvement de la couche liquide qui la recouvre, ou de son propre déplacement relativement à cette couche, 1^0 la surface de la matière visqueuse se ride perpendiculairement à la direction de ce frottement, et 2^0 l'intervalle compris entre les rides ainsi formées, autrement dit leur écartement, est en raison directe de l'amplitude du frottement."[2])

Diese Erklärung dehnt er dann auch aus auf die Entstehung der Sandwellen auf der Oberfläche des trockenen Sandes unter der Einwirkung des Windes, da auch in diesem Falle eine Reibung der Luft an der Oberfläche des lockeren Sandes stattfindet. Giebt man dies indessen zu, so darf man nicht vergessen, dass die durch Wind erzeugten Sandwellen ihre Gestalt wesentlich ändern; ihre Böschung wird flacher, während die auf der abgewendeten Seite an Steilheit zunimmt; auch wachsen sie ununterbrochen in die Höhe, indem sie die auf der Oberfläche bewegten Körner aufhalten, und wandern zugleich, weil der Sand von der Luvseite beständig auf die Leeseite hinüber geweht wird. Die Höhe der Wellen und ihre gegenseitige Entfernung sind um so grösser, je gröber der Sand ist.

---

[1]) C. de Candolle, Rides formées à la surface du sable déposé au fond de l'eau et autres phénomènes analogues. Arch. sc. phys. et nat. Genève, 1883, [3], **9,** 241—278.

[2]) l. c. p. 245.

Korngrösse	Wellenhöhe	Entfernung der Wellen
0,2 mm	10 mm	8 bis 10 cm
1 „	25 bis 40 „	25 „ 35 „
2 bis 3 „	70 „ 100 „	60 „ 120 „

Diese Zahlen stimmen mit den Ergebnissen der Versuche von de Candolle und G. Darwin[1]) vollkommen überein, da Wellen aus grobkörnigerem Sande sich unter der Einwirkung stärkeren Windes bilden. Diese Thatsache fällt besonders da in die Augen, wo der Sand ungleichmässige Korngrösse zeigt, wo neben äusserst kleinen Körnern auch solche von 2 bis 3 mm und mehr im Durchmesser sich finden. Bei starken Windstössen bewegen sich diese letzteren zwar auch, aber äusserst langsam, und jede kleinste Erhöhung, wie diejenige, welche eine im Entstehen begriffene Sandwelle darbietet, hemmt bereits ihre Bewegung. Sie sammeln sich aber nicht an der Luvseite, an welcher die Wirkung des Windes kräftig ist, sondern an der Leeseite, nach welcher sie hinübergerollt werden und an der die Windwirkung geschwächt ist. Das Sandkorn wird hier so lange ruhen, bis andere Sandkörner auf dieselbe Weise an die Leeseite angelangt sein werden und es durch Fortschieben wieder an die Luvseite (der folgenden Sandwelle) geräth, wo es von Neuem den Windstössen ausgesetzt wird. Bei wenig heftigem Winde ist diese rollende Bewegungsweise auch an kleineren Körnern zu beobachten, weht aber ein Wind von einer 4 m in der Sekunde nicht übersteigenden Geschwindigkeit, so bewegt sich der feinste Sand von unter 0,25 mm Korngrösse ausschliesslich in Wellenreihen. Das Fortschreiten der Wellen ist, wie ich mich überzeugen konnte, von wechselnder Geschwindigkeit und hängt von der Windstärke und der Korngrösse des Sandes ab: es ist um so rascher, je stärker der Wind und je feiner der Sand. Zu ähnlichen Ergebnissen gelangte auch Ch. Helmann,[2])

---

[1]) Diese Erscheinung erklärt sich aus den Versuchen G. Darwin's (Proc. Roy. Soc. London, 1884, **36**, 18 — Nov. 1883), welchem es gelang, die Entstehung kleiner Wirbelbewegungen zwischen den Wellenreihen nachzuweisen. Seine Versuche, welche er ähnlich denen von C. de Candolle anstellte, ergänzte er durch Einführung eines Tropfens Tinte mittelst einer eigens dafür gebauten Pipette, dessen Bewegung die Form und Richtung der kleinen Wirbelströmungen innerhalb der Wellenfurchen klarlegte.

[2]) Ch. Helmann, Beobachtungen über die Bewegung des Flugsandes im Khanate von Chiwa in „Izwestija" d. Kais. Russ. Geogr. Ges., 1891, **27**, 384 (russisch).

welcher Beobachtungen über die Bewegung der Sandwellen an Festlandsdünen, den sogenannten Barchanen, in der Sandwüste des Khanats Chiwa anstellte. Nach ihm ist bei

Windstärke	Mittleres Fortschreiten der Sandwellen
6	9 mm
4	5,2 „
3	3,3 „

Zwei Schlussfolgerungen Helmann's, dass nämlich 1) das Fortschreiten der Sandwellen grösser ist bei schräger (gegen die Längsaxe des Barchans) Richtung des Windes, als bei gerader und 2) die Sandwellen auf der Leeseite des Barchans beinahe ebenso rasch vorschreiten wie auf der Luvseite, sind schwer erklärlich und dürften wohl, da sie auf einer geringen Anzahl von Beobachtungen beruhen, einer erneuten Prüfung zu unterziehen sein.

Obwohl der auf lockeren Sand wirkende Wind, wie das Wasser, die Oberfläche des Bodens zu ebnen strebt, kommt dieses Bestreben doch nur dort zur Geltung, wo auf der Sandfläche keine Gegenstände sind, welche im Stande wären die Wirkung des Windes zu schwächen und die Bewegung der Sandkörner aufzuhalten. Anderen Falles häuft sich an solchen Gegenständen der Sand an, was zur Bildung oft ansehnliche Höhen erreichender, beweglicher Sandhügel führt, die unter dem Namen „Dünen" bekannt sind.

Anfänglich wurde die Bezeichnung „Düne" ausschliesslich auf bewegliche Sandhügel an Meeresküsten angewandt. Nach E. Reclus[1]) ist die Bezeichnung „Düne" keltischen Ursprungs und wurde auf Berge und steile Hügel angewendet. Sie hat sich in den Namen vieler Städte erhalten, so Verdun, Loudun, Issoudun, Saverdun, was darauf hinweist, dass auf die alten Anwohner der Meeresküsten die gewaltigen Maasse und der grossartige Anblick der angewehten Sandhügel einen tiefen Eindruck hervorriefen.[2])

---

[1]) E. Reclus, Nouv. géogr. univers., 2, 203. In Uebereinstimmung mit dem russischen Original wird hier die russische Ausgabe von Reclus' Werk citirt, welche in manchen Stücken von der französischen Originalausgabe abweicht und häufig ausführlicher ist. Der Uebersetzer.

[2]) Bei E. Littré, Dict. d. l. langue franç. finden wir folgende etymologische Erklärung des Wortes „Düne": „Espagn. et ital. *duna*, du latin *dunum*, en grec δοῦνον, mots signifiant hauteur, et donnés comme celtique par les auteurs anciens; ils existent encore dans le celtique moderne: kymri, irlandais et gaél. *dun*ɔ, tertre; bas-bret. *tun*, colline".

Die Stranddünen sind natürlich diejenigen gewesen, welche zunächst bekannt und eingehenderen Untersuchungen unterzogen wurden. Sie lenkten die Aufmerksamkeit auf sich, weil ihnen eine grosse wirthschaftliche Bedeutung an den Seeküsten zukommt. In einigen Gegenden, wie in Belgien, Holland, Friesland bieten sie Schutz gegen das Eindringen des Meeres, während sie in anderen, umgekehrt, als Quelle gewaltigster Zerstörungen erscheinen, indem sie Wälder, Wiesen, Aecker, ja Ansiedelungen verschütten. Viel weniger beachtet werden die Dünen der Flussthäler, welche im westlichen Europa recht selten sind und geringe Ausdehnung besitzen. Im europäischen Russland sind sie dagegen ausserordentlich verbreitet und erreichen eine ansehnliche Entwickelung.

Endlich haben Reisen und wissenschaftliche Forschungen in den grossen Wüsten der Alten wie der Neuen Welt, namentlich in der Sahara und in Central-Asien Dünenbildungen kennen gelehrt, welche diejenigen der Meeresküsten an Grossartigkeit sowohl in ihren Verhältnissen, als auch namentlich in ihrer Ausbreitung weit übertreffen.

Obwohl die Dünen, wo sie sich auch bilden mögen, in den Grundzügen ihrer Entstehung, Entwickelung, äusseren Gestalt und ihres inneren Baues grosse Aehnlichkeiten aufweisen, erscheint es dennoch zweckmässig, die Dünen der Meeresküsten, der Flussthäler und des Inneren der Kontinente gesondert zu behandeln. Dies ist deswegen angezeigt, weil dadurch die Darstellung wesentlich erleichtert wird, dann aber auch aus dem Grunde, weil einige Bedingungen, namentlich die Eigenthümlichkeiten in der Bodengestaltung der Meeresküsten, der Flussthäler und der Sandwüsten eine gewisse Abweichung in der Entwickelung der Dünen sowohl, als auch in ihrem Aeusseren veranlassen.

Zur Vermeidung von Wiederholungen sollen die wesentlichen Züge der Bildung und des Baues der Dünen im Allgemeinen bei der Besprechung der Stranddünen dargelegt, hingegen soll in den die Dünen der Flussthäler und die Festlandsdünen behandelnden Abschnitten nur auf die hauptsächlichsten, sie von den Stranddünen unterscheidenden Eigenthümlichkeiten hingewiesen werden.

II.

Zur Dünenbildung geeignete Küsten. — Umrisse und Durchschnitt von Anschwemmungsküsten. — Ihre Böschung. — Abhängigkeit der Böschung des Strandes von der Stärke der Brandung und dem Korn des Materials. — Lage der Küste zur Richtung der Brandung. — Tiefe, bis zu welcher die Bewegung des Sandes durch die Wellen reicht. — Möglichkeit der Lieferung des Sandes aus grossen Tiefen durch Meeresströmungen. — Abfuhr des Sandes durch Flüsse ins Meer. — Unterwaschung der sandigen Küsten durch das Meer.

Flache, sandreiche, von einer mehr oder weniger breiten Sandzone umsäumte Meeresküsten bieten die günstigsten Bedingungen zur Entstehung und weiteren Entwickelung von Stranddünen dar. Élie de Beaumont weist auf die enge Beziehung zwischen der Dünenbildung und der Topographie der Küsten Frankreichs hin. Eine ebensolche Abhängigkeit treffen wir an den Meeresküsten anderer Länder und bei uns an den Küsten der Ostsee an. Die Westküste Kurlands ist, bei einer ziemlich breiten Zone angeschwemmten Sandes, auf ihrer ganzen Erstreckung mit einer ununterbrochenen Dünenkette bedeckt. Die Küsten des Rigaer Meerbusens, flach und sandig, besonders in ihrem südlichen Theil, sind ebenfalls reich an Dünen, hier und da von ziemlich beträchtlicher Höhe. An den steilen, felsigen Küsten Ehstlands dagegen trifft man Dünen recht selten an oder nur da, wo die kalkige Küste (Glint) nach dem Inneren des Landes zurücktritt und vor sich einer wenn auch schmalen Einsenkung mit flachem sandigem Strande Platz macht. Derartig sind z. B. die Dünen bei dem Gute Fall.[1] Im östlichen Theile des Finischen Meerbusens sind von der Mündung der Narówa an, wo an-

---

[1] Die hinter Reval oberhalb des Glint befindlichen Dünen können nicht in Betracht kommen. Gegenwärtig liegen sie vom Meeresufer weit entfernt und haben zu ihm keine Beziehungen. Vgl. N. S.: „Die Dünen der Küste des Finischen Meerbusens".

geschwemmte sandige Küsten häufig sind, Dünen ziemlich verbreitet, wir finden sie aber durchaus nicht an den felsigen Küsten Finlands. Es ist indessen die Annahme nicht zulässig, dass wenn hinter einer angeschwemmten Sandzone die Küste plötzlich steil ansteigt, sich auf der Höhe keine Dünen bilden können, da wir vielorts bei solchen architektonischen Verhältnissen auf Dünen stossen. So fällt die Westküste Jüdlands von einer ansehnlichen Höhe nach dem Meere recht steil ab, ist aber oben auf ihrer ganzen Erstreckung mit hohen Dünen bedeckt, bei denen auch Neubildungen in vollem Gange sind. Unter denselben Bedingungen befinden sich viele Dünen der Inseln von West-Schleswig: so beträgt auf der Insel Sylt die Höhe der Steilküste 34 m und oben erheben sich bis zu 28 m hohe Dünen.[1] Viele Dünen der Normandie, an der Küste von La Manche breiten sich über steil abstürzende Küstenwände aus.[2] Nach Hagen herrschen die gleichen Bedingungen bei Swinemünde, an der Südküste der Ostsee.[3] In allen diesen Fällen ist indessen am Fusse des Absturzes eine mehr oder weniger breite Zone angeschwemmten Sandes vorhanden, welche bei Stürmen bis an den Steilrand überfluthet wird. Da hingegen, wo eine solche Zone fehlt, wo die steile Küste unvermittelt in die tiefe See abstürzt oder umgeben ist von einem Saum von Geröll oder Geschieben, was besonders an felsigen Küsten der Fall ist, können Dünen natürlich nicht vorkommen. Demnach ist das Vorhandensein einer Zone angeschwemmten Sandes die nothwendigste Bedingung für die Entstehung der Dünen, weil nur dann das erforderliche Material zugegen ist.

Die sandigen Anschwemmungsküsten haben durch die Regelmässigkeit ihrer Umrisse von jeher die Aufmerksamkeit der Beobachter auf sich gelenkt. Ein Blick auf die Karte, falls diese mit genügender Sorgfalt ausgeführt ist, genügt, um unfehlbar zu entscheiden, ob eine Küste ihre Entstehung der Anschwemmung verdankt oder nicht. Die Umrisse der Anschwemmungsküste Kurlands mit ihren sanften Ein- und Ausbiegungen bieten einen schroffen Gegensatz dar zu denjenigen der scharf eingeschnittenen, zernagten, felsigen Küste Finlands. Dieser Gegensatz zwischen

---

[1] Andresen, Om Klitformationen, Kjöbenhavn, 1861, p. 81.
[2] Sauvage, Bull. soc. géol. de France, [3], 1880, **8,** 601.
[3] Hagen, Handb. d. Wasserbaukunst, 3. Thl., **2,** 99; 1863.

den beiden Arten von Küstengrundrissen ist besonders auffallend da, wo sie sich berühren.[1])

Eine Anschwemmungsküste bietet gewöhnlich eine schwach eingebogene, in ihrer Regelmässigkeit manchmal äusserst gefällige Linie dar. Élie de Beaumont und ihm folgend auch Reclus bezeichnen diese Linie als Kurve der grössten Stabilität[2]) und De Lambrardie[3]) verglich sie mit einer Kettenlinie. Es ist sehr wahrscheinlich, dass ihre Krümmung derjenigen der den Strand bespülenden Wellen entspricht, sodass man sagen könnte, dass die Welle, welche eine solche Küste erzeugt, ihr zugleich die Regelmässigkeit ihrer eigenen Umrisse aufprägt. Wer Gelegenheit hatte von einer Anhöhe an der Küste einer Bucht den Verlauf der Brandung gegen einen sandigsn Strand zu verfolgen, kann nicht übersehen haben, dass die Umrisse der Anschwemmungszone, die Brandungslinie, welche sich durch das Weiss des Schaumes von dem Dunkel der Meeresfarbe scharf abhebt, und der Wellen selbst, bei ihrem Herannahen an die Küste, parallel verlaufende Kurven darstellen. Je tiefer die Bucht, umso grösser ist die Krümmung der in sie eindringenden Wellen und um so bedeutender auch die Ausbiegung der Strandlinie. Ist die Küste frei von Buchten, so nimmt die Anschwemmungszone einen nahezu geradlinigen Verlauf an, namentlich auf kurze Erstreckungen hin. Lässt man jedoch den Blick weiter die Küste entlang gleiten, so wird man eine wenn auch schwache Krümmung nicht verkennen.[4])

Die sandigen Anschwemmungsküsten zeigen übrigens eine gewisse Regelmässigkeit nicht nur im Grundriss, sondern auch im Querschnitt, welche als Ergebniss der Wechselwirkung der Brandung und des Widerstandes der Sandmasse angesehen werden kann.

---

[1]) „Im Gegensatz aber zur felsigen Hochküste, an welcher das ganze Bestreben der umgestaltenden Kräfte auf möglichst scharfe und zackige, gebrochene Linien abzielt, neigt die Schwemmlandküste zu glatten und regelmässigen Linien" (Karl Weule, Beiträge zur Morphologie der Flachküsten in Zeitschr. f. wissensch. Geogr., 1891, **8**, 219). Derselbe Unterschied zwischen der sandigen Anschwemmungsküste und der felsigen Auswaschungsküste besteht nach den Beobachtungen von Theobald Fischer (Küstenstudien aus Nordafrika, Peterm. Geogr. Mitth., 1887, **33**, 1) auch an den Nordküsten Afrikas und tritt besonders deutlich auf der dem Aufsatze beigegebenen Karte der tuncsischen Küste hervor.

[2]) E. de Beaumont, Leçons de géol. pratique, 1845, **1**, 224; E. Reclus, Nouv. géogr. univers., russ. Ausg., **2**, 167.

[3]) De Lambrardie, Mémoire sur les côtes de la Haute Normandie, 1782.

[4]) In dem Aufsatz von K. Weule (l. c. 220) finden sich u. A. folgende an Karten ausgeführte Messungen für bogenförmige Buchten der atlantischen Küste

Um sich eine annähernde Vorstellung über den Vorgang bei dem Entstehen einer Anschwemmungsküste zu bilden, ist es erforderlich die Wirkung der Brandung, zumal bei einigermaassen stark bewegter See zu beobachten, da die Anschwemmung des Sandes vorwiegend unter solchen Bedingungen geschieht. Flache sandige Küsten bieten während des Sturmes einen charakteristischen, eigenartig majestätischen Anblick: eine Welle nach der anderen läuft gegen den Strand an, schwillt mit der Annäherung an ihn immer mehr an; an eine bestimmte Linie angelangt, schäumt sie auf und überstürzt sich, aber die die Welle bildende Wassermasse eilt vorwärts und hinauf auf der flachen Böschung des Strandes, bis zu einer bestimmten Grenze, hält einen Augenblick an, um darauf zunächst langsam, dann immer rascher und rascher auf der schwach abfallenden Fläche abzufliessen, bis zum Fusse einer neuen herannahenden Welle. Die Veränderungen, welche die Welle beim Hinaufgleiten auf einer schwach ansteigenden Küste erleidet, sowie die Erscheinung ihres Zerschellens sind von vielen Forschern eingehend studirt worden und haben gegenwärtig mit Hülfe der Mechanik eine vollkommen befriedigende Erklärung gefunden.[1] Ohne hierbei zu verweilen, sei nur bemerkt, dass die allmähliche Umbiegung des Wellenkammes und sein Ueberstürzen sich am Leichtesten beobachten lässt nicht während eines starken Windes, da die ganze Meeresoberfläche wegen des ungleichmässigen Winddruckes mit unregelmässigen Wellen bedeckt ist, sondern bei Windstille und normaler Brandung. Von besonderem Interesse ist die Bewegung des Wassers, nachdem sich die Welle gebrochen hat. Wie bereits hervorgehoben worden, besteht sie in einem raschen Vorwärtsschreiten und Emporsteigen einer dicken Wasserschicht, auf der schwach ansteigenden Strandfläche unter allmählicher Verzögerung der Geschwindigkeit. Wenn dann die Energie an dem Wider-

---

der Vereinigten Staaten, welche sich durch die Regelmässigkeit ihrer Umsisse auszeichnet (die Zahlen sind Meter):

Name	Radius	Sehne	Tiefe	Index
Long Island	326	188	15	0,08
New Jersey	188	186	28	0,15
Heulopen Chincoleague Inlet	120	103	12,5	0,12
California-Hatteras	100	96	13	0,135

[1] Eine recht vollständige Darstellung dieser Erscheinungen findet sich bei Hagen, Handb. d. Wasserbaukunst, 3. Thl., (Das Meer), **1**, 79; 1863.

stande des sandigen Strandes, an der Reibung an seiner Oberfläche, an dem Widerstande der Luft und an der Gegenwirkung
der eigenen. Schwere des Wassers aufgebraucht ist, hält das Wasser
plötzlich an, um darauf, dem Gesetze der Schwere folgend, die
allmählich beschleunigte rückläufige Bewegung anzutreten. Diese
letztere erreicht manchmal eine ansehnliche Kraft, wie dies aus
eigener Erfahrung jeder weiss, der an einem schwach geneigtem
Strande während einer starker Brandung gebadet hat. Hagen
beschreibt einen Versuch zur Veranschaulichung der unter solchen
Umständen entstehenden rückläufigen Strömung. Er bediente sich
eines langen, bis zu einer gewissen Höhe mit Wasser gefüllten
Glaskastens. An einem seiner Enden wurde eine wellenerzeugende
Vorrichtung angebracht, an dem anderen Sand unter einem
Böschungswinkel von 21^0 aufgeschüttet. Oberhalb des Sandes,
jedoch ohne ihn zu berühren, wurden Glimmerblättchen, welche
sich frei bewegen konnten, in das Wasser hineingehängt. Sobald
die wellenerzeugende Vorrichtung nun in Thätigkeit gesetzt wurde,
sah man die rückläufige Strömung das untere Ende der Blättchen
rückwärts ablenken.

Verfolgt man die Bewegung des Sandes und Gerölles an
einem flachen Ufer, was, trotz des manchmal trüben Wassers,
wegen der dünnen Schicht der Welle leicht ist, so wird man
wahrnehmen, dass die Sandkörner der Wellenbewegung vollkommen folgen, d. h. hinauf und hinab rollen. Eine Anschwemmung des Sandes wird nur dann stattfinden, wenn nicht
alles von der Welle herbeigetragene Material von der rückläufigen
Strömung wieder mitgenommen wird. Hierzu ist aber erforderlich, dass die Geschwindigkeit der Vorwärtsbewegung diejenige
der rückläufigen Strömung übertrifft, was nur möglich ist bei
sehr flachem Strande, dessen Böschungswinkel bei mittlerer Korngrösse 5^0 nicht übersteigt. Mit der Aenderung der Korngrösse wird
natürlich auch der Grenzwinkel veränderlich sein. Auf solchen
schwach geneigten Flächen zeichnet sich die soeben besprochene
Bewegung durch eine bezeichnende Eigenthümlichkeit aus: an
der äussersten Grenze, bis zu welcher die vordringende Welle
reicht, findet ein augenblickliches Aufsaugen des nur noch eine
äusserst dünne Schicht bildenden Wassers durch den Sand statt,
sodass die rückläufige Strömung nicht an jener Grenzlinie, sondern
von einer tiefer liegenden Stelle ab beginnt. Bei einiger Auf-

merksamkeit ist es leicht die Breite der Zone, in welcher die Aufsaugung stattfindet, zu bestimmen, da die Sandoberfläche durch das sie bedeckende Wasser zunächst glänzend, plötzlich matt wird. Diese Breite ist sehr wechselnd und steht in direkter Abhängigkeit sowohl von der Stärke des Wellenschlages, als auch von dem Böschungswinkel des Strandes. Bei starken Stürmen und sehr flachem Strande erreicht diese Zone an den Küsten der Ostsee eine Breite von 2 m und mehr. An solchen von einer rückläufigen Strömung freien Streifen findet eben eine Anschwemmung des Sandes, selbst des feinsten, statt. Grössere Sandkörner, namentlich aber Gerölle können sich sogar unterhalb jener Grenzlinie ablagern, an der die rückläufige Bewegung beginnt, da diese anfänglich eine nur geringe Geschwindigkeit besitzt. So kommt denn auch eine Anschwemmung nur auf Küsten zu Stande, deren Neigungswinkel 5 bis 10^0 nicht übersteigt, wobei der Grenzwinkel von der Korngrösse des Sandes abhängt. Dieser Winkel beträgt etwa 5^0 bei einer Korngrösse von 0,5 bis 1 mm im Durchmesser; bei feinerem Sand, unter 0,5 mm, wie z. B. an der Küste bei Libau, schwankt er zwischen 1 und 2^0; wogegen bei gröberem Korn von 1 bis 3 mm ein Winkel von 7, ja sogar $8,5^0$ entsteht.[1]

Bei steilerem Abfall einer Küste findet entweder kein Anschwemmen statt oder es stellt sich gar eine Abtragung ein. Ein hohes Interesse dürfen die Versuche von Hagen über die Einwirkung der Wellen auf Sandböschungen von verschiedenem Winkel beanspruchen. Er bediente sich hierfür wiederum des Glaskastens mit dem Wellenerzeuger. Es zeigte sich, dass die ursprünglich gewählte Neigung von $21^0 48'$ nach längerer Einwirkung der Wellen die grösste Veränderung in halber Höhe erlitt. Grössere Mengen Sandes folgten zunächst der Welle, wurden aber darauf durch die rückläufige Strömung zurückgeführt und an tieferen Stellen abgelagert. Auf diese Weise entstand eine schwach geneigte Fläche, welche zu Anfang stark zunahm, dann aber immer langsamer wuchs, um schliesslich unveränderlich zu bleiben. Bei diesen Versuchen stieg der Sand nicht die Böschung

---

[1] Die hier angeführten Zahlen sind ein Ergebniss zahlreicher von mir an den Küsten der Ostsee und des Schwarzen Meeres ausgeführten Messungen. Hagen giebt an, eine steilere Böschung als $1:10$ (= $5^0 42'$) nicht beobachtet zu haben und dass sie bei Sturm flacher wird und gewöhnlich $1:20$ (= $2^0 52'$) nicht übersteigt. (Handb. d. Wasserbaukunst, 3. Thl., **1**, 87; 1863.)

hinan, sondern wurde hinabgeschwemmt. Bei weiteren Versuchen gab Hagen der Sandfläche eine geringere Neigung von beiläufig $16^0\,42'$. Zur Verwendung kam ein grober Seesand mit einer mittleren Korngrösse von $^1/_3$ Linie, da auf einen Zoll 35 bis 40 Körner kamen; die Wasserschicht betrug 2,24 Zoll. Nach 300 Wellen wurde die Böschung bereits flacher; die folgenden 900 Wellen riefen darauf eine bedeutend geringere Veränderung der Oberfläche hervor (vgl. die beistehende Figur). Es stellte sich nach der Einwirkung von 1200 Wellen heraus, dass der Fuss der Böschung bis zu einer Höhe von $^1/_2$ Zoll über dem Boden des Gefässes durchaus keine Veränderung erlitt. Die sorgfältigste Beobachtung vermochte hier auch nicht die geringste Bewegung der Sandkörner festzustellen. Hingegen erfuhr die

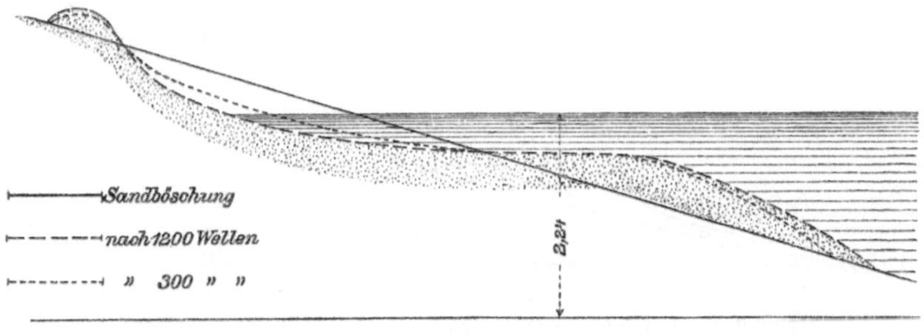

Fig. 1.

Zweiter Versuch von Hagen (nach Handb. d. Wasserbaukunst, 3. Thl., Kupfertafeln, Bd I, Taf I, Fig. 6).

Böschung oberhalb dieser Höhe eine wesentliche Umgestaltung. Es bildete sich eine Fläche mit einer Böschung von 1 : 10 (entsprechend einem Böschungswinkel von $5^0\,42'$), auf welcher sich der Sand beständig hin und her bewegte. Noch höher endlich, wohin nur die grössten Wellen gelangten und wo die Welle vom Sande aufgesogen wurde, entstand ein kleiner, beiläufig 1 Zoll breiter und $^1/_5$ Zoll hoher, auf die ursprüngliche Oberfläche angeschwemmter Rücken. Diese Versuche bewirkten demnach eine Sandanschwemmung und die Erzeugung einer Fläche von schwacher, ungefähr $5{,}5^0$ betragender Neigung.

In der Natur sind die Böschungen, namentlich bei Stürmen, noch flacher. An jeder sandigen Anschwemmungsküste lässt sich durch Beobachtung feststellen, dass je stärker die Brandung, um

so flacher die unter ihrem Einfluss entstandene Neigung ist.
Auf der schwach geneigten Fläche eines während eines Sturmes
gebildcten grösseren Küstenwalles lagern wellenförmig Sandschichten, angeschwemmt bei schwächerer Brandung, und reichen
um so tiefer auf der Böschungsfläche hinab, je schwächer die sie
erzeugende Brandung gewesen ist.   Jede Schicht des angeschwemmten Sandes verdickt sich nach oben hin und findet ihren
Abschluss in einem kleinen Wall, dessen dem Meere zugewendete
Seite schwach konkav ist.   Die beistehende Figur, einen schematischen Querschnitt der angeschwemmten Küste bei Dubki (an
der Kronstadter Bucht) darstellend, erläutert das eben Gesagte.
Die ausgezogene Linie zeigt das Profil nach einer Reihe allmählich
schwächer werdender Brandungen, während die punktirten die
durch spätere Anschwemmungen bedeckten Böschungstheile bezeichnen. Jede der Theilböschungen weist eine leichte Einbiegung
auf, die besonders am oberen Ende klar hervortritt.   Eine eben-

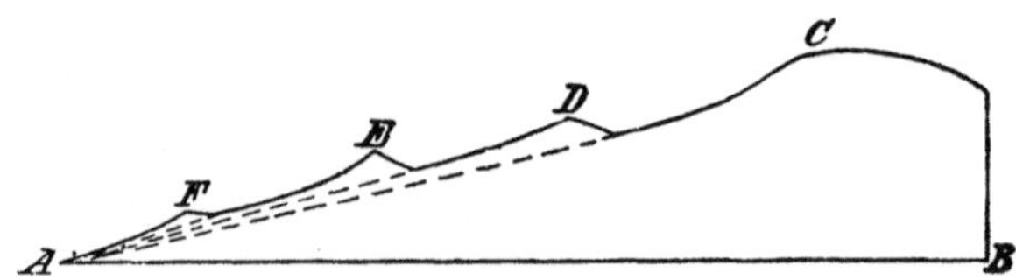

Fig. 2.
Längsschnitt einer Anschwemmungsküste 2¹/₂ Mal überhöht.

solche Einbiegung erhielt auch Hagen bei seinen Versuchen.
Uebrigens haben darüber viele Beobachter berichtet.   Interessant
ist es, dass auch bei den aus Geröll und Geschieben bestehenden
Wällen eine Konkavität an dem seewärts gerichteten Abhange
deutlich ausgeprägt ist, wie Élie de Beaumont,[1] Lewakowsky[2]
u. A. bezeugen.   Nur in denjenigen Fällen, in welchen die ankommenden Wellen sich über den Wallkamm ergiessen, verschwindet
diese Einbiegung und der Wall erhält die Gestalt eines Giebel-
daches mit einem scharfen Kamm und zwei nach beiden Seiten
gleichmässig abfallenden Gehängen.

      Die Höhe der Küstenwälle ist im Allgemeinen nicht bedeu-
tend und hängt von derjenigen ab, bis zu welcher die Brandung
reicht, also von der Stärke dieser letzteren.   An den Küsten der

---

[1] Leçons de géol. prat., 1845, **1,** pl. IV, fig. 2.
[2] Erforschung der Taurischen Berge, S. 36 (russisch).

Ostsee ist es mir niemals gelungen Küstenwälle zu sehen, die sich mehr als 1,5 m über der Fläche der Küste und 2,25 bis 2,5 m über das Meer erhoben. An der Atlantischen Küste scheint die Höhe der sandigen Küstenwälle auch nicht viel beträchtlicher zu sein. Indessen steht Höhe und Gestalt der Küstenwälle in engem Zusammenhang mit der Korngrösse des sie zusammensetzenden Materials: je feiner der Sand, um so flacher und unscheinbarer der Küstenwall. In der Umgegend von Libau, wo der Sand äusserst fein ist, von höchstens 0,2 mm Korngrösse, erreichen die Küstenwälle kaum die Höhe von 0,5 m, obwohl sie bei Brandungen von mittlerer Stärke entstehen. Bei Stürmen kommen sie überhaupt nicht zu Stande und die Küste erscheint dann vollkommen eben, beinahe horizontal, mit einem Böschungswinkel von 0,5 bis 1°. Gröberer, besonders mit Grand und Geröll gemischter Sand bildet höhere Küstenwälle mit steileren Gehängen; das höchste Maass jedoch erreichen die aus Geröll und Geschieben bestehenden Wälle, die einen um so bedeutenderen Eindruck hervorrufen, als ihre Böschung ziemlich steil ist und einen Neigungswinkel von 20° und mehr besitzt. An den Küsten des Atlantischen Oceans erreichen die aus grobem Geröll zusammengesetzten Küstenwälle eine Höhe von 5 m.[1]

Wir wollen nicht länger bei diesen für den Geologen zwar recht wichtigen, jedoch bisher leider zu wenig erforschten Erscheinungen der Anschwemmung des Sandes durch die Meereswellen verweilen. Sie sind so komplicirt und dabei von solcher Bedeutung, dass ihre Erklärung viel genauerer Beobachtungen und unverhältnissmässig mehr thatsächlichen Materiales bedarf, als wir gegenwärtig in der in diesem Punkte recht dürftigen Litteratur besitzen.[2] Für unseren Zweck reicht es aus, den Vorgang der Sandanschwemmung an die Küste in allgemeinen Zügen darzustellen und auf die hauptsächlichsten Bedingungen unter denen sie zu Stande kommt hinzuweisen.

Als eine der Hauptbedingungen erkannten wir die Neigung der Küste, die um so geringer sein kann, je feiner der Sand

---

[1] Leçons de géol. prat., 1845, **1,** 227.

[2] Jedenfalls verdienen diese Erscheinungen in vollem Maasse die ihnen gewidmeten Beobachtungen und Versuche. Es sei hierbei noch hervorgehoben, dass die an Meeresküsten vor sich gehenden Erscheinungen experimentell viel leichter und in einer den natürlichen Vorgängen viel ähnlicherer Weise nachgeahmt werden können, als die durch Wind hervorgerufenen.

ist. Zur Bildung einer angeschwemmten Sandküste ist ferner erforderlich, dass der Strand der herrschenden Brandungsrichtung gegenüber offen liege und von ihr nicht unter einem spitzen Winkel getroffen werde. Dass an den Küsten von Meerbusen und Buchten, in welchen ein starker Wellenschlag nicht vorkommt, sich eine einigermaassen bedeutende Sandanschwemmungszone nicht bildet, versteht sich von selbst; aber auch an Meeresküsten kommt eine solche Zone kaum zu Stande, wenn ein Theil der Küste durch eine Landzunge, ein Vorgebirge oder eine Insel vor der unmittelbaren Einwirkung der herrschenden Winde und Stürme geschützt ist. Als Beispiel kann die Küste bei Sestrorétzk, nördlich der Landspitze von Dubki, dienen. Diese ganze Küste ist angeschwemmt und zieht sich auf eine Erstreckung von 7 Kilometer von der Basis der genannten Landspitze bis zur Wendung des Strandes gegenüber dem Dorfe Kokkólowo (finisch: Kuokkala) fast in gerader Linie von Süd nach Nord hin, ist also direkt gegen Westen offen. Der südliche an die weit in das Meer hineinragende Landspitze von Dubki grenzende Theil wird von ihr vor der herrschenden und stärksten südwestlichen Brandung geschützt und ist daher von einer Anschwemmungszone frei. Der flache, schlammige Strand ist fast bis zur Wasseroberfläche mit Gras, Farnen und Schilf bewachsen, welche der Wellenschlag nicht belästigt, während etwas weiter, etwa $^1/_4$ Kilometer von der Landspitze nach Norden, eine kahle Sandzone erscheint, zunächst ganz schmal mit schlammgemengtem Sand, dann, wo die Küste sich den südwestlichen Stürmen mehr und mehr öffnet, immer breiter werdend, bis sie gegenüber dem Landungsplatz eine Breite von über hundert Schritt erreicht und einen bedeutenden Küstenwall aus Flugsand besitzt. Hinter diesem Wall zieht sich nach dem Innern des Landes eine Reihe zum Theil bereits mit Vegetation bedeckter, zum Theil sogar zerstörter Wälle, aus denen der Wind den feineren Sand herausbläst und landeinwärts nach den Dünen hin trägt. Weiter nach Norden wird die Anschwemmungszone noch breiter und erreicht zwischen der Mündung der Sestrá und der Biegung der Küstenlinie beim Dorfe Kokkólowo ihre Maximalbreite von 200 Schritt, während der Küstenwall hier höher wird und aus gröberem Sande besteht. Auf eine eben solche Abhängigkeit der verminderten Anschwemmung von einem allmählich zunehmenden

Schutz der Küste vor der herrschenden Brandung habe ich bei der Bucht von Terioki hingewiesen.[1])

Auf die Menge des angeschwemmten Sandes ist nicht nur das Maass von Einfluss, in welchem die Küste der herrschenden Brandung ausgesetzt ist, sondern auch der Winkel, welchen die Richtungen beider mit einander einschliessen. Die Nordküste der Bucht von Kronstadt erweist sich als sehr geeignet für hierauf hinzielende Beobachtungen. Auf ihrer ganzen Erstreckung von Láchta bis zum Lissij Nos liegt die Küste der herrschenden westlichen und südwestlichen Brandung gegenüber offen und wird auf den Karten nahezu geradlinig dargestellt, obwohl sie in Wirklichkeit aus aneinander stossenden flachen Kurven besteht, deren concaven Seiten dem Meere zugewendet sind, d. h. aus einer Reihe kleinerer, in das Festland schwach eingeschnittener Buchten. Diese letzteren ähneln einander durchweg; die sie von einander trennenden Landzungen ragen so wenig in das Meer hinein, dass sie nicht eine Spanne der Küste vor der Brandung zu schützen vermögen. Allein die Windungen der Küste, wenn auch an sich unbedeutend und allmählich verlaufend, bedingen eine Änderung in ihrer Lage der herschenden Brandungsrichtung gegenüber, was sich in der Menge angeschwemmten Sandes bemerkbar macht. In allen kleinen Buchten der östlichen Küstenhälfte, auf welche die Brandung unter einem nahezu rechten Winkel einwirkt, ist die Sandzone bedeutend breiter und mächtiger, als in der Westhälfte der Bucht, in welcher die Brandung unter einem spitzen Winkel die Küste trifft. Dabei lässt sich eine allmähliche in der Abnahme des angeschwemmten Sandes mit dem Spitzerwerden des Winkels zwischen Brandungs- und Küstenrichtung feststellen. Besonders in die Augen fallend ist der Unterschied im Charakter der Küste an den diese Buchten scheidenden Landspitzen. Die Westseiten der Landspitzen sind sandreich, die Sandzone ist hier am breitesten und mächtigsten; an den Ostseiten hingegen, wo die Brandung eine zur Küste tangentiale Richtung hat, fehlt die Anschwemmungszone fast gänzlich, ja ist deutlich eine Unterspülung wahrzunehmen. — Dieser Küstentheil bildet einen kleinen Absturz, dessen Rand, durch die Wurzeln von Bäumen und

---

[1]) N. S., „Die Dünen der Küste des Finischen Meerbusens" in Trudý &c., 1882, 171.

anderen Gewächsen zusammengehalten, als Gesimms überhängt, während am Fusse des Absturzes eine schmale Zone von Geröll und Geschieben abgelagert ist, aus der das feinkörnige Material ausgewaschen und durch die Wellen nach Osten getragen wird. Genau dieselbe Erscheinung vermochte ich an vielen anderen Küsten zu beobachten und ein solcher Fall wird weiter, bei der Beschreibung der Dünen zwischen den Dörfern Murila und Lautaranta eingehend besprochen werden.

Unter günstigen Bedingungen ist die Menge des angeschwemmten Sandes oft recht bedeutend. Besonders ansehnlich ist sie bei starken Brandungen. Manchmal wirft das Meer während eines Sturmes solche gewaltige Sandmassen an die Küste, wie unter gewöhnlichen Verhältnissen kaum im Laufe eines ganzen Jahres, ja mehrerer Jahre. So erlitt durch einen heftigen Sturm, welcher am 27. August (8. September) 1879 die Bucht von Kronstadt heimsuchte und keine geringen Verwüstungen an vielen Orten der Umgebung St. Petersburgs anrichtete, die flache Küste jener Bucht eine merkliche Veränderung. Jenseits der von den stärksten Wellen der nicht aussergewöhnlichen Brandungen je erreichten Grenze, wo der Boden mit Gras bewachsen war, bildete sich bei diesem Sturme ein riesiger Küstenwall aus grobem Sand, Grand und Geschieben. Dieser Wall erreichte eine mittlere Höhe von 1 m; die Breite seiner Grundfläche schwankte zwischen 5 und 15 m in Folge einer Wendung der sonst, wie gesagt, einen fast geradlinigen Verlauf besitzenden Küste. Ich habe diesen Wall von Lachta bis Lissij Nos auf einer Erstreckung von 9 Kilometer verfolgen können. Es darf veranschlagt werden, dass der Sturm auf jeden Meter Küstenstrecke im Mittel 8 Kubikmeter Sand anschwemmte, also auf die ganze Küste beiläufig 80 000 Kubikmeter ablagerte. An die Sandküsten anderer Meere werden unverhältnissmässig grössere Massen Sand angeschwemmt; So wurde bei Agger an der Westküste Jütlands während eines heftigen Sturmes im Jahre 1825 ein Küstenwall von über 3 m Höhe aufgetragen.[1] Nach Andresen's Berechnungen wird an diese Küste im Laufe eines Jahres bis zu 6 Kubikmeter auf je 1 m Küstenstrecke angeschwemmt. Noch mehr lagert die Nordsee an die Küsten Frieslands und Hollands ab. Diese Sand-

---

[1] Forchammer, Geogn. Studien am Meeres-Ufer, N. Jahrb. f. Miner. &c., 1841, 23.

mengen sind aber immer noch bedeutend geringer, als diejenigen, welche am Meerbusen von Biscaya, an der Küste der Gascogne abgelagert werden. Brémontier berechnete, dass das Meer hier jährlich nicht weniger als 20 Kubikmeter Sand auf je 1 m Küstenstrecke aufträgt, während Laval, gestützt auf siebenjährige Beobachtungen, die jährliche Anschwemmung zu 25 Kubikmeter auf je 1 m Küstenstrecke und demnach für die ganze Küste der Gascogne zu 6 Millionen Kubikmeter bestimmte.[1]

Hierbei entsteht unwillkürlich die Frage: wo schöpft das Meer solche gewaltige Sandmassen her? Zu ihrer Lösung ist es zunächst erforderlich, festzustellen, bis zu welcher Tiefe das Wasser in so starke Bewegungen versetzt werden kann, um sie auch auf den Sand zu übertragen, ob also die Beweglichkeit des Sandes sich lediglich auf die seichte Küstenzone beschränkt oder auch auf grössere Tiefen erstreckt. Brémontier beobachtete von einer Anhöhe am Golf von Biscaya wie 5 bis 6 Fuss hohe Wellen ihre Gestalt veränderten, sobald sie über den unterseeischen Klippen von Artha, zwischen den Forts von Ste. Barbe und Soccoa hinwegglitten, obwohl die Spitzen dieser Klippen selbst zur Ebbezeit 28 Fuss unter dem Meeresspiegel liegen.[2] Der Kommandor Cialdi beobachtete, dass bei einem Sturme im Atlantischen Ocean das Wasser sich bis zu einer Tiefe von 200 m trübte.[3] Versuche der Gebrüder Weber haben erwiesen, dass die Tiefe, bis zu welcher sich die Bewegung des Wassers überträgt, 350 Mal grösser ist, als die Höhe der Wellen.[4] Ausserdem stellten Beobachtungen fest, dass sich feiner schlammiger Sand in einer Tiefe von 188 m zu Runzeln häuft und Sandwellen (ripple-marks) bildet. Aber andererseits unterliegt es keinem Zweifel, dass die Kraft der Bewegung des Wassers nach der Tiefe hin ausserordentlich rasch abnimmt und die Hydrotechniker behaupten daher, dass die Wellenbewegung sich nur in eine unerhebliche Tiefe fortpflanzt, dass bereits bei 8 m Tiefe im Atlantischen Ocean und bei 5 m Tiefe im Mittelländischen Meere mit Steinbekleidung versehene unterseeische Bauwerke selbst durch die stärksten Stürme nicht

---

[1] Laval, Ann. des ponts et chaussées, (2), 1847, 2me sém., (14), 229.

[2] Brémontier, Roch. s. les mouvements des ondes. Auszug von Delamétherie in dessen Journ. d. phys., 1814, 79, 73—97.

[3] Delesse, Lithologie du fond des mers. Auch unter dem Titel Lith. des mers de France et des mers principales du globe. Paris, 1872, p. 111.

[4] E. und W. Weber, Wellenlehre auf Experimente gegründet, 1825, 43.

zerstört werden können. Auch Hagen ist der Ansicht, dass die
Bewegung des Wassers, welche bei der Brandung eine Umlagerung des Sandes am Strande bedingt, sich auf verhältnissmässig
geringe Tiefen überträgt und führt Thatsachen an, aus welchen
gefolgert werden kann, dass der Sand im Meere nur bis zu einer
bestimmten Tiefe reicht. So sah er, eine rückläufige Welle auf
der Insel Wangerooge verfolgend, dass die Sandbedeckung mit
einem Male abbrach und sich darauf festes, vollkommen sand-
freies Land entblöste. Vor Pillau, wo die Küste zum Theil von
einer mächtigen Sandschicht bedeckt ist, zum Theil aber auch
ausschliesslich aus Sand besteht, so dass das tiefe Fahrwasser
Sandboden besitzt, ist der Grund der Rhede nur aus zähem Thon
gebildet, ohne jegliche Spur von Sand.[1] Delesse kommt, auf
Grund seiner Forschungen an den Meeresablagerungen an den
Küsten Frankreichs, zu dem Schluss, dass die Vertheilung der
Sedimente nur in unmittelbarer Nähe der Küsten von der
Meeresbrandung abhängig ist, bei grösseren Tiefen dagegen sich
die Ablagerungen lediglich an Ort und Stelle auf Kosten der
vom Meeresgrunde her in das Wasser hineinragenden festen Gesteine und aus der Zerstörung dieser letzteren durch das Wasser
bilden, ebenso wie die Bodenarten infolge der örtlichen Zerstörung
der Festlandsgesteine durch die Atmosphäre entstehen.[2]

Man muss demnach annehmen, dass die Kraft der Wellen
sich auf einen schmalen Küstensaum beschränkt, welcher um so
schmäler, je schwächer die Brandung und je steiler die Küste
ist; dass aber bei starken Stürmen an einem flachen Strande die
Zone, auf welcher der Sand durch die Wellen bewegt wird, eine
Breite von einigen Kilometern erreichen kann. Dies ergiebt sich
auch aus der Bildung von Sandbänken oder Riffen in einiger Entfernung von der Küste, wo diese manchmal mehrere Reihen bilden.
Diese Riffe bewegen sich allmählich der Küste zu und tragen zur
Breitezunahme der Anschwemmungszone oft in höherem Maasse bei,
als die unmittelbare Sandanschwemmung in Gestalt von Küstenwällen. „Sobald nach dem Sturm die Anschwellung aufhört und
der Wasserstand wieder auf sein gewöhnliches Maass zurücksinkt,
bemerkt man, dass dasjenige Riff, welches dem Ufer am nächsten
liegt, demselben sich stark genähert hat und zugleich so ange-

---

[1] Hagen, Handb. d. Wasserbaukunst, 3. Thl., **1**, 95; 1863.
[2] Delesse, Lithologie du fond des mers, 1872, 306.

wachsen ist, dass es über Wasser liegt. Es bildet eine schmale Zunge, die sich vielfach an den Strand anschliesst, und über welche einzelne Wellen noch herüberschlagen und die dahinter belegenen Lachen theilweise mit neuem Sande ausfüllen. Sobald das Wasser seinen gewöhnlichen Stand annimmt, ragen diese flachen Rücken 1 bis 2 Fuss darüber hervor, und indem sie trocken werden, so füllen jene Lachen sich vollständig aus, der Strand gewinnt an Breite und bei anhaltendem schwächeren Seewinde fliegt der Sand, aus dem sie bestehen, nach den Dünen und auf die dahinter belegenen Flächen."[1]

Wenn sich also die Bewegung des Sandes der Küste zu auf den Küstensaum, und mag dieser noch so breit sein, beschränkt, so ist es klar, dass, bei unverändertem Meeresspiegel, im Laufe der Zeit ein Mangel an Sand eintreten kann und seine Anschwemmung aufhören muss, falls nicht immer wieder neue Sandmassen von anderswo her an die Küste geschafft werden. Es ist unleugbar, dass das Meer selbst beständig eine gewisse Menge Sand erzeugt, indem es gröberes Material, Grand, Geröll, Gesteine zerkleinert und zerreibt; die verhältnissmässige Langsamkeit dieses Vorganges und die Beschränkheit der Fläche, auf welcher er sich abspielt, lassen indessen vermuthen, dass der vom Meere aufbereitete Sand einen unwesentlichen, sogar verschwindenden Theil der oft ungeheueren Massen ausmacht, welche von den Wellen an die Küste getragen werden.

Man könnte annehmen, dass diese Massen durch Meeresströmungen aus grösseren Tiefen geliefert werden, wenn sich dort irgend welche Sandablagerungen finden; einige Betrachtungen lassen uns jedoch die Berechtigung solcher Voraussetzungen bezweifeln. Tiefenströmungen von einigermassen ansehnlicher Stärke und Geschwindigkeit steigen nicht zu seichten Küsten hinauf, ja nähern sich den Küsten überhaupt nicht; Oberflächenströmungen hingegen, welche manchmal in grössere Nähe der Küsten gelangen, sind ohne jeglichen Einfluss auf die Bewegung des Sandes auf dem Meeresgrunde, da ihre Geschwindigkeit, also auch ihre bewegende Kraft mit der Tiefe rasch abnimmt. Selbst eine so bedeutende Strömung wie die Renuelströmung in dem verhältnissmässig wenig tiefen Golf von Biscaya, übt, nach Delesse,

---

[1] Hagen, Handb. d. Wasserbaukunst, 3. Thl., **1,** 94; 1863.

gar keinen Einfluss auf die Vertheilung der Absätze auf dem Grunde dieses Meerbusens.[1]) Durchaus ohne Einfluss auf die Bewegung des Sandes sind, entgegen einer verbreiteten Ansicht, nach Cialdi und nach Delesse die beständigen Küstenströmungen.[2]) Erscheint somit die Annahme, dass Meeresströmungen den Küsten Sand zuführen können unbegründet, so bleibt die Thatsache unbestritten, dass die Flüsse ununterbrochen grosse Mengen davon ins Meer hineintragen und dass viele angeschwemmte Sandküsten ihre Entstehung namentlich den Flüssen verdanken. So ist die Anschwemmungsküste der Nárwa-Bucht ja die ganze Niederung des Unterlaufes der Narówa bis hart an den Absturz der silurischen Ablagerungen bei Nárwa aus demselben Sande zusammengesetzt, welchen der genannte Fluss auch gegenwärtig dem Meere zuführt. In gleicher Weise ist die breite Anschwemmungsküste im südlichen Theile des Rigaer Meerbusens mit allen ihren Küstenwällen und vom Winde errichteten Dünen durch die Meereswellen aus jenem Sande erzeugt worden, welchen die Westliche Düna fort und fort lieferte und noch liefert. In noch viel grossartigerem Maassstabe kann dieselbe Erscheinung an den Mündungen des Rheins, der Rhône, des Nils und anderer Ströme beobachtet werden.[3]) Den Sandvorrath vermögen endlich dem Meere die Küsten selbst zu liefern, sofern sie aus sandigen oder sandhaltigen Bildungen bestehen. Ein Hauptmerkmal solcher Küsten bildet gewöhnlich ein steiler Absturz, welcher sich hinter einem flachen angeschwemmten Strande und in einiger Entfernung von der Wassergrenze bei mittlerem Meeresspiegel erhebt. Bei starken Stürmen wird der Strand überfluthet, die Wellen erreichen den Fels, unterwaschen seinen Fuss und zwingen eine Scholle nach der anderen in das Wasser hinabzustürzen. Die Schollen werden zerwaschen und der in ihnen enthaltene Sand breitet sich als gleichmässige Lage auf der Oberfläche der Anschwemmungszone aus oder findet bei der Bildung eines Küstenwalles Verwendung. Zum Theil wird er aber von der rückläufigen Strömung etwas weiter gegen das Meer hin mitgeführt, um später, bei schwächerer Brandung, der Anschwemmungszone zugetragen

---

[1]) Delesse, Lithologie du fond des mers, 1872, 305.

[2]) Delesse, l. c. 115.

[3]) Eine sehr vollständige Darstellung der hier besprochenen Erscheinung findet sich bei É. de Beaumont, Leçons de géol. prat., 1845, 1.

zu werden. Fälle, bei denen das Meer, wie eben geschildert wurde, bei der Beschaffung des Materials zur Bildung der Anschwemmungsküste selbstthätig ist, trifft man in der Natur häufig: es lässt sich sogar behaupten, dass die Mehrzahl der Anschwemmungsküsten auf Kosten vom Meere unterwaschener und aufbereiteter älterer Ablagerungen gebildet wird. So entstammt der von den Meereswellen an die Küste des Golfes von Biscaya aufgetragene Sand den Pliocän-Ablagerungen der „Landes";[1] so wird der Sand der Niederländischen Küste aus dem sie zusammensetzenden sandreichen Diluvium ausgewaschen;[2] ebenso rührt der Sand in Jütland aus dem Küstengestein selbst her. Der Sand der südlichen Ostseeküste ist einestheils ein Aufbereitungsprodukt der daselbst anstehenden Oligocänbildungen, anderentheils der Glacialablagerungen.[3]

Bei uns, an den Küsten der Ostsee, des Rigaer und Finischen Meerbusens ist der Sand ein aufbereiteter Glacialsand, mit Ausnahme desjenigen an den Flussmündungen, wo er, von den Flüssen herbeigetragen, durch diese auch noch aus älteren Ablagerungen ausgewaschen sein mag.[4] Höchstwahrscheinlich wird dem aus Glacialbildungen stammenden Sande beständig ein Theil desjenigen beigemischt, welcher durch Zerreibung von Splittern des in den finländischen Felsen anstehenden Granits neu entsteht, obwohl dieser Antheil natürlich nur sehr unwesentlich sein kann.

---

[1] Delesse, l. c. 189.

[2] Winkler, L'Origine des dunes maritimes des Pays-Bas. Die eingehende mineralogische Untersuchung des niederländischen Dünensandes durch J. W. Retgers (Sur la composition du sable des dunes de la Néerlande. Ann. Écóle Polytechn. de Delft., 1891, **7**, 1—50) zeigt, dass viele seiner Bestandtheile auf einen Ursprung aus älteren krystallinischen Gesteinen, wie Graniten, Gneissen u. dgl. m. hinweisen. Es ist unzweifelhaft, dass das Meer den zur Errichtung der Dünen verwendeten Sand den Glacialablagerungen entnahm. Einige Minerale indessen, welche im Dünensande angetroffen werden, wie Olivin, Kalkstein, haben ihre Heimath an den Ufern des Rheins und der Mosel. Aller Wahrscheinlichkeit nach gesellt sich dem Sande aus den Glacialablagerungen in grösserer oder geringerer Menge solcher, welcher von den genannten Flüssen ins Meer geführt wird.

[3] Berendt, Geologie des Kurischen Haffes, Königsberg 1869, S. 14.

[4] Helmersen, Bericht über die in den Gouv. Grodno u. Curland ausgeführten geolog. Untersuchungen. Bull. Acad. St. Petersb., 1877, **23**, 175 bis 249. Grewingk, Geologie von Liv- und Kurland. Archiv f. d. Naturkunde Liv-, Ehst- und Kurlands (Dorpat), 1861, **2**, 546 ff. S. Sokolów, Die Dünen der Küste des Finischen Meerbusens, 1882.

III.

Abhängigkeit der Dünenbildung von den sekularen Schwankungen der Küsten.
— Dünen an steigenden und sinkenden Küsten. — Günstige Bedingungen für
die Sandanschwemmung an sinkenden Küsten. — Abnahme des Sandes an
steigenden Küsten. — Einfluss der täglichen Schwankungen des Meeres auf
die Dünenbildung. — Antheil der Fluth und der Ebbe an der Anschwemmung
des Sandes an die Küste. — Abhängigkeit der Lage der Dünen von der Richtung der herrschenden Winde. — Vorherrschen der Seewinde und der Landwinde an den Küsten.

Bei Betrachtung der Bedingungen zur Bildung und Entwickelung der Dünen an den Meeresküsten, entsteht eine höchst interessante Frage: in welcher Beziehung stehen die sekularen Veränderungen der Küstenlinie in vertikaler und horizontaler Richtung
zu der Dünenbildung und welches sind die zu ihrer Entwickelung
günstigeren Bedingungen — ein allmähliches Steigen der Küste oder
ihr Sinken, eine positive oder negative Verschiebung der Strandlinie? Zum Vergleich ist am zweckmässigsten, zwei Karten neben
einander zu betrachten: eine, auf welcher die Vertheilung der
Stranddünen verzeichnet ist, und eine zweite, aus der man die
Hebungs- und Senkungs-Gebiete des Festlandes, mit anderen
Worten das Vor- oder Zurückschreiten der Küsten überblickt. Die
Küsten Europas bieten in dieser Hinsicht einen grossen Vorzug
dar, einmal, weil nur für diesen Welttheil einigermaassen zuver-
lässige Angaben über die Veränderung der Küstenlinie vorliegen,
dann, weil die europäischen Küsten im Allgemeinen reich an Dünen
sind und der Vergleich sich auf Küsten von einigen Hunderten
von Kilometern Länge erstrecken kann.

Die bedeutendsten Dünen Europas sind diejenigen des Golfes
von Biscaya, welche sich von der Mündung des Adour bis zur
Garonne über 240 km ununterbrochen hinziehen. Sie sind in
mehreren (bis zu zehn) Reihen geordnet und nehmen in der Breite

4 bis 8, an einigen Stellen bis zu 10 km ein. Sowohl ihrer Höhe bis zu 90 m, als auch der von ihnen eingenommenen Fläche von beiläufig 120 000 ha nach, dürfen sie wahrscheinlich zu den wichtigsten Stranddünen der ganzen Welt gerechnet werden.[1]) In welcher Phase der sekularen Schwankung befindet sich nun die Küste der „Landes" — steigt sie allmählich oder sinkt sie in die Wässer des Atlantischen Oceans? Darüber gehen die Ansichten auseinander. Die Mehrzahl der Gelehrten äussert sich zu Gunsten eines allmählichen Sinkens, andere behaupten hingegen, dass die gegenseitige Lage der Küste und des Meeresspiegels unverändert bleibt. Zu den Vertretern der ersten Ansicht gehören u. A. Delfortrie, Delesse und Reclus. Der Erstgenannte folgert ein Sinken der Küste namentlich aus der Verringerung des von dem Leuchtthurm bei Cordouan beleuchteten Kreises, was allerdings das Sinken des Leuchtthurmes beweist.[2]) Delesse erwähnt den unterseeischen Wald bei Arcachon, dessen Baumstämme ihre senkrechte Stellung behalten haben.[3]) Bei Reclus endlich findet sich die Angabe, dass die bei der Landspitze Pointe-de-Graves liegenden Felsen von St. Nicolas durchaus nicht mehr so hoch aus dem Wasser hinausragen, wie im Jahre 1826.[4])

Entgegengesetzter Ansicht ist Girard, welcher das Sinken der Küste der „Landes" als noch nicht erwiesen und viele der zu dessen Gunsten angeführten Thatsachen als durch Unterwaschung der Küste erklärlich betrachtet.[5]) Es dürften indessen solche Thatsachen, wie die über den Leuchtthurm von Cordouan und die St. Nicolas-Felsen berichteten, die Unveränderlichkeit der Gestalt dieser Gegenstände vorausgesetzt, unzweifelhafte Zeugnisse für das Sinken der Küste abgeben, obwohl es höchst wahrscheinlich nicht gleichmässig und nicht auf ihrer ganzen Erstreckung statt-

---

[1]) Soweit bekannt, sind die Dünen des Golfes von Biscaya die höchsten unter allen Küstendünen, obwohl es an der Westküste Afrikas, zwischen dem Kap Bojador und dem Kap Verde solche von enormer Höhe von 120—180 m giebt. Es liegen indessen, freilich noch unkontrolirte, Angaben vor, dass diese Dünen nicht aus meeresabgelagertem Sande, sondern aus demjenigen der Sahara bestehen und demnach Innlanddünen sind, welche durch die herrschenden Nordostwinde seewärts verrückt wurden.

[2]) Delfortrie, Actes d. l. Soc. linnéenne de Bordeaux, 1876, **31**, (= [4], **1**), p. 88.

[3]) Delesse, Bull. soc. de géogr., (4), **3.**

[4]) Reclus, Nouv. géogr. universelle, **2**, pl. 26; 1879.

[5]) Girard, Bull. soc. de géogr., 1875, (6), **10**, 225.

findet. Wenn übrigens Uneinigkeit darüber herrscht, ob die Küste
der „Landes" sinkt oder nicht, so sind alle darin in Uebereinstimmung, dass diese Küste beständig vom Meere unterwaschen wird
und auf der ganzen Linie zurücktritt.   „La mer," sagt Delesse,
„dégrade sans cesse la côte des Landes sur laquelle elle exerce
des empiètements qu'il est facile, de constater. Ces empiètements
paraissent surtout avoir été considérables dans la partie du Nord
des Landes, notamment en regard de Soulac, de Hourtin, de
Ste Hélène, de Lège, où l'on trouve des traces d'habitations aban-
données. Les villages de Lislan, de Lelos, d'Anchise, ont aujourd'hui
complétement disparu et leur emplacement est même inconnu.
Comme les dunes sont en marche vers l'Est et qu'elles s'avancent
en poussant devant elles les étangs auquels elles donnent
naissance les ruines d' habitations peuvent aussi leur être attri-
buées; mais la marche progressive des dunes tient encore à ce
que la mer a détruit successivement le rivage sur lequel elles
reposaient. Bien que les plantations tendent maintenant à fixer
les dunes, la mer continue sans relâche ses dégradations et ses
empiètements sur la côte. Brémontier estime même que, près
de Hourtin, elle n'a pas conquis moins de 2 mètres par année;
et même le fort Cantin, construit en 1754, près de la Tête, à
plus de 200 mètres du rivage, était entièrement enseveli sous les
eaux au bout de quarante ans; on aurait donc sur ce point la
moyenne très élevée de 5 mètres par année."[1]) Es ist ebenfalls
bekannt, dass der Leuchtthurm von Cordouan einst an der Küste
gelegen, gegenwärtig durch eine Meerenge von 7 km Breite vom
Festlande getrennt ist. Die Stadt St. Jean-de-Luz, südlich von
Biarriz leidet jetzt mehr und mehr von dem andringenden Meere.
An vielen Stellen dieser Küste werden auch die Dünen unterwaschen und stürzen in das Meer, während die vorgeschobene
Leeseite ihr Vorrücken ins Innere des Landes fortsetzt. Die
hohen Dünen von La Grave südlich von Arcachon, sagt Reclus,
bieten eine eigenthümliche Erscheinung dar: unten stürzen sie ins
Meer hinab und oben ersticken sie selbst den Kiefernwald in der
Masse des allverschlingenden Sandes.[2])

Wenden wir uns nun von den Dünen des Golfes von Biscaya
einem anderen der hervorragendsten Meeresdünen-Gebiete, der

---

[1]) Delesse, Lithologie du fond des mers, 1872, 187.
[2]) E. Reclus, Nouv. géogr. univers., russ. Ausgabe, 2, 197—198.

Südküste der Nordsee zu. Vom Pas-de-Calais bis zur Mündung der Elbe ist die Küste dieses Meeres von einer fast ununterbrochenen Dünenkette umsäumt, welche ihrer Erstreckung nach das Gebiet am Golf von Biscaya bei weitem übertrifft. Die Höhe der Dünen ist aber hier bedeutend geringer und übersteigt im Mittel 15 bis 20 m nicht. Die höchsten Dünen bei Petten allein erreichen 35 m.[1]) Ueber das Sinken dieser Küste bestehen nicht die geringsten Zweifel. Die holländische Küste bietet seit mehreren Jahrhunderten das Bild eines ununterbrochenen und angestrengten Kampfes zwischen dem Menschen und dem Meere dar; und trotz aller Erfahrung und unvergleichlicher Energie, welche die Holländer in diesem Kampfe bekunden, wird es von Jahr zu Jahr schwieriger den verwüstenden Uebergriffen des Meeres Halt zu bieten. So reichte auf der Insel Wieringen bis zum Jahre 1791 eine Reihe von Poldermühlen (Wasserschöpfmühlen) aus, um die trocken gelegten Felder zu schützen; in jenem Jahre wurde jedoch die Anlage einer zweiten Reihe erforderlich, wegen des fortdauernden Sinkens des Landes. Für einige Punkte konnte die Geschwindigkeit des Sinkens mit ziemlicher Genauigkeit bestimmt werden. So berechnet L'Epie es für die Gegend von Enkhuizen zu 1,1 m im Jahrhundert.[2]) Bei Errichtung eines neuen Deiches zu Nieuwediep wurden in einer Tiefe von 5,2 m unterhalb des mittleren Meeresspiegels Spuren eines alten zum Schutz des Landes gegen die Meereswellen dienenden Holzbaues aufgefunden. Die Felder um Dordrecht, sagt Reclus, sind zu einem zusammenhängenden Schilfwald (Bis-

---

[1]) Die Küsten Flanderns sind von Ostende bis zur Scheldemündung von einer ununterbrochenen Kette von Dünen umsäumt, welche auch auf die Inseln der Schelde, der Maass, des Waal, des Lek sich ausbreiten. Ferner ziehen sich die Dünen vom Hoek van Holland ohne Unterbrechung bis Helder hin und setzen dann auf die Inseln Texel, Vlieland, Terschelling, Borkum, Wangeroog u. a. hinüber, welche eine Art Vordamm vor den Küsten Frieslands, der Provinz Hannover und Oldenburgs bis hart an die Elbemündung bilden. Die Gesammterstreckung dieses Dünensaums beträgt bis zu 500 km und obwohl seine Breitenausdehnung meist nicht gross ist, beträgt diese an manchen Stellen dennoch mehrere Kilometer und ist namentlich in der Gegend vom Haag, bei Katwijk, Zandvoort und Haarlem so bedeutend, dass man, bei der verworrenen Vertheilung der Dünen, nach É. de Beaumont, ohne genaue Kenntniss der durch das Dünenlabyrinth sich hinwindenden Pfade, sich darin leicht für einen ganzen Tag verirren kann. Leçons de géol. prat., 1, 213—214; 1845.

[2]) Siehe Prestel, Der Boden der Ostfriesischen Halbinsel, Emden 1870, S. 65.

bosch) geworden. Die Zuiderzee, ursprünglich ein Sumpf, hernach ein See, ist schliesslich eine ausgedehnte Meeresbucht geworden, deren Tiefe im Zunehmen begriffen ist, da gegenwärtig grössere Schiffe in ihr fahren können, als diejenigen, für welche sie in den vergangenen Jahrhunderten zugänglich war.

Mit dem Sinken der Küste findet eine starke Unterwaschung an ihr statt. An einzelnen Stellen ist ihr Zurücktreten recht bedeutend. Wo vor 30 Jahren grosse Dörfer lagen, breitet sich jetzt das Meer aus. Ein von den Römern unter Caligula errichteter Bau, ist bereits im Jahre 860 ins Meer versunken; seine Ruinen wurden im vorigen Jahrhundert in einer Entfernung von 4710 m von der Küste im Westen von Katwijk gefunden. Ein anderer römischer Bau, wahrscheinlich ein Wachtthurm, ist schon früher eine Beute des Meeres geworden; jetzt liegen seine Reste eine Meile von der Küste entfernt. Im Jahre 1726 besass die Düne bei s'Gravesande 640 m Breite; am Ende des vorigen Jahrhunderts war sie jedoch vom Meere gänzlich fortgeschwemmt.[1] Demnach tritt die Küste an dieser Stelle beiläufig um 10 m jährlich zurück. Wenn auch das Zurückweichen der Küste an anderen Punkten schwächer ist, so unterliegt es keinem Zweifel, dass die niederländische Küste auf ihrer ganzen Erstreckung eine mehr oder weniger bedeutende Abnahme erleidet. Aehnlichen Erscheinungen des Sinkens und der Unterwaschung begegnen wir an der ostfriesischen Küste. Nach Beobachtungen von Reinhold sinken die Poldern am Dollart um 0,92 m im Laufe jedes Jahrhunderts; aus den Pegel-Beobachtungen an der Nesserlander Schleuse ergiebt sich sogar eine Senkung von 1,38 m.[2]

Das seinem Umfange nach zweitgrösste Dünengebiet Europa's umfasst die Ostküste der Nordsee in Dänemark, Schleswig und Holstein. Auch diese Küste ist, wie die südliche, reich an Dünen, welche sich fast ohne Unterbrechung von der Elbemündung bis zur äussersten nördlichen Spitze Jütlands, zum Kap Skagen hinziehen. Sie nehmen eine Fläche von 67 000 Hektaren ein und stehen in ihrem Höhenmaasse den niederländischen nicht nach. Viele erreichen eine Höhe von 30 m und auf der Insel Sylt 60 m über dem Meeresspiegel, obwohl im letzteren Falle mehr als die Hälfte der Höhe auf den Küstenabsturz kommt, über welchem

---

[1] Maak, Zeitschr. f. allg. Erdk., N. F., **19**, 209; 1865.
[2] Prestel, Der Boden der Ostfriesischen Halbinsel, Emden 1870, 63—69.

sich die Dünen ausbreiten.[1]) Diese ganze Nordseeküste ist, mit Ausschluss ihres nördlichsten an das Kap Skagen grenzenden Theiles, unbedingt im Zustande des Sinkens und der Unterwaschung durch das Meer begriffen. An vielen Punkten der Küste finden sich unterseeische Wälder mit aufrecht stehenden Stämmen; viele historische Bauten liegen unter dem Wasser begraben. So wurde es auf der Insel Sylt im Jahre 1757 nöthig die Kirche von Rantum an eine andere Stelle zu verlegen, da sie von den vorrückenden Dünen und dem ihnen auf dem Fusse folgenden Meere bedroht wurde. Im Jahre 1792 waren die Dünen bereits weit über jenen Punkt, auf welchem ursprünglich die Kirche stand, hinausgewandert, während die Meereswellen ihr Fundament gänzlich unterwaschen hatten; 60 Jahre später lag dieser Platz bereits mitten im Meere, 700 Fuss von der Küste entfernt.[2]) In gleicher Weise leidet die Westküste Dänemarks beständig unter den Unterwaschungen. Die dieser Küste lang sich hinziehenden Dünen werden fort und fort unterspült und bilden sogenannte „Sturzdünen" mit beinahe senkrechten Abstürzen. Andresen macht über die Geschwindigkeit des Unterwaschungsvorganges eingehende Angaben. Bei Agger, unweit des Westendes des Liimfjords, büste in dem Zeitraum von 1815 bis 1839 die Küste einen Landstrich von 141 m Breite ein, d. h. jährlich über 5,6 m. Noch stärker war die Unterwaschung in den Jahren 1840 bis 1857, in welchen das Meer eine 157 m breite Zone eroberte, demnach die Küste jährlich um mehr als 9,4 m landeinwärts verrückt wurde.[3])

Eine ansehnliche Entwickelung erreichen die Dünen an der südlichen und südöstlichen Küste der Ostsee: der Dünenstrich zieht sich mit nur geringen Lücken von Swinemünde ab bis zum Nordende Kurlands bei Domes-Näss (auch Domesness) hin. Ihre

---

[1]) In Holstein und Schleswig sind die Dünen auf den Inseln vertheilt, welche als ununterbrochene Kette die Westküsten dieser Gebiete umsäumen; in Dänemark treten sie aber auf das Festland hinüber, wo sie sich bis Skagen hinziehen. Die Dünenzone ist an manchen Stellen wenig breit, und erreicht nicht einmal einen Kilometer, wobei die Dünen nur eine Reihe bilden; an anderen verbreitert sie sich jedoch zu 8—10 km und mehr und bietet ein äusserst verworrenes System von Dünen, welche in mehreren Reihen angeordnet sind. Die höchste Düne, der Blaabjerg, ist über 32 m hoch. Andresen, Om Klitformationen, 1861, S. 81.

[2]) Ebenda, S. 69.

[3]) Ebenda, S. 68—72.

grösste Entwickelung haben die Dünen an der Frischen- und
der Kurischen-Nehrung. Die letzteren sind, wegen ihrer 60 m
übersteigenden Höhe sowohl, als auch ihrer gesammten Mächtigkeit, nach denjenigen der Gascogne die bedeutendsten Meeres-
dünen Europas. An der Westküste Kurlands ist die Entwickelung
der Dünen zwar im Ganzen weit weniger bedeutend, dennoch
besitzen manche von ihnen, z. B. südlich von Libau und unweit
Windau, eine Höhe von 30 bis 40 m. Zahlreiche Angaben, namentlich über die Frische- und die Kurische Nehrung bezeugen, dass
die Südküste der Ostsee im Sinken begriffen ist und vom Meere
unterwaschen wird. An vielen Stellen versanken Torfmoore und
ganze Haine ins Meer; einige Inseln, wie Rohrkampe und Binsen-
horst, gehörten nach Aussagen älterer Leute noch zu ihrer Zeit
dem Festlande an. Nach Berendt dauert das Sinken der Küste
noch fort. Die Niederungen des Niemen-Deltas versumpfen mehr
und mehr, was in dem allmählichen Wechsel der Vegetation zum
Ausdruck kommt; die kurische Nehrung wird merklich schmäler;
die Stelle, an der das alte Kurhaus in Kranz stand, liegt bereits
weit im Meere, welches alljährlich beiläufig 2 m Küstenbreite an
sich reisst.[1]) Wenn die Westküste Kurlands gegenwärtig auch
nicht sinkt, so wird sie doch bei starken Stürmen unterwaschen
und tritt zurück. Wo man sie auch besieht, ist ihr Anblick derselbe: hinter einer bis 60 m breiten sandigen Anschwemmungszone erhebt sich ein nicht hoher Absturz, über welchem Dünen
gelagert sind, die bei Stürmen ebenfalls von den Meereswellen
unterwaschen werden. Nach jedem starken Sturme, wenn die Wellen,
die flache Sandzone überfluthen und den Fuss des Absturzes erreichen, erweist sich dieser als etwas zurückgewichen und bietet
einen frischen Durchschnitt dar, welcher dann nach und nach mit
Sand überzogen wird, der theils von oben hinabfliesst, theils durch
Wind von dem Strande her angeweht wird.[2])

Von den weniger wichtigen europäischen Stranddünen liegen
diejenigen der Westküste Englands, namentlich in Norfolk und
Suffolk, sowie die Dünen der Bretagne und der Normandie, an
sinkenden und unterwaschenen Küsten;[3]) die Dünen der Bucht
von Bristol liegen an der Küste von Cornwall, deren Versinken

[1]) Berendt, Geologie des Kurischen Haffes, 1869, S. 65—70.
[2]) Vgl. weiter unten: „Die Dünen der Umgegend von Libau“.
[3]) Delesse, Lithologie du fond des mers, 1872, Atlas, carte I.

in die Meeresfluthen durch zahlreiche Thatsachen belegt wird.[1]) Somit liegen die meisten Stranddünen an unterwaschenen und infolge davon zurücktretenden Küsten, welche oft zugleich auch noch im Sinken begriffen sind. Sie machen über $90\,^0/_0$ sämmtlicher europäischen Stranddünen aus.

Unvergleichlich geringer ist die Entwickelung der Dünen an solchen Küsten, deren Aufsteigen als erwiesen angesehen werden kann. Einigermaassen ansehnliche Maasse erreichen nur einige Dünen Schottlands, der Südostküste des Weissen Meeres und der Küsten des Rigaer und des Finischen Meerbusen, deren bedeutendsten indessen an Flussmündungen liegen. Dieser Art sind die Dünen der Tay- und der Moray-Buchten, diejenigen an der Mündung der Nördlichen Düna ins Weisse Meer, die Nárwa-Dünen und die an der Mündung der Westlichen Düna.

Das Vorherrschen der Dünen an sinkenden und unterwaschenen Küsten findet zum Theil seine Erklärung in dem Umstande, dass die immer wieder eintretenden Unterwaschungen den lockeren Sand älterer Strandbildungen oder zur Ruhe gelangter Dünen entblössen und das Erscheinen einer einheitlichen und Schutz gegen die Einwirkungen des Windes gewährenden Pflanzendecke auf dem angeschwemmten Sande verhindern, obwohl einer Entwickelung der Vegetation das feuchte Seeklima förderlich ist.[2])

Bei Bepflanzungen der Stranddünen wird die Hauptsorge auf den Schutz der bebauten Dünen gegen Unterwaschungen gerichtet, welche allen Fleiss zu Nichte machen können. Diesem Zwecke ist die Bildung einer sogenannten „Vordüne" recht förderlich, zumal wenn man ihr, um sie selbst vor Zerstörungen zu bewahren, an der Luvseite eine derartige Böschung verleiht, bei welcher die Brandungswelle keine Abtragungswirkung ausüben kann.

Nach Prestel hat das Sinken der Ostfriesischen Küste und ihre Unterwaschung zur unmittelbaren Folge eine erneute Wanderung bereits verfestigter Dünen gehabt.[3])

---

[1]) Hahn, Untersuchungen ü. d. Aufsteigen u. Sinken der Küsten, Leipzig 1879, S. 176—178.

[2]) Der vom Meere angeschwemmte Sand behält längere Zeit seine Feuchtigkeit und wird bei feuchtem Klima, wie es fast immer an Meeresküsten der Fall ist, leicht mit *Elymus arenarius*, *Arundo arenaria* u. dgl. bewachsen. (Vgl. ausführlicher unter V.)

[3]) Prestel, Der Boden der Ostfriesischen Halbinsel, Emden 1870, S. 65.

Eine erhöhte Entwickelung der Dünen an unterwaschenen Küsten begünstigt auch der Sandvorrath des Strandes, welcher, wie im Vorstehenden bereits erörtert wurde, durch die Unterwaschungen immer wieder erzeugt wird, während an aufsteigenden Küsten die Sandanschwemmung leicht aufhören kann, wenn, bei dauerndem Zurücktreten des Meeres, die Sandablagerungen ausserhalb des Wirkungskreises der Wellen gerathen und ersetzt werden durch Ablagerungen, welche entweder sandfrei sind oder erhebliche Mengen Thon (Schlick) enthalten, dessen kittende Wirkung auf den lockeren Sand diesen den Einflüssen des Windes entzieht.

Im Zusammenhang damit steht die Thatsache, dass an aufsteigenden Küsten die Mehrzahl der Dünen in unmittelbarer Nähe der Flussmündungen zu finden ist, wohin der Sand in ausreichender Menge von den Flüssen selbst getragen wird. Endlich sprechen manche Thatsachen aufs Deutlichste zu Gunsten einer Sandverarmung des Strandes an aufsteigenden Küsten. Ein interessantes Beispiel hierfür liefert die Gegend von Sestrorétzk am Finischen Meerbusen. Die Dünen nehmen hier einen Sandstrich von 10 km Länge und 2 km Breite ein, welcher nur in seiner nördlichen Hälfte, etwa in einer Erstreckung von 4 bis 5 km von den Meereswellen bespült wird, wogegen der südlichen eine theils bewaldete, theils aus sumpfigen Wiesen bestehende Niederung vorgelagert ist. Nur in den Grenzen der Sandzone haben sich Dünen gebildet und bilden sich gegenwärtig noch. Unter ihnen liegt Gerölle führender Sand. Die Schichtung dieses Sandes, die Gestalt und die Vertheilung des Gerölles, das Vorhandensein von Schalen jetzt noch im Finischen Meerbusen lebender Mollusken bringen den Gedanken nahe, dass diese Sandablagerungen einer langandauernden Umgestaltung durch das Meer unterworfen wurden und eine Strandbildung darstellen. Gegenwärtig sind sie auf 5 bis 6 m über das Meer gehoben, eine Höhe, auf welche wohl auch die ganze Gegend gehoben worden ist. Aber die Folgen der Hebung sind für die nördliche und südliche Hälften dieses Küstenstriches nicht die gleichen gewesen. Am nördlichen Theil hatte das Meer 6 m, an manchen Stellen aber auch eine erheblich grössere Tiefe; deswegen erlitt die Sandzone bei ihrem Aufsteigen aus dem Meere keine wesentliche Veränderung in den Umrissen; sie wird nach wie vor unmittelbar vom Meere bespült. Im südlichen Theile hingegen, wo das Meer seicht war, legte die Hebung einen Theil des Meeresgrundes blos, welcher denn auch den von den Dünen eingenommenen Sandstrich von dem Meere trennte. Diese neu aufgestiegene Festlandszone besteht theils aus schlammigem Sand, theils aus sandigem Thon. Weder der eine noch der andere eignete sich zur Bildung von Dünen oder von Strandwällen, darum entstand eine fast ganz ebene sumpfige Niederung, die sich mit Wald bedeckte oder zu Wiesen gestaltete. Sie schnitt das Dünengebiet gänzlich vom Meere ab und während letzteres im nördlichen Theile auch heut zu Tage, die Sandzone bespülend, Strandwälle ablagert und dem Winde zur Erzeugung von Dünen Material liefert, hat im Süden das Ablagern von Sand aufgehört. Und wenn auch jetzt noch in der vom Meere getrennten Sandzone eine Neubildung von Dünen vor sich geht, so kommt sie auf Kosten der alten vom Winde zerstörten Dünen und zum Theil auch des ehemals abgelagerten geschichteten Sandes unter Bildung von Windmulden zu Stande.

Ein anderes Beispiel für die Sandverarmung einer einst sandreichen Küste finden wir bei Reval. Hier sind die Dünen auf dem Glint gelegen; ihre Grundfläche liegt 30 m über dem Spiegel des Finischen Meerbusens, von welchem sie durch eine 2 bis 4 Kilometer breite Niederung getrennt sind. Es unterliegt indessen keinem Zweifel, dass die Geschiebe führende Sand- und Geröllablagerung, welche das Material zur Bildung der Dünen abgegeben hat und noch abgiebt und welche eine ehemalige Glacialablagerung ist, einst von den Meereswellen bespült wurde, dass aber in Folge der Hebung der Küste und des Zurückweichens des Meeres diese Sandablagerung und mit ihr die Dünen nunmehr fern vom Meere und hoch über ihm zu liegen kamen. Der jetzige Strand der Revaler Bucht ist thonig und besitzt weder Dünen noch eine irgendwie bemerkenswerthe Anschwemmungszone. Die vom Meere entfernten Dünen fahren jedoch in ihrer Umbildung oder Neubildung unmittelbar auf Kosten der ausgebreiteten Glacialablagerungen durch Wind fort, müssen indessen nicht mehr als Stranddünen, sondern als Festlandsdünen betrachtet werden.[1]

---

[1] N. S., Die Dünen der Küste des Finischen Meerbusens in „Trudý &c.", 1882, **12,** 37—42.

Ein hohes Interesse für die hier besprochene **Frage** bieten die Ergebnisse der sorgfältigen Untersuchungen der Kurischen Nehrung durch Berendt dar. Dieses Gebiet, auf welchem sich bekanntlich mit die grössten Stranddünen Europas finden, hat nach dem Schluss der Eiszeit eine zweimalige Hebung und Senkung erfahren. Auf das erstmalige Aufsteigen aus dem Meere folgte ein beträchtliches Sinken um 30 bis 40 Fuss unter den jetzigen Meeresspiegel. Einzelne Inseln, in Gestalt deren die Kurische Nehrung zur Zeit ihrer ersten Hebung erschien, tauchten hierbei unter das Wasser. Die Meereswellen, den Thon der Glacialablagerung abschlemmend, erzeugten an der Mündung des Kurischen Haffes eine lange Sandbarre und bereiteten somit eine Unterlage für spätere Dünen vor. In der darauffolgenden Hebungsperiode trat diese ausgedehnte Sandbank aus dem Meere hervor und auf ihrer trockengelegten Oberfläche begann der Wind den lockeren Sand zu Hügeln zu häufen, welche allmählich zu hohen Dünen emporwuchsen, die sich ihrerseits vereinigten, um eine der grossartigsten Dünenketten zu liefern. Bei fortdauernder Hebung, trat indessen allmählich längs der ganzen Küste der alte aus Diluvialmergel bestehende Küstenabsturz aus dem Meere hervor; in Folge dessen hörte nach und nach die Sandanschwemmung und mit ihr die Neubildung von Dünen auf. Durch Sandwehen vom Küstensaume her nicht belästigt, überzogen sich alle alten Dünen nach und nach bis zu ihren Gipfeln hinauf mit einer ununterbrochenen Pflanzendecke. Ihre Spuren, sowie die ehemaliger dichter Wälder, welche die Hänge der Dünen bedeckten, findet man an den jetzigen vollkommen kahlen Dünen als Schichten dunklen Pflanzenbodens oder als Stämme und Stümpfe der Bäume aus jener vergangenen Zeit. Die Hebung aber, welche die Bildung einer 10 bis 12 Fuss, an anderen Stellen, wie bei Sarkau und Rossitten, bis 22 Fuss schroff abstürzenden Küste aus festem diluvialem Boden zur Folge hatte, wurde wieder durch ein auch bis heute fortdauerndes Sinken abgelöst. Die diluviale Küste versank wieder ins Meer; die Brandung fing wieder an die Sandablagerungen zu beunruhigen und grosse Sandmassen anzuschwemmen, von Neuem begann der Wind sie zu bewegen; die üppige Vegetation, welche zu Ende der Hebungszeit die Dünen bedeckte, wurde wahrscheinlich unter dem gleichzeitigen unklugen Wirthschaften des Menschen vernichtet und es haben sich die

Dünen „zu kahlen, mächtigen Bergen, zu einem riesigen, im Sonnen-lichte nicht minder als unter Gewitterhimmel blendendem Walle aufgethürmt, von dessen oberer Kante die Millionen und aber Millionen Sandkörnchen ruhelos weiter eilend hinabgleiten, um sogleich von den folgenden Milliarden überholt zu werden".[1]

Somit ist das Ergebniss der Hebung eine Befestigung alter Dünen, das des Sinkens ihre Wiederbewegung und Umgestaltung und eine Bildung neuer Dünen gewesen. Es lässt sich mit Be-stimmtheit voraussagen, dass an der Südküste der Nordsee bei Wangerooge die Neubildung von Dünen aufhören und eine all-mähliche Bewachsung der alten eintreten müsste, wenn die Küste bis zu einer Höhe gehoben werden würde, welche gleich dem Höhenunterschied zwischen Ebbe und Fluth ist, da nach der Aus-sage Hagen's an der Ebbegrenze die Küstensandzone aufhört und fester Thonboden beginnt.

Freilich kann auch an aufsteigenden Küsten eine Sand-anschwemmung fortdauern, also auch eine Dünenbildung, wenn Sandablagerungen von grosser Mächtigkeit, ohne Unterbrechung, auf grössere Erstreckungen hin von der Meeresküste ins Innere des Landes hinein verbreitet sind, so dass trotz des Zurück-weichens des Meeres und der beständigen Sandabnahme, an seichten Meeresstellen ein unerschöpflicher Sandvorrath vorhanden ist. Derart sind beispielsweise die Ostküsten des Kaspischen Meeres, besonders im Süden des Kará-Bughás und nördlich vom Mërtwyj-Kultúk [2]. Ein ferneres Beispiel einer aufsteigenden Küste, an welcher trotzdem keine Abnahme an angeschwemmtem Sande statt-findet, wird vom Südostufer des Aralsees dargeboten.[3]

Bei einer Besprechung der die Anschwemmung des Sandes also auch die Dünenbildung begünstigenden Bedingungen dürfen die täglichen Bewegungen des Meeres, die Gezeiten nicht ausser Acht gelassen werden. Man schreibt gewöhnlich dieser Erscheinung

---

[1] Berendt, Geol. d. Kurischen Haffes, 1869, S. 81.

[2] Karélin, Reise auf dem Kaspischen Meere (russisch). Vgl. auch die hydrographische Karte des Kaspischen Meeres nach Iwaschíntzew.

[3] Séwertzow, Exkursion zum Ostufer des Aralsees (russisch). Ueb-rigens wird am Ostufer des Kaspischen Meeres, namentlich südlich vom Kará-Bughás, der Sand vielleicht vom Winde aus den im Osten befindlichen Wüsten herbeigetrieben. In den Aralsee, und zwar an sein Südostufer, werden grosse Sandmassen wahrscheinlich durch die Flüsse Syr-Darjá und Amu-Darjá geliefert.

einen recht grossen Einfluss auf die Entwickelung der Dünen zu. Élie de Beaumont führt die Geringfügigkeit der Dünen an den Küsten des Mittelmeeres und der Ostsee (?) im Vergleich zu denjenigen an der atlantischen Küste hauptsächlich auf die Abwesenheit der Ebbe und Fluth an den ersteren zurück.[1] Dieselbe Ansicht vertreten auch Reclus und Delesse, wenn sie auch in Betreff der geringen Entwickelung der Dünen an der französischen Mittelmeerküste den obigen Satz insofern wesentlich einschränken, als sie auf die ungeeignete Richtung der herrschenden Winde hinweisen.[2] Endlich ist diese Ansicht auch in die Lehrbücher gedrungen. Viele Thatsachen lassen indessen einen Zweifel an ihrer Richtigkeit aufkommen. So besteht erstens gar keine Beziehung zwischen der Stärke der Gezeiten und der Grösse der Dünen. Vergleicht man z. B. die Fluthhöhe in La-Manche mit derjenigen im Golf von Biscaya, so erhält man folgende Werthe: zur Zeit der Syzygien beträgt sie bei Boulogne 7,9 m, bei Dieppe 8,8, bei St. Malo 11,4 und bei Granville 12,3 m, während sie bei Royan an der Mündung der Gironde nur 4,7 und bei der Adour-Mündung nur 2,8 m erreicht[3]); dagegen sind die Dünen des Golfes von Biscaya um das Mehrfache grösser als die von La-Manche.

Zweitens — und dies steht in entschiedenstem Widerspruche mit der Ansicht Élie de Beaumont's — sind an den Küsten der Ostsee, deren Spiegel fast gar keine täglichen Schwankungen verräth, die Dünenbildungen recht entwickelt und manche Dünen der kurischen Nehrung erreichen solche Höhen und solche Mächtigkeit, wie sie nicht einmal die mächtigsten Dünen der Niederlande, West-Schleswigs und Jütlands aufweisen können, geschweige denn die der übrigen Küsten der Nordsee oder gar von La-Manche, trotzdem in diesen letzteren Meeren die Gezeiten ein sehr bedeutendes Maass annehmen können. Ebenso besitzen die Dünen an der afrikanischen Mittelmeerküste, z. B. am Grossen Syrt eine sehr beträchtliche Grösse. Ihre geringe Entwickelung an der französischen Küste dagegen, im Languedoc und in der Provance, hat ihren wirklichen Grund in der nicht begünstigenden Richtung

---

[1] É. de Beaumont, Leçons de géol. prat., 1845, **1,** 218.

[2] Delesse, Lithologie du fond des mers, 1872, p. 34; E. Reclus, Nouv. géogr. univers., russ. Ausgabe, **2,** 202.

[3] Delesse, ebenda p. 117.

der herrschenden Winde, wofür direkte Beweise vorliegen, welche
unten Erwähnung finden werden.

Es lässt sich freilich nicht läugnen, dass die Fluthwelle
zur Sandanschwemmung beitragen kann; und wenn auch bei der
Ebbe eine Rückwärtsbewegung des Sandes stattfindet, so ist doch,
nach Delesse, die Wirkung der Ebbewelle nicht so stark, wie die
der Fluthwelle, so dass die Differenz in der Stärke beider immerhin eine Anschwemmung bedingen kann.[1] (Uebrigens ist diese
Differenz nicht gross. Nach den Untersuchungen der Ingenieur-
Hydrographen in La-Manche, schwankt die Geschwindigkeit der
Fluthwelle zwischen 1,50 und 2,15 m und die der Ebbewelle
zwischen 1,50 und 2 m.) In dieser Hinsicht ist die Wirkung der
Fluthwelle ganz analog derjenigen der Brandung; allein die an-
schwemmende Wirkung dieser letzteren bei starkem Winde — und
solche Winde sind an Meeresküsten sehr häufig — ist, sowohl
ihrer Dauer als auch ihrer Kraft nach, viel beträchtlicher als
die der Fluth.[2] Auf zahlreiche eigene Beobachtungen gestützt,
stellte Andresen fest, dass die Anschwemmungen an die Küste
Jütlands vorwiegend durch die Brandung, namentlich bei starken
Stürmen, geschehen.

Demnach muss die Fluth, bei ihrer gleichsinnigen Wirkung,
die Anschwemmungsthätigkeit der vom Winde erzeugten Brandung
erhöhen, wenn auch unwesentlich. Ihre Bedeutung bleibt daher
nebensächlich. Die starke Sandanschwemmung an den von Gezeiten freien Ostseeküsten ist durch die Lage der letzteren der
herrschenden Brandung gegenüber bedingt. In noch höherem
Maasse wiederholt sich dieselbe Erscheinung an den Küsten des
ebenfalls gezeitenfreien Kaspischen Meeres, namentlich südlich von
Krasnowódsk, wo nicht nur die Anschwemmungszone recht breit
ist — sie erreicht beiläufig 160 m — wegen der geringen Neigung
der Küste, sondern das Meer selbst in der Nähe der Küste an
angeschwemmten Sandbänken, sogenannten „überschwemmten
Hügeln" (obliwnýje bugrý), reich ist und wo in verhältnissmässig
kurzer Zeit ausgedehnte Landzungen entstehen. Noch im Jahre
1816 war die Insel Derwisch von der Insel Tschelekén durch eine
Meerenge von 6,5 Fuss Tiefe getrennt, welche aber schon im

---

[1] Ebenda p. 122.

[2] Ebenda p. 119. In dem Golf von Biscaya, wo die grösste Fluthhöhe
2,8—4,8 m beträgt, erreichen die Wellen eine Höhe bis zu 11 m.

Jahre 1826 nicht mehr bestand, während auf der entstandenen Sandbrücke sich Dünen von 3 bis 4 m Höhe erhoben.[1]

Es wäre nicht unmöglich, dass nicht nur die Fluth, sondern auch die grosse Flächen des sandigen Meeresgrundes blosslegende Ebbe die Einwirkungen des Windes begünstigt. Anscheinend hat Élie de Beaumont gerade diese Seite der Erscheinung im Auge gehabt, als er hervorhob, dass der durch den Wind hervorgerufene Niveauwechsel bei gezeitenfreien Meeren der Dünenbildung weniger vortheilhaft ist, als derjenige, welchen die Fluth und die Ebbe täglich mit sich bringen.[2] Es ist indessen die Anschauung Élie de Beaumont's auch in dieser Hinsicht wenig begründet, wie im nächsten Kapitel dargelegt werden wird.

Schon bei einem flüchtigen Blick auf die Vertheilung der Stranddünen in Europa, fällt es sofort auf, dass die meisten und die bedeutendsten von ihnen an Küsten liegen, die entweder direkt nach Westen gerichtet sind, wie auf Jütland, in Schleswig, in Kurland, oder nach Nordwest, wie an der Kurischen und Frischen Nehrung, in den Niederlanden, oder endlich nach Südwest wie in einem Theil der Gascogne, auf der Insel Oléron. Diese Art der Vertheilung der Dünen steht in engem Zusammenhange mit der Richtung der Luftströmungen, von denen in Europa bekanntlich die südwestliche vorwiegt, obwohl sie theilweise in eine südliche, ja sogar in eine nordwestliche übergeht, z. B. an den Küsten von La-Manche, der Nordsee und der Ostsee.[3]

Eine Betrachtung der Windkarte lehrt, dass die Windrichtung an den Küsten eine Veränderung, und zwar eine Ablenkung der Küste zu erfährt. Diesem Umstande ist nun die Entstehung von Dünen auch an solchen Küsten, welche den herrschenden Luftströmungen gegenüber eigentlich eine ungünstige Lage besitzen, z. B. an der Ostküste Englands zuzuschreiben. Im Allgemeinen

---

[1] Karélin, Reise auf dem Kaspischen Meere, S. 200 (russisch).

[2] É. de Beaumont, Leçons de géol. prat., 1845, **1**, 218.

[3] Eine ebensolche Beziehung hatte ich bereits hervorgehoben für die Dünen des Finischen Meerbusens, welche ausschliesslich an Küsten gelagert sind, die entweder nach Westen (Sestrorétzk, Bucht von Hundswiik, Dorf Murila) oder nach Südwest (Lautaranta, Afonásowo) oder endlich nach Nordwest (Nárwa-Bucht, Landzunge Fall) blicken. Damit stimmt vollkommen die Richtung der, ihrer Stärke und Dauer nach, herrschenden West-, Südwest- und Nordwest-Winde überein. Vgl Die Dünen der Küste des Finischen Meerbusens in „Trudý &c.", 1882, **12**, 171.

ist hervorzuheben, dass an den Küsten die vom Meere wehenden Winde die Herrschaft behaupten, da die Luft an der dem Drucke nachgiebigen Meeresfläche eine geringere Reibung erleidet, als wenn sie über eine noch so ebene Landfläche streicht.[1])

An Küsten grösserer offener Meere kann das Ueberwiegen der Seewinde so hervorragend werden, dass es die mittlere Windrichtung eines Landstrichs örtlich um 180° zu wenden, d. h. in eine entgegengesetzte zu verwandeln vermag. Ein auffallendes Beispiel hierfür führt Mohn an. In Yarmouth, an der Ostküste Englands, ist der von der Nordsee herwehende Ostwind doppelt so stark, wie der Westwind, obwohl dieser sonst im ganzen Gebiete herrscht und die Gegend an der Küste und auch landeinwärts durchaus flach ist. Aber bereits auf dem Leuchtschiffe, kaum eine halbe geographische Meile von der Küste, gleicht sich die Stärke beider Winde aus.[2]) Das Vorherrschen der Ostwinde an der englischen Ostküste bedingt auch die Bildung von Dünen daselbst, welche freilich viel kleiner sind, als diejenigen der gegenüberliegenden in allen Beziehungen für die Dünenbildung geeigneteren Küsten Jütlands, Schleswigs und der Niederlande.

Bei der Beurtheilung der Abhängigkeit der Lage der Dünen von der Richtung der herrschenden Winde darf nicht ausser Acht gelassen werden, dass die mittlere Windrichtung mit der Jahreszeit wechselt. Diese Erscheinung ist eine Folge der grösseren Erwärmung des Festlandes im Sommer und seiner stärkeren Abkühlung während des Winters und der damit verbundenen Aenderung im Verlaufe der Isobaren.

Die interessante Arbeit von Rykatschëw,[3]) „Die Vertheilung der Winde über dem Baltischen Meere", liefert hierfür recht viel Belege. Aus den dieser Arbeit beigefügten Tabellen, in welchen,

---

[1]) Besonders deutlich muss sich der Unterschied der Reibung an der Wasser- und der Festlands-Oberfläche in den untersten, diese Flächen berührenden Luftschichten äussern. Eigentlich können auf eine sandige Anschwemmungszone, welche mehr oder weniger vor den Landwinden durch Bodenunebenheiten, Wald oder Gebüsch geschützt ist und ein wenn auch schwaches Gefälle gegen das Meer besitzt, nur Seewinde einwirken. Zur Errichtung einigermaassen hoher Dünen und zu ihrem Vorrücken ins Innere des Landes, müssen jedoch auch in den höheren Luftschichten Seewinde vorherrschen, was nicht durchweg der Fall ist.

[2]) H. Mohn, Grundzüge d. Meteorologie, 1875, S. 123.

[3]) Rykatschëw, Die Vertheilung der Winde üb. d. Baltischen Meere. Repert. f. Meteorologie, St. Petersb. 1878, 6, No. 7.

nach der bekannten Formel von Lambert, die mittlere Windrichtung für jeden Monat, für die verschiedenen Jahreszeiten und für das ganze Jahr berechnet sind, und, noch anschaulicher, aus den beigegebenen Kärtchen ist zu ersehen, dass der Richtungswechsel der Windresultanten an den Küsten recht beträchtlich sein kann. So ist in St. Petersburg die mittlere Windrichtung während des Jahres $S 48^0 17' W$; im Winter wird sie um ein Weniges gegen Süden abgelenkt und verwandelt sich in $S 24^0 9' W$, dagegen weicht sie im Sommer stark nach Norden ab und wird $N 57^0 15' W$, d. h. fällt fast genau zusammen mit der Längsaxe der Bucht von Kronstadt. Der Ablenkungswinkel von der Richtung der Jahresresultante beträgt also im Winter $24^0 8'$ und im Sommer $74^0 28'$. In Libau, wo die Küste nahezu nordsüdlich verläuft, ist im Winter die mittlere Windrichtung eine südliche, der Küstenlinie parallele, im Sommer dagegen eine direkt westliche, zur Küste senkrechte. Am stärksten ist aber die Ablenkung des Windes von seiner mittleren Richtung in Dünamünde. Die Jahresrichtung ist hier $S 27^0 50' W$, im Winter herrscht $S 3^0 43' O$, im Frühjahr $N 25^0 4' W$, somit beträgt die Ablenkung im Winter $31^0 33'$ in südöstlicher und im Frühjahr $127^0 6'$ in nordwestlicher Richtung und der Winkel zwischen den beiden Ablenkungsrichtungen $158^0 39'$. Berücksichtigen wir endlich die mittleren Windrichtungen für Januar und Juni, so ergeben sie sogar einen Winkel von $173^0 14'$, also beinahe eine Umkehrung der Windrichtung: im Juni weht demnach ein Wind von dem Rigaer Meerbusen her, senkrecht gegen die Küste, im Winter dagegen vom Lande her, nach dem Meerbusen. An der Mündung der Westlichen Düna begünstigen die im Sommer direkt vom Rigaer Meerbusen her wehenden NNW-Winde die Dünenbildung an der Südküste, zumal in Folge der klimatischen Verhältnisse sich die Windwirkung auf den Sand im Sommer am stärksten bekundet; die ungünstige Windrichtung des Winters kommt dagegen bei den Dünen nicht zur Geltung, da sie zu jener Zeit schneebedeckt oder gegen Ende des Herbstes und zu Anfang des Frühjahrs mit Feuchtigkeit reichlich versehen und daher nicht beweglich sind. Die grössere Ablenkung der Sommerresultante äussert sich in der mittleren Richtung des Jahres. Betrachten wir das diese letztere angebende Kärtchen, so nehmen wir an den Küstenpunkten eine deutliche Ablenkung der über der ganzen Ostsee herrschenden SW-Richtung der Luftströmung gegen das Festland hin wahr, wogegen eine solche an Punkten der Insel Hochland oder im Inneren des Landes, z. B. in Dorpat nicht zu bemerken ist.

Im Vorstehenden wurde lediglich der Gesammtverlauf und die wesentlichsten Ablenkungen der Küstenlinie berücksichtigt. Die einzelnen, kleineren, hier eine Landzunge, dort eine kleine Bucht bedingenden Biegungen bleiben dagegen ohne Einfluss auf die mittlere Windrichtung; an diesen Landzungen wie Buchten giebt es sowohl dem Winde zugekehrte, als auch von ihm abgewendete Küstenstrecken. Die Dünen bilden sich lediglich an den ersteren, wie das überzeugende Beispiel der Gegend der Dörfer Murila und Lautaranta lehrt. Die Küstenbiegungen üben auf die Dünenbildung einen ebensolchen Einfluss aus, wie auf die Sandanschwemmung durch die Meereswellen, mit dem einzigen Unterschiede, dass diese ihre Richtung viel rascher ändern als die Luftwellen. Die finländische Küste zwischen Wammelsuu und dem Dorfe Kuokkala (russisch: Kokkólowo) eignet sich sehr gut für einen solchen Vergleich. Die westlich von Wammelsuu liegende Landzunge Innoniemi schützt den anliegenden Theil der Küste vor westlichen Stürmen, ihr Einfluss auf die Anschwemmung des Sandes hört aber bereits in einer Entfernung von 6 km östlich von Wammelsuu auf, vor Terioki, wo die Sandzone ihre volle Entwickelung erreicht. Der Einfluss der genannten Landzunge äussert sich aber auch noch auf weitere 10 km hin, indem sich, trotz der günstigsten Bedingungen, weder in der Umgegend von Terioki, noch weiter, bis zum Dorfe Afonásowa Dünen bilden. Die ersten, sehr unbedeutenden Dünen von 3 bis 4 m Höhe erscheinen am Westende des Dorfes Afonásowa, weiter nach Osten nehmen sie an Grösse zu und erreichen beim Dorfe Kuokkala eine Höhe von 12 bis 15 m. Manchmal äussert sich die schützende Wirkung einer Landzunge auf eine grössere Entfernung hinaus. Bei durchaus gleicher Lage und gleichem topographischen Charakter der ganzen Westküste Jütlands, bei vollkommen übereinstimmenden Eigenschaften des auf ihrer ganzen Erstreckung in grossen Massen angeschwemmten Sandes, erreichen die Dünen des nördlichen Küstentheiles viel geringere Höhen, als in Süd-Jütland und auf den Inseln Schleswigs. „Ein Blick auf die Karte," sagt Forchhammer, „erklärt das Phänomen vollständig. Die stärksten und häufigsten Stürme kommen bei uns aus NW und gerade da, wo die Düne abzunehmen anfängt,

springt die Südspitze von Norwegen als Schutz gegen diese Windes-
richtung vor, und es darf daher nicht mehr verwundern, wenn
Baumpflanzungen in den Dünenthälern bei Skagen noch gelingen,
während auf der Insel Sylt, 3^0 südlicher, bis jetzt ähnliche Versuche vergeblich gewesen sind."[1]

Obwohl, wie bereits bemerkt wurde, an den Meeresküsten
fast durchweg Seewinde vorherrschen, giebt es auch solche Küsten,
an welchen die Landwinde die Ueberhand gewinnen. Ein längst
bekanntes Beispiel hierfür liefert uns die südfranzösische Küste,
an welcher die mittlere Windrichtung seewärts fast unter einem
rechten Winkel zur Küstenlinie verläuft und an einigen Punkten
eine NNO-, an anderen eine NNW-Richtung besitzt. Dieser oft
eine ausserordentliche Stärke erreichende Wind ist unter dem
Namen Mistral bekannt. Sein Ursprung wird auf die Entstehung
eines Herdes stark verdünnter Luft über der von den Sonnenstrahlen erwärmten Fläche des Mittelmeeres zurückgeführt, in welchen einem Wasserfalle gleich die kalte dichtere Luft von den Bergen
der Auvergne und den Seealpen her hinabstürzt. Diese Luftströmung hat eine um so grössere Geschwindigkeit, je grösser der
Temperaturunterschied zwischen der Niederung und den Bergen ist.
Daher weht der Mistral am stärksten im Winter und im Frühjahr,
wenn die Berge reichlich mit Schnee bedeckt sind und zwar am
Tage.[2] Der Herrschaft des Landwindes ist auch wesentlich die
geringe Entwickelung der Dünen an den Küsten des Mittelmeeres
zuzuschreiben und durchaus nicht der Abwesenheit von Ebbe und
Fluth, wie es Élie de Beaumont meinte (vergl. S. 50). Eine
von Marcel de Serres erwähnte interessante Thatsache darf als
Bestätigung für den wichtigen Einfluss dieser Landwinde dienen:
Am Westabhang des Grand-Conques vier Kilometer von Agde
wurden bei Südwind zwei, zum Glück unbewohnte Häuser soweit
mit Sand verschüttet, dass eben noch die Spitzen der Schorn-
steine sichtbar blieben; hierauf erhob sich aber der Mistral, ver-
wehte wieder den Sand und trieb ihn ins Meer.[3] Somit zerstört
der Mistral die Arbeit des Seewindes und da ihm hier an der
ganzen Küste nach Stärke und Dauer die Herrschaft gehört, so

---

[1] Forchhammer, Geogn. Stud. am Meeres-Ufer. N. Jahrb. f. Min. &c.,
1841, S. 5.

[2] Delesse, Lithologie du fond des mers, 1872, p. 28.

[3] Marcel de Serres, L'Institut, 1858 (26me année), No. 1293.

können Dünenbildungen nicht zu Stande kommen. Ein weiteres Beispiel vorherrschender Landwinde liefert die Nordküste des Schwarzen Meeres, sowie die Nord- und die Ostküste des Asow'-schen Meeres. [1])

---

[1]) In der Stadt Nikolajew ist die mittlere Windrichtung des Jahres N 23 O, die herrschenden Winde sind O und NO. In Taganrog herrscht allen anderen Winden gegenüber der Ostwind vor. Weselowskij, „Ueber das Klima Russlands" (russisch).

IV.

Wirkung des Windes auf den von den Wellen angeschwemmten Sand. — Noth-
wendigkeit seines vollkommenen Austrocknens. — Ebnende Wirkung des Windes
auf eine freie Sandfläche. — Häufung des Sandes an Gegenständen, welche den
Wind hemmen oder schwächen. — Einfluss undurchlässiger und durchlässiger
Hindernisse auf die Häufung des Sandes. — Sandhäufung an Sträuchern ist
die verbreitetste. — Bildung von Zungenhügeln, ihre Gestalt und ihr Wachsthum. — Umwandlung der Zungenhügel zu Dünen.

Wenn nach einem Sturme das Meer in seine normalen Grenzen
zurückgewichen ist und ein breiter Küstenrand, an welchem eine
Sandanschwemmung stattgefunden hatte, mit seinen neugebildeten
Küstenwällen aus dem Wasser hervortritt, so ist der Sand so sehr
mit Wasser durchtränkt, dass es augenblicklich die auf der
Sandoberfläche entstandenen Vertiefungen erfüllt. Und noch lange
Zeit hindurch bleibt der Sand feucht. Im Juli 1883 besuchte ich
die sandige Küste Kurlands bei Libau einige Tage nach einem
heftigen Sturme, während dessen die Meereswellen die ganze 60 m
breite Anschwemmungszone überfluthet hatten. Trotz des schönen
Wetters war der Strand durchaus feucht geblieben. Ich beobachtete
an den folgenden Tagen den Vorgang des Trocknens und war
erstaunt, ihn ungeachtet der günstigsten Bedingungen für die
Verdampfung des Wassers: einer starken Sonnengluth und eines
frischen Windes, so sehr langsam zu finden. Nach Verlauf der beiden
ersten Tage fingen gegen Abend eben die Kämme der flachen
Küstenwälle und die höher gelegenen Punkte der Küstenzone an
weiss zu werden — ein Anzeichen beginnenden Trocknens. An
diesen weiss gewordenen Stellen brachte der Wind den Sand
in Bewegung und erzeugte schöne Sandwellen. Erst am dritten
Tage ging das Trocknen der ganzen Anschwemmungszone merklich
vor sich. Im Uebrigen ist hervorzuheben, dass hier zur andauernden Erhaltung der Feuchtigkeit eine ausserordentliche Feinheit des Sandes beitrug.

Aehnliche Beobachtungen an anderen Punkten: bei Setrorétzk, an der Naròwa-Mündung, am Rigaer Meerbusen, überzeugten mich, dass das Trocknen des angeschwemmten Sandes durchaus nicht so rasch vor sich geht, wie gemeinhin angenommen wird und dass der Sand um so langsamer seine Feuchtigkeit abgiebt, je feiner er ist. Die Langsamkeit des Trocknens ist auf Wirkungen der Kapillarität zurück zu führen, welche durch die geringe Erhebung der Anschwemmungszone über dem Meere, sowie die dichte Beschaffenheit des Sandes selbst begünstigt werden. Eine aus feinem Sande bestehende Anschwemmungsküste erhebt sich gewöhnlich nicht über 0,5 bis 1 m über dem mittleren Stand der Meeresoberfläche; und die Festigkeit des Sandes ist so gross, dass er nicht nur dem Fusse des Wanderers nicht nachgiebt, sondern auch von den Rädern eines schwer beladenen Wagens eine kaum merkliche Spur behält. Solche Beschaffenheit des Strandes veranlasst die Landbewohner ihm beim Fahren den Vorzug vor der Landstrasse zu geben. Zwischen Libau und Bernaten findet sogar der Postverkehr nicht auf der letzteren, sondern auf der angeschwemmten Küste statt. Gröberer Sand erzeugt einen höheren Strand, liegt lockerer und weist einen geringeren Grad von Kapillarität auf, weshalb eine aus solchem Sande gebildete Küste bedeutend rascher trocknet.

Im ersten Kapitel ist erwähnt worden, dass nur vollkommen trockner Sand sich der Einwirkung des Windes fügt, dass hingegen bei feuchtem Sande, bei welchem die Körner durch das in den Zwischenräumen enthaltene Wasser fest mit einander verbunden sind, selbst ein starker Wind unwirksam bleibt und kein einziges Sandkorn aus seiner Lage herauszublasen vermag. Mehrfach befand ich mich bei heftigem Winde auf feuchtem Sandstrande, vermochte aber bei sorgfältigstem Aufpassen nicht die mindeste Bewegung des Sandes wahrzunehmen. Nur wenn, nach längerem Blasen des Windes, namentlich bei gleichzeitiger Insolation, die Erhabenheiten der Küste eine weisse Farbe annahmen, was für die Entfernung des Wassers aus den Zwischenräumen zwischen den Körnern der obersten Lage zeugte, begann die Bewegung dieser Sandkörner, aber zunächst eine recht langsame, wobei sie an feuchteren Stellen der Oberfläche wieder hafteten.[1] Berück-

---

[1] In der Thatsache, dass der Sand, sobald er trocken ist, sich der Einwirkung des Windes unterwirft, sind alle Diejenigen, welche sich mit dieser

sichtigt man nun, dass das Trocknen namentlich eines flachen, aus feinem Sand bestehenden Strandes selbst unter den günstigsten Verhältnissen nur langsam vor sich geht, so wird es klar, dass der Sandtransport durchaus nicht sogleich nach dem Rückzug des Wassers beginnt. Zunächst trocknet und also setzt sich der Einwirkung des Windes aus der vom Meere entfernteste und zugleich erhöhteste Theil des Strandes, oder, falls der angeschwemmte Sand sich in Gestalt von Küstenwällen abgelagert hat, der die Wallkämme bildende Sand. In den tiefen Theilen der Strandzone ist die Bewegung des Sandes durch den Wind viel schwächer; hier dringt das Wasser stets vermöge der Kapillarität in die Zwischenräume zwischen den Sandkörnern und unterhält den Feuchtigkeitszustand der Oberfläche, trotz der starken Verdunstung. Offenbar trocknet auch der während der Ebbe blosliegende Strandtheil nur äusserst langsam.

Bereits oben wurden Zweifel darüber ausgesprochen, dass an solchen Strandtheilen eine nennenswerthe Sandbewegung durch Wind eintreten kann. Ich selbst habe, leider, niemals Gelegenheit gehabt Küsten, an denen Fluth und Ebbe thätig sind, zu sehen, nehme aber auf Grund der Analogie mit den nach einem Sturm an einer Anschwemmungsküste eintretenden Erscheinungen an, dass ein völliges Trocknen des Sandes nach Eintritt der Ebbe recht langsam von statten geht, wozu wesentlich die geringe Erhebung der Sandbank und die Kompaktheit des Sandes beitragen müssen. A. A. Inostrantzew sagt in der Beschreibung der bei

---

Frage befassten und die Bewegung des Sandes durch Wind beobachteten, einig. Nur bei Delesse (Lithol. du fond des mers, 1872, p. 126) findet sich eine, allerdings beiläufige Bemerkung, dass sehr starker Wind selbst auf feuchten Sand einwirkt. Diese Aeusserung lässt sich übrigens auch in der Weise deuten, dass bei sehr starkem Winde ein rasches Trocknen der obersten Sandkörner stattfindet, welche denn auch von dem Winde weggeführt werden. Es muss indessen hervorgehoben werden, dass das Trocknen auch in diesem Falle so langsam vor sich geht, dass man es bei aufmerksamer Beobachtung wahrnehmen kann. Selbst bei der Wirkung eines kräftigen Windes auf Säulchen feuchten Sandes, welche als Kerne durch Wind zerstörter Inlanddünen erscheinen, wie ich sie in dem Sandgebiet des Gouvernements Astrachan beobachtete, ist es nicht schwer, den Vorgang des Trocknens einzelner Sandkörner und ihrer Ablösung durch den Wind zu verfolgen, wiewohl hier dem raschen Trocknen der Umstand günstig ist, dass der Wind direkt gegen die Wände der Säulchen einwirkt und nicht tangential, wie auf eine Fläche des angeschwemmten Sandes, dass ferner die Luft der Steppen bedeutend trockner ist und dass endlich der Sand nicht in dem Maasse mit Feuchtigkeit gesättigt ist, wie auf der Anschwemmungszone einer Küste.

der Ebbe blosgelegten Sandbank am Weissen Meere, ihre Festigkeit sei so gross, dass weder die Pferdehufe noch die Wagenräder eine merkliche Spur auf ihr zurücklassen.[1])

Berücksichtigt man noch den Umstand, dass eine Sandbank nur 6 Stunden vom Wasser unbedeckt bleibt, so wird es klar, dass ihr Sand nicht den Grad der Trockenheit erreichen kann, um vom Winde in grossem Maassstabe bewegt werden zu können und dass jedenfalls seine Beweglichkeit dem Sandwehen nachsteht, welches ausserhalb des Gebietes der normalen Fluth stattfindet, namentlich auf jener Fläche, welche bei starken Stürmen überfluthet wird und besonders reich an Schwemmsand ist. Ich bin weit davon entfernt leugnen zu wollen, dass auch von einer durch die Ebbe blosgelegten Sandbank unter geeigneten Verhältnissen, namentlich bei starker Insolation unter niederen Breiten Sand landeinwärts getragen werden kann, bin aber der Meinung, dass diese Erscheinung in viel geringerem Maasse, als es vielfach angenommen wird, eintritt.

Die Bewegung des getrockneten Sandes offenbart sich sofort durch das Auftreten jener zierlich regelmässigen Wälle, der sogenannten Sandwellen, deren Entstehung bereits eingehend besprochen wurde. An derselben Stelle (Kap. I) ist auch darauf hingewiesen worden, dass der Sandtransport durch den Wind vorwiegend an der Bodenfläche selbst stattfindet und nur die kleinsten Sandkörner hoch über ihr in der Luft getragen werden, und dass ausser der Fortbewegung des einzelnen Kornes ein Vorwärtsschreiten ganzer Sandwellen geschieht. Es wurde endlich auch gezeigt, dass das Vorherrschen der einen oder anderen Bewegungsart von der Windstärke und der Korngrösse abhängt.

Betrachten wir nun, in welcher Weise sich die Windwirkung an einer Anschwemmungszone und namentlich an ihrem zur Trockne gelangten Theile äussert. Ist der Strand ausschliesslich aus Sand gebildet und zwar aus so feinem, dass er vom Winde fortgetragen werden kann, so wird der Wind Schicht für Schicht wegblasen, mit den höchstgelegenen Theilen, z. B. mit dem Kamm des Küstenwalles beginnen, und nach und nach den Strand ebnen. Diesen Vorgang beobachtete ich an der Küste bei Libau, in der Nárwa-Bucht, rechts von der Narówa-Mündung, an der Mündung der

---

[1]) A. Inostrantzew in „Trudý &c.", 1873, 3, 227 (russisch).

Westlichen Düna und überall, wo der Strand aus feinem Sande besteht. Der Wind trägt hier die niederen Strandwälle gänzlich ab und gleicht sie gegen die gemeinsame Fläche aus. Das gleiche ebnende Bestreben zeigt der Wind auch da, wo die Küste, und also auch die Wälle, nicht aus Sand allein bestehen, sondern noch Grand und Geröll führen. Solche Wälle nehmen ebenfalls an Höhe ab, bei vorherrschendem Sandgehalt sogar sehr erheblich; das Geröll und der grobe Grand aber, gegen welche der Wind machtlos ist, sammeln sich, während der Sand um sie herum und unter ihnen weggeblasen wird, in verhältnissmässig immer grösserer Menge an der Oberfläche des Walles an und bilden endlich eine einheitliche GeRölldecke, welche den übrigen Theil des Walles vor der Windwirkung schützt.[1]) Ein gänzliches Ausebnen ist ebenso ausgeschlossen, wenn im Küstenwall sich Gegenstände wie Geschiebe, angeschwemmte Baumstämme, Trümmer u. dgl. finden, hinter welchen sich der Sand der Windeinwirkung entziehen kann. Er lagert sich dann im Windschatten in Gestalt eines zungenförmigen Hügels ab, der je nach dem Windschatten selbst mehr oder weniger breit und lang ist. Diese Bildungen ähneln durchaus denjenigen, welche durch einzeln stehende Gegenstände veranlasst und weiter unten besprochen werden.

Wenn sich hinter dem Strande eine ebene Fläche befindet, welche frei ist von windhemmenden oder schwächenden Gegenständen, so lagert sich der vom Winde getriebene Sand als gleichmässige Schicht ab und bildet ein Sandfeld, dessen einzigen Unebenheiten in den parallel verlaufenden flachen Sandwellen bestehen. Solche Sandfelder finden sich in unmittelbarer Umgebung von Libau; besonders verbreitet sind sie aber bei Sestrorétzk, am rechten Ufer der Sestrá (der sog. Zawódskaja Sestrá). Auf solchen ebenen Flächen beobachtete ich niemals Sandhäufungen.[2]) In der überwiegenden Mehrzahl der Fälle bietet die Gegend von der Küste ins Innere des Landes hinein solche voll-

---

[1]) Vgl. weiter die Beschreibung der Dünen bei den Dörfern Murila und Lautaranta.

[2]) Bei Hagen (Handb. d. Wasserbaukunst, 3. Thl., **2**, 123; 1863) findet sich ebenfalls die Angabe, „dass der Wind, wenn er frei auf eine ausgedehnte Sandfläche trifft, dieselbe jedes Mal ausebnet". Andresen hebt hervor, dass es ihm während seiner fünfundzwanzigjährigen Beobachtungen niemals vorgekommen ist, eine Sandhäufung auf vollkommen ebener Sandfläche zu finden. Om Klitformationen, 1861, S. 58.

kommen glatte Flächen jedoch nicht dar; sie ist mehr oder weniger uneben; man trifft in ihr Bäume, grössere Steinblöcke oder näher zum Küstensaum auch Sträucher und verschiedenartige Sandgräser.

An unseren Meeresküsten findet sich namentlich häufig der Strandhafer *(Elymus arenarius)*, welcher den Flugsandboden liebt und als Vorhut der Vegetation erscheint. Man erblickt gewöhnlich auf der Fläche des Flugsandes, unmittelbar hinter der Brandungslinie, theils vereinzelt, theils zu Gruppen vereint, die Büschel dieser mehrjährigen Graminee mit ihren bläulichgrünen harten Blättern. Wenn sich an einer solchen Küste eine bedeutende Sandbewegung einstellt, so findet eine höchst charakteristische Häufung des Sandes an diesen Büscheln statt. Von der Seeseite

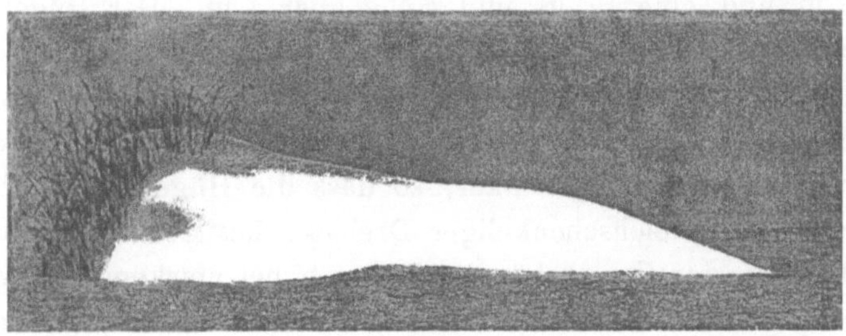

Fig. 3.
Zungenhügel unter dem Schutz eines *Elymus*-Büschels gebildet.

aus wird jeder Büschel vom Winde umgraben, während sich an der entgegengesetzten Seite nach und nach ein schmaler und langer Hügel aus feinem Flugsande bildet und wächst. Dieser Hügel, in der Richtung des Windes, d. h. unter rechtem Winkel zur Küstenlinie gestreckt, sich mit der Entfernung vom Grasbüschel abflachend und schmäler werdend, verläuft in eine spitze Zunge. Hunderte derartiger Hügel sind am Strande oberhalb der Brandungslinie zerstreut und wenn sie auch anscheinend zufällig vertheilt sind, wie die Büschel, unter deren Schutz sie sich bildeten, so sind sie doch alle in derselben Richtung gestreckt, Windfahnen gleich die Richtung des Windes angebend, der sie erzeugt hat. Die Hügel selbst sind aus feinem Sande gebildet, die Zwischenräume zwischen ihnen sind dagegen mit grobem, weissem Sande, sogar mit Grand bedeckt, besonders bei starkem Winde, da der feine Sand von den freiliegenden Punkten gänzlich weggefegt wird und sich unter dem Schutz der Grasbüschel ansammelt. Die Zungenhügel heben sich durch ihre helle, beinahe weisse Farbe von dem röthlichgelben Grunde der Küstenoberfläche scharf ab. Der Unterschied in der Farbe ist dadurch bedingt, dass der feine Sand fast ausschliesslich aus klaren Quarzkörnern besteht, während im gröberen viel Feldspath und Aggregatkörner, an deren Zusammensetzung Feldspath und Hornblende Theil nehmen, enthalten sind. Die Grösse der Zungenhügel ist sehr verschieden und hängt von derjenigen des schützenden Grasbüschels direkt ab. In grösserer Nähe des Meeres, wo nur junge *Elymus*-Büschel angetroffen werden, haben die Hügel eine Länge von nur einigen Decimetern; weiter landeinwärts dagegen, wo ältere, manchmal stark entwickelte Büschel wachsen, erreichen die Hügel eine Länge bis zu 10 m und eine Breite und Höhe über 1 m. Der Hügelrücken gestaltet sich seiner ganzen Länge nach zu einem manchmal sehr scharfen Grat, welcher gegen die Zungenspitze hin abfällt. Nach beiden Seiten hin verläuft er allmählich in Gehänge von beiläufig 30° Böschungswinkel, so dass die Hügel im Querschnitt die Gestalt gleichschenkeliger Dreiecke besitzen.

Die Bildung der Zungenhügel lässt sich bei starkem Winde gut beobachten. Stösst die Luftwelle auf ein Grasbüschel, so erfährt sie nicht, wie bei undurchlässigen Hindernissen, z. B. Mauern oder Zäunen, einen starken Rückprall; es erfolgt auch keine Häufung des Sandes vor dem Büschel. Der Wind fängt sich vielmehr in den Stengeln und Blättern, verliert in Folge der an ihnen erfahrenen zahlreichen Reflexionen an Kraft und setzt nach und nach den von ihm getragenen Sand, theils im Büschel selbst, theils hinter diesem, in dem wenn auch unvollkommenen Windschatten ab. So gestaltet sich der Vorgang, wenn die Luftströmung die Stengel und Blätter in mittlerer und oberer Höhe trifft; unmittelbar am Boden stösst der Wind auf einen grösseren Widerstand an der Basis des Grasbüschels, an welcher die Stengel einander näher und an sich stärker und fester sind und deren Zwischenräume von vornherein von Sand erfüllt sind. Hier umgeht der Luftstrom den Büschel von beiden Seiten und erzeugt um ihn, bei grösserer Stärke, einen flachen Graben. Wie Wasserwellen, vereinigen sich die Luftwellen in einiger Entfernung hinter dem von ihnen umspülten Gegenstande. Bei

einigermaassen starkem Winde, namentlich hinter grösseren Gras-
büscheln, ist Gelegenheit geboten, an der Bewegung der von ihm
getriebenen Sandkörner die Vereinigung der beiden abgelenkten
Theilströmungen vorzüglich zu beobachten. An der Vereinigungs-
linie, wo die Strömungsgeschwindigkeit erheblich abnimmt, bildet
sich der Grat des im Entstehen begriffenen Hügels, der unter
günstigen Umständen auffallend regelmässig und wie die Schneide
eines Messers scharf ist. Beide Gehänge, an denen die Sandkörner hinabrollen, nehmen den für trockenen Sand normalen,
also nahezu 30^0 betragenden Böschungswinkel an. Einer Erklärung bedarf es wohl nicht, warum mit der Entfernung vom
Grasbüschel der Grat allmählich abfällt und die Breite des Hügels
abnimmt.[1])

Ebensolche Sandzungen bilden sich auch im Windschatten
der an unseren sandigen Küsten häufig wachsenden Weidenbüsche
(Salix angustifolia); sie sind nur verhältnissmässig breiter und von
weniger regelmässiger Gestalt, da die Weide selten gleichmässig
dichtes Zweigwerk besitzt. Von der Windseite her werden die
Büsche der Weide wie die Büsche des Strandhafers umgraben.
Stehen mehrere Büsche neben einander, so vereinigen sich
nach und nach die unter ihrem Schutz entstandenen Hügel zu
einem meist unregelmässig gestalteten breiten Hügel. Manchmal entstehen an beiden Seiten solcher breiter Hügel, wo die
Bewegung und Umlagerung des Sandes beträchtlich ist, zwei
sich in der Richtung der Sandzunge hinziehende hornförmige
Fortsätze.

Etwas abweichend geschieht das Häufen des Sandes an dich-
teren Sträuchern, z. B. an dem auf der finländischen sandigen
Küste weitverbreiteten Wachholder. Hier wird der Wind zwar
auch nicht reflektirt, bei dem dichten Geäst des Wachholders
fängt er sich aber schon in den ersten ihm zugekehrten Zweigen;
darum fällt die gesammte Sandmenge an der Luvseite des Strauches
nieder, welcher unter ihrer Last gebeugt wird. An der Leeseite

---

[1]) Solchen Sandzungen kann man an allen Küsten, an denen sich neue
Dünen bilden, begegnen. Ich beobachtete sie in der Umgegend von Sestrorétzk, an den Mündungen der Naрówa und der Westlichen Düna, sowie an der
Kurländischen Küste, wo sie „Kupsen" genannt werden. Ebensolche Zungenhügel finden sich an der Windseite am Fusse der riesigen Dünenkette am Kurischen Haff. Vgl. Berendt, Geol. des Kurischen Haffes, 1869, S. 17.

aber, unter dem Schutz der niedergebogenen Zweige des Wachholderstrauches, erhält sich noch lange eine sandfreie Vertiefung, eine kleine Grube, welche erst später durch den von oben hinabrieselnden Sand ausgefüllt wird.[1]) Somit bildet hier der zugewehte Sand einen Vorhügel an der Luvseite des Strauches, der ihn aufhält, während er bei der Weide und dem Strandhafer sich an der Leeseite ansammelt. Die Ursache dieses Unterschiedes liegt darin, dass die Weide und der Strandhafer schwächer sind, dass ihre Zweige und Stengel vom Winde auseinander geschoben werden, während der Wachholderstrauch fest und dicht ist und dem zugewehten Sande gegenüber eher wie ein zusammenhängendes, undurchlässiges Hinderniss wirkt.

Bei schwächerem Winde leisten allerdings auch die ersteren ausreichenden Widerstand, so dass auch vor ihnen Sandanhäufungen stattfinden. Der erste stärkere Wind reicht indessen schon aus, um sie hinweg zu blasen und an der Leeseite unter dem Schutz des Gewächses abzulagern. Maassgebend sind aber gerade die stärkeren Winde, weil sie es sind, welche vorwiegend zur Entstehung und zum Wachsthum der Hügel beitragen.

Der Vorgang der Sandanhäufung an zusammenhängenden Hindernissen, namentlich an Mauern und Zäunen, hat die Aufmerksamkeit aller Derjenigen, die sich mit Beobachtungen über die Sandbewegung durch Wind befassten, auf sich gelenkt. Theils aus diesem Grunde, theils weil bei den Dünenbildungen diese Art der Sandanhäufung eine, wie wir sehen werden, viel geringere Rolle spielt, als die an Büschen stattfindende, soll hier etwas eingehender nur eine, meist nicht ganz genau dargestellte, Seite dieser Erscheinung besprochen werden.

Allen Sandanhäufungen an ununterbrochenen Hindernissen, welcher Gestalt sie auch sein mögen, ist ein allgemeines Merkmal eigen: der Sandhaufen lehnt sich niemals unmittelbar an den Gegenstand an, mag dieser eine Mauer oder ein Baum sein, sondern ist von ihm durch einen mehr oder weniger breiten Graben

---

[1]) Es kann ferner auf Büsche von *Empetrum nigrum*, *Calluna vulgaris* (Haidekraut), *Arctostaphylus uva ursi* (Bärentraube) und andere niedrig wachsende Pflanzen hingewiesen werden, welche an den Sandküsten vorkommen und als Ansatzpunkte für eine Sandhäufung dienen; doch ist ihnen, sowohl ihrer geringen Verbreitung, als auch der geringen Höhe der Hügel wegen, eine grosse Bedeutung nicht beizumessen.

getrennt. Gewöhnlich wird dies dadurch erklärt, dass beim Zusammentreffen der von dem Hindernisse zurückgeworfenen Luftwelle mit der neu anrückenden, sich in einiger Entfernung vom Gegenstande ein Ruhestrich bildet, in welchem sich denn auch der vom Winde getragene Sand absetzt. In Wirklichkeit trifft jedoch diese Erklärung nicht ganz zu. Dagegen finden wir eine viel vollständigere bei Hagen,[1]) welcher die Ursache der Grabenbildung in dem Umstande erblickt, dass vor dem Hinderniss eine Kompression der Luft stattfindet, als deren Folge sich nach beiden Seiten längs des Gegenstandes gerichtete starke Luftströmungen ergeben, welche den Sand seitlich ausblasen und eine Rinne erzeugen. Es ist klar, dass die beiden Strömungen gleiche Kraft und die Rinne gleiche Maasse nach beiden Seiten nur dann aufweisen, wenn die Richtungen des Windes und des Hindernisses einen rechten Winkel mit einander bilden. Ist dagegen die Windrichtung nicht normal, so wird die unter dem stumpfen Winkel stattfindende seitliche Strömung die stärkere sein. Es ist Hagen gelungen, diese Erscheinung im Laboratorium experimentell nachzuahmen.[2]) Ich selbst habe dahin zielende Versuche mehrfach an Dünen angestellt und sah jedes Mal, wenn ich auf die ebene Oberfläche des lockeren Flugsandes ein Brett oder eine Kiste mit der Fläche gegen den Wind gerichtet setzte, an der Wand, manchmal sehr rasch, sich eine Vertiefung, einen kleinen Graben bilden, in Folge des heftigen Rückpralles der Sandkörner an dem Brette, namentlich aber in Folge der starken Bewegung nach beiden Seiten hin, längs derselben. Häufig geschah die Bewegung des Sandes an dem dem Winde entgegengehaltenen Hinderniss bei so schwacher Strömung, dass sie den Sand nicht zu treiben vermochte und einen

---

[1]) Hagen, Handb. d. Wasserbaukunst, 3. Thl., **2**, 122; 1863. Dieselbe Erklärung giebt auch Wessely (Der Europäische Flugsand, 1873, S. 57), welcher sie anscheinend Hagen entlehnt hat.

[2]) Hagen führte Versuche mit einem aus einem Kautschukbeutel herausgepressten Luftstrome aus. Wenn es in diesem Falle, wie auch sonst bei Laboratorienversuchen, nicht möglich war, die durch den Wind erzeugte Erscheinung genau nachzuahmen, so gelang es doch, einige ihrer Einzelheiten mit Erfolg zu wiederholen, so u. A. die Bildung von Rinnen vor dichten Hindernissen. In seinem berühmten „Handbuch der Wasserbaukunst", welches zahlreiche, auch für den Geologen besonders bemerkenswerthe Thatsachen und Beobachtungen enthält, findet sich eine vollständige Beschreibung seiner Versuche, deren wesentlichsten Ergebnisse hier angeführt worden sind und noch ausführlicher im 2. Theil (im Anhang) zu besprechen sein werden.

Aufschüttungswall nicht erzeugte, sondern nur einen Graben aushöhlte. Es war also nur die Wirkung der komprimirten, die Wand bespülenden Luft und es konnte kein Sandabsatz an der Linie stattfinden, in welcher sich die direkte und reflektirte Strömungen begegneten und gegenseitig vernichteten. Ich hatte ebenfalls oft Gelegenheit zu beobachten, dass wenn an der Luvseite einer Düne sich ein Baum befand, sich nicht ein Wall, sondern ein Graben um ihn bildete. Ein Wall erschien nur in denjenigen Fällen, wenn die Flugsandoberfläche in der Nähe des Baumes einen kleineren Böschungswinkel aufwies, als der für die Dünenluvseite typische von 5 bis 12°, oder wenn sie horizontal oder endlich schwach widersinnig geneigt war. Um grössere Steine bildet sich häufig ausser dem Graben auch ein Wall, wenn sie nur keinen kreisförmigen Umriss besitzen, welcher von der Luftwelle ebenso leicht umspült werden könnte, wie die cylindrische Gestalt eines Baumstammes.[1]) Wenn aber ein zusammenhängendes Hinderniss, z. B. ein Zaun, eine ansehnliche Horizontalausdehnung besitzt, so bildet sich auch ausser dem Graben noch ein Wall, dessen Luvseitenböschung stets etwas steiler ist als die entsprechende bei einer Düne.

Unter den natürlichen zusammenhängenden Hindernissen können, ausser den vorhin besprochenen, noch erwähnt werden: steil abfallende Felswände, vor welchen sich der Sand wie vor einer Mauer häuft. Bei Reclus finden sich Angaben über derartige Vorkommnisse an der ligurischen Küste.[2]) Auch Hagen erwähnt den Einfluss der Steilwände auf die Häufung des Sandes und die Bildung tiefer Rinnen vor ihnen, wie vor Mauern. Ausserdem entsteht, in Folge der Luftkompression, an einem solchen

---

[1]) Wessely (Der Europ. Flugsand, 1873, S. 58) hebt hervor, dass bei Sandhäufungen vor grösseren Blöcken sich keine Rinne bildet. Dies ist nicht vollkommen zutreffend. Wenn die dem Winde zugekehrte Seite des Blockes keine sanft geneigte, sondern eine schroff vom Boden ab ansteigende Fläche darbietet oder gar, was nicht selten der Fall ist, überhängt, so entsteht bei der Sandhäufung stets eine Rinne. Sie wird erst später, nach und nach, mit Sand ausgefüllt, wenn die Höhe des Sandwalles diejenige des Blockes überstiegen haben wird, ganz entsprechend der bei Sandhäufungen vor Mauern stattfindenden Erscheinung. Vor flachen, mit allmählich ansteigender Fläche versehenen Blöcken entsteht in der That keine Rinne, es bildet sich aber auch oft gar keine Sandhäufung, wenn die Oberfläche einen sehr sanften Anstieg aufweist.

[2]) E. Reclus, Nouv. géogr. univers., russ. Ausg., **2,** 196.

Absturz eine aufsteigende Luftströmung, welche den Sand empor-
reisst, um ihn, falls die örtlichen Bedingungen sich dafür eignen,
oben abzulagern. Solche Erscheinungen werden in all' den Fällen
angetroffen, wo sich Stranddünen oberhalb eines manchmal hoch
über dem flachen Strande hinaufragenden Absturzes bilden. Diesen
Charakter tragen, wie bereits oben erwähnt wurde, fast alle Dünen
der Westküste Jütlands und Schleswigs, viele der Normandie
und einige an der Ostseeküste. Nach Wessely[1] erhebt sich am
Rothen Kliff (Insel Sylt) eine 30 bis 70 Fuss hohe Mergelwand
senkrecht über dem sandigen Vorstrand. Sie hat es dennoch
nicht verhindern können, dass sich oben der vom Winde empor-
getragene Sand ablagerte. Auch Hagen[2] berichtet: „Vor hohen
Ufern fängt sich der Wind und er nimmt die Richtung der Dos-
sirung des Ufers an, wenn diese auch sehr steil ist. Es sind aber
keineswegs nur kleine Körnchen, die hinaufgeworfen werden, sondern auch gröberer Seesand folgt dieser Bewegung. Wenn man
sich während eines heftigen Windes unmittelbar an den oberen
Rand stellt, so fühlt man jedes einzelne Körnchen, welches das
Gesicht trifft, die grösseren Körner verursachen aber sogar auf
Händen empfindliche Schmerzen. Diese herauffliegenden Massen
bilden sebst auf hohen Ufern, wie etwa auf dem Streckelberge
bei Swinemünde, grosse Anhäufungen von Sand. Am auffallendsten
geschieht dieses vor Waldungen, welche den Wind schwächen
und daher das Weiterfliegen des Sandes verhindern."

Die Häufung des Sandes oberhalb des Absturzes findet in
durchaus gleicher Weise, wie auf flachem Strande, an Sträuchern,
Bäumen, Steinblöcken, Mauern, Zäunen u. dgl. statt; der Sand
wird entweder vor dem Hinderniss aufgehalten oder häuft sich
hinter ihm und unter seinem Schutz.

Den undurchlässigen natürlichen Hindernissen, wie Baumstämmen und Steinblöcken, kommt bei der Bildung der Stranddünen eine viel geringere Bedeutung zu, als den unterbrochenen,
den Sträuchern, schon aus dem Grunde, weil die Baumvegetation
wegen des ungünstigen Einflusses der Seewinde und des Salz-
gehaltes der Luft ziemlich weit vom Meere ab beginnt, auf
jener Strandzone aber, welche auf den Brandungsstrich folgt und

---

[1] Wessely, Der Europ. Flugsand, 1873, S. 29, Anm.
[2] Hagen, Handb. d. Wasserbaukunst, 3. Thl., 2, 99; 1863.

auf welcher die Dünen entstehen, fehlt; ebenso selten sind auf derselben Zone grössere Geschiebe. Dagegen ist der Strandweizen, das Strandrohr *(Arundo arenaria)*, die Weide und andere den Sandboden liebende Pflanzen zahlreich vertreten. Ferner befinden sich die an Baumstämmen und Steinblöcken entstandenen Sandhügel durchaus nicht unter gleich günstigen Wachsthumsbedingungen, wie die an Sträuchern gebildeten, da zur Entwickelung der letzteren Hügel das Gedeihen der Sträucher selbst wesentlich beiträgt. Der Strandweizen, das Strandrohr u. a. leiden unter wiederholten Sandverwehungen nicht; die Bewegung des Sandes ist ihnen nicht nur nicht nachtheilig, sondern bietet anscheinend die zu ihrem Gedeihen günstigsten Bedingungen dar, da sie an festgelegten Dünen, an denen jegliche Sandbewegung aufgehört hat, bald absterben. Oft wird bei andauerndem starkem Winde der Strandhafer vom Sande fast vollkommen verschüttet, so dass nur noch seine scharfen Blattspitzen herausragen; kurz nachdem das Sandwehen aufgehört hat, sieht man aber schon die Pflanze selbst hervortreten. Das Wurzelwerk dieser perennirenden Graminee erreicht bei ununterbrochenem Wachsthum eine sehr beträchtliche Länge, die beim Abtragen von Dünen zu 20 bis 30 Fuss beobachtet wurde. Hat sich der Strandhafer bis an die Oberfläche des angewehten Flugsandes gehoben, so beginnt er dem von Neuem zugeführten Sande ein Hinderniss zu bieten und trägt auf diese Weise zum allmählichen Wachsthum des Hügels bei. Ausserdem wächst er, indem er nach allen Seiten lange Wurzelstücke treibt, in die Breite und veranlasst somit auch eine Breitezunahme des Hügels. Ganz ähnlich findet das Wachsthum der Sandhügel an Weidebüschen statt, mit dem einzigen Unterschiede, dass es hier viel grössere Maasse aufweist, wiewohl es nicht so rasch vor sich geht. Bei Hagen finden sich interessante Angaben darüber, dass auch die Weide zeitweilige Verschüttungen mit Sand leicht vertragen, ziemlich rasch in die Höhe wachsen und einen sehr hohen Stamm dabei bilden kann. „Auf der Frischen Nehrung bei Pillau", sagt Hagen, „habe ich oft wahrgenommen, dass die grossblättrige Sandweide, wenn sie während des Winters soweit mit Sand überschüttet war, dass ihre höchsten Zweige kaum noch einen Fuss darüber hervorragten, im nächsten Frühjahre zahllose Seitenzweige trieb, wodurch ihre Krone sich weit ausbreitete. Jeder einzelne Trieb schoss aber während des

Sommers 6 bis 8 Fuss auf. Wenn nun im nächsten Herbste und Winter wieder neuer Sand sich darüber lagerte, so wuchs dieser Hügel in wenigen Jahren zu einer grossen Höhe an." Etwas weiter, bei Besprechung der verheerenden Wirkungen übermässig starker Stürme, welche Sandhügel bis auf den Grund aus einander fegen, bemerkt Hagen: „In dieser Art verschwindet in wenigen Stunden der ganze Hügel, und von ihm bleibt nichts übrig, als der zähe Weidenstamm, der seine Entstehung veranlasste und der noch im Untergrunde fest wurzelt, aber nunmehr ganz entblöst auf dem Boden liegt."[2])

Die in Rede stehenden Hügel dürfen indessen mit Dünen nicht verwechselt werden, von denen sie sich sowohl durch ihre Unbeweglichkeit als auch durch ihre Gestalt unterscheiden. Bei Hügeln, die unter dem Schutz eines Strauches entstanden, ist die Böschung an der Luvseite steil und übersteigt oft den normalen Böschungswinkel des Sandes von beiläufig 35^0, da der Sand, im Geäst und Wurzelwerk gefangen und verfestigt, sich auf steileren Gehängen, welche manchmal bei Stürmen sogar überhängen, halten kann. Bei Dünen hingegen ist die Luvseite nur sanft ansteigend, bildet mit dem Horizont einen Winkel von 5 bis 10^0, und nur äusserst selten über 10^0. An der Leeseite besitzt der aufgehäufte Hügel einen der Windrichtung nach verlaufenden und mit der Entfernung vom Strauch allmählich abfallenden Kamm oder, wenn der schützende Busch und also auch der Hügel breit ist, einen unregelmässigen, stets aber sanften Abfall. Die Leeseite einer Düne ist dagegen steil und entspricht bei normaler Ausbildung dem natürlichen Böschungswinkel des Sandes. Trotz dieses scharfen Unterschiedes zwischen diesen Aufschüttungs- oder Zungenhügeln und den Dünen stehen beide im engsten Zusammenhange mit einander, denn die Hügel sind nichts Anderes als im Entstehen begriffene Dünen. Dafür spricht einmal das Vorhandensein zahlreicher Uebergangsgestalten, wie man sie an jedem zur Dünenbildung geeigneten Strande beobachten kann und wie ich sie selbst bei Sestrorétzk, am Ufer des Meerbusens von Nárwa, bei Bilderlingshof, in der Umgegend von Libau beobachtete. Man vermag den Vorgang der Umwandlung eines Zungenhügels in eine Düne zu verfolgen,

---

¹) Hagen, ebenda, S. 99—100.

wenn man der Beobachtung dieser Erscheinung genügende Zeit widmet und einen bestimmten Hügel ins Auge fasst. Im Ganzen findet die Umwandlung wie folgt statt. Ein Sandhügel, welcher sich unter dem Schutz eines Strauches bildete, wächst zunächst auf demselben Wege wie er entstand, dann aber, nachdem er eine gewisse Grösse erreicht hat, beginnt er selbst, einem undurchlässigen Hindernisse gleich, den durch den Wind von der Anschwemmungszone her getragenen Sand aufzufangen, d. h. ihn an seiner Luvseite aufzusammeln. Zu Anfang geschieht eine solche Sandhäufung nur bei schwachem Winde, da ein stärkerer den ganzen an der Luvseite abgelagterten Sand fortblasen und hinter dem Busch ablagern würde. Bei allmählichem Wachsthum des Hügels fängt der Sand aber an auch an der Windseite, selbst bei stärkerem Winde festgehalten zu werden und bildet schliesslich einen der Luvseite einer Düne ähnlichen sanften Anstieg zum Busch hinauf, wobei auch hier, wie dort, eine ununterbrochene Umlagerung des Sandes von unten hinauf vor sich geht. Erst bedeutend später bildet sich der der Leeseite einer Düne entsprechende, dem Winde abgekehrte Abhang aus. Er entsteht gewöhnlich erst dann, wenn der Gipfel des Hügels sich hinter den Busch verschoben hat. Dies geschieht entweder allmählich, durch die verstärkte, nunmehr gerade hinauf an der Luvseite des Hügels gerichtete und nicht mehr wie ehedem den Busch von den Seiten her umspülende Bewegung, oder plötzlich, durch die Wirkung eines starken Sturmes, welcher an der Luvseite eine rinnenförmige Mulde aushöhlt, den ganzen ausgegrabenen Sand aber hinter dem Strauch aufschüttet und dort den Gipfel des Hügels erzeugt, welcher nach und nach sich über dem Strauch erhebt und immer weiter fortschiebt. An dem nunmehr dem Winde ausgesetzten Gipfel findet eine ununterbrochene Umlagerung der Sandkörner statt, welche, auf die Leeseite hinabrollend, ihr die für den lockeren Sand normale Böschung verleihen. Anfänglich hemmt der Strauch bis zu einem gewissen Grade die regelmässige Entwickelung des Gipfels, mit dessen Erhöhung und Vorwärtsschreiten jedoch der Strauch allmählich an die Basis der Luvseite geräth, welche die immer typischer werdende Gestalt der einer regelmässig gebildeten Düne annimmt. Wenn endlich die Menge des von der Luvseite her weggeblasenen Sandes diejenige des von der Anschwemmungszone her durch den Wind

zugeführten übertrifft, so wird der Strauch ausserhalb der Düne
zu stehen kommen, welche, nunmehr vollkommen gestaltet, sich
mit ihrer ganzen Masse vom ursprünglichen Platz verschoben und
ihre Wanderung begonnen hat, während an dem Strauche und
unter seinem Schutze ein neuer Hügel entstehen kann, welcher
sich nach und nach zu einer neuen Düne ausbildet. Viel ein-
facher verwandeln sich zu Dünen, die an einem Wachholderstrauch, einem Stein, einem festen Erdhügel entstehenden Sandhaufen, kurz diejenigen, welche sich vor einem den Sand auf-
haltenden Gegenstande ablagern. Hier bildet sich die schwach
geneigte Luvseite ganz regelmässig schon während des Häufens
des Sandes, und hat der Hügel eine das Hinderniss übersteigende
Höhe erreicht, so beginnt die regelmässige Bildung des Gipfels
und der Leeseite.

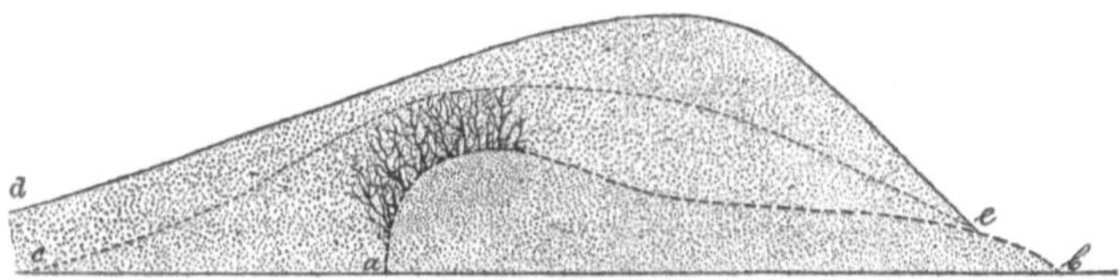

Fig. 4.

Umwandlung eines Zungenhügels in eine Düne. *ab* Zungenhügel in seiner ursprünglichen
Gestalt; *cb* Uebergangsgestalt; *de* in Entstehung begriffene Düne.

Selbstverständlich geht die Umwandlung der ursprünglichen
Sandhaufen zu Dünen nicht mit gleicher Geschwindigkeit auf der
ganzen Erstreckung der Küste vor sich. An einer Stelle hemmen
starkwüchsige Büsche lange Zeit hindurch die Bildung des sanften
Luvseitenabhanges; an einer anderen tritt eine Verzögerung ein in
Folge ungenügender Sandzufuhr von dem Anschwemmungsgebiet
her, weil zwischen der Düne und der Meeresküste ein Gegenstand
aufgetaucht, z. B. beim Sturme ein Baumstamm angeschwemmt
worden ist, welcher die Bewegung des vom Strande her kom-
menden Sandes, wenn auch nicht gänzlich, hemmt. Häufig wird
durch solche Ursachen die Entwickelung einer Düne völlig unter-
brochen und der ein gewisses Stadium der Dünenbildung vor-
stellende Sandhügel befestigt und überzieht sich mit einer Pflanzendecke. An unseren sandigen Küsten, bei Sestrorétzk, am Ufer
der Nárwa-Bucht, an der westlichen Küste Kurlands trifft man

nicht selten 1,5 bis 2 m hohe längliche Hügel mit gleichmässig
nach beiden Seiten abfallenden Gehängen, stark bewachsen mit
Strandhafer, Weide u. dgl. mehr. Sie sind leicht mit Strandwällen zu verwechseln, von denen sie sich jedoch durch ihre
Unterbrechungen, ihre ungleichmässige Höhe, namentlich aber
durch die 15 bis 20^0 betragende Steilheit ihrer Gehänge unterscheiden, während ein Strandwall, wenn er aus dem gleichen
feinen Sande besteht, einen Anschwemmungswinkel über 3 bis 5^0
nicht besitzen kann. Diese Hügel sind in Wirklichkeit nichts
Anderes, als nachträglich zusammengefügte Reihen von Zungenhügeln, bei denen bereits die flache Luvseite, nicht aber der
Gipfel und die steile Leeseite zur Ausbildung gelangten.

V.

Gesammtgestalt der Düne. — Regelmässigkeit ihres Profils. — Die Luvseite
der Düne, ihre Böschung und Oberflächengestalt. — Veränderung der Böschung
bei Winden verschiedener Stärke. — Gipfel der Düne. — Die Leeseite der
Düne, ihre Steilheit und Oberflächengestalt. — Horizontalumrisse der Dünen.
— Mannigfaltigkeit und Unregelmässigkeit dieser Umrisse. — Vier Grundtypen. — Einfluss des Wechsels der Ruhe- und Bewegungsperioden der Dünen
auf ihre Gestalt. — Gestalten der vom Meere unterwaschenen Dünen.

Die charakteristische Gesammtgestalt einer regelmässig gebildeten Düne mit ihren sanften Rundungen, die wohlgefälligen
Umrisse ihres Gipfels und ihrer auffallend glatten, wie gemeisselten
Abhänge erregen beim ersten Anblick die Bewunderung jedes
aufmerksamen Beobachters. Eine besondere regelmässige Gleichartigkeit besitzt ihr Profil, wozu das an den Meeresküsten so sehr
allgemeine ausschliessliche Herrschen der Seewinde wesentlich
beiträgt.

Eine regelmässig gebildete Düne zeigt zwei scharf unter-
schiedene Abhänge: die Luvseite und die Leeseite. Die erste ist
schwach geneigt und bildet an den von mir besuchten Dünen
der Küsten des Finischen und Rigaer Meerbusens und der Ostsee
gewöhnlich mit dem Horizont einen Winkel zwischen 5 und 12^0;
selten und nur auf unbedeutende Erstreckungen hin trifft man eine
grössere Neigung von 15 bis 17^0, z. B. bei den Dünen der Nárwa-
bucht.[1])

Die Luvseite der Jütländischen vom Meere nicht unterwaschenen Dünen ist gegen den Horizont nach Forchhammer
unter 5 bis 10^0, nach Andresen unter 6 bis 12^0 geneigt. Für
die Dünen der Gascogne schwankt nach Brémontier, Élie

---

[1]) Dies bezieht sich auf Dünen, welche in der Zerstörung begriffen sind
und deren vom Winde zernagte Luvseite oft recht steile eingebogene Flächen
darbieten, namentlich wenn die Düne bereits mit Vegetation bedeckt gewesen ist.

de Beaumont, E. Reclus und Delesse dieser Winkel von 7 bis 12⁰, für diejenigen der Frischen Nehrung nach Hagen zwischen 4⁰40′ und 5⁰52′. Aehnliche Werthe geben verschiedene Beobachter für die Dünen anderer Gegenden.[1]

Vollkommen regelmässig auf ihrer gesammten Oberfläche ist die Luvseite nur bei kleinen, verhältnissmässig jungen Dünen, bei höheren und älteren ist dies dagegen selten der Fall. Sie sind gewöhnlich bereits von dem Ort ihrer ursprünglichen Entstehung mit ihrer ganzen Masse gewandert, darum treten die von ihnen unterwegs angetroffenen und verschütteten Gegenstände an der Luvseite wieder hervor. Darunter finden sich Stümpfe einst verschütteter Bäume, Schichten früheren Pflanzenbodens, Trümmer alter Baulichkeiten u. dgl. m., welche naturgemäss einer vollen Regelmässigkeit in der Ausbildung der Luvseite störend sind. Das Profil eines normal gestalteten Abhanges stellt keine Gerade, sondern eine sanft gebogene Kurve dar. Unten ist fast immer eine Einbiegung bemerkbar, welche nach oben hin in eine Ausbiegung übergeht. Die Gestalt der Böschung ändert sich etwas im Zusammenhang mit der Windstärke: bei sehr starkem Winde wird die Biegung grösser, wobei namentlich die Einbiegung zunimmt und bedeutend weiter auf den mittleren, ja den oberen Theil des Abhanges hinaufreicht. Die merkliche Einbiegung des Luvseiteprofils erwähnen nur Andresen, der sie an Jütländischen Dünen und Brémontier, welcher sie bei den Dünen des Golfes von Biscaya beobachtete. Es ist anzunehmen, dass auch bei allen übrigen Stranddünen eine mehr oder weniger wahrnehmbare Einbiegung an dem unteren Theile der Luvseite entsteht, und dass, wenn diese Erscheinung von anderen Forschern mit Stillschweigen übergangen wird, dies in einer nicht genügend genauen Beobachtung der Dünengestalt seinen Grund hat. Ich, für meinen Theil, habe wenigstens eine bald grössere bald geringere Ein-

---

[1] Nur bei einigen Beobachtern finden sich Angaben über unverhältnissmässig grosse Böschungswinkel; so bestimmen Laval (Ann. des ponts et chaussées, (2), 1847, 2me Sem., (14), 220, Anm. 2) und Blesson („Hertha", 1828, **11,** 192) die Neigung der Luvseite zu 10—25⁰, ja sogar zu 37⁰. Eine so bedeutende Abweichung von allen anderen unter sich gut übereinstimmenden Angaben kann entweder dadurch erklärt werden, dass die Messungen an zerstörten Dünen angestellt wurden, deren Sand ausserdem durch Feuchtigkeit und Wurzelwerk der Pflanzen gebunden war, oder dass sie äusserst nachlässig, nach dem Augenmaass geschahen.

biegung fast bei allen von mir gesehenen Dünen gefunden, mit Ausnahme äusserst kleiner und während eines schwachen Windes beobachteter.

Die Einbiegung wie die Ausbiegung an der Luvseite steht im Zusammenhange mit dem Fortblasen und dem Auftragen des Sandes durch den Wind, was bei Wind von genügender Stärke gleichzeitig und unausgesetzt auf der ganzen Fläche des Luvseiteabhanges stattfindet. Man darf wohl sagen, dass an jedem Punkte eines solchen Abhanges eine beständige Fluth und Ebbe des Sandes stattfindet: ein Korn nach dem anderen wird vom Winde weggeblasen und den Abhang hinauf zum Gipfel getrieben, während zur selben Zeit einige Körner eine Ruhelage finden, in welcher sie dem Winde Widerstand zu leisten vermögen. Am Fusse des Abhanges, wo die horizontale oder nahezu horizontale Oberfläche des Strandes in die, wenn auch sanft ansteigende Oberfläche der Luvseite der Düne übergeht, geschieht das Ausblasen am Heftigsten, indem die Luftströmung, welche in den untersten Schichten der Atmosphäre einer horizontalen Richtung folgt, hier zunächst eine ansteigende Fläche trifft und den kräftigsten Stoss ausübt. Den Abhang höher hinauf wird das Ausblasen schwächer, da die Strömung in den unteren Schichten eine schräg aufsteigende Richtung annimmt, parallel der Oberfläche des Abhanges, und den Stoss der höheren in Bewegung befindlichen Luftschichten abschwächt; endlich da, wo die Aufschüttung dem Ausblasen gegenüber die Oberhand gewinnt, wird die Einbiegung durch eine Ausbiegung ersetzt. Die Fortbewegung des Sandes an der Luvseite hängt von der Windstärke und der Korngrösse des Sandes ab und geschieht entweder durch Transport in grösserer oder geringerer Höhe über dem Boden, oder durch Ueberrollen auf der Bodenfläche oder endlich durch Fortschieben der Sandwellen. Alle diese Fortbewegungsarten des Sandes wurden bereits (im Kapitel I) besprochen; hier soll nur eine Seite dieser Erscheinung, über welche in der Litteratur wenig Uebereinstimmung besteht, Berücksichtigung finden, nämlich bis zu welcher Höhe über dem Boden der vom Winde getragene Sand gehoben werden kann.

Brémontier behauptet, dass der vom Winde getriebene Sand nicht hoch über dem Boden aufsteigt. „Chacun des grains de sable", sagt er, „dont elles (les dunes) sont composées, n'est pas assez gros pour résister aux vents d'une certaine force; ni assez petit pour être enlevé comme de la poussière, ils ne font que rouler sur la surface dont ils sont arrachés, s'élèvent rarement à plus de 3 à 4 pouces de hauteur."[1] Andresen, welcher Gelegenheit hatte, die Bewegung des Sandes durch lange Zeiträume hindurch zu beobachten, sagt ebenfalls aus, dass der Sand gewöhnlich vom Winde am Boden gerollt wird und nur äusserst selten sich über 2 Yards erhebt, und dass er auch in diesem Falle meist nicht durch die Luft fliegt, sondern nur hüpft, weshalb eine wenig breite Wasserfläche auf seinem Wege ausreicht, um das Sandtreiben aufhören zu lassen, da der ganze Sand im Wasser versinkt.[2] Behrendt giebt im Gegentheil an, dass bei heftiger Windbewegung oder Sturm der Sand über Manneshöhe gewirbelt wird. „Dies", sagt er, „beweist dem Wanderer das prickelnde Stechen, das die unausgesetzt ihm in's Gesicht gepeitschten Körnchen verursachen und noch handgreiflicher der in den Haaren, Ohren und auf der ganzen Haut des Gesichtes haftende gar nicht so überaus feine Sand."[3] Hagen[4] beobachtete, dass feiner Sand in Gestalt eines dichten Nebels über den Hafen von Rügenwaldermünde hinüber flog.[5]

Ich selbst hatte oft Gelegenheit die Sandbewegung an Dünen bei starkem Winde zu beobachten, doch nahm ich niemals wahr, dass an der Luvseite selbst sehr feiner Sand sich höher als 1 m über den Boden erhob, während er über dem flachen Gipfel bedeutend über Manneshöhe schwebte, so dass dieser von fern wie in Nebel gehüllt erschien. Ebenso erhebt ein über horizontal sich ausbreitende Sandfelder treibender Wind den Sand zu sehr beträchtlicher Höhe. Wenn der Sand an der Luvseite der Dünen nicht so hoch über die Oberfläche aufsteigt wie an

---

[1] Brémontier, Mémoire sur les dunes, Ann. des ponts et chaussées, (1), 1833, 1er Semestre, p. 148.

[2] Andresen, Om Klitformationen, 1861, S. 57.

[3] Berendt, Geol. des Kurischen Haffes, 1869, S. 15.

[4] Hagen, Handb. d. Wasserbaukunst, 3. Thl., 2, 98; 1863.

[5] In den Wüsten Afrikas und Asiens, wo der Wind eine ausserordentliche Stärke erreicht, wird der Sand auf weite Erstreckungen hin durch die Luft getragen. „Am 4. April 1887 befand ich mich," berichtet J. Walther (Die Denudation in der Wüste — Abh. d. kgl. sächs. Ges. d. Wissensch., 27 = d. math.-phys. Cl. 16, 384; 1891), „an der Südspitze der Sinaihalbinsel, dem Râs Muhámmed und zwar an einer etwa 2 km breiten Meeresbucht, jenseits deren eine Düne 10 m hoch emporragte. Von dort wurde der Sand mir ins Gesicht geschleudert, er wurde also 2 km weit direkt herübergetragen."

deren Gipfel oder auf Sandfeldern, so liegt dies daran, dass die dem Boden unmittelbar anliegende und feine Sandkörner führende Luftschicht, den Hang hinauf gleitend, sich unter dem Drucke überlagernder horizontal bewegter Luftschichten befindet, während am Gipfel oder über einer Sandebene, wo die untere Luftschicht, ebenso wie die oberen, eine horizontale Bewegung besitzt, ein solcher Druck ausgeschlossen ist.

Als unmittelbarer Beweis für den starken Druck, welchen die Luftwellen auf die Luvseite ausüben, kann die auffallende Festigkeit des Sandes an diesem Abhange dienen, in Folge deren der Fuss des Wanderers auf ihm eine kaum nennenswerthe Spur von höchstens 1 bis 2 cm Tiefe zurücklässt, wogegen auf dem flachgewölbten Dünengipfel der Sand merklich lockerer liegt, so dass

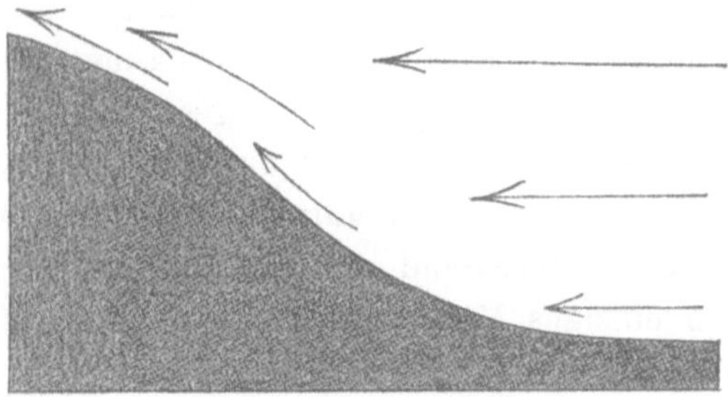

Fig. 5.
Windwirkung auf die Dünen-Luvseite.

der ganze Fuss in ihn eindringt und auf der Leeseite sogar das Bein bis zum Knie und noch höher versinkt.

Es ist höchst wahrscheinlich, dass die Abweichungen in den Beobachtungen über die Höhe, bis zu welcher sich der Sand erheben kann, von dem Umstande abhängen, dass einige dieser Beobachtungen an der Luvseite, andere am Gipfel der Dünen oder überhaupt an horizontalen Sandebenen angestellt wurden. Wenigstens beziehen sich diejenigen Hagen's auf die zweite Art der Oberflächen.

Die Gestalt der Luvseite hängt von der Windstärke ab. Die grösste Regelmässigkeit weist sie bei mässigem Winde auf. Bei sehr starkem Winde erscheinen, abgesehen von der Vergrösserung der Einbiegung, wegen des heftigeren Ausblasens des Sandes, mehr oder weniger tiefe vom Winde ausgehöhlte Rinnen. Eine

Sandschicht nach der anderen schnell wegfegend, entblöst der scharfe Wind endlich die die Feuchtigkeit noch bewahrenden inneren Sandlagen und das fernere Ausblasen geschieht nunmehr, wegen der ungleichmässigen Vertheilung der Feuchtigkeit, nicht mehr mit gleicher Geschwindigkeit. An verhältnissmässig weniger feuchten Stellen geht das Trocknen des Sandes und sein Ausblasen durch den Wind rascher vor sich, weshalb diese Stellen kesselartig vertieft werden. Diese Kessel dehnen sich besonders in der Richtung des Windes aus, verfliessen in einander und bilden manchmal von dem Fusse der Düne bis zu ihrem Gipfel ununterbrochen verlaufende Rinnen. Die feuchteren Stellen ragen höckerartig hervor und sammeln an ihrer Leeseite den feinen Sand, welchen der Wind von freier liegenden Theilen wegfegt. Den Rinnen entlang, welche in ihrem gewundenen Verlauf Flussbetten gleichen, bewegt sich vom Fusse zum Gipfel hinauf der gröbere Sand — bei Stürmen sogar Körner von 3 bis 4 mm im Durchmesser. Seine Bewegung ist langsam und geschieht durch Vorrücken ganzer Wellenreihen, welche oft ein grösseres Maass erreichen. Als zusammenhängende, den ganzen Abhang überziehende Lage bewegt sich der gröbere Sand anscheinend nicht; wenigstens habe ich dies kein einziges Mal beobachten können. Wenn ein starker Wind durch einen schwächeren ersetzt wird, werden alle diese mit grobem Sande bedeckten Rinnen mit feinerem Sande ausgefüllt und bald nimmt die Luvseite ihr normales Aussehen an.

Die Luvseite geht nach oben hin, meist sich allmählich rundend, in den flachgewölbten Gipfel der Düne über. Nur wenn die Einbiegung hoch hinaufreicht, bildet sich zwischen Luvseite und Gipfel eine stumpfwinkelige Kante. Der Gipfel bietet manchmal eine völlig horizontale Fläche dar, welche namentlich bei grösseren Dünen oft ansehnliche Maasse annimmt. Auch auf dem Gipfel findet eine beständige Verschiebung der Sandkörner von der Luvseite nach der Leeseite hin statt; die Auftragung des Sandes übertrifft aber hier das Wegblasen, was ja das Höhenwachsthum der Düne bedingt, während die Umkehrung dieser Bedingung eine Höhenabnahme der Düne zur Folge haben würde.

Die vorherrschende Sandaufschüttung auf dem Dünengipfel wird namentlich durch den Umstand begünstigt, dass die tiefste bewegte Luftschicht, nachdem sie beim Streichen über der Luvseite eine schräg aufsteigende Richtung angenommen hatte, die-

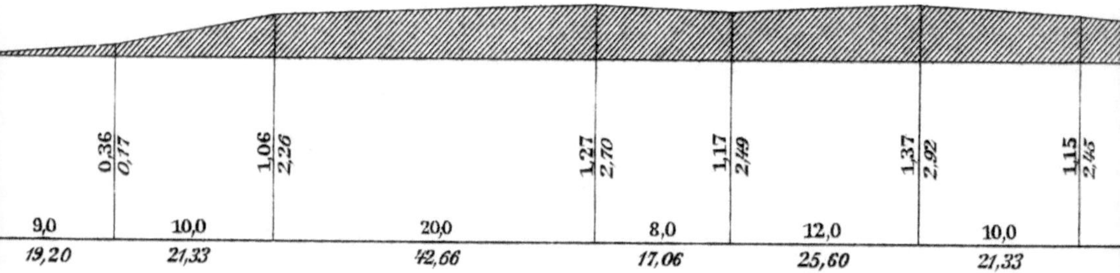

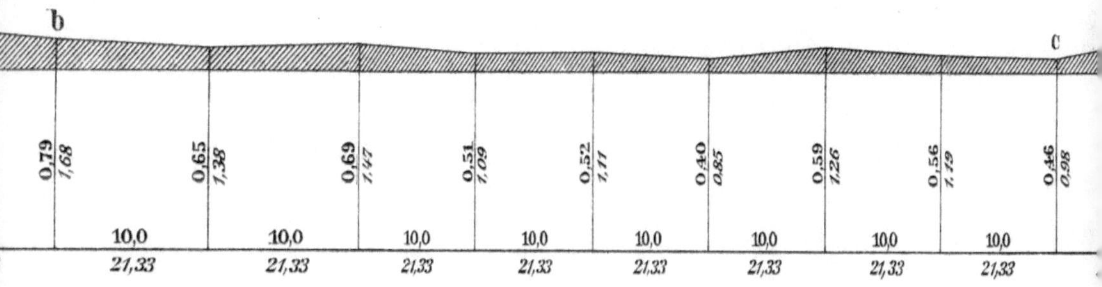

a Küstenlinie; a—b Zone des angeschwemmten Sandes;
seite der grossen Wasserdüne; f—g Gipfel der Düne; k
der Düne

Die aufrechten Ziffern bede

Wanderdüne bei Joënsuu in Sestrorétzk

mal überhöht)

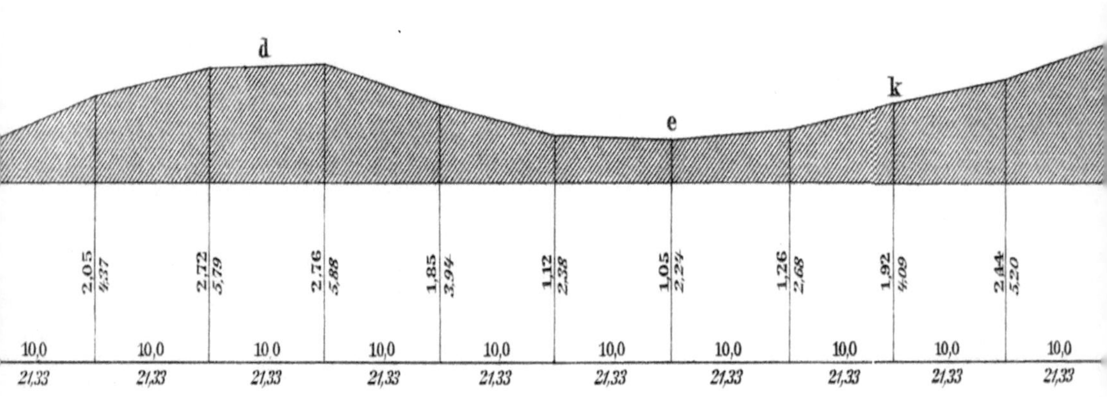

Einsenkung, bewirkt durch Wind; d im Entstehen begriffene Düne; e—f Luv-
an der Baumstümpfe, Stämme und Wurzeln, Ueberbleibsel eines ehemals von
tteten Waldes, zu Tage treten.

en, die liegenden sind Meter; 1 Sažen = 2,133 m.

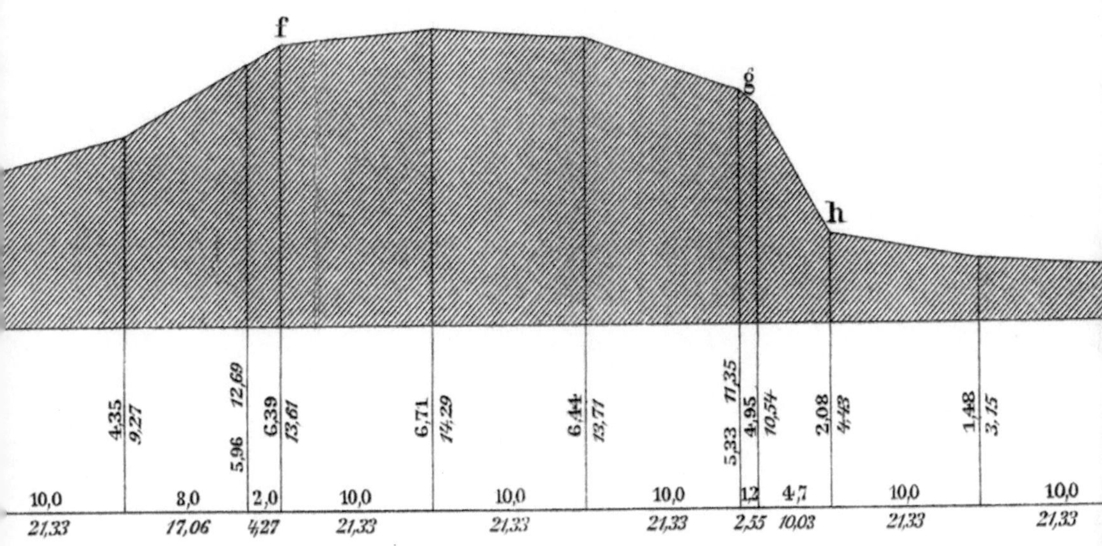

f
g
h
4,35
9,27
5,96
12,69
6,39
13,61
6,71
14,29
6,44
13,71
5,33
11,35
4,95
10,54
2,08
4,43
1,48
3,15
10,0
8,0
2,0
10,0
10,0
10,0
1,2
4,7
10,0
10,0
21,33
17,06
4,27
21,33
21,33
21,33
2,55
10,03
21,33
21,33

selbe Richtung auch über dem Gipfel beizubehalten strebt; dort
wird sie aber unter dem Druck der oberen, horizontal bewegten
Luftschichten der Oberfläche des Dünengipfels zugelenkt und wirkt
in Folge dessen viel schwächer. Und in der That, verfolgt man
die Sandbewegung bei mässig starkem Winde, so findet man,
dass sie am Gipfel langsamer ist als an der Luvseite. Im Zusammenhang damit steht auch die Thatsache, dass bei schwachem
und mässig starkem Winde der Sand auf dem Gipfel merklich
feiner ist, als an der Luvseite, an welcher das Korn nach unten

Fig. 6.
Leeseite einer Düne in Sestrorétzk bei Joënsuu. Die Düne verschüttet den Kiefernwald.

hin zunimmt. Bei starkem Winde, namentlich aber bei Sturm, ist
eine solche Aufbereitung nicht wahrzunehmen; vielmehr steigt,
wie wir bereits wissen, ziemlich grober Sand die Luvseite hinan,
erreicht den Gipfel und rollt über diesen hinweg auf die Leeseite
hinab.[1])

In die Leeseite geht der Gipfel entweder allmählich, dabei
aber immer steiler werdend, über, oder bildet einen deutlich aus-

---

[1]) Bei Sturm wird die Düne oft sichtlich erniedrigt, was auf ein Vorherrschen der Abtragung gegenüber der Zufuhr des Sandes hinweist. Vgl.
Ausführlicheres unten.

geprägten Knick. Ersteres trifft anscheinend bei denjenigen Dünen zu, deren Gipfel auch anderen Winden ausgesetzt ist, als dem die Düne erzeugenden Hauptwinde.[1] Im Allgemeinen bildet sich indessen die Leeseite der Stranddünen nur dann mit voller Regelmässigkeit aus, wenn sie vor Windeinflüssen geschützt ist. Sie bietet dann die Böschung des Sandschuttes dar. Die Maximalböschung des trockenen lockeren Sandes, der sogenannte Schuttwinkel oder Reibungswinkel, ist durch Versuche leicht festzustellen und ist den Technikern, die sie zu 30 bis 40° bestimmen, wohlbekannt. Bei Laboratoriumsversuchen erreicht die Böschung des trockenen Quarzsandes 36 bis 40°, je nach der Korngrösse, ja übersteigt sogar den letzteren Werth, obwohl das Gleichgewicht dann labil wird und die leiseste Berührung der Oberfläche ausreicht, um ein Abrutschen zu bewirken. Unter den Sanden von gleicher Grösse, aber abweichender Gestalt des Kornes, bildet der rundkörnigere sanftere Gehänge. Die Leeseite der Dünen ist stets etwas weniger steil, als die eben angeführten Böschungen. Zahlreiche von mir an Dünen des Finischen und Rigaer Meerbusens und der Ostsee ausgeführte Messungen ergaben für den Böschungswinkel einer regelmässig gestalteten Leeseite die Grenzwerthe 29 und 32°. In Uebereinstimmung mit diesen Messungen befinden sich diejenigen anderer Beobachter. Bei den Jütländischen Dünen bestimmte Forchhammer den Winkel zu 30°, Andresen zu 28 bis 31°; an den Dünen der Gascogne beträgt derselbe Winkel nach Raulin[2] 28 bis 32°; nach Hagen's zahlreichen Messungen bilden die Dünen der Frischen Nehrung eine Böschung von 26,5 bis 31,5°. Der letztgenannte Forscher erwähnt ausserdem eine Maximalböschung von 41°, welche indessen nicht durch kahlen Flugsand gebildet, sondern mit Moos und Farnen bedeckt war, also eine ziemliche Feuchtigkeit enthielt. Dass aber feuchter Sand viel steilere Gehänge annehmen kann, als trockener und lockerer, ist ohne Weiteres klar. Allerdings finden wir auch hier, wie bei den Bestimmungen des Luvseitenwinkels, bei einigen Beobachtern viel höhere Werthe: so

---

[1] Uebrigens befindet sich auch in den Fällen, wo die Leeseite vom Gipfel durch einen Knick getrennt ist, letzterer nicht an dem höchsten Theil der Düne; zunächst folgt vielmehr dem Gipfel eine sehr sanfte Neigung, welche sich allmählich rundet und oft eine durch ihre Regelmässigkeit auffallende Wölbung bildet.

[2] Raulin, Géogr. Girondine.

führt Krause[1]) eine Böschung von 45° bei den Dünen der Frischen
Nehrung an und Laval erwähnt sogar Winkel von 50 bis 60°
bei den Dünen der Gascogne.[2]) Es ist wohl kaum nöthig den
Beweis beizubringen, dass derartige Angaben, falls sie sich auf
trockenen Sand beziehen sollen, durchaus fehlerhaft sind und nur
als Ergebnisse flüchtiger Bestimmungen nach dem Augenmaass
angesehen werden können.

Der Winkel der Leeseite ist, wie bereits erwähnt, etwas
flacher als der aus Versuchen ermittelte. Dies ist dadurch bedingt, dass die Böschung, wenn nicht durch direkten, so doch
durch reflektirten Wind, namentlich aber durch Regen beeinflusst
wird, indem die Beobachtung lehrt, dass andauernder starker
Regen die Böschung verflacht. Diese Einwirkung des Regens
erwähnen auch Brémontier in seinem „Mémoire sur les dunes"
und Wessely in seinem „Europäischen Flugsand".

Wie die Luvseite, so ändert auch die Leeseite ihre Gestalt
unter dem Einfluss des Windes, wenn auch in viel geringerem
Maasse. Bei mässig starkem Winde rollt an diesem Abhange
feiner Sand, nicht in Gestalt einer zusammenhängenden Lage,
sondern in einzelnen mehr oder weniger breiten Strömen, welche
indessen, aus demselben gleichmässig feinkörnigem Sande, wie
die ganze Oberfläche der Leeseite bestehend, ihre Glätte nicht im
Mindesten beeinträchtigen. Ist der Wind jedoch sehr stark oder
wüthet gar ein Sturm, so bewegt sich der Sand in mächtigeren
Strömen, welche hervorragende, durch ihre dunklere Farbe sich
unterscheidende Schlieren bilden, da unter solchen Umständen eine
stärkere Beimengung gröberer Körner eintritt und diese neben
dem stets unbedingt vorherrschenden Quarz verhältnissmässig
häufiger aus Feldspath oder auch aus einem Gemenge von Quarz,
Feldspath und dunkelem Glimmer bestehen.

Somit bietet das Profil einer typischen regelmässig gebildeten
Düne eine flachansteigende Luvseite, einen flachgewölbten Gipfel
und eine steilabfallende Leeseite dar.

Für die völlig regelmässige Entwickelung einer Düne sind
gewisse günstige topographische Bedingungen und namentlich die

---

[1]) Krause, Der Dünenbau an den Ostseeküsten Westpreussens, Berlin
1850, S. 50.

[2]) Laval, Ann. des ponts et chaussées, (2), 1847, 2me Sem., **(14)**, 220,
Anm. 2.

Abwesenheit bedeutender Unebenheiten des Bodens erforderlich; ferner ist es nöthig, dass sie der ausschliesslichen oder wenigstens der stark vorherrschenden Einwirkung eines Windes ausgesetzt sei. Dass erhebliche Bodenunebenheiten die regelmässige Gestaltung der Dünengehänge störend beeinflussen und also auch im Profil zum Ausdruck kommen können, ist selbstverständlich. Eine bedeutende, steil ansteigende Erhebung hemmt gänzlich die Bewegung der Düne, welche dann nicht dicht an die Wand heranrückt, sondern in Folge der entstehenden reflektirten Luftströmung in einiger Entfernung von ihr stehen bleibt, genau so, wie ein durch Sandhäufung vor einer Mauer oder einem anderen zusammenhängenden Hinderniss erzeugter Hügel von diesen Gegenständen durch einen kleinen Graben getrennt ist.[1]) An der Ligurischen Küste, wo, nach E. Reclus, die Dünen an die Basis von Felswänden herangerückt sind, besteht stets zwischen beiden eine Art Graben.

Es ist höchst bemerkenswerth, dass die Gegenwart einer Felswand sich bereits aus ziemlicher Ferne an dem Dünenprofil fühlbar macht. Einen solchen Fall beobachtete ich beim Dorfe Murila, wo der von einer 400 Schritt entfernten Terrasse reflektirte Wind die oberen Zweidrittel der Leeseite einer Düne durch eine gegen den Horizont unter einem Winkel von 8^0 geneigte Fläche ersetzt und somit in eine Luvseite umgewandelt hat, während das untere Drittel unter dem Schutz eines Gebüschs und der Bodenunebenheiten seine gewohnte Böschung von 31^0 beibehalten hat.

Sanfte Steigungen hemmen das Wandern der Dünen nicht. In Sestrorétzk, namentlich am rechten Ufer der Zawódskaja Sestrá, sieht man neuentstandene Dünen, welche sich an der 3 bis 5^0 betragenden Böschung einer alten, mit Haidekraut, Moos und Flechten bewachsenen Düne hinaufbewegen. Bei Mellneraggen, nördlich von Memel, ersteigen die Dünen an einem sanften Abhange eine ziemlich hohe Diluvial-Terrasse. Nach Andresen sind viele der gegenwärtig auf bedeutender Höhe gelegenen Jütländischen Dünen an einem schwach geneigten Hange hinaufgestiegen, welcher nachträglich durch die Wellen des stetig andringenden Meeres weggeschwemmt wurde. Die Leeseite einer auf einem sanft ansteigenden Boden wandernden Düne ist schwach

---

[1]) Vgl. IV.

ausgebildet oder fehlt auch ganz; die Luvseite dagegen bildet sich oft ganz regelmässig aus, ist aber, wie es scheint, etwas steiler, als bei Dünen, deren Wanderung auf einer horizontalen Ebene vor sich geht. Es bestehen bisher keine Angaben zur Ableitung der Maximalböschung, bei welcher die Dünen hinaufwandern können; jedenfalls muss sie einen geringeren Winkel besitzen, als die normale Neigung der Luvseite, d. h. als 15 bis 17°.

Eine andere wesentliche Bedingung für eine regelmässige Ausbildung der Dünenabhänge ist, wie gesagt, das ausschliessliche Herrschen oder starkes Vorherrschen einer bestimmten Windrichtung. Wiewohl an Meeresküsten, bekanntlich, Seewinde vorwalten, welche ja auch die Dünen erzeugen und sie fortbewegen, so kommen doch ab und zu auch Landwinde vor, welche die regelmässige Bildung der Düne, falls diese vor ihnen nicht geschützt ist, beeinträchtigen, indem sie jeden ihrer Abhänge bald zur Luvseite, bald zur Leeseite gestalten. Vollkommen regelmässige Gehänge finden sich daher nur bei solchen Dünen, welche ausschliesslich gegen das Meer freiliegen, von allen anderen Seiten dagegen entweder durch Wald, Gebüsch oder irgend eine Anhöhe geschützt sind. Einen entsprechenden Schutz würde hingegen eine Steilwand, da sie reflektirten Wind hervorrufen kann, nicht gewähren. Ein lehrreiches Beispiel liefern in dieser Hinsicht die am rechten Ufer der Bolder-Aa unweit ihrer Mündung in die Westliche Düna gelegenen Dünen des Rigaer Meerbusens. Das Ostende dieser Dünenkette liegt sowohl nach NW in der Richtung des Meerbusens, als auch gegen SO, wo sich eine weite Weideniederung, die Spilwe, ausbreitet, vollkommen frei. Im Frühjahr, Sommer und zum Theil auch im Herbst herrschen hier Nordwestwinde, welche denn auch die Dünenkette in südöstlicher Richtung bewegen; es kommen indessen auch Südost- und Südwinde vor und erreichen nicht selten eine bedeutende Stärke.[1] Bei diesen letzteren Winden verwandelt sich die südöstliche, eigentliche Leeseite in die Luvseite und, umgekehrt, die nordwestliche, eigentliche Luvseite in die Leeseite. Das Ergebniss eines solchen Windwechsels ist, dass die Dünen weder eine ausgesprochene Luvseite, noch eine ausgeprägte Leeseite besitzen. Eine ganz andere Er-

---

[1] Während meines Aufenthaltes in diesem Dünengebiet wehte ein starker Süd und es fand ein bedeutendes Ueberschütten des Sandes von dem SO-Abhange nach dem nordwestlichen statt.

scheinung tritt dem Beobachter am Westende derselben Dünenkette entgegen; hier sind die Dünen von Süden und Südosten
durch einen hochstämmigen Kiefernwald geschützt, der Seewind
herrscht unumschränkt und die Dünen besitzen regelmässige, deutlich von einander unterscheidbare Gehänge: eine flachansteigende
Luvseite und eine steilabfallende Leeseite. Ein zweites Beispiel
freiliegender und daher ein typisches Profil nicht besitzender Dünen
bieten diejenigen von Reval dar, welche ausnahmsweise eine
deutlich entwickelte Leeseite und zwar nur dann besitzen, wenn
sie unter dem Schutz anderer, sie in geeigneter Weise umlagern-
der Dünen stehen.

Während die Stranddünen in ihrer überwiegenden Mehrzahl
im Profil eine auffallende Gleichartigkeit und eine mehr oder
weniger ausgeprägte Regelmässigkeit zeigen, sind ihre Umrisse in
der Horizontalprojektion so mannigfaltig, dass es kaum gelingt,
in ihnen irgend eine Regelmässigkeit zu finden. Das Profil hängt
ja ausschliesslich von der Windwirkung und der Beschaffenheit
des Sandes selbst ab, und wenn Beides auch einem Wechsel unterworfen ist, so geschieht dies doch nicht in weiten Grenzen. Die grösste
Mannigfaltigkeit im Profil wird, wie wir sahen, durch den Wechsel
in der Windrichtung hervorgerufen, aber auch sie ist nicht sehr
gross, indem dabei nur die Regelmässigkeit in dem Verlauf der
Linien gestört wird. Der Grundriss der Düne hängt hingegen auf's
Engste mit den kleinsten Einzelheiten der Bodengestaltung zusammen; es übt auf ihn die Gestalt und Lage desjenigen Gegenstandes, an welchem die ursprüngliche Sandhäufung stattfand,
einen wesentlichen Einfluss aus; ebenso wirkt bei der weiteren
Entwickelung der Düne jeder auf ihrem Wege befindliche Busch,
jeder Baum, jede noch so geringe Unebenheit des Bodens u. s. w.
ein. Eine noch grössere Mannigfaltigkeit und Unregelmässigkeit
des Grundrisses erzeugt der Zusammenstoss und die Vereinigung
benachbarter Dünen, sowie der Wechsel der Ruhe- und Bewegungsperioden.

Zur völlig regelmässigen Entwickelung des Grundrisses einer
Düne ist eine durchaus ebene von jeglichen merklichen Hervorragungen freie Fläche erforderlich. Solche Bedingungen finden
sich häufig in weit sich ausbreitenden Sandwüsten, wo die Dünen,
wie wir sehen werden, denn auch eine auffallende Einförmigkeit
und Gleichmässigkeit im Grundrisse besitzen. An den Meeres-

küsten hingegen ist eine grössere völlig ebene Fläche selten anzutreffen, weshalb auch die Regelmässigkeit nur an einzelnen
Theilen, nicht am gesammten Grundriss hervortritt. Trotz aller
Mannigfaltigkeit und Unregelmässigkeit der Stranddünen ist es
immerhin möglich, bei ihnen einige Grundgestalten zu unterscheiden.

Fig. 7.
Leeseite einer Düne an der Nárwa-Bucht.

Am häufigsten ist diejenige eines unregelmässigen, bald verbreiterten, bald
engen und verlängerten Bogens, dessen
konvexer Theil der schroff abfallenden Leeseite entspricht. Der Grundriss dieser letzteren ist stets scharf
gezeichnet, einmal weil sich die
Fläche der Leeseite mit der Ebene
des Horizontes unter einem beträcht-
lichen Winkel von 30⁰ schneidet,
dann weil hier der kahle lockere Sand
meist unmittelbar an den mit Vegetation oder mit Koniferennadeln bedeckten Boden grenzt und in der
Farbe scharf von ihm absticht.

Fig 8.
Dieselbe Düne im Grundriss.

Durchaus abweichende Verhältnisse herrschen an der flachen,
in ihrem unteren Theile schwach eingebogenen und unmerklich
mit der Fläche des Strandes verfliessenden oder in eine aus dem-

selben Sande gebildete Windmulde übergehenden Luvseite. Es
ist daher selten möglich zu bestimmen, wo sie eigentlich beginnt,
höchstens ist eine mehr oder weniger tiefe, in die Düne eingeschnittene Rinne wahrnehmbar. Manchmal ist übrigens auch
an der Luvseite der Grundriss deutlich ausgeprägt und stellt dann
stets eine eingebogene Linie dar. Solche Dünen sind ziemlich
gemein an den Küsten des Finischen und Rigaer Meerbusens und
am Kurländischen Ufer der Ostsee. Nach Abbildungen zu urtheilen
ist diese Dünengestalt auch in der Gascogne und in den Niederlanden nicht selten.[1])

Es wird nicht schwer, die Ursache des bogenförmigen Grundrisses zu erklären, wenn man sich der Bildungsweise der Düne
aus einer anfänglichen Sandhäufung erinnert, und zwar jener Entwickelungsstufe, da sich bei dem Hügel bereits die flache Luvseite gebildet hat, dagegen der Gipfel und die Leeseite noch im
Entstehen begriffen sind. Das Vorwärtswandern des höchsten
Theiles des Hügels, welches ja, wie wir es schon wissen, die
Bildung des Gipfels und der Leeseite bedingt, hat ein Zurückbleiben der, ihrer tieferen Lage wegen, durch das Gesträuch geschützteren Seitentheile zur Folge, ein Zurückbleiben, welches bei
fortgesetzter Wanderung der Düne sich noch bedeutend steigern
kann. Wenn der Gipfel der sich bildenden Düne seitlich von der
Mittellinie zu liegen kommt, so tritt der häufige Fall eines un-
gleichseitigen Bogens ein. Uebrigens findet sich die Bogengestalt
nicht nur bei jungen Dünen; auch alte, nach mehr oder weniger
langer Ruheperiode, während welcher sie eine Pflanzendecke
erhalten haben, durch Wind wiederum in Bewegung gebrachte
Dünen nehmen diese Gestalt an. Der Beginn einer erneuten Bewegung einer ruhenden Düne giebt sich durch die Beschädigung
der Vegetation an der Luvseite kund. Der Wind ergreift diese
Gelegenheit, um nach und nach eine fort und fort sich aus-
weitende Windmulde auszuhöhlen, während der ausgeblasene Sand
einen Aufschüttungshügel bildet, welcher die vom Winde abgewendete Seite der Mulde halbkreisförmig umgiebt. Wie die Gestalt der umzumodelnden Düne ursprünglich auch gewesen sein
mag, sie wird, falls der Vorgang bis zu Ende fortschreitet, durch
die Windmulde vernichtet, und ihr gesammtes Sandmaterial zu

---

[1]) Reclus, Nouv. géogr. univers., **2,** pl. XII, XXVI. Hagen, Handb.
d. Wasserbaukunst, Atlas II.

einer neuen bogenförmigen Düne verwendet. Diese Gestalt ist daher ebenso gemein bei alten durch Wind zerstörten und wiedererrichteten Dünen, wie bei neu sich bildenden. Ziemlich selten finden sich die Bogendünen vereinzelt; viel häufiger verschmelzen mehrere mit ihren Seiten an einander stossende zu einer einzigen von zusammengesetzter Form, welche auf mehrere sich kreuzende Bogen von verschiedener Wölbung und verschiedener Grösse zurückzuführen ist. Manchmal ergiebt sich in Folge derartiger wiederholter Verschmelzungen eine so verwickelte Form, dass nur unter grossem Müheaufwand und auch nur bei gewisser Uebung die Gestalten der ursprünglichen einzelnen Bestandtheile wieder hergestellt werden können. Sehr häufig findet man bei Stranddünen die Gestalt länglicher Hügel, welche entweder parallel der Windrichtung oder senkrecht zu ihr gelegen sind. Die ersten trifft man fast ausschliesslich bei alten, vom Meere fernliegenden Dünen an. Ihr Ursprung lässt sich auf eine schmale aber lange, in der Richtung des Windes wachsende Windmulde zurückführen, in deren Fortsetzung der lange Hügel aufgeschüttet wird. Solche Dünen sind sehr gemein bei Sestrorétzk, am rechten Ufer der Zawódskaja Sestrá und sind von mir in der Arbeit über die Dünen dieser Gegend beschrieben worden. Die zweite Form, d. h. die eines senkrecht zur Windrichtung langgezogenen Hügels, trifft man besonders häufig unter den jungen Dünen an, und ist sie nicht ein Ergebniss der Verschmelzung mehrerer kleiner neben einander liegenden Dünen, so entsteht sie vor irgend einem geradlinigen und senkrecht zum Winde gelegenen Hinderniss, z. B. vor dem Saum eines dichten Buschwaldes. Am häufigsten wird diese Form jedoch künstlich hervorgerufen, durch Errichtung eines Zaunes, einer Hecke, durch Anpflanzung von Sträuchern in Spaliren, weshalb sie allen künstlich erzeugten Vordünen eigenthümlich ist. Dort endlich, wo günstige topographische Bedingungen obwalten, zumal ausreichender Raum, ebener Boden und völlig freie und allen Winden ausgesetzte Lage, erhalten die vollkommen vereinzelt stehenden Dünen die sehr charakteristische halbcirkus- oder sichelförmige Gestalt, deren eingebogene Seite der steilabfallenden Leeseite entspricht. Eine volle Regelmässigkeit erreicht diese Form in den Sandwüsten; an Meeresküsten dagegen sind vollkommen ebene und freie Flächen von solchem Umfange, dass die ganze Düne sich ungestört vollständig entwickeln kann, äusserst selten.

Viel eher besitzt ein einzelner Theil der Düne eine völlig regelmässige Gestalt. So weist die grosse Düne bei Sestrorétzk, unweit
des Zöllner'schen Landhauses, bei einem höchst regelmässigen
Profil zumeist einen äusserst unregelmässigen, zufälligen Grundriss auf. Nur am Nordrande, wo die Gegend freier und ebener
ist, gestaltete sich der linke Flügel des Halbcirkus (oder der entsprechende Arm der Sichel) ausserordentlich regelmässig, während
der Süd- oder rechte Flügel sich nicht ungestört entwickeln konnte,
da ihn ein dichter Kiefernwald und die benachbarte hohe Düne
daran hinderten. An den Küsten der Ostsee und ihren Meerbusen habe ich keine grossen Dünen in Halbcirkusform gesehen;
kleinere dergleichen Bildungen trifft man, wenn auch sehr selten,

Fig. 9.
Düne am Landhaus des Herrn Zöllner zu Sestorétzk, von Norden.

am südlichen Ufer des Rigaer Meerbusens und an der westlichen
Küste Kurlands, südlich von Libau an. Die meisten Dünen der
von mir besuchten Baltischen Küste leiden Mangel an Raum zur
völligen Entwickelung, verlieren bald ihre isolirte Lage, indem
sie sich mit den benachbarten vereinigen, um mehr oder weniger
lange Ketten zu bilden. In anderen Gegenden, wo die Dünen
eine unbehinderte Entwickelung nehmen, ist die Halbcirkusform
ziemlich häufig. So finden sich nach E. Reclus unter den Dünen
der Gascogne bemerkenswerthe Beispiele einer halbkreisförmigen
Anordnung des Dünenkammes. In der Umgegend von Arcachon
und La Teste bieten sämmtliche Sandhügel den Anblick halbzer-
störter Vulkane dar und der Innenabfall ihrer Krater ist durch
eine üppige Vegetation, bestehend aus Ginster *(Genista)* und dem

Erdbeerbaum *(Arbutus)*,[1]) bedeckt. Ebenso herrschen an der Mündung der Garonne, in der Umgegend von Soulac und Verdon Dünen dieses Typus vor; sie finden sich auch an der Kurischen Nehrung, wo bekanntlich die zweitgrössten Dünen Europas auftreten. Auf dem grössten Theil der Kurischen Nehrung sind die Dünen allerdings zu einer zusammenhängenden Kette verschmolzen, allein an einigen Punkten, z. B. bei Rossitten, am Grabster Haken und gegenüber der Stadt Memel erheben sie sich als einzelne Hügel und manche von ihnen besitzen eine sichelförmige Gestalt. Eine besonders regelmässige Halbkreisform besitzt der sogenannte Runde Berg nördlich von Rossitten. Nach Berendt erinnert die eingebogene Leeseite „dieser Sturzdüne unwillkürlich

Fig 10.
Düne „Runder Berg“ an der Kurischen Nehrung nach Berendt (Geol d. Kur. Haffes).

an die Ränder eines mächtigen Kraters und gewährt fast bei jeder Beleuchtung durch ihren tiefen Schatten einen malerischen Anblick“.[2]) Von gleicher Gestalt ist der die ansehnliche Höhe von 56 m erreichende Schwarze Berg.

Eine Erklärung für die Entstehung halbcirkusförmiger Gestalten werde ich bei der Besprechung der Wüstendünen geben, bei denen sie, wie soeben erwähnt wurde, die grösste Vollkommenheit erreichen, zumal meine Beobachtungen darüber wesentlich an Kontinentaldünen angestellt sind. Hier sei nur die Erklärung von E. Reclus angeführt, mit welcher übrigens meine Beobach-

---

[1]) Reclus, Nouv. géogr. univers., **2,** 201, russ. Ausg.
[2]) Berendt, Geol. des Kurischen Haffes, 1869, S. 19.

tungen nicht ganz im Einklange sind. Es ist leicht begreiflich, meint er, dass ein Sandhügel bei seinem Vorrücken sich abrunden muss. Die den Abhang hinauf bewegten Sandkörner müssen im centralen, d. h. dem höchsten Theil der Düne einen weiteren Weg durchwandern und rollen an dem entgegengesetzten Abhang weiter hinab, als die Körner an den Seitentheilen des Hügels. Deswegen bewegt sich der mittlere Theil der Düne langsamer vorwärts, während die Seiten, in ihrer Geschwindigkeit die übrige Masse übertreffen, sich hornartig umbiegen und dem beweglichen Hügel dadurch das Aussehen eines Vulkans mit halbeingestürztem Kraterrande verleihen.[1]

Die vier soeben besprochenen Typen der Stranddünen können als Grundtypen betrachtet werden. Die drei ersten erscheinen wesentlich als Folgen topographischer Bedingungen der Gegend; sie sind, auf die Vertheilung und Gestalt verschiedenartiger Hindernisse, wie Bodenunebenheiten, Bäume, Sträucher u. dgl. m., welche die ursprüngliche Sandhäufung hervorriefen oder der Düne bei ihrer Wanderung begegnet sind, sowie auf die Lage und Gestalt der beschränkten Fläche, welcher der Wind den Sand zur Errichtung der Dünen entnimmt, zurückzuführen. Im Gegensatz hierzu ist der vierte Typus, die halbcirkusförmigen Dünen, ein Ergebniss der freien Entwickelung der Düne, bei hinreichendem Raum, auf glatter Ebene, inmitten einer weitausgedehnten Fläche kahlen lockeren Sandes. Mit Hülfe dieser vier Grundformen vermag man mit einiger Mühe sich auch bei anderen äusserst mannigfaltigen Dünengestalten zurecht zu finden. Man muss sich aber hierbei stets vergegenwärtigen, dass die Dünen oft Kombinationen mehrerer Typen darstellen, so dass die eine Hälfte einer Düne nach einem Typus, die andere nach einem anderen gebaut ist. Ein solcher Mangel an Einheitlichkeit in den einzelnen Theilen der Düne kann bereits beim Beginn ihrer Bildung eintreten, in Folge der abweichenden Bedingungen der Umgebung, oder das Ergebniss einer Ungleichmässigkeit in der weiteren Entwickelung der einzelnen Theile sein, namentlich wegen nicht gleichzeitigen Wechsels der Ruhe- und Bewegungsperioden.

Ueberhaupt bringt die wiederbeginnende Bewegung einer Düne, nach einer mehr oder weniger langen Ruhezeit, während

---

[1] Reclus, l. c., **2,** 200.

der sie bewachsen ist, eine grosse Abwechselung in den Grundriss, zumal diese Bewegung nicht gleichzeitig an allen Theilen anfängt, nicht mit gleicher Geschwindigkeit geschieht und nicht in gleicher Richtung stattfindet. Von besonderem Einfluss auf den Grundriss ist namentlich ein mehrfach wiederholter Wechsel von Ruhe- und Bewegungsperioden, wie man dies an den verwickelten Formen alter, vom Winde mehrmals umgestalteter Dünen beobachten kann. Wie mannigfaltig diese Formen im Uebrigen auch sein mögen, besitzen sie doch immer sanft gebogene Umrisse, in denen die Eigenschaften des Sandes als eines lockeren Körpers zum Ausdruck kommen. Besonders charakteristische Umrisse erhält die Leeseite einer vorrückenden Düne, welche an einigen Punkten durch irgendwelche Gegenstände, z. B. Bäume, Sträucher u. dgl. m. aufgehalten wird. In den Räumen zwischen den zurückgebliebenen Stellen bildet der aufgeschüttete Sand nicht selten regelmässige halbkreisförmige Hervorragungen, welche lebhaft an jene Wölbungen erinnern, die dicke und zähe Flüssigkeiten, wie Pech, dickes Oel, Syrup u. s. w. hervorbringen, wenn sie beim Fliessen Unebenheiten begegnen.

Es erübrigt noch einige Worte den vom Meere unterspülten und in Folge dessen bedeutende Abweichungen von der sonstigen Gestalt aufweisenden Dünen zu widmen. Solche Dünen beobachtet man bei uns an einigen Punkten der Westküste Kurlands, doch sind sie selbst und ihre Abstürze von höchst unbedeutenden Maassen, während diejenigen an der Westküste Dänemarks und auf den zu Schleswig gehörigen Inseln einen grossartigen Anblick gewähren; sie steigen nicht allmählich mit ihrer flachen Luvseite vom Meere hinauf, sondern erscheinen als jähe Abstürze, deren fast senkrechte Wände oft 60 m hoch emporragen. Maak bespricht die Erscheinung wie folgt: „Durch den Wellenschlag am Fusse der Düne wird dieser bald weggespült und der neue Fuss der Düne wie der alte angegriffen; dadurch fällt wieder ein Stück herab und so setzt sich die Zerstörung fort, bis das Meer sich zurückzieht und die Düne mit einer senkrechten Wand dasteht, als ob sie mit einem Spaten abgestochen wäre. Die Feuchtigkeit des Sandes, sowie die Wurzeln, mit denen er durchsetzt ist, vermögen die Wand in senkrechter Stellung zu erhalten, bis der Wind die Seite so stark getrocknet, dass der Zusammenhang der einzelnen Körner aufhört, wo die Seite alsdann eine etwas schräge Richtung annimmt, wenn die Wurzeln allein nicht stark genug sind, sie senkrecht zu erhalten. Meistens geben diese mit der Zeit auch etwas nach, obgleich die Düne immer ziemlich steil bleibt."[1]

Der obere Rand des Absturzes nimmt nicht selten recht scharfe Umrisse an und eben über diese Dünen äussert Forchhammer, dass beim Betrachten einer Dünenreihe aus der Ferne es Einem dünkt, als erblicke er eine Bergkette, wobei die scharfen zackigen Umrisse eher an Porphyrfelsen erinnern, als die Vorstellung eines beweglichen durch Wind aus Sand erbauten Gebildes erwecken.[2] Die Dünen der Kurischen Nehrung bieten hier und da gewaltige Abstürze, die aber an der Leeseite liegen, da die Dünen den schmalen Streifen der Nehrung ganz durchwandert haben und nun, da sie das Kurische Haff erreichten, unmittelbar in dieses abstürzen. Sie bilden von Zeit zu Zeit von den Meereswellen unterspülte, fast senkrechte Abstürze, welche, nach Berendt's Aussage, einen grossartigen Anblick aus kahlem Sand bestehender, bis zu 200 Fuss sich erhebender Steilwände gewähren.[3]

---

[1] Maak, Die Dünen Jütlands, Zs. f. allg. Erdk., N. F., **19,** 207, 1865.

[2] Forchhammer, Geogn. Stud. am Meeresufer, N. Jahrb. f. Min. &c., 1841, S. 2.

[3] Berendt, l. c., S. 16.

VI.

Die Dünen, welche am Strande entstanden und auf Kosten des vom Meere gelieferten Sandes gewachsen sind, entfernen sich, bei ihrem Vorrücken allmählich vom Meere, während ihren Platz am Meeresstrande neue Dünen einnehmen, die in gleicher Weise wachsen und den ersteren in das Innere des Landes folgen u. s. w. Nach und nach wird der mehrere Kilometer breite Strand von Sandhügeln eingenommen, die theils kahl und beweglich, theils bewachsen und anscheinend zur Ruhe gelangt sind. Wie gruppiren sich nun die Dünen, welches Aussehen besitzt der von ihnen eingenommene Strand?

„Die Höhenzüge der Dünen", sagt Forchhammer, „bilden niemals unter gleicher Höhe fortlaufende Ketten, sondern immer erheben sich grössere Höhen neben einander, die durch mehr oder weniger tiefe Thäler getrennt sind. Kommt man in's Innere des Dünensystems, so erkennt man eine doppelte Thalbildung, Längsthäler, die parallel mit der Küste laufen und die Dünenmasse in mehrere parallele Reihen trennen, und Querthäler, welche die Dünenreihe in einzelne Hügel zerschneiden."[1] Ein anderer gründlicher Beobachter der Jütländischen Dünen, Andresen, berichtet, dass die dem Meere am nächsten liegenden Dünen eine Kette bilden, deren Höhe jedoch in weiten Grenzen, zwischen 12 und 100 Fuss schwankt. Oestlich von dieser Kette, also nach

---

[1] Forchhammer, Geogn. Stud. am Meeres-Ufer, N. Jahrb. f. Min. &c., 1841, S. 2.

dem Inneren des Landes zu, bietet das von den Dünen eingenommene
Gebiet Höhen dar, welche mit Niederungen ohne jede Ordnung
und Regelmässigkeit abwechseln. Bald sind die Niederungen klein
und bilden nur Einbuchtungen zwischen je zwei Dünen, bald
breiten sie sich auf 1000 Ellen[1]) und darüber aus. Oft zeigen
sie das Bestreben Längsthäler zu bilden, deren Erstreckung von
West nach Ost demnach viel grösser ist, als in der nordsüdlichen
Richtung. Manchmal werden sie von quer, von Nord nach Süd
verlaufenden Dünen durchkreuzt, seltener ziehen sie sich ununterbrochen, von der Küstendünenkette an, über das ganze von Dünen
eingenommene Gebiet, bis zu den innersten Dünen hin und können
in diesem Falle eine Länge bis zu einer halben Meile und eine
Breite von 2000 und mehr Ellen erreichen. Die von der Küstenkette her in's Innere sich hinziehenden Dünen besitzen recht verschiedene Gestalt und Erstreckung. Einige erscheinen als kleine
Höcker von einigen Ellen im Durchmesser und einigen Fuss Höhe,
andere stellen abgeschlossene Erhebungen von 800 bis 1000 Ellen
im Durchmesser und 40 bis 50 Fuss Höhe dar; einige sind gestreckt, andere bilden einen Bogen oder eine andere Kurve;
wiederum andere sind sehr schmal und hoch und unter dem Namen
„Rimmer" bekannt. Im Allgemeinen sind die Erhöhungen (d. h. die
Dünen) gruppenweise oder in Reihen um Niederungen vertheilt,
indem sie manchmal wie Reihen kleiner Inseln isolirt liegen oder
mit einander mehr oder weniger zusammenhängend in Gestalt
schmaler und niederer Ketten durch die ganze Ebene hinziehen,
so dass diese von Höhen ganz erfüllt ist. Manchmal verlaufen
einige Ketten einander parallel, doch sind dies nur Ausnahme-
fälle.[2]) Bei Hagen, dem wir äusserst sorgfältige Untersuchungen
an den Dünen der Südküste der Ostsee, namentlich der Frischen
Nehrung verdanken, finden wir folgende Angaben: „Die Dünen
gestalten sich unter den verschiedenen Einwirkungen des Windes
und unter den Einflüssen der zufälligen Vegetation ganz unregelmässig und bleiben fortwährenden Veränderungen unterworfen.
Bald sind es einzelne Kuppen von verschiedener Höhe, bald längere
Rücken oder auch wohl Hochebenen, die jedoch erst in mittlerer
Entfernung von der See vorzukommen pflegen, während thalartige
Einschnitte von grösserer oder minderer Tiefe und Breite sich in

---

[1]) Dän. Elle (Alen) = 0,6277 m.
[2]) Andresen, Om Klitformationen, S. 83—84; 1861.

die höheren Ablagerungen hineinziehen, oder sie ganz durchschneiden."[1] Führen wir endlich die Beschreibung der Dünen der Gascogne durch Brémontier an: „Les dunes ne couvrent pas toujours cette vaste étendue: tantôt isolées ou contiguës, tantôt les unes sur les autres, elles sont encore divisées par des chaînes, entre lesquelles il se trouve des vallons peu larges, d'une longueur souvent de plusieurs milles sans interruption. Les dunes restent rarement dans le même état: leur sommet s'élève ou s'abaisse; elles se réunissent ou se séparent; de nouveaux vallons se forment et d'autres se remplissent."[2]

Ueber die Dünen anderer Länder könnte dasjenige wiederholt werden, was soeben über diejenigen Jütlands, der Südküste der Ostsee und der Gascogne gesagt worden ist. Es mögen daher nur noch die Dünen der Holländischen Küste Erwähnung finden, welche namentlich in der Gegend vom Haag und von Haarlem die bedeutendste Entwickelung erreichen. Sie zeigen aber eine so verworrene Vertheilung, dass nach der Aussage von E. de Beaumont man ohne Kenntniss der durch dieses Hügellabyrinth sich hinschlängelnden einzelnen Fusspfade, leicht einen ganzen Tag herumirren könnte.[3] Die Dünen von Katwijk führt Hagen als Beispiel einer regellosen, verworrenen Vertheilung der Dünen an.

Meine eigenen Beobachtungen an den Dünen der Küsten des Finischen und Rigaer Meerbusens und der Ostsee führten mich zu ähnlichen Schlüssen. Ich überzeugte mich, dass in der überwiegenden Mehrzahl der Fälle in der gegenseitigen Lage der Dünen, sowie in dem Grundriss der einzelnen von ihnen eine grosse Mannigfaltigkeit herrscht, dass ferner mehr oder weniger deutlich das Bestreben zur reihenweisen Gruppirung bemerkbar ist. Die Dünen der Nárwa-Bucht bilden verhältnissmässig regelmässige Ketten, welche sich auf mehrere Kilometer erstrecken, ungefähr parallel der Küstenlinie und unter sich. Sie haben aber durchaus nicht das Aussehen eines Walles: jede einzelne Düne erhebt sich als gesonderter abgerundeter Kegel oder flache Kuppe und ist von den benachbarten durch mehr oder weniger tief eingeschnittene Gräben getrennt, welche manchmal eine ganze

---

[1] Hagen, Handb. d. Wasserbaukunst, 3. Thl., **2**, 103; 1863.

[2] Brémontier, Mémoire sur les dunes, Ann. des ponts et chaussées, (1), 1833, 1er Semestre, p. 146—147.

[3] É. de Beaumont, Leçons de géol. prat., 1845, **1**, 214.

Dünenkette bis zu ihrer Basis durchschneiden. Man braucht nur den Gipfel einer der höchsten Dünen zu ersteigen, um sich durch einen Ueberblick zu überzeugen, dass eine Dünenkette auch in der Horizontalprojection nicht den Grundriss eines Walles besitzt, sondern eine stark und unregelmässig gewellte Linie darstellt, da einige Dünen vorgeschoben, andere zurückgeblieben sind. Besonders bemerkbar ist dies an dem Grundriss der Leeseite der Kette, der überhaupt schärfer ausgeprägt ist. Dasselbe lässt sich auch über die Dünen der Kurländischen Westküste sagen, welche stellenweise, z. B. bei Kureneke ziemlich regelmässige Ketten bilden. Einige Dünen, z. B. diejenigen am Rigaer Meerbusen zwischen Bilderlingshof und Dubbeln und weiter, erscheinen, vom Meeresufer her betrachtet, wie nach einer geraden, parallel der Küste verlaufenden Linie gerichtet; von der Leeseite her gesehen, stellt sich hingegen, selbst bei dem flüchtigsten Ueberblick, der Grundriss der Kette als einer solchen Regelmässigkeit durchaus baar heraus, und es tritt recht deutlich die Vereinzelung der Dünen, die hier die Gestalt der Windrichtung nach gestreckter, also senkrecht zur Uferlinie verlaufender Hügel besitzen, hervor. Die von der Meeresseite her erscheinende Geradlinigkeit beruht aber, wie genauere Beobachtungen lehren, darauf, dass diese Dünnen bei starken Stürmen von den Meereswellen unterspült werden und, allerdings nicht hohe, Abstürze bilden, welche in ihrer Gesammtheit die Linie stärkster Brandung darstellen und also selbstverständlich nahezu parallel der Uferlinie liegen müssen. Auch die Höhe der Abstürze ist nahezu gleich, da die Brandung auf der ganzen Erstreckung der Küste dieselbe Höhe erreicht. Alle anderen von mir besichtigten Dünen, wie diejenigen von Sestrorétzk, Reval und die Mehrzahl der an der Westküste Kurlands befindlichen, besonders südlich von Bernaten und in der Umgebung von Windau, haben dagegen eine ganz verworrene Vertheilung, in welcher nur mit Mühe ein Bestreben zur Reihenbildung entdeckt werden kann. Im Allgemeinen lässt sich behaupten, dass je entwickelter die Dünen sind und je breiter die von ihnen eingenommene Zone ist, um so mannigfaltiger sich ihre Gruppirung und um so geringer bei ihnen eine Neigung zur reihenweisen Anordnung zeigt.

Wie gross indessen auch die Mannigfaltigkeit der Gestalten einzelner Dünen und die ihrer Gruppirung auch sein mag, so trägt

ein sogar von völlig bewachsenen Dünen eingenommenes Gebiet
ein besonderes, eigenartiges Gepräge einer gewissen Eintönigkeit
an sich. Den Hauptgrund zu einem solchen Eindrucke giebt die
gleichsinnige Lage gleichartiger Gehänge ab. In der That ist die
flache Böschung der Luvseite sämmtlicher Dünen einer Gegend
dahin gerichtet, woher der daselbst herrschende Wind weht, während die steilen Leeseiten nach der entgegengesetzten Richtung
gewendet sind; deswegen sind auch alle Dünengipfel nach einer
und derselben Seite von der Mittellinie her verschoben. Endlich
ist das Profil der Luvseite und der Leeseite, bei allen Dünen gleich,
unabhängig von der Verschiedenheit im Grundriss. Die Winkel
dieser Böschungen schwanken, wie wir nun wissen, innerhalb enger
Grenzen, namentlich der Leeseitenwinkel. Auch das Gipfelprofil
ist in den meisten Fällen sehr ähnlich. Kurz, in der Eintönigkeit
eines von Dünen eingenommenen Gebietes spiegelt sich vorwiegend
diejenige des Profils wieder, welches von der Grösse und dem
Grundriss der Düne unabhängig ist.

Uebrigens sind die Stranddünen auch in ihrem Grundrisse,
wie aus Obigem hervorgeht, nicht völlig ohne jegliche Regelmässigkeit und Gleichartigkeit. Denn, wenn sie sich auch gewöhnlich als einzelne Kuppen erheben, weisen sie doch eine
Neigung zur Reihen- und Kettenbildung auf und ziehen sich in
dieser Form manchmal ohne Unterbrechung durch mehrere Kilometer hin.

Diese Neigung erklärt sich aus der Gestalt jener Fläche, auf
welcher sich die Dünen bilden. Sie werden ja am Strande, oberhalb der Brandungslinie bei jedem die Kraft des Windes schwächenden und die Bewegung des Sandes hemmenden Gegenstande,
namentlich unter dem Schutz von Büschen erzeugt. Die Büsche
sind freilich regellos, zufällig an dem Strande zerstreut; ebenso
zufällig lagern sich auch die neuentstehenden Dünen. Die Fläche
aber, auf welcher die Dünenbildung vor sich geht, bietet einen
äusserst schmalen, einige Zehner Schritt nicht übersteigenden Landstrich dar, der sich über viele Zehner, ja Hunderte von Kilometern die Küstenlinie entlang hinzieht. Es ist nun klar, dass,
wie regellos auch die entstehenden Dünen auf diesem, einem
schmalen Bande gleich die Küste umsäumenden Landstriche ver-
streut sein mögen, sie in der Folge reihenweise geordnet erscheinen und wenn nicht alle, so doch einige mit einander ver-

schmelzen werden. Dann, wenn sie sich vollkommen zu Wanderdünen umgewandelt haben werden, wird es von örtlichen Bedingungen abhängen, ob ihre Reihe durch das Zurückbleiben
einiger, auf Hindernisse gerathener gestört oder noch mehr ausgeglichen werden wird, wenn sie sich auf ihrem Wege einem
parallel der Küstenlinie verlaufenden Absturz einer Küstenterrasse,
einem ebenfalls oft in gerader Linie sich hinziehenden Waldsaume u. dgl. m. nähern werden. Die grösste Unordnung in die
Dünenreihen bringt aber der Wechsel von Ruhe- und Bewegungsperioden, welcher ja auch die Hauptursache zu den Unregel-
mässigkeiten der Form einzelner Dünen abgiebt. Hieraus ist
es erklärlich, dass unter allen von mir besuchten Dünen es
die ältesten und vom Meere am ·Weitesten abgerückten waren,
welche am Regellosesten vertheilt erschienen. Aus der oben
angeführten Beschreibung Andresen's ist ersichtlich, dass die
gleiche Beobachtung auch in Jütland gemacht wurde; ebenso
zeigen die dem Werke von Reclus beigelegten ausführlichen
Karten der Dünen der Gegend von la Teste und Arcachon am
Golf von Biscaya auf das Unzweideutigste, dass je entfernter vom
Meere eine Dünenkette ist, sie um so gestörter und die gegenseitige Lage der einzelnen Dünen um so regelloser wird. Die
Zahl der Ketten kann verschieden sein, wenn es überhaupt gelingt,
die Dünen in Ketten oder Reihen zu vertheilen. Manche Dünen
bilden nur eine Kette, andere deren zwei, drei, vier und mehr.
So bilden die gewaltigen Gascogner Dünen am Étang de Bisca-
rosse elf Reihen; nördlich von Casau (auch Cazau) sind deutlich
sieben vorhanden, daneben liegen auf einer weiten Fläche einzelne
Dünen zerstreut. An beiden genannten Punkten beträgt die Breite
der von den Dünen eingenommenen Küstenzone bis zu 10 Kilometern.

Eine grössere Zahl von Reihen steht durchaus mit der Grösse
der Dünen selbst nicht im Zusammenhang: die kleinen Dünen
von Swinemünde sind in sechs Reihen angeordnet, hingegen bilden
die gewaltigen Dünen der Kurischen Nehrung eine einzige mächtige Kette. Ebenso wenig kann eine grössere Anzahl von Reihen
als Anzeichen für das höhere Alter der Dünen betrachtet werden,
wofür die Dünen von Sestrorétzk als Beispiel angeführt werden
mögen. Nördlich der Landzunge von Dubki bilden sie viele,
wenn auch unregelmässige und unterbrochene Reihen, südlich aber

giebt es deren nur eine, selten zwei; es ist nichtsdestoweniger unzweifelhaft, dass der Beginn der Dünenbildung im nördlichen und im südlichen Theile in dieselbe Zeit fällt, da die Reihen der südlichen Hälfte eine unmittelbare Fortsetzung der östlichsten, d. h. der ältesten Ketten der nördlichen Hälfte darstellen. Im Süden hat die Dünenbildung längst aufgehört wegen des Auftauchens eines festen schlickigen Ufers aus dem Wasser, was eine Unterbrechung der Sandanschwemmung zur Folge hatte, während eine solche, ebenso wie die Bildung neuer Dünen im Norden noch bis zur Gegenwart fortdauert.

Die zwischen den Stranddünen auftretenden Vertiefungen stellen entweder Längs- bezw. Querthäler, oder geschlossene Mulden dar. Diese Vertiefungen sind entweder durch den Wind ausgehöhlt, demnach Windmulden, oder einfach vom Sande nicht verschüttete Theile der Bodenfläche, auf welche die Dünen gewandert sind, also Vertiefungen früherer Wasserbehälter, Lagunen, Flussbette u. dgl. m. Die Windmulden sind eine verbreitete Erscheinung in Stranddünen-Gebieten; sie sind viel häufiger an alten, vom Strande entfernteren Dünen, als an diesem nahe gelegenen Ketten, da zur Bildung der letzteren das Material der Anschwemmungszone entnommen wird, während weiter landeinwärts der Wind zur Bildung neuer Dünen nur über den Sand der älteren oder auch der Windmulden verfügt, mit deren Aushöhlung ja auch die Zerstörung alter Dünen ihren Anfang nimmt. Die Windmulde vertieft sich entweder nur in den angewehten Sand bis zum festen Grunde hin, oder, wenn dieser selbst eine sandige Bildung ist, noch viel tiefer. So sind die Windmulden der Dünen von Reval, Sestrorétzk, Ižóra viel tiefer als die Sandschicht dick ist; sie sind in die sandige Glacialablagerung eingedrungen. Die Grösse der Windmulden ist sehr verschieden: neben kaum wahrnehmbaren, erst im Entstehen befindlichen sieht man andere, die in ihrer grössten Erstreckung Hunderte, ja Tausende von Schritten messen. Ebenso wechselnd ist auch ihre Tiefe. Ihre Bildung beginnt, wie ich es im Dünengebiete von Sestrorétzk deutlich verfolgen konnte, mit einer unbedeutenden Verletzung der auf dem lockeren Sande zu nur geringer Mächtigkeit gelangenden Humusschicht. Der Wind setzt nun hier seine Thätigkeit an und bläst den Sand nicht nur von der entblössten Stelle weg, sondern auch unterhalb der durch das Wurzelwerk befestigten Schicht heraus, die nunmehr

abstürzt, in durchaus ähnlicher Weise, wie das Wasser ein gras-
bewachsenes Ufer dadurch zerstört, dass es unter der Grasdecke
Sand oder Thon herausspült. Die Humusschollen fallen in die
Windmulden hinein und werden, nachdem sie ausgetrocknet und
zu Staub zerfallen sind, vom Winde aus einander geweht. Die
Windmulde wächst so nach allen Richtungen, vorwiegend aber
nach derjenigen des Windes, weshalb auch viele Windmulden,
namentlich neugebildete eine länglich gerundete Gestalt besitzen.
Mit der Erweiterung einer Windmulde geht gewöhnlich ihre
Vertiefung Hand in Hand, welche nur aufhört, wenn dauernd
feuchte Schichten erreicht sind, wonach der Boden der Windmulde mit Moos, Gras u. dgl. bewächst, oder wenn eine den
Glacialablagerungen entstammende und durch Wegblasen feineren Sandes aufbereitete zusammenhängende Geröllschicht, auf
welche der Wind unwirksam ist, angetroffen wird. Dieser
letztere Fall ist besonders häufig in den Gebieten von Reval
und Sestrorétzk.[1]) Der Grundriss einer Windmulde ist äusserst
mannigfaltig und selten regelmässig, mit Ausnahme des länglich
gerundeten der neugebildeten Mulden. Dies hängt von der Ungleichmässigkeit im Wachsthum ab und diese wiederum von den
örtlichen Bedingungen. Ferner stossen bei ihrem Erweitern oft
mehrere Windmulden zusammen, verfliessen in einander und bilden
lange thalähnliche Furchen. Dafür ist aber dem Profil einer Windmulde oft eine auffallende Regelmässigkeit eigen. Es ist eine
in ihrem mittleren Theil schwach gebogene Kurve, deren aufsteigende Seiten dagegen sehr stark eingebogen und oft so
steil sind, dass ihr Rand überhängt, was zum Theil eine Folge
des Zusammenhaltens des Sandes durch Feuchtigkeit, namentlich
aber durch das Wurzelwerk der Pflanzen ist. Uebrigens bleibt
das regelmässige Profil nur so lange erhalten, als der Wind die
Windmulde erweitert und vertieft, sobald aber diese Thätigkeit
aus irgend welchen Gründen aufhört, büssen zunächst die Seiten,
dann auch der Boden der Mulde nach und nach ihre Regelmässigkeit ein, theils in Folge des Hinabgleitens des trocken gewordenen
Sandes, theils und namentlich in Folge der von den atmosphärischen Niederschlägen bewirkten Auswaschungen und Anschwemmungen. Ich hatte indessen mehrfach Gelegenheit Windmulden

---

[1]) N. S., Die Dünen der Küste des Finischen Meerbusens in „Trudý &c.",
12, 171; 1882.

zu sehen, die zwar bereits mit Moos und Heidekraut bewachsen waren und dennoch einige Regelmässigkeit in dem Profil bewahrt hatten.

Die Gestalt der Furchen, welche nichts anderes sind, als vom Flugsande freigelassene Dünenzwischenräume, steht in voller Abhängigkeit von der Gestalt und der Vertheilung der sie umgebenden Dünen. Wegen der gewöhnlich reihenweisen Gruppirung der Stranddünen nehmen auch die Furchen hier einen Längsthälern entsprechenden Verlauf, wogegen die vom Winde ausgeblasenen Furchen, welche auch in der Richtung des Windes zu wachsen pflegen und sich mit einander vereinigen, Querthäler bilden. Endlich sind diejenigen Vertiefungen im Boden, welche entweder durch eine Anschwemmungsbarre abgetrennte Meerestheile, Lagunen, oder verlassene alte Flussbette darstellen, durch ihre grössere Tiefe kenntlich und auch dadurch, dass in ihnen fast immer eine gewisse Menge Wassers erhalten bleibt, in Gestalt eines Sees oder eines Sumpfes. Im Uebrigen kann mit der Zeit auch in den eben besprochenen Furchen ein kleiner See oder Sumpf entstehen, sei es dadurch, dass eine Dünnenkette das von kleinen Bächen zugeführte Wasser aufhält, oder dass sich in ihnen als tiefer liegenden Stellen atmosphärisches Wasser ansammelt. Auf diese in Dünengebieten nicht selten anzutreffenden Wasserbehälter werden wir noch bei der Besprechung des Einflusses des Vorrückens der Dünen auf die Ablenkung der Flussläufe, die Stauung fliessender und atmosphärischer Wasser u. dgl. m. zurückkommen; jetzt aber wollen wir die Erscheinung des Vorrückens der Dünen selbst betrachten.

Von allen mit der Bildung und Entwickelung der Dünen verbundenen Vorgängen, hat vorwiegend das Wandern der vom Winde aufgetragenen Hügel die Aufmerksamkeit der Beobachter auf sich gelenkt; ist es doch diese Erscheinung, welche die verwüstende Wirkung der Dünen bedingt und eine Vernichtung von Wäldern, Wiesen, Fluren und Ansiedelungen zur Folge hat.[1]

---

[1] Die Geschwindigkeit der Bewegung der Dünen ist mit grösserer oder geringerer Genauigkeit an vielen Stellen gemessen worden, namentlich aber da, wo Maassregeln ergriffen wurden, um diese Bewegung zu hemmen. Gegenwärtig hat sich ein ansehnliches Material über die Bewegung der Dünen an den Küsten Frankreichs und Deutschlands angesammelt. Die bedeutendsten unter allen europäischen Dünen, die der Gascogne, bewegen sich nach Brémontier stellenweise, z. B. bei la Teste, alljährlich um 20—25 m. Bei der

Das Wandern einer Düne besteht bekanntlich im Ueberschütten
des Sandes von der Luvseite auf die Leeseite. Dieser Vorgang,
also auch das Vorrücken der Düne verläuft, bei sonst gleichen
Bedingungen, um so rascher, je stärker der Wind und je geringer
das Volum der Düne ist. Dennoch ist der von Wessely auf-
gestellte Satz, nach welchem die Geschwindigkeiten der Dünen-
bewegungen in verschiedenen Gegenden den mittleren Geschwindigkeiten der daselbst wehenden Winde proportional ist,[1]) zu theo-
retisch und auf die Wirklichkeit schon aus dem Grunde nicht
anwendbar, weil die anderen umgebenden Bedingungen äusserst
mannigfaltig sind und auch der Motor selbst, der Wind, sich durch
grosse Beständigkeit nicht auszeichnet. Selbst die Bewegung einer
und derselben Düne ist nicht genau proportional der Windstärke,
weil bei recht starken Winden, nachdem die oberste vollkommen
trockene Sandlage weggeblasen ist, tiefere feuchte Lagen blossgelegt werden, welche, um ihrerseits fortgeführt werden zu können,
erst trocken werden müssen, was selbstverständlich das weitere
Ueberschütten verzögert. Wie ungleichmässig die Dünenbewegung
ist, zeigten meine Beobachtungen in Sestrorétzk, zu welchen ich
im Sommer 1880 die grosse Düne am Zöllner'schen Landhaus
wählte. Diese Düne ist ziemlich regelmässig ausgebildet und
völlig kahl, und bewegt sich daher mit ihrer ganzen Masse. Von

---

gesammten Kette übersteigt die Geschwindigkeit des Vorrückens nach Delesse
1—2 m nicht. Die Dünen an der Küste der Bretagne, welche grosse Ver-
heerungen in der Umgegend von St. Paul-de-Léon verursachten, rückten im
Laufe von beiläufig zwei Jahrhunderten nach É. de Beaumont um etwa
27 km (6 Lieues) vor. In Norfolk wurde ein Theil der Stadt Downham durch
die Dünen verschüttet, welche in 100 Jahren etwa 8 km (5 miles) zurück-
legten. Auf der Insel Sylt rücken nach dem Grafen Baudissin die Dünen
alljährlich um 5 m vor und haben ein grosses Dorf Rantum zugeschüttet. Die
Vorwärtsbewegung der dänischen Dünen bestimmt Andresen auf Grund viel-
jähriger Beobachtungen zu 1—7 m und im Mittel zu 4 m im Jahr. Endlich
an den Küsten der Ostsee bewegen sich nach Hagen die Dünen der Frischen
Nehrung bei Grossbruch um 5,5 m im Jahr. Krause bestimmt, auf dreiund-
zwanzigjährige Beobachtungen fussend, diese Bewegung zu 3,7—7 m. Die
Dünen der Kurischen Nehrung rücken, wie Berendt aus sorgfältigen und
vieljährigen Beobachtungen schliesst, alljährlich um 5,6 m vor. Die der Arbeit
Berendt's beigefügte Karte zeigt zugleich, wie ungleichmässig die einzelnen
Theile der riesigen Kette der Kurischen Nehrung vorschreiten.

[1]) Das Vorrücken der Dünen der Banater Wüste, der Küsten der Nordsee
und derjenigen des Atlantischen Oceans steht im Verhältniss 1 : 2 : 4, welches
beiläufig den Windstärken proportional ist. Wessely, Der Europ. Flugsand,
S. 62; 1873.

der einen Seite liegt sie gegen das Meer vollkommen frei, von
der entgegengesetzten schützt sie ein Wald, was eine äusserst
regelmässige Entwickelung der Leeseite bedingte. Zur Bestimmung
der Bewegungsgeschwindigkeit wurden fünf Kiefernbäume in Abständen von 20 bis 30 m von einander gewählt. Die ersten Messungen der Entfernungen von der Basis der Baumstämme bis zum
Fuss der Düne geschahen am 1. Juli, die zweiten am 1. September.
Es ergab sich nun, dass während dieser zwei Monate die Düne
merklich, aber durchaus nicht gleichmässig vorgerückt war. Von
Süd nach Nord zählend, rückte die Düne vor:

in der Richtung der Kiefer No. 1 um 0,180 Sažen
„ „ „ „ „ „ No. 2 „ 0,310 „
„ „ „ „ „ „ No. 3 „ 0,385 „
„ „ „ „ „ „ No. 4 „ 0,075 „
„ „ „ „ „ „ No. 5 „ 0,020 „

Somit hatte sich am stärksten der mittlere Theil der Düne fortbewegt, am schwächsten ihr nördlicher Theil, was auf ein Vorherrschen westlicher und nordwestlicher Winde während der beiden
Monate hinweist. Als ich aber dieselbe Düne drei Jahre später,
im Juni 1883, besuchte, so fand ich alle bezeichneten Kiefern
verschüttet, wobei die in Manneshöhe angebrachten Zeichen an
No. 1 und No. 2 sich noch über dem Sande befanden, da in diesem
Theil sich die Düne verhältnissmässig weniger weit, etwa auf
eine Sažen fortbewegt hatte. Die übrigen drei Kiefern waren aber
über die Marken hinaus verschüttet worden und die Düne war
nicht weniger als um 2 bis 2,5 Sažen (beiläufig 4 bis 5 m) vorgerückt. Die stärkere Vorwärtsbewegung des mittleren und nördlichen Theiles der Düne zeigt, dass während des Sommers von
1881, 1882 und der ersten Hälfte des Sommers 1883 eine vor-
wiegende Einwirkung westlicher und südwestlicher Winde stattgefunden hatte.

Eine ebensolche Ungleichmässigkeit in der Bewegung offen-
barten die Beobachtungen Gottfriedt's an den Dünen des Rigaer
Meerbusens.[1] Eine noch ausgesprochenere Ungleichmässigkeit
weist in ihrem Vorrücken eine ganze Dünenkette auf, selbst wenn
sie ausschliesslich aus kahlen beweglichen Dünen besteht, wie

---

[1] Corr.-Bl. des Naturf.-Vereins zu Riga, 1875, **21**, 115—116.

z. B. die mächtige Kette der Kurischen Nehrung. Berendt giebt Beobachtungen wieder, welche an der Bewegung dieser Dünen im Laufe von 24 Jahren an verschiedenen Punkten angestellt worden sind.[1]) Es mögen hier nur einige dieser Punkte, welche wegen der grossen Geschwindigkeit oder der Langsamkeit der Bewegung bemerkenswerth sind, angeführt werden:

	In 24 Jahren in Ruthen			Jährlich in Fuss		
	See-seite	Haff-seite	Mittel	See-seite	Haff-seite	Mittel
Bei Sandkrug gegenüber Memel	70	54	62	35	27	31
1½ Meile südlich Sandkrug . .	6	95	50,5	3	47,5	25,25
Bei der Kirche von Schwarzorth	— 28	0	— 14	— 14	0	— 7
Bei der Dorfstelle Alt Neegeln .	78	45	61,5	39	22,5	30,75
Am Urbo Kalns bei Nidden . .	13	15	14	6,5	7,5	7
Am Grabster Haken	91	55	73	45,5	27,5	36,5
Durch den Predin-Berg	5	75	40	2,5	37,5	20
Nördl. d. Dorfstelle Stangenwalde	5	6	5,5	2,5	3	2,75
Zwischen Perwelk und Carwaiten	41	15	28	20,5	7,5	14

Aus vorstehender Tabelle ist es ersichtlich, dass die Bewegung der Dünen der Kurischen Nehrung äusserst ungleichmässig ist, selbst im Mittel; betrachtet man jedoch die auf die Luvseite oder auf die Leeseite allein bezüglichen Zahlen, so tritt dies noch auffälliger hervor. Die Luvseite der Düne am Grabster Haken ist in 24 Jahren um 342,9 m vom Meere abgerückt, während in derselben Zeit diejenige der Düne bei Schwarzorth sich dem Meere um 105,5 m, wahrscheinlich in Folge von Sandzufuhr,[2]) genähert hat. Somit beträgt die Differenz dieser beiden Bewegungen 448,4 m. Wenn nun bei einer ausschliesslich aus beweglichen Dünen bestehenden Kette eine so erhebliche Ungleichmässigkeit in der Bewegung herrscht, wie viel beträchtlicher würde sie in den Fällen sein, da ein Theil der Dünen bewachsen und im Ruhezustande verbleibt, während ein anderer seine Bewegung fortsetzt oder wieder aufnimmt.

Diese ungleichmässige und unterbrochene Bewegung der Dünen zwingt, auf Élie de Beaumont's Vorschlag, das Alter einer Meeresküste durch Abmessung der Bewegungsgeschwindigkeit der

---

[1]) Berendt, Geol. des Kurischen Haffes, 1869, S. 86.

[2]) Die Dünen rücken nur dann mit ihrer ganzen Masse vor, wenn auf der Luvseite die Menge des durch Wind abgetragenen Sandes grösser ist, als die des von der Anschwemmungszone her oder aus den Windmulden zugeführten; sonst wird sich nur die Leeseite vorwärts bewegen, während die Luvseite entweder an derselben Stelle verbleibt oder sich gar in entgegengesetzter Richtung verschiebt, falls die Aufschüttung die Abtragung übertreffen sollte.

Dünen und des von ihnen zurückgelegten Weges zu bestimmen, gänzlich zu verzichten; denn wollte man auch zugeben, dass mit Hülfe von Daten, welche sich auf sehr lange Zeiträume beziehen, mit einiger Genauigkeit die mittlere Bewegungsgeschwindigkeit (unter der Voraussetzung der Beständigkeit dieser Bewegung) festgestellt werden könnte, so würde man doch gegen die Angaben der „Riesensanduhren", wie Élie de Beaumont die Dünen nennt, grosses Misstrauen hegen müssen. Zunächst ist es, wie schon Lyell in wohlbegründeter Weise hervorhebt, schwer, oft sogar unmöglich den Ausgangspunkt der Dünen festzustellen, da die Lage der Küstenlinie beständig wechselt, und z. B. alle europäischen mit Dünen versehenen Küsten, wie wir es nunmehr wissen, sich in das Landinnere zurückziehen und die Entstehungspunkte älterer Dünen sich demnach gegenwärtig irgendwo im Meere befinden; ferner, bliebe auch die Küstenlinie stationär, so würde der von den Dünen zurückgelegte Weg dennoch nicht als Maass dienen können, da ihre Bewegung keine ununterbrochene ist, sondern die Bewegungszeiten mit Zeiten der Ruhe von unbestimmter Dauer abwechseln.

Zum Schluss dieses Kapitels möge noch die Frage über die Höhe der Dünen und die ihr Höhenwachsthum begünstigenden Bedingungen besprochen werden.

Es ist bereits hervorgehoben worden, dass zum Aufhalten und Häufen des Sandes zu Hügeln Ansatzpunkte erforderlich sind, bei deren Fehlen, nach Wessely's richtiger Bemerkung, der Wind eine Sandfläche, statt sie „in Bergland zu verwandeln, vielmehr ausebnen" würde.[1] Ein an irgend einem Hinderniss gebildeter Hügel wird selbst zu einem Hinderniss, welches die Bewegung des Sandes hemmt und auf dessen Kosten fortwächst, trotzdem die Geschwindigkeit und damit auch die Wirkung des Windes mit der Höhe über dem Boden zunimmt und trotzdem sich am Gipfel des über die Höhe des Hindernisses hinausgewachsenen, von diesem also nicht mehr beschützten Hügels ein ständiges Anwehen und Fortblasen des Sandes, wie auf der Luvseite einer Düne einstellt. Wie ebenfalls bereits erwähnt worden, ist die Erhebung des Gipfels über das Einflussgebiet des Hindernisses hinaus, durch den Umstand bedingt, dass die die Luvseite treffenden Luftschichten

---

[1] Wessely, Der Europ. Flugsand, S. 55, 1873.

an ihr eine schräg aufsteigende Richtung annehmen, welche sie
auch, am Gipfel angelangt, beizubehalten streben; sie lenken
dabei die dort herrschende horizontale Strömung etwas nach oben
ab und schwächen dadurch deren abtragende Wirkung.[1]) Dank
diesem Umstande wird das Wachsthum einer Düne mit einem
frei emporragenden Gipfel ermöglicht;[2]) und es wird mit um so
grösserem Erfolge vor sich gehen, je sandreicher der Strand und
je mehr er der Einwirkung der Winde ausgesetzt ist.[3])

Die erste Bedingung ist selbstverständlich, ebenso, dass ein
Mangel an Sand das Wachsthum einer Düne aufhalten kann.
Die Wichtigkeit der zweiten ist bereits im Kapitel III erörtert
worden. Von den dort erwähnten Thatsachen möge eine von
Forchhammer angeführte hier hervorgehoben werden. Bei sonst
gleichen Bedingungen der Sandanschwemmung an der Westküste

---

[1]) Es ist bekannt, dass am Rande sehr hoher Steilabstürze, selbst bei
recht starken Stürmen fast völlige Stille herrscht, weil die vor der Steilwand
stark komprimirte Luft einen aufsteigenden Strom erzeugt, welcher als Luft-
säule über den Rand des Absturzes hinaus in die Höhe steigt. Diese Erscheinung benützen die Bewohner der Färöer, um bei herrschendem Sturm ihre
Schafsheerden dicht an den Rand der ins Meer jäh abstürzenden felsigen
Küsten dieser Inseln zu treiben.

[2]) Das Zustandekommen einer Ablenkung der Luftströmung nach oben,
selbst bei kleineren Dünen, ist durch die Beobachtungen von Ch. Helmann
in der Sandwüste des Khanats Chiwá erwiesen worden. Zur Anstellung der
Versuche wurde eine 2 m hohe Düne (Barchan) gewählt. Die Bestimmung der
Windrichtung geschah mit Hülfe eines 2 m langen Seidenfädenbündels, welches
an einer ebenfalls 2 m langen Stange befestigt war. Wurde die Stange vor
dem Barchan, an dessen Luvseite aufgepflanzt, so nahmen die Seidenfäden eine
horizontale Richtung an; wurde sie hingegen am Gipfel angebracht, so fand
eine Ablenkung der Fäden von der Horizontalen um 2—3° nach oben statt;
endlich an der Leeseite wurde eine Ablenkung der Fäden um 7—10° nach
unten wahrgenommen. Ausserdem gelang es Helmann nachzuweisen, dass
auf dem Gipfel des Barchans verhältnissmässig mehr Sand abgelagert wird, als
am Fusse der Luvseite. Helmann, Beobachtungen an der Bewegung der
fliegenden Sande im Khanate Chiwá. „Izwestija" der Kais. russ. geogr. Ges.,
27, 384; 1891 (russisch).

[2]) Die Dünen erreichen ziemlich bedeutende Höhen. Die höchsten in
Europa, die der Gascogne, besitzen eine Höhe zwischen 60 und 70 m und der
Gipfel der höchsten von ihnen, der Düne Lascour, erhebt sich auf etwa 90 m
über dem Meeresspiegel. Als zweithöchste Dünen sind die der Kurischen
Nehrung zu betrachten, deren höchste Radsen Haken über 62 m hoch ist. Die
übrigen europäischen Stranddünen sind wesentlich niedriger: so misst die
höchste unter den Niederländischen, die bei Petten, nur 35 m; von den Dünen
Jütlands und Schleswigs erheben sich die höchsten kaum bis zu 30 m; endlich
besitzen einige Dünen der kurländischen Küste wahrscheinlich eine Höhe von
30—40 m.

Jütlands sind die Dünen ihres nördlichen Theiles viel niedriger
als die des südlichen und Schleswigs. Die Höhenabnahme beginnt genau an jenem Strich, bis zu welchem die Südspitze Nor-
wegens reicht, welche in gewissem Maasse die nordjütländische
Westküste vor der Wirkung der daselbst vorwaltenden Nordwestwinde deckt. Nach den Beobachtungen von Brémontier, Hagen,
Wessely und meinen eigenen erniedrigt indessen ein sehr
starker Wind, namentlich aber ein Sturm oft sichtlich eine Düne,
natürlich in Folge eines verstärkten Fortwehens des Sandes vom
Gipfel.[1)]

Hieraus darf geschlossen werden, dass für ein erfolgreiches
Wachsthum der Dünen ein gewisses Verhältniss zwischen der
Windstärke und der Menge des von ihm der Düne zugeführten
Sandes bestehen muss und dass das Vorhandensein einer Wachs-
thumsgrenze durch Störung dieses Verhältnisses zu erklären sei,
die dadurch hervorgebracht wird, dass die Windgeschwindigkeit
mit zunehmender Entfernung vom Boden wächst und nicht etwa
durch den Umstand, dass wenn die Düne eine gewisse Höhe
erreicht hat, der Wind nicht mehr die Kraft besitzt, den Sand
bis zum Gipfel zu heben, wie Élie de Beaumont glaubte.
Es ist höchst wahrscheinlich, dass neben der Sandmenge und
Windstärke auch noch die Korngrösse des Sandes einen mehr
oder weniger wichtigen Einfluss auf die Höhe der Dünen eines
gewissen Gebietes ausübt. Bereits im Jahre 1879, bei der Untersuchung der Dünen des Finischen Meerbusens, fiel mir die unbedeutende Höhe der Dünen der Nárwa-Bucht im Vergleich mit
denjenigen von Sestrorétzk auf, trotzdem die ersteren, namentlich
die nördlich der Narówa-Mündung gelegenen, sich durchaus nicht
in ungünstigeren Verhältnissen in Betreff der Sandanschwemmung
oder den herrschenden Winden gegenüber befinden, als jene,
sondern sich lediglich dadurch unterscheiden, dass sie aus sehr
feinem Sande, dessen Korn höchstens 0,25 mm im Durchmesser
beträgt, bestehen, während der Sand der Sestrorétzker Dünen
erheblich gröber ist, indem seine Körner im Mittel 0,5 oder
gar 1 mm Durchmesser erreichen. Forchhammer berichtet
gleichfalls, dass die höheren Dünen Jütlands aus gröberem Sande

---

[1)] Hagen, Handb. d. Wasserbaukunst, 3. Thl., 2, 100; 1863, berichtet, dass
kleinere Dünen manchmal in wenigen Stunden durch einen Sturm spurlos zerstört werden. Vgl. hier S. 71.

zusammengesetzt sind.[1]) Endlich liefert auch die westliche Küste Kurlands eine Bestätigung hierfür. In der Umgegend von Libau haben die aus äusserst feinem Sande von 0,1 mm Korndurchmesser bestehenden Dünen, trotz der günstigen Bedingungen, in denen sie sich, was Sandanschwemmung und den Winden ausgesetzte Lage anbetrifft, befinden, eine sehr geringe Höhe; an derselben Küste, südlich von Bernaten dagegen ist der Sand gröber und die Dünen höher; an der Kurischen Nehrung endlich, welche ja eine unmittelbare Fortsetzung der Kurländischen Küste darstellt, treffen wir Dünen von gewaltiger Höhe an, welche aus ziemlich grobem Sande von 2 mm Korndurchmesser zusammengesetzt sind. Vielleicht wird ein solcher Zusammenhang zwischen der Korngrösse des Sandes und der Höhe der Dünen auch anderwärts festgestellt werden; gegenwärtig aber finden sich hierüber in der Litteratur gar keine Angaben. Zu erklären wäre dieser Zusammenhang allenfalls dadurch, dass auf Dünen, deren Sand feiner ist, bereits schwächere Winde einwirken können, die gerade die häufigeren sind.

Es ist vollkommen begreiflich, dass wenn der Dünengipfel mit Vegetation, und sei es nur Gras, bedeckt ist, und der Luvseite eine ansehnliche Menge Sandes zugeführt wird, die Düne stark in der Höhe zunehmen muss. So liegt in Sestrorétzk neben der grossen kahlen Düne, an deren Bewegung ich Beobachtungen anstellte, und zwar südlich, eine zweite hohe Düne, deren Gipfel mit Strandhafer (*Elymus arenarius*) dicht bewachsen ist, während an der theilweise kahlen Luvseite eine Bewegung des Sandes nach dem Gipfel zu stattfindet. Im Jahre 1879 war diese zweite Düne höchstens um 4 bis 5 Fuss höher als die erste; im Jahre 1884 aber hatte der Höhenunterschied erheblich zugenommen. Die erste Düne war stark vorgerückt, dabei aber um etwa 2 bis 3 Fuss niedriger geworden, die zweite dagegen war so weit gewachsen, dass sie ihre Nachbarin nunmehr um 12 bis 15 Fuss überragte, hatte sich aber dabei nicht im Mindesten vorwärts geschoben.

---

[1]) Forchhammer, Geogn. Studien am Meeres-Ufer, N. Jahrb. f. Min. &c., 1841, S. 5.

VII.

Die Stranddünen bewirken eine Ablenkung der Flussmündungen. — Zurücktreten der Lagunen (Seen) in das Innere des Landes. — Bildung von Seen
und Sümpfen durch Einhalt des Wasserabflusses. — Triebsand. — Feuchtigkeit
des Sandes der Dünen. — Bewachsung der Dünen. — Wechsel der Ruhe- und
Bewegungsperioden und seine Ursachen. — Humusschichten im Sande der
Dünen.

Mit dem Vorrücken der Dünen sind interessante Erscheinungen
verbunden: die Ablenkung der Flussmündungen und die Bildung
von Seen und Sümpfen vor den Dünenketten. Das Zurückdrängen
der Fluss- und Bachmündungen durch die vorrückenden Dünen
ist eine auch bei uns längst bekannte Erscheinung. In meiner
Arbeit über die Dünen des Finischen Meerbusens[1] habe ich auf
ein solches vor unseren Augen stattfindendes Zurückdrängen der
Mündung des Sapaoi durch die Dünen von Jžóra hingewiesen.
Dasselbe lässt sich auch an dem um mehr als 5 km verschobenen
Unterlauf der in die Kopórka-Bucht mündenden Súmma wahrnehmen. Ein noch grösseres Maass nimmt diese Erscheinung an
den Küsten der Rigaer Bucht und an der Kurländischen Westküste an, wo sogar solche Flüsse, wie die Kurländische Aa und
die Windau an ihren Mündungen bedeutende Ablenkungen erlitten
haben. Die Kurländische Aa nimmt von der Mündung ihres
linken Nebenflusses, des Schlockes an, wo sie sich dem Meerbusen sehr nähert und von ihm nur durch einen etwa 3 km breiten
Landstrich getrennt ist, einen der Küste parallelen Lauf auf eine
Erstreckung von beinahe 30 km. Ebenso ist die Windau mindestens um 10 km von ihrer ursprünglichen Mündung in die Ostsee
abgelenkt. Betrachten wir die Karte, so sehen wir, dass die Ablenkung der Flussmündungen fast durchweg nach derselben Rich-

---

[1] N. S., Die Dünen der Küste des Finischen Meerbusens in „Trudý &c.",
12, 171; 1882.

tung stattfindet: im Finischen Meerbusen von West nach Ost, ebenso an der Südküste des Rigaer Meerbusens, wogegen an der Kurländischen Küste, wo sie einen meridionalen Verlauf besitzt, die Verschiebung von Süd nach Nord, und wo sie einen SW—NO Verlauf annimmt, von Südwest nach Nordost gerichtet ist. Diese Ablenkungsrichtungen der Flüsse finden eine vollkommene Erklärung in den an diesen Küsten herrschenden westlichen und südwestlichen Winden und Brandungen. Der Beginn der Ablenkung eines Flusses ist natürlich nicht den Dünen, sondern der Brandung zuzuschreiben, welche eine Sandbank an jener Stelle erzeugt, an welcher ihre Kraft durch die Flussströmung vernichtet wird. Mit der Zeit wird diese Sandbank, auf welche das Meer fort und fort neue Sandmassen anschwemmt, aus dem Wasser emportreten und eine schmale Landzunge bilden, die sich anhaltend erhöhen und in derjenigen Resultantenrichtung wachsen wird, nach welcher sie auch entstand. Erst nachdem diese Landzunge eine genügende Breite und Höhe erreicht hat, um wenigstens an ihren erhöhtesten Theilen trocken werden zu können, wird der Wind seine Thätigkeit beginnen, den Sand in Bewegung versetzen, ihn an irgend welchen Hindernissen häufen, allmählich Dünen errichten, dank welchen die Ablenkung der Flussmündung um so lebhafter vor sich gehen wird. Ebenso spielen bei der Abschliessung einzelner Meerestheile zu Lagunen die Dünen nur eine Nebenrolle, indem sie sich wohl an dem Zurückdrängen dieser Wasserbecken in das Innere des Landes, nicht aber an ihrer, ausschliesslich den Wellen zuzuschreibenden, Entstehung betheiligen. Solcher Art ist der Ursprung vieler am Fusse der Leeseite der Dünen der Gascogne sich ausbreitenden Lagunen, der sogenannten Étangs (Teiche). Ein Theil von ihnen führt noch salziges Wasser (die von Arcachon steht auch gegenwärtig mit dem Meere in Verbindung); bei anderen ist das Wasser brackisch oder süss geworden, obwohl ihre ansehnliche, weit unter den Meeresspiegel hinabreichende Tiefe auch sie als einzelne abgesperrte Meerestheile aufzufassen zwingt. Historische Ueberlieferungen bezeugen das Vorrücken dieser Lagunen in das Innere des Landes; sie „flüchteten an der Böschung des Festlandes hinauf,“ sagt Reclus, vor den andrängenden Sandmassen. Viele Ansiedelungen wurden gezwungen ihren Platz mehrmals zu wechseln, um sich vor Ueberschwemmungen durch heranrückende Seen oder vor Verschüttungen durch die ihnen auf der Spur folgenden Dünen zu retten.

An der Südküste der Ostsee geht eine ähnliche Erscheinung in grossartigem Maassstabe vor sich, nämlich das Zurückschieben ihrer grossen Bucht, des Kurischen Haffes durch die Dünen. Die Riesendünen der Kurischen Nehrung sind von dem Meeresufer zum Westufer des Kurischen Haffes vorgerückt und dadurch, dass sie beständig in das Haff hineinstürzen, verrücken sie es allmählich gegen Osten. Die mittlere Geschwindigkeit dieses Zurückdrängens entspricht im Zeitraum von 24 Jahren, während welcher Beobachtungen angestellt worden sind, 197,8 m oder jährlich 8,24 m. Nach Berendt wird diese unaufhaltsame Bewegung der Dünen eine endgültige Abtrennung des Haffes von der Ostsee und eine Umwandlung seines nördlichen Theiles von der Stadt Memel an bis zur Windenburger Ecke in Festland zur Folge haben.[1])

Es ist höchst wahrscheinlich, dass auch die an unserer West-kurländischen Küste gelegenen grossen Küstenseen, der Tosmar-, Libauer- und Papensee, von denen die beiden letzteren auch noch in Verbindung mit der See stehen, sich auf dem Wege der Abtrennung von Meerestheilen durch Küstenwälle bildeten, aus deren Sand der Wind später Dünen aufbaute.[2])

Seen und Sümpfe können indessen vor den Dünen auch auf eine andere Weise, ohne Betheiligung von Küstenwällen entstehen, und zwar durch Einhalt des Abflusses atmosphärischen Wassers, von Bächen und kleineren Flüssen.

Im Dünengebiet von Kokkólowo lässt sich der Gang der allmählichen Umwandlung der Einsenkungen zwischen den Dünenketten zu Sümpfen gut verfolgen. Den ältesten dieser Dünenketten — im Ganzen sind hier deren fünf bis acht, zumeist übrigens recht unregelmässige und oft unterbrochene — ist ein ausgedehnter Sumpf mit einigen kleinen Seen vorgelagert, dessen Oberfläche etwa 30 Fuss über dem Meere liegt. Zwischen den mittleren Ketten finden sich ebenfalls einzelne Sümpfe mit Seen,

---

[1]) Berendt, Geol. des Kurischen Haffes, 1869, S. 101—108. Auf der dieser Arbeit beigegebenen Karte (Taf. I) ist die Veränderung der Strandlinie der Nehrung, sowie die Verschiebung der Dünenkette innerhalb fünfundzwanzig Jahren (1837—1861) angegeben.

[2]) Die ursprüngliche Fläche dieser Seen, welche unzweifelhaft auch gegenwärtig zuzuwachsen fortfahren, ist bedeutend grösser gewesen, worauf weite und tiefe Torfmoore, welche diese Seen umgeben, hinweisen.

aber sie sind nicht so tief und liegen weniger hoch über dem Meere. Noch näher an dem Meer tragen sie nicht mehr den Charakter von Torfmooren, sondern von Grassümpfen mit kaum hier und da beginnender Torfbildung in vereinzelten Kreisflächen. Endlich sieht man in den durch die jüngste Dünenkette vom Meere getrennten und eben erst im Entstehen begriffenen Einsenkungen an den tieferen Stellen viel Feuchtigkeit und den Sand mit Moos bedeckt, während er an anderen Stellen noch trocken ist. Dieselbe Erscheinung beobachtete ich auch in anderen Dünengebieten, namentlich bei den Dörfern Murila und Lautaranta, an den Küsten der Nárwa-Bucht und am Rigaer Meerbusen, so dass sie sich als sehr verbreitet herausstellt. Höchst wahrscheinlich ist auch der ziemlich ansehnliche Narówa-See, welchen eine Dünenkette vom Meere trennt, durch Verschüttung des Abflusses der Rossóna entstanden. Einen eben solchen Ursprung schreiben französische Forscher vielen der Seen des Dünengebiets der Gascogne zu, wiewohl in solchen Fällen die Entscheidung schwer wird, ob sich die Seen durch Stauung der abfliessenden Wässer oder aus Lagunen bildeten, die von den Dünen auf der flachen Küste aufwärts getrieben, merklich gehoben und allmählich aus- gesüsst worden sind, wobei der letztere Vorgang namentlich, durch die in die Lagunen mündenden Flüsse beschleunigt wurde. Uebrigens ist es wohl möglich, dass in manchen Fällen beide Processe gemeinsam wirken.

Zu derselben Kategorie von Erscheinungen gehört auch der Triebsand („schwimmender Sand“ der Russen), welcher bei den Dünen nicht nur an der Leeseite, sondern auch an der Luvseite angetroffen wird.[1] Sein Ursprung kann nach Berendt dreierlei Art sein. Zunächst entsteht er, wenn das Wasser unter dem hydrostatischen Druck im lockeren Sande aufsteigt und die Sand- körner zum Schweben bringt. Ein solcher Triebsand entsteht nach Hagen jedes Mal, wenn das Niveau des Grundwassers durch Pumpen erniedrigt wird und die Quellen von unten hinauf durch den Sand durchzusickern beginnen.[2] Zweitens bildet

---

[1] So zieht sich an der Windseite der Dünen der Kurischen Nehrung auf eine Erstreckung von 12 Meilen ein fast ununterbrochener Strich von Trieb- sand, welcher mehrere Meter breit ist.

[2] Berendt hat auf experimentellem Wege den Triebsand hergestellt, indem er unter einem gewissen Druck befindliches Wasser durch eine Schicht

sich der Triebsand, wenn durch lockeren Sand Wasser in horizontaler Richtung fliesst und endlich drittens, wenn Sand auf stehendes Wasser hinabgleitet oder aufgeweht wird. Von diesen drei Triebsandarten ist es namentlich die erstere, welche eine ernste Gefahr für den Menschen und für grössere Thiere veranlassen kann. Die dünne feste Schicht, welche diese Sande bedeckt, hält das Gewicht eines Menschen nicht aus; er sinkt ein, wird eingesogen und kommt ohne rechtzeitige Hülfe um. Ueberhaupt dürfen Dünengebiete nicht als wasserlos betrachtet werden: wenn in den Dünenthälern das Wasser auch nicht zu Tage tritt, so reicht oft schon eine geringfügige Bohrung aus, um es zu erreichen. Die Dünen selbst sind nur oberflächlich mit trockenem Sande bedeckt, im Inneren ist letzterer immer mehr oder weniger feucht. Nach Forchhammer braucht man an den Gipfeln der Jütländischen Dünen selten tiefer als einen Fuss zu graben, um auf feuchten Sand zu stossen.[1]) Nach Andresen's Beobachtungen beträgt im Dünensande in einer Tiefe von einem Fuss die Wassermenge im Minimum, nach langandauernder Dürre, $2\,^0/_0$ und im Maximum, nach einer Regenperiode, $4\,^0/_0$; mit grösserer Tiefe nimmt die Wassermenge jedoch bedeutend zu.[2]) Ich selbst machte die Wahrnehmung, dass an den Gipfeln der Dünen von Sestrorétzk selbst nach andauernder Regenlosigkeit die Schicht vollkommen trockenen Sandes eine Mächtigkeit von 6 bis 8 Zoll nicht überstieg; an den Dünen der Narówa dagegen, welche aus viel feinerem Sande gebildet sind, war einige Feuchtigkeit bereits in einer Tiefe von 3 bis 5 Zoll vorhanden. Ich beobachtete nicht selten, dass bei starkem Winde an der Luvseite feuchter Sand, der nicht Zeit hatte zu trocknen, in dunkelen Flecken hervortrat, wenn der Wind die trockenen Sandkörner hinweg wehte. Interessante Angaben über die Feuchtigkeit des Dünensandes macht Kerner.[3])

---

lockeren Sandes in Gestalt feiner Strahlen in die Höhe durchzubrechen zwang. Vgl. Geol. des Kurischen Haffes, 1869, S. 24—27.

[1]) Forchhammer, Geogn. Studien am Meeres-Ufer, N. Jahrb. f. Min. &c., 1841, S. 5, Anm.

[2]) Andresen, Om Klitformationen, S. 106 u. ff.; 1861.

[3]) Die Untersuchungen Kerner's betreffen die Dünen Ungarns, wo die klimatischen Bedingungen für das Festhalten der Feuchtigkeit viel ungünstiger sind, als an den Meeresküsten. Wessely, Der Europ. Flugsand, S. 107 bis 111; 1873. Nach älteren Beobachtungen von Schübler galt die Hygroskopie des Quarzsandes gleich Null; nach Kerner aber ist der Dünensand (der Um-

Er äussert sich darüber wie folgt: „Eine sehr überraschende Erscheinung ist es, zu sehen, dass selbst auf den ödesten und kahlsten Flächen, wo man beim Vorwärtsschreiten bis zu den Knöcheln in lockeren, trockenen, warmen Sand einsinkt, schon in verhältnissmässig geringer Tiefe der Sand sich feucht anfühlt und eine so grosse Menge Feuchtigkeit zurückhält, dass er, mit der Hand aufgefasst, nicht mehr zwischen den Fingern herabrieselt, sondern zusammenhält und sich sogar ballen und formen lässt. Der Sand besitzt in trockenen Perioden, d. h. zu Zeiten, in welchen schon einige Tage kein Regen auf den Boden gefallen ist, im Frühling bei 3 bis 4 Zoll, im Sommer bei 6 bis 7 Zoll und im Herbst bei 2 bis 3 Zoll die oben angeführte, durch die zurückgehaltene Feuchtigkeit bedingte Beschaffenheit. Ein solcher Sand, den ich in regenloser Zeit im Monat Juli in einem der ödesten Flugsandreviere aus der Tiefe von 1 Schuh schöpfte, und den ich

---

gegend von Pest) sehr hygroskopisch, um so weniger, je gröber der Sand ist. So absorbirte im Verlauf von 24 Stunden ein Sand von $^1/_{20}$ Linie im Durchmesser aus der mit Feuchtigkeit gesättigten Atmosphäre 1,78 $^0/_0$, ein solcher von $^1/_{15}$ Linie Korngrösse: 0,78 $^0/_0$, endlich noch gröberer Sand von $^1/_{10}$ Linie nur 0,42 $^0/_0$. Die Verdunstung der Feuchtigkeit war umgekehrt um so beträchtlicher, je gröber der Sand war: in 24 Stunden verlor die erste Sandart durch Verdunsten 76,1 $^0/_0$, die zweite 85,4 $^0/_0$ und die dritte 96,4 $^0/_0$ Feuchtigkeit. Versuche über die Durchlässigkeit zeigten, dass gröberer Sand leichter Wasser durchlässt. Eine 6 Zoll mächtige Schicht des feinsten Sandes ($^1/_{20}$ Linie) wurde vom Wasser in 20 Minuten durchzogen, des mittleren ($^1/_{15}$ Linie) in 6 und des gröbsten ($^1/_{10}$ Linie) in 2 Minuten. Genaue Beobachtungen von Seelheim zeigten, dass die Menge Wasser, welche eine Schicht durchzieht, 1. proportional ist dem Drucke, unter welchem das Wasser durchsickert; 2. umgekehrt proportional der Dicke der Sandschicht; 3. proportional dem Querschnitt der durchzogenen Schicht; 4. proportional dem Quadrat des Radius der Sandkörner und 5. dass mit Zunahme der Temperatur die Geschwindigkeit des Durchzuges des Wassers wächst. Die Absorptionsfähigkeit des Sandes ist ebenfalls wechselnd mit seiner Korngrösse: sie ist grösser im feinen Sande. Nach Kerner's Beobachtungen hält Sand von $^1/_{20}$ Linie Durchmesser 27,7 $^0/_0$, der von $^1/_{15}$ Linie 20,5 $^0/_0$ und endlich der von $^1/_{10}$ Linie nur 17,6 $^0/_0$ Wasser. Für die Kapillarität zeigten Klenze's Versuche, wie auch zu erwarten war, dass sie bei feinerem Sande grösser ist. Im Laufe von 9 Tagen stieg das Wasser im Sande von 0,3 bis 0,74 mm Durchmesser auf 114 mm, im Sande von 0,74 bis 1,18 mm auf 74 mm, endlich im Sande von 1,18 bis 2,50 mm Korngrösse auf 38 mm. Somit ist feinerer Dünensand durch sein Verhalten gegen Feuchtigkeit für die Vegetation günstiger als gröberer. Eine Bestätigung hierfür findet man sowohl bei Stranddünen als auch bei Fluss- und Binnenlanddünen. (Vgl. Kerner, Die Aufforstung des ungar. Tieflandes, Oesterr. Monatschr. f. Forstwesen, 1865; Seelheim, Die Durchlässigkeit d. Bodens f. Wasser. Forschungen auf d. Gebiete d. Agrikultur-Physik, 1880, Bd. **3**.)

zur Vermeidung der Verdunstung rasch in ein luftdicht verschliessbares Gefäss füllte, zeigte bei nachträglicher Erwärmung auf 100° C. einen Gewichtsverlust, aus welchem ich einen Wassergehalt von 4,065 % berechnete." — Forstmeister Stein giebt an, dass der Flugsand bei Jassbereny in Jazigien auch im Hochsommer in geringer Tiefe bereits feucht sei; bei Tag werde zwar die Feuchtigkeit 6 bis 8 Zoll tief zurück gedrängt, über Nacht dringt sie jedoch wieder auf 2 bis 3 Zoll an die Oberfläche vor. Im Herbst, und zwar im Oktober und November, wenn die Feuchtigkeit der Luft verhältnissmässig gross ist, hat Kerner niemals, selbst nicht an regenlosen Tagen, den Flugsand an der Oberfläche vollkommen trocken gefunden, was auf seine Eigenschaft, Feuchtigkeit aus der Luft anzuziehen, hinweist.[1])

Die Erhaltung der Feuchtigkeit im Dünensande ist der Wirkung der Kapillarität zuzuschreiben, zumal, nach Kerner's Beobachtungen, der Sand um so länger feucht bleibt, je feiner er ist. Seine Versuche über die Wasserdurchlässigkeit des Sandes von verschiedenem Korne zeigten, dass das Wasser von oben langsamer in feineren, als in gröberen Sand eindringt und jedenfalls erheblich langsamer, als es von unten hinauf durch Aufsaugen gehoben wird. Den Grund hierfür erblickt man darin, dass das von oben kommende Wasser an der zwischen den Sandkörnern enthaltenen Luft einen Widerstand findet, wogegen dem Aufsteigen des Wassers die Kapillarität behülflich ist, da die Zwischenräume zwischen den Sandkörnern wie ein Netz miteinander verwobener Kapillarröhrchen wirken. In Anbetracht dieser Auffassung ist es wohl angezeigt, anzunehmen, dass die Feuchtigkeit des Dünensandes nicht so sehr von den atmosphärischen Niederschlägen, als vielmehr von dem Grundwasser her unterhalten wird. Als Beweis hierfür kann noch der Umstand gelten, dass sich Wasser auch in Dünen solcher Gegenden findet, in welchen die atmosphärischen Niederschläge eine grosse Seltenheit bilden, z. B. in der Sahara.

Die Feuchtigkeit der Dünen, welche selbstverständlich besonders bedeutend in denjenigen der Meeresküsten ist, wo beständig Feuchtigkeit in der Luft herrscht und daher geringe Verdampfung stattfindet, ist eine der Hauptbedingungen dafür, dass sich die

---

[1]) Wessely, l. c., S. 111.

Dünen leicht mit Vegetation bedecken und befestigen. Für die völlige Befestigung einer Düne ist freilich die Beseitigung der dem Pflanzenwuchs nachtheiligen Bedingungen, vor allen Dingen der Einhalt der Sandzufuhr von Aussen erforderlich. An Meeresküsten findet dies, abgesehen von der manchmal eintretenden allgemeinen Sandverarmung, dann statt, wenn eine vorrückende Düne sich weit vom Strande entfernt und zwischen ihr und diesem eine neue Düne gebildet hat, welche den von der Anschwemmungszone herkommenden Sand auffängt, so dass die alte Düne durch starke Sandzufuhr nicht mehr behelligt wird.

Am Ufer der Nárwa-Bucht besteht links (nördlich) von der Narówa-Mündung auf der Erstreckung des ersten halben Kilometers nur eine Kette dem Meere zu vollkommen frei gelegener, kahler und beweglicher Dünen; weiter nach Norden, am Fusse derselben Kette, durch eine kleine Einsenkung von ihr getrennt, treten aber 8 bis 10 Fuss hohe in Bildung begriffene Dünen auf. Da sie bedeutend niedriger sind, als die alten, so vermögen sie sie vor dem Winde nicht zu schützen, halten aber, wenn auch nicht den gesammten vom Strande herangewehten Sand, so doch den grössten Theil davon auf und haben somit den alten Dünen die Möglichkeit gewährt, sich mit dichtem Weidengebüsch zu bedecken, welches ihre Bewegung vollkommen aufgehoben hat. Dasselbe Verfahren, welches die Natur befolgt, benützt auch der Mensch bei der Bebauung der Dünen. Zu diesem Zwecke werden sogenannte Vordünen, welche die Gesammtmenge des vom Winde zugeführten Sandes auffangen sollen, errichtet. Wenn der Wind seinen Sandvorrath nicht der Strandoberfläche, sondern den Windmulden entnimmt, wie dies bei den weit in das Innere des Landes vorgerückten Dünen meist der Fall ist, so fällt der Beginn der Befestigung einer Düne mit dem Aufhören der Sandlieferung aus der Windmulde zusammen, was dadurch bedingt sein kann, dass letztere entweder bis zum sandfreien Untergrunde oder bis zum Grundwasser vertieft worden ist, worauf eine Bewachsung ihrer Oberfläche folgt; oder endlich dadurch, dass der Boden der Windmulde mit gröberem, aus verschiedenen Horizonten herrührendem Material bedeckt wird, kurz durch dieselben Ursachen, welche, wie früher dargestellt wurde, der Aushöhlung einer Windmulde ein Ende bereiten.

Es ist selbstverständlich, dass es auch andere das Bewachsen

der Dünen begünstigende Ursachen geben kann, vor allem ist
dahin eine Vermehrung atmosphärischer Niederschläge, ferner eine
Abschwächung der herrschenden Winde zu rechnen, sowie Alles,
was das Gedeihen der Vegetation fördert, welche sich in einem
ununterbrochenen, hartnäckigen und, dank dem feuchten Seeklima,
erfolgreichen Kampfe mit dem Winde befindet. Auf diese Weise
sorgt, nach einem Ausspruch von Reclus, die Natur selbst dafür,
dem vordringenden Sande Einhalt zu bieten.

Die Frage darüber, welche Pflanzenarten namentlich zur Befestigung des Flugsandes beitragen und unter welchen Verhältnissen sie es vorwiegend thun, ist sehr erschöpfend behandelt
worden, da sie für die Dünenkultur von durchschlagender Wichtigkeit ist.[1]) Auf Einzelheiten dieser Frage werden wir hier
natürlich nicht eingehen und wollen nur bemerken, dass auf
unseren Stranddünen als Vorkämpfer der Vegetation gewöhnlich
der Strandweizen *(Elymus arenarius)* erscheint, welcher mit seinem
bläulichen Grün den eintönigen, weissgelben Grund der kahlen
Dünen belebt. Nach ihm treten kleinere Gramineen, vorwiegend
aus den Geschlechtern *Festuca* und *Triticum*, sowie andere den
Flugsand liebende Grasgewächse auf. Von den Sträuchern stellt
sich zunächst und oft mit dem *Elymus arenarius* zugleich die
Weide ein, und auf den befestigteren Dünen die Bärentraube
(Arctostaphilos uva ursi), die Preiselbeere *(Vaccinum vitis idea)* und
das Haidekraut *(Calluna vulgaris)*. Letzteres findet sich gewöhnlich
gleichzeitig mit der Kiefer ein.

Uebrigens ist die Ruhe der Dünen durchaus nicht von Dauer;
recht oft geht eine anscheinend gänzlich in den Ruhezustand ge-
tretene und bewaldete Düne wieder in Bewegung über, indem sie
die sie bedeckende Vegetation theils abschüttelt, theils mit Sand
überdeckt. Ueber die unmittelbare Ursache der erneuten Bewegung war bereits (vgl. S. 88) die Rede.[2]) Es sei hier nur noch
hinzugefügt, dass sie um so leichter eintritt, je länger eine Periode
der Dürre andauert und je weniger die die Düne bedeckenden

---

[1]) Eine eingehende Behandlung dieser Frage findet sich bei Wessely,
l. c., S. 93—159.

[2]) Auf dem trockenen, beinahe unfruchtbaren Dünenboden bildet sich
nicht etwa eine dichte Grasdecke, sondern es entsteht eine dünne Vegetation, bestehend aus verschiedenen Flechtenarten, sowie vereinzelten Büschen von Haidekraut, Bärentraube, Preiselbeere u. dgl. mehr. Der Pflanzenboden besteht aus
demselben lockeren Dünensand, welcher ziemlich lose durch Humus gebunden ist.

Pflanzen geeignet sind, um den Kampf gegen den Wind auf-
zunehmen. Auf Dünen, welche längere Zeit im Ruhezustand ver-
harrten, findet man weder *Elymus arenarius*, noch *Arundo arenaria*,
noch andere ähnliche Pflanzen, welche so erfolgreich Sandverwehungen und der zerstörenden Wirkung des Windes widerstehen.
Sie sterben alle ab, sobald die Düne endgültig bewächst und alle
Sandumlagerung in ihr aufhört. Das Haidekraut und die Kiefer
aber, welche auf alten, ruhenden Dünen herrschen, sind umgekehrt
zur Bekämpfung des Flugsandes ungeeignet; sie leiden stark
unter ihm und gehen zu Grunde, sowohl in Folge von Sandverwehungen, namentlich an der Leeseite, als auch weil ihre Wurzeln
(an der Luvseite und am Gipfel) blossgelegt werden.

Der Gefahr, wieder in Bewegung zu gerathen, sind am
meisten die dem Meeresufer näher gelegenen Dünen unterworfen.
Abgesehen davon, dass die Windstärke näher am Ufer grösser
ist, unterwaschen auch die Meereswellen bei starker Brandung
den Fuss der Dünen, verursachen Abstürze und legen eine grössere
Fläche des Flugsandes bloss, wodurch sie dann dem Wind die Möglichkeit gewähren, seine verwüstende Thätigkeit einzuleiten. Dies
findet namentlich bei zurückweichenden Küsten statt, an denen ja,
bekanntlich, die grösste Zahl der europäischen Stranddünen liegt.
Die Verletzung der Dünen durch das Meer macht die grössten
Sorgen bei ihrer Kultur. Die dem Meere zugewendete Böschung
der künstlichen Vordüne muss eine geringe Neigung erhalten,
welche 5 bis 6^0 nicht übersteigen darf, weil sonst eine Unterwaschung eintritt, welche die ganze Arbeit für die Bepflanzung
der Düne einer ernsten Gefahr aussetzen kann. Das Entwurzeln
der Bäume, welches an Meeresufern eine ziemlich häufige Erscheinung ist, kann ebenfalls die erneute Bewegung einer ruhenden
Düne veranlassen. Sogar Höhlen mancher Thiere, z. B. der
Kaninchen, können nach Andresen eine Ursache zum Wieder-
beginn der Bewegung einer Düne abgeben. Als hauptsächlichster
Störer der Ruhe der Stranddünen tritt aber, bei den jetzigen
klimatischen Bedingungen in Europa, dennoch der Mensch auf.
Das Abholzen der Waldungen, die Waldbrände, die Vernichtung
der Grasvegetation durch Viehheerden, selbst das Weiden und der
Durchzug des Viehes, das Durchlegen von Strassen — das Alles
verletzt die dünne und lockere Humusschicht, verschafft dem Winde
Zutritt zum leicht zu verwehenden Dünensand und veranlasst

schliesslich eine erneute Bewegung der Düne. Nach Reclus[1]) waren sämmtliche europäischen Dünen einstmals bewaldet. Nach übereinstimmenden Aussagen der alten Geographen dehnten sich in den gegenwärtigen Niederlanden die Waldungen bis hart an das Meeresufer aus und die Bataver, Angeln und Friesen besassen in ihren Sprachen kein eigentliches Wort für Hügel aus lockerem Sande. Weder der grosse Geograph Strabo noch der Encyclopädist Plinius, noch sonst ein Schriftsteller des Alterthums erwähnt das Vorhandensein durch Wind verrückbarer Hügel, obwohl diese Erscheinung ihre Aufmerksamkeit sicher fesseln musste, wenn sie zu jener Zeit bekannt gewesen wäre. Unter vielen Dünen der Gascogne findet man Eichen- und Kiefernstämme, sowie solche anderer Baumarten welche gegenwärtig mit Sand überdeckt, sich einst über dem Boden der „Landes" erhoben. Einige Dünen sind auch jetzt noch mit schönen Waldungen bedeckt, deren Bestehen mindestens nach Jahrhunderten bemessen werden darf und die aller Wahrscheinlichkeit nach von selbst, ohne Zuthun des Menschen entstanden. Unweit Arcachon besteht ein Wald, dessen riesige Kiefern ihresgleichen in Frankreich nicht besitzen und dessen Eichen Stämme von über 11 m im Umfang aufweisen. Urkunden aus dem Jahre 1332 erwähnen Waldungen, welche die Dünen von Médoc bedeckten und in welche sich die Besitzer zur Jagd auf Hirsche, Wildschweine und Rehe begaben. In seinen etwa Mitte des 14. Jahrhunderts erschienenen „Essais" berichtet Montaigne, dass „seit einiger Zeit" die Strandsande in's Innere des Landes einzudringen begonnen haben. Wie soll endlich die Thatsache erklärt werden, dass die Bewohner der „Landes", wie die Spanier, ihre Wälder, selbst in dem Falle, wenn sie in Ebenen wuchsen, als Berge bezeichneten, wenn nicht durch den Umstand, dass einst ihre angewehten Sandhügel mit Wald bestanden waren. Auch für andere europäische Dünen liegen Angaben darüber vor, dass ihre Bewegung zu historischer Zeit und meist durch Verschulden des Menschen begann. Die Dünen der Umgegend von Danzig, welche sich auf 180 m über dem Spiegel der Ostsee erheben, waren noch vor zwei oder drei Jahrhunderten mit einem dichten Kiefernwald bestanden, welcher aber nach und nach abgeholzt worden ist, während die Grasgewächse vom Vieh abgeweidet wurden und die

---

[1]) E. Reclus, russ. Ausg., **2,** 211.

Folge davon war die erneute Bewegung der Dünen, welche zunächst Wiesen und Felder, dann aber auch Ansiedelungen verschütteten. Zu Anfang des vorigen Jahrhunderts wurden die Dörfer Kleinvoglers, Schmergrube und Polski zugeschüttet und in den fünfziger Jahren bedrohten die Dünen den der Stadt Danzig angehörenden Wald, was endlich die Arbeiten zu ihrer Befestigung veranlasste. Diese am Schluss des vorigen Jahrhunderts begonnenen ausserordentlich kostspieligen Arbeiten wurden erst in der zweiten Hälfte des gegenwärtigen zu völligem Abschluss gebracht.[1] Ebenso kamen die Dünen Jütlands in Bewegung, nachdem der sie bedeckende Wald vernichtet war.[2] Endlich begannen die St. Petersburg nahe liegenden und zum Theil noch bewaldeten Dünen von Sestrorétzk ihre Bewegung vor verhältnissmässig kurzer Zeit. So können sich die älteren Leute noch erinnern, dass diejenige Stelle, an welcher jetzt der Sand Häuser verschüttet und das Wasserreservoir von Sestrorétzk mit Versandung bedroht, mit Kiefernwald bedeckt und von einer Bewegung des Sandes nichts zu merken war.

Bei vielen Dünen tritt der Wechsel des Ruhe- und Bewegungszustandes, wie bereits hervorgehoben wurde, nicht einmal, sondern mehrfach ein. Davon überzeugt man sich bei der Erforschung des inneren Baues der Dünen, welcher zeigt, dass mehrere, manchmal zehn und mehr eingelagerte Schichten ehemaligen, während der Ruheperioden entstandenen Pflanzenbodens mit mehr oder weniger mächtigen Schichten während der Bewegungsperioden aufgetragenen Dünensandes wechsellagern. „Ausser dem kahlen, ungemein gleichmässigen, nur nach der verschiedenen Korngrösse, gerade wie aus dem Wasser abgesetzt, geschichtet erscheinenden Sande,“ sagt Berendt, „durchzieht denselben vielfach in gewundenen, abenteuerlichen Linien eine die einstmalige Oberfläche von Bergen und Thälern bezeichnende $\frac{1}{2}$ bis $1\frac{1}{2}$ Fuss mächtige schwärzliche Schicht alten Waldbodens. Es ist derselbe Dünensand, nur von Humustheilen der damaligen Vegetation gefärbt und durch dieselbe häufig etwas verkittet und verhärtet. Ziemlich gut erhalten, nur auffallend leicht gewordene Kiefernzapfen des alten Waldes finden

---

[1] Krause, Der Dünenbau an den Ostseeküsten Westpreussens, Berlin 1850, S. 31 ff.

[2] Bergöes, Reventlovs Virksomhed som Kongens Embedsmond, II, 3. 124.

sich häufig in und auf dieser Schicht. In ihr wurzeln auch die in dem bedeckenden Sande bereits zu Baumröhren verwitterten Stämme, von denen jeder Nehrungsreisende, und zwar mit Recht, als etwas Eigenthümlichem erzählt. Die Rinde der einst versandeten Stämme hat sich stets beinahe unverändert erhalten. Das Holz jedoch ist zu einer Masse verwittert, die noch leichter als Kork ist und bei dem leisesten Druck geradezu in Pulver zerfällt."[1]) Auch Andresen erwähnt Einlagerungen von Pflanzenboden in dem Dünensande Jütlands. So sind im Dünendurchschnitt bei Lodberg fünf Humusschichten, getrennt durch Flugsandschichten von $1^1/_2$ bis 20 Fuss Mächtigkeit, zu sehen.

Ich hatte Gelegenheit, Schichten vermoderter Pflanzen, Baumstümpfe und andere Pflanzenreste im Dünensande sowohl am Ufer der Nárwa-Bucht, als auch an der Mündung des Westlichen Düna und an der Kurländischen Küste in der Umgegend von Libau anzutreffen; nirgend fand ich sie aber in solcher Menge wie in den Dünen von Sestrorétzk und in den ihre Verlängerung bildenden beim Dorfe Kokkólowo. In der Umgegend von Sestrorétzk finden sich, sowohl an den Dünen zwischen dem Meere und der Zawódskaja Sestrá, als auch an den östlich von diesem Flusse gelegenen, schöne Durchschnitte auf Schritt und Tritt. Es sind meist alte mit Vegetation — Kiefern, Haidekraut und Flechten — bedeckte Dünen. Gegenwärtig werden viele von ihnen vom Winde zerstört, der aus ihrem Sande neue errichtet. Oft ist eine ganze Dünenhälfte aus einander geweht und an ihrer Stelle eine Windmulde entstanden, zu welcher die übrig bleibende andere Hälfte schroff hinabfällt, da ihr Sand feucht und fest abgelagert ist, namentlich oben, wo der durch Humus und Vegetation gefestigte Rand des Absturzes sogar etwas überhängt. In solchen Fällen entsteht oft ein schöner Durchschnitt der Düne vom Gipfel bis beinahe zur Basis.[2]) Schon von Weitem heben sich vom blassgelben Sande als dunkele, beinahe schwarze, gewundene und sich durchkreuzende Streifen Einlagerungen von Pflanzensubstanzen oder durch diese dunkelgefärbte Sandschichten ab. Ihre Mächtigkeit ist gering; sie erreicht selten 0,1 bis 0,2 m, schwankt aber

---

[1]) Berendt, Geol. des Kurischen Haffes, Königsberg 1869, S. 20—21.

[2]) Am deutlichsten und frischesten erscheint der Durchschnitt bei heftigem Winde, oder gleich darauf, so lange der rasch trocknende Sand nicht begonnen hat zu fliessen.

durchschnittlich zwischen einigen Millimetern und 3 oder 5 cm.
Sie bestehen aus Dünensand, welcher dunkelgrau oder bräunlich
gefärbt ist und verweste Pflanzenwurzeln,[1] einzelne Holzstücke,
Kiefernzapfen und oft Holzkohle führt. Letztere bildet manchmal eine eigene zusammenhängende Schicht, welche die Humusschicht mächtiger und dunkeler erscheinen lässt.[2] Die Zahl dieser
Schichten ist nicht nur bei verschiedenen Dünen, sondern auch
an verschiedenen Stellen einer und derselben wechselnd, was auf
eine verschiedene Zahl von Ruheperioden hinweist. Meist sind es
eine bis drei Schichten, welche mit reinem Dünensand von 0,25
bis 0,5 m Mächtigkeit wechsellagern; manchmal steigt ihre Anzahl
auf zehn und mehr an. An den vom Winde erzeugten und seiner
Richtung parallel verlaufenden Durchschnitten erscheinen diese
Schichten nicht geradlinig, sondern mannigfaltig gebogen, oft auch
sich verworren durchkreuzend. Je älter im Allgemeinen eine Düne
ist und also je mehr Periodenwechsel sie durchgemacht hat, um
so verwickelter stellt sich das Projektionsbild der Humusschichten
auf der Durchschnittsebene dar. An kleineren Dünen, welche
nicht mit der ganzen Masse des sie zusammensetzenden Sandes
ihren Platz wechselten, sondern durch Ablagerung neuen Sandes
an der Luvseite wie an der Leeseite wuchsen, bilden die Humusschichten, meist 1 bis 2 an Zahl, in den Durchschnitten koncentrisch verlaufende Bogen. Besonders häufig sah ich Dünen
von diesem Bau am Ufer der Nárwa-Bucht. Liegt der Durchschnitt, was viel seltener der Fall ist, nicht der Windrichtung
nach, sondern quer, wobei er gewöhnlich ein geringes Ausmaass
besitzt, so verlaufen die Humusschichten nahezu parallel mit einander und im mittleren Theil des Dünenkörpers horizontal, nehmen
aber an den Seiten eine schräge Richtung an. Die Querschnitte
sind indessen viel weniger charakteristisch als die Längsschnitte, bei
welchen der Verlauf der Humusschichten die typischen Profile der
Düne in den verschiedenen Zeiten ihres Bestehens hervortreten
lassen. Wie verwickelt der Verlauf dieser Schichten alten Pflanzenbodens auf den ersten Blick auch erscheinen mag, gelingt es dem

---

[1] Recht oft fand ich gut erhaltene Stämme und Wurzeln des Haide-
krauts, welches auch jetzt noch reichlich auf diesen Dünen wächst.

[2] Es ist werth, hervorgehoben zu werden, dass ich nicht selten Kohlen-
einlagerungen 1,5 bis 2 m unterhalb der gegenwärtigen Dünenoberfläche antraf,
während zwischen ihnen und dieser letzteren mehrere Humusschichten sich
fanden, was unzweifelhaft auf ein hohes Alter der Kohle hinweist.

durch längere, aufmerksame Beobachtungen der Umrisse gegenwärtiger Oberflächen der Dünen geschärften Auge in diesen Linien
die Durchschnitte der früheren Oberflächen der Dünen während
ihrer Ruheperioden, die Umrisse der ehemaligen Gipfel, Luv- und
Leeseiten wieder zu erkennen. Durch das Studium des Verlaufes
dieser eingelagerten Humusschichten vermag man demnach mit
gewisser Vollständigkeit die Geschichte einer Düne wieder herzu-
stellen, ihre ehemaligen Maasse zu ermitteln, ihr Wachsthum oder
ihre Abnahme, sowie die Richtung ihrer Bewegung festzustellen.
In den Dünen von Sestrorétzk fand die Bewegung, wie auch jetzt,
von West nach Ost statt, da die Humusschichten nach Ost be-

Fig 11.
Luvseite einer Düne in Sestrorétzk bei Joënsuu. Im Vordergrunde unten und links Baumstümpfe,
Reste eines ehemals verschütteten Waldes; rechts und in der Mitte in Zerstörung begriffene, zum
Theil bewachsene alte Dünen.

deutend steiler einfallen, als nach West. In anderen Gebieten,
namentlich fern von Meeresküsten, haben möglicher Weise Winde
anderer Richtungen als gegenwärtig geherrscht und es musste also
auch die Lage der Luv- und Leeseite eine von der jetzigen abweichende sein.

Ausser den Humusschichten werden sowohl in den Dünen
von Sestrorétzk als auch bei Kokkólowo recht oft eben solche
Baumstämme, wie sie Berendt in den Dünen der Kurischen
Nehrung fand, angetroffen. Besonders häufig sind Reste verschütteter Wälder nördlich von Joënsuu, wo der Wind eine Kette
bis zu 15 m hoher und zum Theil bewaldeter Dünen an vielen

Stellen durchbrochen und tiefe Windmulden in Gestalt kleiner
Querthäler ausgehöhlt hat. In diesen zerstörten Dünen fanden
sich ganze Gruppen von Kiefernstümpfen, welche ihre aufrechte
Stellung bewahrt haben, aber fast gänzlich verwest sind, so dass
sie bei der leisesten Berührung zu Pulver zerfallen. An manchen
Stellen finden sich solche Ueberbleibsel alter Waldungen in zwei
über einander liegenden Horizonten; eine grössere Anzahl davon
sah ich nie. Ich fand ähnliche Ablagerungen nicht nur bei
Sestrorétzk und Kokkólowo, sondern auch an der Westküste Kurlands, wo das Meer die Dünen unterwäscht und Durchschnitte an
ihnen erzeugt, welche nicht in der Richtung des Windes, sondern
quer verlaufen. Neben den während der Ruheperioden der Dünen
auf ihren jeweiligen Oberflächen entstandenen Humusablagerungen,
findet sich manchmal in tiefer als die Dünenbasis reichenden
Durchschnitten der Pflanzenboden, welcher die ursprüngliche und
den Dünen als Unterlage dienende Oberfläche bedeckt. Diese
älteste Humusschicht ist natürlich nicht von Dünensand unterlagert, sondern von anderen Bildungen, welche bei Sestrorétzk
z. B. aus geröllführenden, wahrscheinlich als aufbereitete Glacialablagerungen anzusehenden Schichten bestehen.

VIII.

In den vom Winde erzeugten Dünendurchschnitten kann neben den soeben besprochenen Humuseinlagerungen auch noch eine andere interessante Eigenthümlichkeit des inneren Baues der Dünen studirt werden, nämlich die äusserst charakteristische Schichtung, welche auf einer Wechsellagerung des Sandes verschiedener Korngrösse beruht. Diese Schichtung im Dünensande ist von vielen Forschern, die sich mit dem Studium der Dünen befassten, beobachtet worden, obwohl vielleicht nicht mit derjenigen Aufmerksamkeit, welche sie verdient. Forchhammer betont, dass in jeder Düne eine Schichtung wahrzunehmen ist, wobei eine Schichtungsfläche der Luvseite entsprechend einfällt, d. h. unter einem Winkel von 5° nach West, während eine zweite ein mittleres östliches Einfallen unter 30° zeigt. Die Schichtung ist durch Wechsellagerung feineren und gröberen Sandes entstanden und abhängig von dem Wechsel der Windstärke.[1]) Aus den im vorigen Kapitel angeführten Worten Berendt's ist ersichtlich, dass auch er in den Dünen der Kurischen Nehrung eine Schichtung des Sandes beobachtete, welcher „nach der verschiedenen Korngrösse, gerade wie aus dem Wasser abgesetzt" erscheint.[2]) Die gleiche Schichtung beobachtete Kerner an den Dünen des Banats, in deren Durchschnitten schon von Weitem hellere und dunkelere Bänder, durch Alterniren gröberen Sandes mit feine-

---

[1]) Forchhammer, Geogn. Studien am Meeres-Ufer, N. Jahrb. f. Min. &c., 1841, S. 7.

[2]) Berendt, Geol. des Kurischen Haffes, 1869, S. 20.

rem hervorgerufen, auffallen.[1]) In einem speciell der Schichtung
der Dünen Flanderns gewidmeten Aufsatze giebt A. Briart
dieser Schichtung die Bezeichnung „stratification entrecroisée"
und schildert sie in folgender Weise: „Elle est le résultat de
surfaces inclinées à peu près parallèles, plus ou moins creusées
et dont la courbure est presque toujours tournée vers le haut,
elles sont brusquement enterrompues et comme creusées par
d'autres assises superposées et formées de la même manière mais
le plus souvent dans une direction différente. Des exemples
semblables se rencontrent à chaque pas quand les plans des
coupes sont dirigés convenablement; mais il peut se faire que,
dirigés dans un autre sens, ils semblent ne dévoiler qu'une stratification ordinaire, c'est-à-dire parallèle."[2])

Ich selbst habe die Schichtung bei vielen Stranddünen beobachtet, aber keinesfalls bei allen. Wo das Meer ausschliesslich
feinen und gleichmässigen Sand anschwemmt, z. B. an der Mündung der Narówa, der Westlichen Düna oder am Ufer Kurlands
in der nächsten Umgegend von Libau, und wo in Folge dessen
auch die Dünen aus demselben gleichmässigen Sande bestehen,
da ist eine Schichtung nicht wahrzunehmen; wo dagegen neben
feinem Sande auch gröberer abgelagert wird, z. B. am Ufer der
Bucht von Sestrorétzk, am Südufer der Kronstadter Bucht, bei
Bolschyja Jžory und an der Westküste Kurlands bei Bernaten,
da ist fast an jedem tieferen Dünendurchschnitt eine auf einem
Wechsel der Korngrösse beruhende Schichtung mehr oder weniger
deutlich zu erkennen. An den Dünen von Sestrorétzk und bei
Kokkólowo, bei welchen ein Sand von 0,5 mm Korngrösse mit
einem solchen von 1 mm und mehr wechsellagert, ist sie sehr gut
zu sehen und tritt besonders schön hervor, wenn die Fläche des
Durchschnittes zu trocknen beginnt, da dieser Vorgang je nach
der Korngrösse mit wechselnder Geschwindigkeit stattfindet. Der
gröbere zunächst trocken werdende Sand fällt leichter heraus und
hinterlässt Furchen, während der feinere, länger feucht bleibende,
herausragende Wülste bildet.[3]) Uebrigens besteht auch in der

---

[1]) Wessely, Der Europ. Flugsand, S. 310; 1873.
[2]) A. Briart, Sur la stratification entrecroisée. Bull. soc. géol. de France,
(3), **8,** 587; 1880.
[3]) Ein ebensolches Hervortreten feineren Sandes beobachtete auch Kerner
in den Durchschnitten der Dünen der Banater Wüste. Wessely, l. c., S. 310.

Farbe ein Unterschied: sie ist beim gröberen Sande dunkeler, da
dieser Körner von Feldspath, Hornblende, dunkelem Quarz u. dgl. m.
führt. Die typischste Schichtung des Dünensandes tritt an den
Längsschnitten hervor, welche auch den Verlauf der Humuseinlagerungen am deutlichsten zeigen, wie sie überhaupt viel
Aehnlichkeit mit den Umrissen der Humusschichten zeigt. Auch
bei ihr sehen wir Kurven, mit ihren Einbiegungen bald nach oben
bald nach unten gewendet und sich hier unter einem spitzen,
dort unter einem stumpfen Winkel schneidend. Nur haben die
Kurven der Sandschichten einen regelmässigeren Verlauf als die
Humusablagerungen, da sie den Oberflächen der in Bewegung
befindlichen Dünen ent-
sprechen, letztere hin-
gegen die Oberflächen
im Ruhezustande dar-
stellen; es ist aber be-
kannt, dass eine beweg-
liche Düne viel regel-
mässigere Umrisse besitzt
als eine ruhende, deren
Antlitz unter dem Ein-
fluss verschiedener Agen-
tien, namentlich der at-
mosphärischen Nieder-
schläge, erheblich ver-
zerrt wird und in diesem
Zustande unter der Ein-
wirkung der Vegetation
auch verharrt. Meist sind die Schichtungskurven schwach ge-
wellt und sanft geneigt, was indessen scharfe und steil abfallende
Biegungen und sogar Ueberbiegungen nicht ausschliesst. Diese
letzteren, mit ihrer konkaven Seite stets nach oben gewendet,
sind selbstverständlich Durchschnittslinien jener eingebogenen
Flächen, welche durch Ausblasen des Sandes durch Wind entstehen und nicht selten eine überkippende Wand erhalten, wenn
der Windmuldenrand durch Humus und Pflanzenwurzelwerk befestigt ist. Je grösser die Düne ist, je mehr Perioden der Ruhe
und Bewegung sie, nach der Anzahl der Humuseinlagerungen zu
urtheilen, durchlebt hat, um so komplicirter ist auch das in ihrem

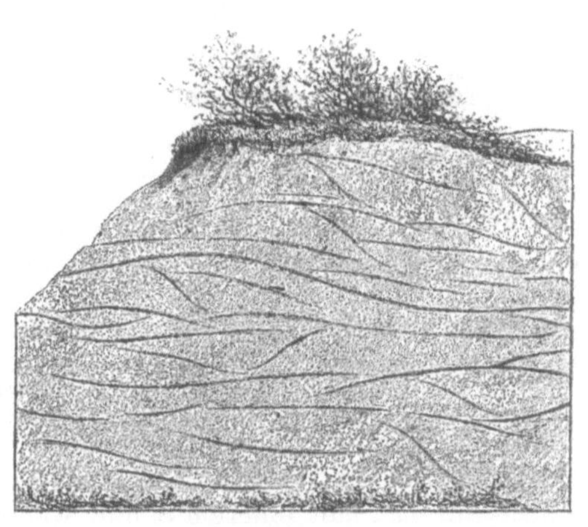

Fig. 12.
Durchschnitt einer Düne bei Kuokkala; verworrene
Schichtung des Sandes.

Durchschnitt dargebotene Schichtungsbild. In jüngeren Dünen, welche den Ort ihrer Entstehung noch nicht verlassen haben, bilden die abwechselnden Schichten feineren und gröberen Sandes dieselben koncentrische Bogenlinien, wie die Humuseinlagerungen.

Viel weniger charakteristisch ist die Schichtung in den Querprofilen, d. h. in Durchschnitten, welche quer zu der Richtung des die Düne erzeugenden und fortbewegenden Windes gelegen sind.[1] Hier verlaufen die Schichten parallel und im mittleren Theile horizontal, neigen sich aber nach den Seiten des Durchschnittes manchmal ziemlich steil, um ein mit den Seitenböschungen gleichsinniges Einfallen anzunehmen.

Der Ursprung der Schichtung im Dünensande lässt sich auf den Wechsel der Winde von verschiedener Stärke zurückführen. Bei der Besprechung der Veränderungen, welche die Dünenabhänge erfahren, wurde hervorgehoben, dass eine der wesentlichsten durch starke Winde veranlasst werden, welche den feineren Sand von der Luvseite her wegfegen, den gröberen aber an diesem sanften Abhange hinauf treiben, um ihn auf die Leeseite hinüber zu bringen, wobei der grobe Sand nicht als zusammenhängende Schicht, sondern in Gestalt einzelner Ströme längs des Bettes der vom Winde eingegrabenen Furchen fortbewegt wird, deren eingebogenen Oberflächen in den Durchschnitten durch diese Sandströme gekennzeichnet werden. Schwächere Winde schütten dann sämmtliche Furchen mit einerem Sande wieder zu und breiten ihn auch in Form einer zusammenhängenden Schicht über den gröberen Sand der Leeseite aus. Es ist höchst wahrscheinlich, wenn es auch an unmittelbaren Beobachtungen hierüber mangelt, dass auch die Jahreszeiten auf die Erzeugung der Schichtung des Dünensandes nicht ohne Einfluss sind. Im Herbst und, da wo das Meer nicht zufriert, auch im Winter muss sich gröberer Sand ablagern, da der Wind um diese Zeit seine höchste Stärke erreicht und auch das Meer gröberes Material an die Küste anschwemmt als im Frühjahr und Sommer. In den an Niederschlägen erheb-

---

[1] Solche Durchschnitte sind viel seltener, weil der Wind, welcher ja die Durchschnitte an den Dünen erzeugt, eher Rinnen aushöhlt, welche das Innere der Dünen in der Richtung ihrer Bewegung blosslegt. Querschnitte bilden sich eher da, wo die Düne vom Meere oder von einem Flusse unterspült wird; sie sind z. B. sehr verbreitet an der Küste Kurlands.

lich reicheren beiden erstgenannten Jahreszeiten kommt der feinere Sand nicht zum Trocknen und wird daher viel schwerer bewegt als der gröbere, dessen Bewegung allerdings nur durch stärkere Winde bewerkstelligt werden kann.

Wenn eine Düne der ausschliesslichen Wirkung irgend eines bestimmten Windes ausgesetzt wäre und sich unausgesetzt bewegte, so würde die Schichtung parallel der Leeseiten-Oberfläche sein und würden die Schichten unter einem stumpfen Winkel geschnitten werden durch Flächen von einer der Luvseite parallelen Lage; in Wirklichkeit ist aber die Bewegung der Dünen nicht so einfach; sie wird komplicirt durch die Wirkung anders gerichteter Winde, durch Unterbrechungen und gänzlichen Stillstand, durch Verschmelzung benachbarter Dünen u. dgl. m., weshalb auch eine komplicirtere, manchmal recht verwickelte Schichtung zu Stande kommt, wie sie sich in den Durchschnitten erweist.

Ausser der durch die Korngrösse veranlassten Schichtung kann es noch eine, durch einen Wechsel im mineralischen Bestande des vom Winde auf die Düne abgelagerten Sandes bedingte, geben. Dieser Wechsel kann entweder dadurch hervorgerufen werden, dass verschieden gerichtete Winde Sande von verschiedener mineralischer Zusammensetzung führen, oder durch Aenderung der Beschaffenheit des vom Meere angeschwemmten Sandes. Ich habe selbst derartige Erscheinungen nicht beobachtet; sie sind aber an sich durchaus wahrscheinlich und werden auch von Andresen erwähnt.

Bei genauerer Betrachtung merkt man manchmal eine schwache Welligkeit der Dünensandschichten. Sie ist dadurch entstanden, dass auf der ehemaligen Dünenoberfläche, wie auf der gegenwärtigen, durch die Wirkung des Windes sich der Sand in parallele Wellenreihen ordnete. Besonders deutlich tritt diese Erscheinung dann hervor, wenn der Sand der Wellenberge sich durch seine Farbe von dem in den Wellenthälern abgelagerten scharf abhebt. So bestehen im nördlichen Jütland die Wellenberge aus weissen Quarzkörnern, während die Thäler mit schwarzem Titaneisensand bedeckt sind, so dass die Dünenoberfläche von Weitem wie mit einem schwarzen Netz bedeckt erscheint.[1] Der

---

[1] Forchhammer, Geogn. Studien am Meeres-Ufer, N. Jahrb. f. Min. &c., 1841, S. 5.

Sand der Stranddünen selbst bietet bis auf seine äusserst sorgfältige Aufbereitung nichts Bemerkenswerthes.

Die geringe Tragkraft des Windes schliesst die Möglichkeit
des Vorkommens von gröberen Bestandtheilen, wie Grand und
Gerölle im Sande aus. Selbst sehr grober Sand, sogenannter
Perlsand kann nur bei starken Stürmen bewegt werden. Für
gewöhnlich übersteigt die Korngrösse 1,5 bis 2 mm im Durchmesser
nicht; im Mittel ist sie selten über 0,5 mm und schwankt im Allgemeinen zwischen 0,2 und 0,5 mm.[1]) Ebenso wie er von gröberen
Bestandtheilen frei ist, entbehrt der Dünensand auch der feinsten
staubförmigen Theilchen, welche durch die Reibung der in Bewegung befindlichen Sandkörner an einander erzeugt und vom
Winde fortgeweht werden. Besonders deutlich tritt die Aufbereitungsthätigkeit des Windes in denjenigen Fällen hervor, in
welchen der Dünensand auf Kosten des Sandes von Glacialablagerungen erzeugt wird. Dieser letztere ist reich an gröberen Beimengungen und alle seine Körner sind mit einer einheitlichen
Staubschicht überzogen. Der aufbereitete Sand ist in diesem
Falle schon von Weitem durch seine reine weissgelbe Farbe von
dem ihn unterlagernden schmutzig dunkelgelben der Glacialbildung
scharf unterscheidbar. Etwas weniger deutlich tritt der Farben-
unterschied hervor, wenn der Dünensand durch Aufbereitung des
Materials alter Küstenwälle zu Stande gekommen ist, welchem
ja gröbere Bestandtheile ebenfalls nicht selten beigemengt sind,
während zugleich durch Verwitterung des Feldspathes auch staub-
artige Theilchen entstehen.

Die Gestalt der Körner des Dünensandes ist keine bestimmte: einige Dünen, z. B. diejenigen der Nárwa-Bucht oder
an der Mündung der Westlichen Düna, bestehen aus ziemlich abgerundeten, wenn auch nicht durchaus regelmässigen Sandkörnern;
bei anderen, z. B. denjenigen von Sestrorétzk, Jžóra, Kokkólowo,
Murila, sind die Körner auffallend eckig, oft scharfkantig. Diesem
Unterschiede liegt aber in den erwähnten Fällen nicht etwa ein
solcher des mineralischen Bestandes zu Grunde, denn es ist durch-

---

[1]) Unter den von mir untersuchten Dünen zeichnen sich durch den
gröbsten Sand aus diejenigen der Dörfer Murila und Lautaranta, wo seine
mittlere Korngrösse 0,5 bis 0,8 mm im Durchmesser ist, während die Dünen
der Nárwa-Bucht und von Libau aus sehr feinem Sande von 0,1 bis 0,3 mm
zusammengesetzt sind.

weg fast reiner Quarzsand; die Gestalt der Sandkörner ist vielmehr durch die Wirkung der Meereswellen veranlasst. Es ist durchaus unbegründet anzunehmen, dass die Sandkörner ihre abgerundete Gestalt der Reibung verdanken, welche der Wind veranlasst; in Wirklichkeit ist diese Reibung unwesentlich, zumal wenn es sich um so harte Minerale handelt, wie Quarz oder Feldspath, im Vergleich mit jener, welche die Meereswellen und namentlich die Flussströmungen bewirken.[1]

Seiner mineralischen Beschaffenheit nach ist der Dünensand dem Meeressande, welchem er entstammt, vollkommen gleich. Letzterer wird aber bekanntlich vom Meere älteren Sandbildungen, die an der Küste anstehen, entnommen. Der Sand der Ostseedünen hat daher dieselben Bestandtheile, wie derjenige, der daselbst entwickelten Glacialablagerungen; derjenige der Gascogner Dünen ist durchaus dem Pliocänsand der „Landes" gleich u. s. w. Bei absoluter Gleichheit der mineralischen Zusammensetzung ist indessen das Mengenverhältniss der Minerale in dem Meeres- und dem Dünensande durchaus verschieden. An der Küste des Finischen Meerbusens besteht der Meeressand wie der Dünensand, als Zerkleinerungsprodukt des finländischen Granits, vornehmlich aus Quarz und Feldspath; ein Vergleich beider mit einander ergiebt aber sofort, dass der zweite viel reicher an Quarz und ärmer an Feldspath ist als der erste. Eine Ursache dieser Erscheinung liegt in dem Umstande, dass der Quarz des Meeressandes im Allgemeinen in kleineren Körnern auftritt als der Feldspath, so dass bereits durch die Aufbereitung durch Wind eine Anreicherung des zu Dünen verwendeten Sandes an Quarz stattfindet; eine zweite Ursache liegt in der Verwitterbarkeit des Feldspathes, und die Folge davon ist eine Verminderung des Gehaltes des Dünensandes an diesem Mineral. Nach Delesse ist auch in dem Sande der Dünen Frankreichs der Procentgehalt an Quarz viel grösser als im Meeressande, aus welchem diese Dünen entstanden.

Wenn die Mehrzahl der Stranddünen Europas fast nur aus reinem Quarzsand besteht und fremde Beimengungen höchstens $3\,{}^0/_0$ betragen,[2] führt der Sand einiger Dünen Englands und Frank-

---

[1] Die geringe Reibung bei der Bewegung der Sandkörner durch Wind findet ihre Erklärung in dem geringen Druck, unter welchem sie vor sich geht.

[2] Nach den eingehenden mineralogischen und chemischen Untersuchungen

reichs, besonders der Bretagne, beträchtliche Mengen Calcium-
carbonats. So enthält der Sand der Dünen an der Bucht von
Audierne bis zu 68,5 $^0/_0$ Calciumcarbonat; derjenige der Dünen
von Santec, bei St-Paul-de-Léon bis zu 68,7 $^0/_0$. Danach beständen
diese Dünen wesentlich aus Bruchstücken von Muschelschalen und
Milleporenstöcken.[1]) Bei vielen anderen Stranddünen steigt der
Kalkgehalt des Sandes bis zu 10 und 20 $^0/_0$.

Bei Besprechung des inneren Baues der Dünen dürfen die im
Sande nicht selten anzutreffenden Torflagen nicht unerwähnt bleiben.
Bei uns trifft man sie oft in den Dünen der Küste Kurlands,
nördlich von Libau. Sie erreichen hier eine Mächtigkeit von
0,5 bis 1 m und mehr, sind von einer mächtigen Sandlage bedeckt,
und werden von schlickigen Meeresabsätzen mit Geröllen krystallinischer Gesteine und Schalen von *Cardium edule* und *Tellina
baltica* unterlagert. Im Torf selbst, welcher bald blätteriges,
bald dichteres, braunkohlenähnliches Gefüge aufweist, finden sich
Stämme, Zweige und Wurzeln von Koniferen, namentlich von

---

von J. W. Retgers (Sur la composition du sable des dunes de la Néerlande,
Ann. École Polytechn. Delft, 1891, **7**, 1—50 und Essai d'un analyse chimique du
sable des dunes, ebenda, S. 161—186, auch in Recueil des trav. chim. des Pays-
Bas., 1892, **11**, 169—257) betragen in dem Sand der Dünen der Niederlande
die Quarzkörner 90 bis 95 $^0/_0$. Von den sonstigen Gemengtheilen nehmen den
wesentlichsten Antheil an der Zusammensetzung eisenhaltige Minerale und
namentlich Hornblende, Augit und Granat (l. c. p. 14). Die chemische Analyse
ergab (l. c. p. 185):

In verdünnt. HCl löslich:		In HCl unlöslich:	
$CaCO_3$	2,85	SiO_2	92,23
$MgCO_3$	0,05	Al_2O_3	1,85
$FeCO_3$	0,23	FeO	1,65
Carbonate	3,13	CaO	0,66
		MgO	0,28
		K_2O	0,12
		TiO_2	0,04
		ZrO_2	0,03
		P_2O_5	0,0066
		Quarz, Silikate	96,87

[1]) Delesse, Lithologie du fonds des mers, p. 32, und Tabl. No. II, p. 12
bis 13; 1872. An den Küsten des Stillen Oceans und der Südsee giebt es
Dünen, welche ausschliesslich aus Kalksand bestehen. Darwin sah sie an der
Küste von West-Australien, Dana auf der Insel Oahu. Bei Jewpatoria (Krym)
finden sich Dünen, bestehend aus regelmässigen Kalkkügelchen, welche aus der
Zertrümmerung eines tertiären oolithischen Kalksteins hervorgegangen sind.
Muschkétow, Physikalische Geologie, **2**, 80 (russisch).

Kiefern mit stark veränderter, gebräunter, lockerer Holzsubstanz.[1]) Viel häufiger ist der Torf in den Dünen Jütlands, wo er unter dem Namen Martörv bekannt ist. In der mehrerwähnten Arbeit Forchhammer's findet sich eine eingehende Beschreibung seiner Lagerungsbedingungen und die Erklärung seiner Bildungsweise. Die Torflagen sind fast auf der ganzen Erstreckung der Westküste Jütlands auf einer Höhe von 4 bis 5 m über dem Meere blossgelegt; sie sind, wie in Kurland, von Dünensand überdeckt, während unter ihnen horizontal geschichtete von Schalen von *Cardium edule* und *Mytilus edulis* erfüllte blaue Thone abgelagert sind; seltener sind sie von Sand unterlagert, welcher jedoch kein Dünensand ist. „In der Erstreckung einer Meile von Skiveren bis nach Hoyen," sagt Forchhammer, „zieht sich das Lager von Martörv fortwährend wie ein schwarzer Streifen in den senkrechten Kliffs des Ufers hin. Es ruht in der Regel auf einem feinen Sande, den man bei oberflächlicher Betrachtung für Flugsand ansehen könnte, der aber dem Meere angehört und theils einzelne gerollte Steine enthält, theils wirkliche Gerölllager in sich einschliesst."[2])

In den Torflagen finden sich in grösseren Mengen Sumpfpflanzen, namentlich Samen von *Menianthes trifoliata*, Stämme und Zweige der Birke, Eiche, Espe, Weide, Insekten, Hirschgeweihe, Ochsenzähne. Ausserdem werden auch Artefakte, wie Pfeilspitzen aus Feuerstein angetroffen, welche darauf hinweisen, dass hier ein See oder ein Torfmoor noch zu der Zeit bestand, als der Mensch das Gebiet bereits bevölkerte. Bemerkenswerth ist es, dass die Birkenstämme und -Zweige meist stark verdrückt sind. „Ein so geringer Druck, wie der ist, den 8 bis 10 Fuss Flugsand ausübt, hat schon vollkommen hingereicht, um die Birkenzweige platt zu drücken."[3]) Der Torf der Dünen bietet, nach Forchhammer, eine ganz andere Substanz dar, als der gegenwärtig sich in den Mooren bildende. „Unser gewöhnlicher Moortorf wiegt trocken 16 bis 20 Pfund der Kubikfuss; der vom Sande zusammengepresste dagegen wiegt 78 Pfund. Während wir in unserem gewöhnlichen Torf, nachdem er ausgetrocknet ist, kaum eine Spur

---

[1]) Helmersen, Bericht ü. d. in den Gouv. Grodno und Kurland ausgeführten Unters. Bull. Acad. St. Petersb., 1877, **23**, 176—249.

[2]) Forchhammer, Geogn. Studien am Meeres-Ufer, N. Jahrb. f. Min. &c., 1841, S. 15.

[3]) Ebenda, S. 20.

von Schichtung wahrnehmen, ist dieser ausserordentlich deutlich geschichtet, ja fast schieferig."[1]

Dieser Dünentorf entstammt, wie Forchhammer ganz richtig bemerkt, den in Dünengebieten so oft vorkommenden Sümpfen, welche von Zeit zu Zeit mit Sand verschüttet werden.

Wiewohl in einem unzweifelhaften Dünensande weder Grand, noch Gerölle, noch sonstige grössere Gegenstände, welche zu schwer sind, um vom Winde bewegt zu werden, angetroffen werden können, sind doch manchmal Grand- und Gerölleinlagerungen mit marinen Muschelschalen beobachtet worden. Wenn es thatsächliche Einlagerungen und nicht Unterlagerungen sind, so muss zur Erklärung ihrer Bildung eine Senkung der Küste angenommen werden, auf welche dann eine Hebung folgte; die Geröllschicht muss sich in diesem Falle zur Zeit, da die Dünen unter die Brandungslinie sanken, abgelagert haben, worauf bei erneuter Hebung ein Fortwachsen der Dünen stattfinden konnte. Oder es müssen ausnahmsweise hohe Brandungen angenommen werden, welche die Dünenkette durchbrachen und den Sand mit Meeresablagerungen bedeckten, welche in der Folge wiederum mit Dünensand zugeschüttet wurden. Was aber die Muschelschalen betrifft, so können sie ohne Zweifel mitten im Dünensande angetroffen und durch Wind zugeführt werden. Ich habe nicht selten am Ostseestrande beobachtet, wie ein starker· Wind leichte Schalen von *Cardium edule* und *Tellina baltica* den sanften Hang der Dünen hinauf trieb. Aber es finden sich mitten im Dünensande so schwere Schalen, wie von Austern, deren Vorkommen auf Windwirkungen nicht zurückgeführt werden kann. Sie werden durch Vögel verschleppt, namentlich durch den Austernfresser *(Haematopus ostralegus)*, welcher oft seine Beute, wie Forchhammer berichtet, auf Dünengipfeln verzehrt.[2]

Höchst wahrscheinlich können im Sande der Stranddünen auch Knochen von Landthieren angetroffen werden. Einige von ihnen, wie Kaninchen und Mäuse graben Höhlen im Dünensande; andere, grössere können im Triebsande der Dünen wie in Torfmooren umgekommen sein, wobei jedoch nicht ausser Acht zu lassen ist, dass alle Organismen im Dünensande recht bald verwesen, während der Torf die denkbar günstigsten Bedingungen

---

[1] Ebenda, S. 14.
[2] Ebenda, S. 8.

zu ihrer Erhaltung gewährt. Die in dem Sande der Stranddünen anzutreffenden Pflanzenreste fanden bereits Erwähnung bei der Besprechung der Humusschichten.

Es erübrigt noch mit einigen Worten einer im Dünensande häufig vorkommenden, wenn auch nicht ihm allein angehörenden Bildung, des Ortsteins, des Alios der französischen Autoren zu gedenken. Es ist eine meist harte, dunkele oder rothbraune, in einer Tiefe von 1 bis 4 Fuss liegende und einige Millimeter bis zu 7 oder 8 Decimeter mächtige Schicht. Früher erblickte man im Ortstein durch Eisenoxyd cementirten Sand, die Analysen erwiesen aber darin einen geringen, zwischen 1,2 und 1,7 $^0/_0$. schwankenden Gehalt an Eisenoxyd, hingegen eine ziemlich bedeutende Menge Humus, nämlich 3 bis 14 $^0/_0$, welchem man nunmehr die Rolle eines Bindemittels zuschreibt. Berendt und Wessely finden einen Zusammenhang zwischen dem Auftreten des Ortsteins und der Verbreitung der Ericaceen und meinen, dass gerade der Humus dieser Pflanzen die Ursache zur Bildung des Ortsteines abgiebt.[1])

---

[1]) Wessely, Der Europ. Flugsand, S. 87—92; 1873.

IX.

Küstenwälle und Dünen. — Häufige Verwechselung dieser Bildungen. — Ihre wesentlichsten Unterscheidungsmerkmale. — Beziehung des Küstenwalles und der Dünenkette zur Küstenlinie. — Unterschied in der Gestalt des Walles und der Düne. — Unähnlichkeit ihres inneren Baues. — Verschiedener Werth der Küstenwälle und Dünen für die Bestimmung ehemaliger Umrisse der Meere.

Bei Besprechung der Bedingungen, unter welchen die Sandanschwemmung an die Küste stattfindet (Kap. II), hatten wir auf die sie begleitenden Erscheinungen, namentlich auf die Bildung der Küstenwälle hingewiesen. Obwohl dort die Erscheinung nur in allgemeinen Zügen dargestellt wurde, soweit dies zur Erörterung der die Entstehung der Stranddünen begünstigenden Bedingungen erforderlich war, so reicht das Mitgetheilte aus, um zu zeigen, wie sehr sich Küstenwälle und Dünen, sowohl ihrer Entstehung als auch ihrer Gestalt nach, von einander unterscheiden.

Dieser Unterschied wurde von Allen, welche die Dünen aufmerksam erforschten, wahrgenommen und gewiss ist in keiner der speciell den Dünenbildungen gewidmeten Arbeiten eine Verwechselung von Dünen mit Küstenwällen zu finden.[1]) In der sonstigen geologischen Litteratur aber, welche nicht eigens den hier in Rede stehenden Erscheinungen gewidmet ist, wird nicht selten, und häufiger noch in topographischen und Reisebeschreibungen kein Unterschied zwischen beiderlei Bildungen gemacht und werden die Dünen als Wassererzeugnisse hingestellt. Es ist höchst wahrscheinlich, dass derlei Begriffsverwechselungen dadurch bedingt worden sind, dass die zunächst bekannt gewordenen Dünen ausschliesslich Stranddünen waren, also schon des Gebietes wegen,

---

[1]) So betont Forchhammer mit besonderem Nachdruck, dass von den Dünenbildungen „sehr verschieden diejenigen sind, welche unmittelbar von dem Wasser selbst abgesetzt werden, wahre Meeresbildungen sind". Geogn. Studien am Meeres-Ufer, N. Jahrb. f. Min. &c., 1841, S. 20.

an dem sie vorkommen, von Sandwällen nicht aus einander gehalten wurden. Zum Theil tragen aber an der sehr verbreiteten irrigen Vorstellung über die Dünen viele der gangbaren Lehrbücher der Geologie die Schuld. Zwar werden in diesen mehr oder weniger veralteten Lehrbüchern Dünen und Küstenwälle nicht eigentlich mit einander verwechselt, die ersteren aber ungeeigneter Weise unter die Meeresbildungen eingereiht,[1] da dem Winde, als geologischem Agens, überhaupt kein Platz eingeräumt ist, was von Richthofen mit Recht beklagt.[2] Ein solcher Vorwurf kann den neueren Lehrbüchern nicht gemacht werden, zumal den besseren unter ihnen, in welchen den Wirkungen der Atmosphäre ein besonderer Abschnitt gewidmet wird, in welchem denn auch die Dünen besprochen werden. In den Arbeiten russischer Geologen trifft man unrichtige Vorstellungen über Dünenbildungen ziemlich häufig. Selbst so erfahrene und angesehene Geologen wie Helmersen, Grewingk, Barbot de Marny verfallen in die eben genannten Verwechselungen. So sagt Helmersen: „Man zeige uns an einem See, an einem Meere, ja am Oceane eine von ihnen aufgeworfene Uferdüne von 150 Fuss Höhe, mit scharfem Kamme und 10 Fuss langen Steinblöcken auf letzterem und mit feingeschichtetem Sande.... Aber man wird vergeblich nach solchen Gewässern suchen."[3] Allerdings, da die höchsten Küstenwälle, welche hier offenbar gemeint sind, nicht einmal den vierten Theil dieser Höhe erreichen. Die wirklichen vom Winde und nicht von den Meereswellen erzeugten Dünen dagegen erreichen selbst an den Küsten eines so untergeordneten Meeres, wie die Ostsee, wie wir sahen, eine Höhe von 200 Fuss und eine noch viel bedeutendere an anderen Küsten. Ebenso irrigen Ansichten begegnen wir auch bei Grewingk, z. B. in seiner mit Recht Ansehen geniessenden „Geologie von Liv- und Kurland", wo neben vollkommen richtigen Bestimmungen von Dünen auch Folgendes steht: „Ueber dem

---

[1] In den letzten Auflagen von Credner's Lehrb. d. Geol. ist ein neuer Abschnitt über die Wirkungen der Atmosphäre eingeschaltet, welcher anscheinend vorwiegend nach der kompilatorischen und vielfache Ungenauigkeiten enthaltenden Arbeit Czerny's (Petermann's Geogr. Mitth., Erg.-Heft, **48,** 25; 1876) zusammengestellt ist; zugleich ist aber die frühere Beschreibung der Dünen als Meeresbildungen beibehalten worden.

[2] v. Richthofen, China, **1,** 76; 1877.

[3] Helmersen, Studien üb. d. Wanderblöcke u. d. Diluvialgebilde Russlands, 1. Thl., S. 89 (Mém. Acad. St. Petersb., 1870, (7), **14,** No. 7).

Glint bei Waiwara erheben sich Geröllhügel, die sogenannten Blauen Berge, als Dünen einer älteren Zeit."[1]) Schon der Umstand allein, dass diese Hügel aus Geröll bestehen, weist darauf hin, dass sie nicht durch Wind angeweht sein konnten und also keine Dünen sind. Ferner werden die südwestlich von Reval über dem Glint sich erhebenden Dünen von Grewingk als „Sandhügel", hingegen die am Fusse des Absturzes lagernden Küstenwälle als Dünen bezeichnet. Ebenso sind ihm die Dünen bei dem Gute Fall wiederum „Sandhügel", die sich an der Küste der Bucht Lahhepae in parallelen Reihen hinziehenden und Geschiebe an ihren Kämmen führenden Küstenwälle — Dünen u. s. w.[2])

Schon der von Grewingk, Helmersen und vielen Anderen vielfach gebrauchte Ausdruck „Sanddüne" zeugt von der unrichtigen Auffassung der Dünenbildungen, da er sonst als ein Pleonasmus empfunden worden wäre. Die Dünen können nur aus Sand bestehen, dagegen sind die Küstenwälle nicht nur aus Sand allein zusammengesetzt.

In seinen frühen Arbeiten, z. B. in seinen Untersuchungen des Gouvernements Wolynien, der Kalmyken-Steppe u. a., betrachtet Barbot de Marny ganz richtig die Dünen als äolische Bildungen, nach seiner Reise in die Wüsten des Aralsee-Gebiets hat er aber, soweit aus seinem kurzen Bericht geschlossen werden kann, begonnen durch Wasser erzeugte Küstenbildungen als Dünen zu bezeichnen.[3])

Es ist indessen bei einigermaassen aufmerksamer Beobachtung nicht schwer, viele wesentliche Unterschiede zwischen Stranddünen und Küstenwällen auszufinden, schon in der Form, freilich unter Ausschluss derjenigen Fälle, in denen man es mit Bildungen zu thun hat, welche nichts Typisches an sich tragen. Zweitens besteht eine Verschiedenheit in der Lage dieser zweierlei Bildungen gegenüber der Küstenlinie. Schon die Entstehungsweise der Küstenwälle bedingt ihren strengen Parallelismus mit der Küstenlinie: sie bilden sich an der Brandungsgrenze, welche bei gleichmässiger Neigung der Küste vom Wasserrande (von der Küstenlinie) bei mittlerem Meeresstande ungefähr gleich weit entfernt ist. Wenn

---

[1]) Grewingk, Geologie von Liv- und Kurland. Arch. f. d. Naturkunde Liv-, Ehst- und Kurlands, 1861, **2,** 600.
[2]) Ebenda, S. 601.
[3]) „Trudý" der Naturforscher-Ges. zu St. Petersb., **6,** S. LXX; 1876.

sich aber diese Entfernung mit der Aenderung der Küstenrichtung
ändert, so geschieht dies mit ebensolcher Allmählichkeit, wie die
Aenderung der Richtung der Anschwemmungsküste selbst. Deshalb
folgen die Küstenwälle den geringsten Biegungen der Küstenlinie und
wenn sie in grösserer Anzahl vorhanden sind, so ist ihr strenger
Parallelismus unter sich und mit dem Verlauf der Küste ein auch
beim ersten Anblick in die Augen springender. Durchaus anders
verhält es sich mit der Lage der Dünen. Der Beginn der Bildung
einer Düne führt sich, wie wir wissen, auf eine Häufung des
Sandes hinter (oder vor) einem Busch, Stein, Höcker oder einem
ähnlichen den Wind hemmenden Gegenstande zurück. So willkürlich, wie die Vertheilung dieser Gegenstände ist, ist auch die
Lage der entstehenden Düne. Und wenn sich die Stranddünen
trotzdem zu Reihen ausrichten oder sich mit einander vereinigend
lange Ketten bilden, so liegt es, wie bereits hervorgehoben wurde,
wesentlich daran, dass die Bodenfläche, auf welcher die Dünen
entstehen und sich zunächst entwickeln, aus einem an die Brandungszone unmittelbar sich anschliessenden schmalen Küsten-
strich besteht, welcher allerdings im Grossen und Ganzen den
Biegungen der Küstenlinie folgt, und dass bei der weiteren Entwickelung und Bewegung der Dünen die Topographie der Küste
selbst, mit ihren ungefähr der Küste parallel vertheilten Unebenheiten, Hindernissen (z. B. einer Küstenterrasse, einem Waldsaum)
zu der Beibehaltung des Parallelismus der Dünenkette mit der
Küstenlinie beiträgt.[1]) Dieser Parallelismus besteht indessen nur
im Grossen und Ganzen und auch nicht einmal durchweg, im
Einzelnen bietet dagegen die Richtung einer Dünenkette Abweichungen von derjenigen der Küste, hauptsächlich wegen der
verschiedenen Geschwindigkeit des Vorrückens der Dünen, welches
meist recht unregelmässig ist.[2]) Endlich wird der Parallelismus
der Gesammtrichtung der Kette, ja sogar die Reihenanordnung
der Dünen gestört, sobald sich eine zeitweise Befestigung durch
Auftreten einer Vegetationsdecke einstellt, um darauf wieder durch
eine erneute Bewegung des Sandes abgelöst zu werden, kurz
gesagt, eine Abwechselung der Ruhe- und Bewegungsperioden
eintritt, von welcher bereits mehrfach die Rede war und welche

---

[1]) Vgl. hier S. 100.
[2]) Vgl. hier S. 97 und ff.

eine der gewöhnlichsten Erscheinungen im Leben der Stranddünen ist.[1]

Die Gestalt eines Küstenwalles ist die eines echten, auf seiner ganzen Erstreckung eine nahezu gleiche Höhe bewahrenden Walles. Diese Höhe ist durch diejenige der Brandung bedingt und die der letzteren ist gewöhnlich eine auf der ganzen Küstenerstreckung gleichmässige oder sich mit der Aenderung der Küstenlinie kaum merklich, weil nur allmählich ändernde. Eine Dünenkette bietet hingegen, wie Forchhammer richtig betont, niemals einen Wall von gleichbleibender Höhe dar, besteht vielmehr aus einzeln sich erhebenden Dünengipfeln, welche durch mehr oder weniger tief eingeschnittene Thäler getrennt sind.[2] Die ungleich hohen Dünen haben auch im Grundriss mannigfaltige Gestalten, was begreiflicher Weise auch im Längsprofil der Kette zum Ausdruck kommen muss. Es ist eine unregelmässige Wellenlinie, während das Längsprofil eines Küstenwalles durch eine nahezu gerade, horizontal verlaufende Linie begrenzt ist. Die Höhe der Dünen hängt von den mannigfaltigsten örtlichen Bedingungen ab und bleibt nur in dem Falle auf eine Strecke lang gleichmässig, wenn sich die Düne vor einem Hinderniss von gleichbleibender Höhe, z. B. einer Mauer, einem Zaun, einer Hecke u. dgl. gebildet hat.[3]

Nicht minder gross ist auch der Unterschied des Querschnittes eines Küstenwalles von dem Längsschnitte (dem Schnitte der Windrichtung nach) einer einzelnen Düne. Das Dünenprofil erscheint in diesem Schnitt bekanntlich am Charakteristischsten und zeigt gewöhnlich einen grossen Unterschied zwischen der sanft ansteigenden Luvseite und der steilen Leeseite.[4] Bei Betrachtung des Querschnittes eines Küstenwalles nehmen wir einen wesentlichen Unterschied in der Steilheit seiner Gehänge nicht wahr. Der dem Meere zugekehrte übersteigt einen Winkel von 5 bis 7° nicht, schwankt jedoch meist zwischen 2 und 5°, da er ja den Grenzwinkel der Sandanschwemmung nicht überschreiten kann und um so kleiner ausfallen muss, je feiner der Sand ist. Der vom Meere abgekehrte Abhang ist oft ebenso sanft und falls er steiler ist, so bildet er dennoch mit dem Horizont einen über 10° nicht hinaus-

---

[1] Vgl. hier S. 119 und ff.
[2] Vgl. hier S. 95.
[3] Vgl. hier S. 89.
[4] Vgl. hier S. 75 und ff.

gehenden Winkel. Somit sind die Gehänge der Küstenwälle im Allgemeinen sanfter als die der Dünen. Nur in denjenigen Fällen, wenn ein Küstenwall durch eine schwächere Brandung unterwaschen zu werden beginnt, erhält der dem Meere zugewendete Abhang eine bedeutend steilere Böschung. Einen solchen Charakter tragen vorwiegend die Küstenwälle jener Küsten, welche den Gezeiten ausgesetzt sind. Bei Sturm aufgeworfen, werden sie nach dem Rückzug des Meeres in seine normalen Grenzen bei den täglichen Schwankungen des Meeresspiegels unterspült. Viel steilere Gehänge besitzen diejenigen Wälle, welche nicht aus Sand, sondern aus gröberem Material, aus Grand und Geröll zusammengesetzt sind. In diesem Falle verbietet das Material selbst eine Verwechselung dieser Bildungen mit Dünen. In gewissen Fällen kann als Unterscheidungsmerkmal für Küstenwälle ihre unbedeutende Höhe im Vergleich mit derjenigen der Dünen dienen. An den Ostseeküsten, wo viele Dünen eine Höhe von über 20 bis 30 m und einige sogar über 60 m besitzen, habe ich niemals sandige Küstenwälle höher als 1,5 bis 2 m über dem mittleren Meeresspiegel gesehen, während ihre Erhöhung über der sanftansteigenden Strandfläche nicht über 1 m beträgt; und je feiner der Sand ist, um so flacher sind sie. Selbst an den Nordseeküsten erheben sich die aus Sand bestehenden Küstenwälle nicht über 2 bis 3 m und erst an der den Stürmen des Atlantischen Oceans gänzlich preisgegebenen Westküste Frankreichs sieht man sie 5 m Höhe erreichen.[1] Auch sind sie nicht aus Sand, sondern aus Geröll aufgebaut und dann stets höher. Die Dünen dieses Gebiets erheben aber ihre Gipfel bis zu 100 m über die Meeresfläche. Ausserdem erscheinen die Küstenwälle den Dünen gegenüber noch niedriger, wegen ihrer sanfteren Gehänge und ihrer deswegen flacheren Gestalt.

Die Verschiedenheit im Aeusseren der Wälle und Dünen ist so gross, dass man sie meist auch dann noch unterscheiden kann, wenn seit ihrer Entstehung längere Zeit verstrichen ist und sie sich nicht nur mit einer Gras- und Gebüsch-Vegetation bedeckt und durch den Einfluss der atmosphärischen Niederschläge einige Veränderung in ihrer Gestalt erfahren haben, sondern wenn, in Folge des Zurücktretens des Meeres, jegliche Beziehung zwischen ihnen und dem Meeresufer aufgehört hat.

---

[1] É. de Beaumont, Leçons de géol. prat., **1,** 227; 1845.

Es giebt übrigens Fälle, bei denen nach der äusseren Erscheinung allein nicht zu entscheiden ist, ob man es mit einem Küstenwall oder mit einer noch nicht völlig entwickelten und ihre typische Gestalt daher noch nicht besitzenden Düne zu thun hat. Im Kap. IV, wo wir die Entstehung der Dünen aus Sandhügeln besprachen, ist u. A. darauf hingewiesen worden, dass die Bildung der sanft ansteigenden Luvseite derjenigen der steilen Leeseite vorangeht und dass, wenn auf dieser Entwickelungsstufe befindliche Dünen mit einander verschmelzen, sie eine langgestreckte Erhebung mit ziemlich gleichmässig abfallenden Gehängen bilden.[1] Und wenn die weitere Entwickelung der Düne in Folge der Bildung einer Vegetationsdecke aufgehalten wird, so wird in dieser wallartigen Erhebung ohne deutlich ausgeprägten Unterschied in der Böschung der Luv- und der Leeseite oft recht schwer eine Düne zu erkennen sein. In solchem Falle kann nur die Untersuchung des inneren Baues helfen, wobei die sorfältige Aufbereitung des Sandes, seine für die Dünen bezeichnende Schichtung — welche übrigens auch fehlen kann — die Abwesenheit irgendwie nennenswerther Mengen Grandes und Gerölles, sowie von Schalen mariner Mollusken[2] im Verein mit der Gegenwart von Resten einer Landflora als leitende Kennzeichen zur Unterscheidung von Küstenwällen dienen können. Feinere und entscheidendere Unterschiede im inneren Bau beiderlei Bildungen können zur Zeit noch nicht aufgestellt werden, da in Betreff des Baues der Wälle vorläufig gar keine Kenntnisse vorliegen. Die Beobachtungen, die ich nach dieser Richtung hin anzustellen vermochte, die übrigens fragmentarisch und unvollständig sind, ergeben hauptsächlich eine viel unvollkommenere Aufbereitungsthätigkeit der Meereswellen gegenüber derjenigen des Windes. In den während eines Sturmes aufgeworfenen, also ihrer Höhe nach bedeutendsten Küstenwällen habe ich oft sogar einen völligen Mangel an Aufbereitung beobachtet: man sieht in ihnen ziemlich feinen Sand mit gröberem, mit Grand und Geröll regellos gemengt.

Im Zusammenhang mit der nicht ganz klaren Vorstellung über die Stranddünen und über die Art ihrer Bildung steht die

---

[1] Vgl. hier S. 74.

[2] Einzelne Muschelschalen finden sich auch in unzweifelhaftem Dünensande; es wurde bereits erwähnt, dass die leichteren von ihnen durch den Wind dahin getragen sein können, während die anderen von den Vögeln, denen die Mollusken zur Nahrung dienen, verschleppt werden.

oft wiederholte Redewendung, dass die Dünen durch Zusammenwirken der Meereswellen und des Windes entstehen. Wenn hierunter angedeutet werden sollte, dass die Betheiligung der Wellen sich auf die Anschwemmung des Sandes, d. h. auf die Lieferung des Materiales beschränkt, aus welchem dann der Wind die Dünen errichtet, ebenso wie ein Fluss sich an der Bildung der Flussdünen betheiligt, indem er Sand in Gestalt von Bänken, Zungen u. dgl. ablagert, oder in den Wüsten die Atmosphäre, welche verschiedene Gesteine zu Sand verwandelt, so wäre der Ausdruck vollkommen begründet. Durchaus der Wirklichkeit widersprechend ist hingegen die Annahme, dass die Wellen irgendwie unmittelbaren Antheil an der Erschaffung der Dünen selbst nehmen. Die Einwirkung der Wellen und des Windes auf den Sand kann nicht einmal gleichzeitig sein, wie z. B. die Thätigkeit der Wellen und des Strömens des Flusses bei der Bildung einer Barre gleichzeitig ist, da, wie wir nunmehr wissen, nur vollkommen trockener Sand sich der Windwirkung fügt. Nicht genug damit: in ihrer unmittelbaren Wirkung unterstützen sich Meereswellen und Wind nicht einmal gegenseitig; vielmehr sind jene bestrebt, das von diesem Erzeugte zu zerstören und umgekehrt. Bei der Besprechung der Windwirkung auf die Anschwemmungszone wurde bereits darauf hingewiesen, dass er zunächst den auf dem am höchsten aufragenden Kamm des Küstenwalles lagernden und rascher trocknenden Sand fortführt, hierdurch nach und nach den Wall erniedrigt und ihn unter geeigneten Verhältnissen gänzlich abtragen kann.[1]) Eine solche Zerstörung der Küstenwälle ist an all' denjenigen Küsten zu beobachten, an welchen der Wind sich des Sandes der Anschwemmungszone zur Erbauung von Dünen bedient. Andererseits ist mehrfach, unter Anführung erhärtender Thatsachen, von der unterspülenden Wirkung der Wellen auf die Dünen die Rede gewesen, welche überall stattfindet, wo die Wellen bis zu den Dünen reichen und namentlich an solchen Küsten, welche allmählich landeinwärts zurückweichen, was in überwiegender Weise bei den europäischen Stranddünen zutrifft.[2]) Uebrigens lässt sich auch an den nicht zurückweichenden Küsten, z. B. bei Sestrorétzk beobachten, dass kleine vom Winde angewehte Sandhügel, welche zu nahe der Brandungszone entstanden, bei starkem Sturme von

---

[1]) Vgl. hier S. 61.
[2]) Vgl. hier S. 93.

den über die normale Grenze hinausschlagenden Wellen spurlos fortgeschwemmt werden.

Der Unterscheidung der Küstenwälle von den Dünen kommt eine besondere Wichtigkeit in der Frage über die Feststellung der ehemaligen Grenzen der Meere zu. Ein Küstenwall als unbewegliches Gebilde bestimmt mit Genauigkeit die Brandungslinie, an welcher er entstand, weswegen sein Zeugniss von der ehemaligen Grenze des Meeres keinem Zweifel unterliegt. Ganz anders verhält es sich mit den Stranddünen-Ketten. Die Düne kann, sobald sie einmal ihre Wanderung begonnen hat, sich von dem Punkte ihrer Entstehung weit entfernen, während ihr ursprünglicher Platz von einer anderen eingenommen wird. Sehen wir also an einem Strande mehrere Dünenreihen, so wäre es vollkommen willkürlich und in manchen Fällen durchaus irrig, wollten wir daran die Vermuthung knüpfen, dass sie für ein Vorrücken der Küste zeugen. Im Gegentheil, es finden sich an Küsten, deren Zurückweichen durch unzweifelhafte Thatsachen verbürgt ist, oft mehrere Dünenreihen, welche in diesem Falle nur darauf hinweisen, dass entweder das Wandern der Dünen landeinwärts rascher vor sich geht, als das Zurückweichen der Küste oder dass der erstere Vorgang früher begonnen hat. So bilden die Dünen der Gascogne an manchen Stellen bis zu 10 Reihen, während unzweifelhafte geschichtliche Thatsachen für ein dauerndes und ziemlich rasches Vorrücken sämmtlicher Ketten nach Osten spricht, welchen dann auch das Meer nachfolgt, so dass die Stellen, an denen sich die ältesten (jetzt östlichsten) Dünenketten einstmals bildeten, jetzt irgendwo im Meere und zwar vermuthlich in ziemlicher Entfernung von der gegenwärtigen Strandlinie liegen. Somit bezeichnen die Dünenketten nicht nur nicht die genaue Lage der ehemaligen Küste, sondern können überhaupt nicht zur Bestimmung der jeweiligen Meeresgrenzen dienen, da ganz ähnliche, von den Strandbildungen nicht zu unterscheidende Dünenketten sich sowohl in Flussthälern bilden, als auch in Sandwüsten (z. B. in der Lybischen), wo der Sand ohne jegliche Mitwirkung des Meeres, auf dem Wege der Zerstörung älterer Sandgesteine unter dem Einfluss der Atmosphäre entstand.

X.

Die Dünen der Flussthäler. — Abhängigkeit ihrer Entstehung von den klimatischen Bedingungen. — Grosse Verbreitung dieser Dünen im Europäischen Russland. — Entstehung der Dünen in Ueberschwemmungsthälern und ausserhalb. — Gestalt und innerer Bau der Flussdünen.

Flussthäler werden nicht selten von Dünen begleitet, dank dem in ihnen vielfach aufgehäuften lockeren Sande, welcher vom Flusse abgelagert und bei fallendem Wasser blossgelegt wird. Wie am Meeresstrande erscheinen auch in den Flussthälern als Hauptbedingungen für die Dünenbildung die freie Lage des Thals, welche dem Winde die Möglichkeit gewährt, ungehindert auf die Bodenfläche zu wirken, sowie eine ausreichende Menge Flusssandes, welcher für den Transport durch Wind geeignet ist. In denjenigen Thälern, in welchen die Flussläufe durch Berge eingeengt sind oder in denen die Flüsse zwischen hohen felsigen Ufern fliessen, kommen Dünen fast nie vor: sie sind ebenso wenig für die Sandablagerung wie für die Thätigkeit des Windes geeignet. Breite und offene Thäler hingegen, in denen auf sandreichem Bette Ströme langsam dahin fliessen, bieten die günstigsten Bedingungen zur Dünenbildung dar. Ferner übt auf das Zustandekommen von Flussdünen die relative Feuchtigkeit des Klimas, deren Bedeutung bei Stranddünen sich wenig bemerkbar macht, einen wesentlichen Einfluss aus.

Auf die grosse Bedeutung der klimatischen Verhältnisse bei der Bildung der Flussdünen weist ihre geographische Vertheilung hin. Im westlichen Europa sind Flussdünen überhaupt nicht häufig. Von einigermaassen bemerkenswerthen Dünen in den Flussthälern der Norddeutschen Tief-Ebene ist nirgend die Rede, trotzdem diese Ebene für eine erfolgreiche Thätigkeit des Windes ausserordentlich günstige topographische Bedingungen darbietet und ihre Flüsse reichlich mit Sand versehen sind, dessen unerschöpflicher Vorrath in dem norddeutschen Diluvium enthalten ist. Wessely, welcher diese Niederung als ein Flugsandgebiet betrachtet, berichtet, dass sich hier und da in den Sandablagerungen in den Thälern der Oder, Elbe, Spree u. a. unbedeutende Dünen bilden, welche sich jedoch von selbst, ohne Zuthun des Menschen, recht bald mit Vegetation bedecken. Ebenso wenig vernimmt man über Flussdünen aus England, dem nördlichen und mittleren Frankreich, wogegen im Süden dieses letzteren Landes, im sonnigen Languedoc, und zwar im Thale des Gardon, sich bis zu 10 m hohe Flussdünen finden. Eine etwas grössere Entwickelung nehmen sie auf der Pyrenäischen Halbinsel an, wo viele Gebiete sich durch ein warmes und namentlich trockenes Klima auszeichnen. In Andalusien, am rechten Ufer des Guadalquivir breitet sich eine ziemlich weite Sandwüste aus, in welcher sich bis zu 25 m hohe, „las Arenas" genannte Dünen erheben. Noch bedeutender ist das Flussdünen-Gebiet in der ungarischen Puszta, wo bekanntlich das Klima eher kontinental ist.

Eine unvergleichlich ansehnlichere Entwickelung als in West-Europa erreichen die Flussdünen im Europäischen Russland, wo sie eine äusserst verbreitete Erscheinung sind. Selbst in der nördlichen Hälfte Russlands, unter verhältnissmässig ungünstigen Bedingungen, an so kleinen Flüssen, wie die Ojat' oder die Sjas' (im Ládogasee-Gebiete) finden sich bis 5 m hohe Dünen.[1]) An anderen bedeutenderen Flüssen des nördlichen und mittleren Russlands, z. B. an der Westlichen Düna, dem Niemen, der Wólga (im ersten Drittel ihres Laufes), der Scheksná, der Mológa, der Oká u. a., nehmen die Dünen weite Flächen ein und erreichen eine ansehnliche Mächtigkeit.[2]) Noch stärker entwickelt sind sie in den Flussthälern der südlichen Hälfte Russlands. So wird der Dnjepr auf der ganzen Erstreckung seines Mittellaufes, von der

---

[1]) A. Inostrantzew, Der prähistorische Mensch der Steinzeit am Ufergebiet des Ládogasees, St. Petersburg, 1882, in 4⁰, S. 9.

[2]) Besonders hoch sind die Dünen an der Westlichen Düna in der Umgebung von Jakobstadt, Friedrichstadt und bei Seelburg, wo sie sich 70 m über das Meer erheben. Am Niemen sind sie in solcher Zahl, dass man, nach dem Ausdruck A. Inostrantzew's ein „Reich der Dünen" vor sich hat. Angaben über die Verbreitung der Dünen in den Gebieten der Scheksná, Mológa und oberen Wólga finden sich in den Arbeiten vieler Geologen, namentlich von Ditmar und Krótow. Endlich wurden diejenigen an der Oká gut bekannt in Folge der dort gemachten reichen Funde aus der prähistorischen Zeit (Dokutschájew, Krótow).

Mündung der Desná ab bis zu den Stromschnellen, linkerseits von einem kaum unterbrochenen Dünenzuge begleitet, dessen Breite an 12 km reicht (z. B. gegenüber dem Ort Ržischtschew, zwischen Gusinítzy und Sóschnikowo), so dass im Perejáslawler Bezirk des Gouvernements Poltáwa allein die Dnjepr-Dünen eine, allerdings nicht einheitliche, Oberfläche von nicht weniger als 370 qkm einnehmen.[1]) Zwischen Tschigirin und Tscherkásy findet sich eine bedeutende Ausbreitung der Dünen auch am rechten Flussufer. Breite mit Dünen bedeckte Zonen begleiten auch den Nebenfluss des Dnjepr, die Samára und die in sie mündende Wóltschja in ihrem Unterlauf. Noch ausgedehnter ist das Dünengebiet in dem Unterlauf des Dnjepr, wo sich die sogenannten Sande von Alëschki (im Taurischen Gouvernement) weit ausbreiten. Im Don-Thal erreicht die Entwickelung der Dünen womöglich ein noch grösseres Maass. An manchen Stellen, z. B. bei der Stanitza (= Kasakendorf) Ust'-Medwéditza beträgt die Dünenzone nicht weniger als 50 km und die Höhe der Dünen über 30 m. Der Nebenfluss des Dons, der Donétz, ist so dünenreich, dass Le Play bei dessen Anblick an die „Landes" der Gascogne erinnert wurde.[2]) Zahlreich sind die Dünen auch am Unterlauf der Wólga, namentlich auf ihren zahllosen Inseln.

Eine so bedeutende Entwickelung der Flussdünen in Südrussland steht in engem Zusammenhange mit seinem kontinentalen Klima und seinem trocknen und warmen Sommer.

Noch viel beträchtlicher ist die Ausbreitung der Dünen in den Flussthälern Central-Asiens, z. B. am Amu-Darjá.

---

[1]) Die in den letzten Jahren (1889—1892) unter der Leitung von W. W. Dokutschájew im Gouvernement Poltáwa ausgeführten Bodenuntersuchungen haben eine grosse Ausdehnung der Dünenbildungen nicht nur in dem breiten Dnjepr-Thal erwiesen, sondern auch in den Thälern seiner Zuflüsse, der Sula, des Psiol, der Worskla, des Orël und den wichtigsten Nebenflüssen dieser letzteren. Materialien zur Einschätzung der Ländereien des Gouvernements Poltáwa (russisch).

[2]) Le Play, Voyage dans la Russie méridionale et la Crimée etc. executé en 1837 sous la direction de M. Anatole de Demidoff. Mir persönlich ist das linke Donetzufer zwischen Izjúm und Majakí auf einer Erstreckung von über 50 km wohl bekannt. Auf dieser ganzen Strecke und nach beiden Seiten hin, so weit der Blick reicht, sieht man eine ununterbrochene Zone von Dünenbildungen, z. Thl. mit Kiefernwaldungen bestanden, z. Thl. kahl und von wandernden Dünen eingenommen. Die Breite dieser Zone erreicht stellenweise 10 km, dagegen ist die Höhe der Dünen selbst nicht bedeutend und beträgt im Mittel nicht mehr als 5 bis 7 m.

Der Grund, weshalb die Flussdünen in viel grösserem Maasse als die Stranddünen von der relativen Feuchtigkeit und Trockenheit des Klimas abhängen, ist zunächst darin zu suchen, dass in den Flussthälern die Vegetation viel erfolgreicher gegen die Windwirkungen ankämpfen und rascher den kahlen Sand bedecken kann als am Meeresufer; denn erstens erreicht der Wind in den Flussthälern niemals die Stärke, welche er an offen . liegenden Meeresküsten, namentlich in den untersten, den Boden unmittelbar berührenden Luftschichten besitzen kann; zweitens giebt es in Flussthälern nicht, wie am Meeresstrande, jene bei jeder Brandung beständig sich wiederholenden An- und Abschwemmungen, welche die Anschwemmungszone dauernd kahl erhalten. Wenn bei Flüssen ebenfalls solche Ab- und Anschwemmungen vorkommen, namentlich bei Hochwasser, so geschieht dies nur ein oder zwei Mal im Jahre, selten häufiger, und sie haben nicht den verheerenden Einfluss auf die Vegetation, wie die Brandung des Meeres. Ausserdem trägt zur Entwickelung der Vegetation auf dem Flussdünensande die Feinheit dieses letzteren bei, welche das Zurückhalten der Feuchtigkeit begünstigt.[1]

Wir wollen nicht auf die Bedingungen eingehen, unter denen in den Flüssen die Sandanschwemmung vor sich geht: dies würde uns auf das Gebiet der Thalbildungen führen, welches recht komplicirt, übrigens auch Gegenstand vieler speciellen Forschungen gewesen ist, sondern zur Besprechung der Bildung der Flussdünen übergehen.

Der vom Flusse abgelagerte Sand wird, wenn bei andauerndem tiefen Wasserstande seine Oberfläche trocken geworden ist, der Einwirkung der Winde zugänglich. Das Fallen des Wassers findet entweder periodisch statt und folgt auf Hochwasser oder allmählich in Folge andauernder Vertiefung des Flussbettes. Zum Hervortreten grösserer vom Flusse abgelagerten Sandmassen an die Oberfläche trägt besonders eine allmähliche Verschiebung des Flussbettes bei. Bei hinreichend trocknem und warmem Sommer können sich Dünen auch in einem Anschwemmungsthal bilden, wie es vielfach an der Oká und der Wólga vorkommt, obwohl sie

---

[1] Der Sand der Flussdünen, wenigstens aller von mir beobachteten, zeichnet sich durch seine Feinheit gegenüber demjenigen der Stranddünen aus, wahrscheinlich weil der Wind in den Flussthälern diejenige Stärke, die er am Meeresstrande besitzt, nicht erreicht.

bei Hochwasser nothwendiger Weise durch Unterwaschungen stark
zu leiden haben müssen, und höchst wahrscheinlich viele im Laufe
des Sommers entstandene kleinere Dünen im darauf folgenden
Frühjahr spurlos weggeschwemmt werden. Dies dürfte auch der
Grund sein, weshalb in einem Ueberschwemmungsthal Dünenbildungen selten eine bedeutende Entwickelung erreichen. Unvergleichlich grössere Maasse besitzen sie jenseits der Ueberschwemmungsgrenze, zumal in jenen Thaltheilen, welche ehemals das
Flussbett bildeten und welche in Folge seiner allmählichen Verschiebung und gleichzeitigen Vertiefung nunmehr vom Flusse so
entfernt und über seiner Oberfläche so hoch liegen, dass sie bei
Hochwasser nicht mehr überschwemmt werden.[1]) Hier begünstigen
die Dünenbildung: die grössere Trockenheit des Sandes, als im
Ueberschwemmungsthal und die kleinen Unterwaschungen, welche
gewöhnlich an der Ueberschwemmungsgrenze stattfinden und oft
die Dünenbildung einleiten.[2])

Der Vorgang der Dünenbildung selbst beginnt in den Flussthälern, genau so wie am Meeresstrande, mit einer Häufung des
Sandes an irgend einem Hinderniss. Zudem ist diese Erscheinung
an den kurz vorher aus dem Wasser hervorgetretenen und eine
einheitliche Fläche kahlen Sandes darbietenden Sandbänken,
wie an der Anschwemmungszone der Meeresküste, nicht noth-
wendig von einer Windmuldenbildung begleitet, da der Wind
den Sand von der ganzen freiliegenden Fläche Schicht für
Schicht, in dem Maasse als er trocken wird, abträgt. Da
aber, wo sich Dünen auf Kosten älterer, bereits bewachsener Sandablagerungen bilden, ist der Vorgang unbedingt mit der Bildung
von Windmulden verbunden, in ähnlicher Weise wie bei älteren
Stranddünen, welche eine unmittelbare Verbindung mit der Anschwemmungszone eingebüsst haben. Wie Stranddünen, können

---

[1]) Eine solche Beschaffenheit besitzt gewöhnlich das linke Flussufer in
Folge der durch die Drehung der Erde um ihre Axe veranlassten Ablenkung
der Flüsse nach rechts (Baer'sches Gesetz), obwohl diese letztere manchmal
auch nach einer anderen Richtung stattfinden kann, wenn eine Flusswindung,
die Böschung des Bodens u. dgl. m. an der gegebenen Stelle einen grösseren
Einfluss, als die tägliche Umdrehung der Erde, ausübt.

[2]) Bei vielen Flüssen, die an Dünen reich sind, finden diese sich nicht
im Ueberschwemmungsthale, welches aus Ueberschwemmungswiesen besteht;
von ihnen ist die Dünenzone durch einen, die sogenannte zweite Oberwiesen-
terrasse bildenden nicht hohen Bruch ziemlich scharf getrennt.

auch Flussdünen an steil ansteigenden Hochufern entstehen. Einen
solchen Fall beobachtete ich am Wólchow, 3 km oberhalb Nówaja-
Ládoga, gegenüber dem Dorfe Welsa. Das linke Flussufer, auf
welchem das genannte Dorf gelegen ist, steigt zum Wasser sanft
hinab, das rechte aber erhebt sich als Steilwand auf 10 m Höhe
und besteht aus vorwiegend horizontal geschichtetem Flusssande,
welcher von röthlichem sandigem Thon unterlagert wird. Auf
der Höhe hat der Wind, durch die gegen WSW freie Lage des
Steilufers unterstützt, eine ziemlich tiefe Windmulde ausgehöhlt,
deren Sand zur Errichtung einer Anzahl kleiner im Halbkreise
angeordneter Dünen gedient hat. Ein anderes sehr interessantes
Beispiel von Dünenbildung auf einem Hochufer führt A. Inostrantzew an: er beobachtete sie an der Ojat', wo der Sand
durch die aufsteigende Richtung des Windes auf die Höhe getragen wurde und sich dort zu kleinen Hügeln dem Waldsaume
entlang häufte.[1])

Die Häufung des Sandes findet in den Flussthälern wie am
Meeresufer meist an Büschen mancherlei Pflanzen, namentlich
verschiedener Weidenarten statt, welche an den sandigen Flussufern reichlich wachsen. Ich habe aber niemals eine Häufung
an der Windschattenseite wahrgenommen, was an den Meeresküsten, wie oben beschrieben wurde, allgemein der Fall ist,
wahrscheinlich aus dem Grunde, weil in den Flussthälern der
Wind niemals die Stärke erreicht, die er an Meeresküsten besitzt.
In ihrer Gestalt zeigen die Dünen der Flussthäler keine Eigenheiten gegenüber denjenigen des Meeresstrandes. Der nach der
Windrichtung geführte Durchschnitt hat auch hier eine sanft ansteigende Luvseite, deren am unteren Theil meist deutliche Einbiegung unmerklich in die Rundung des Gipfels übergeht, welcher
nach der anderen Seite mit der steil abfallenden Leeseite in Ver-

---

[1]) A. Inostrantzew in „Trudý“ der Naturforscher-Ges. St. Petersb., **5,**
S. LX, 1875. — Einen äusserst interessanten Fall einer hohen Lage von Flussdünen beobachtete Albert Ferchmin im Gouvernement Poltáwa „bei Pere-
wolotschna (am Dnjepr), wo der durch Wind zu Dünensand aufbereitete Flusssand einen 30 m hohen halbinselartigen Vorsprung des alten Ufers erklommen
und den ganzen dem Flusse zugewendeten Abhang mit einer hellgelben Schicht
überzogen hat, so dass vom Dnjepr aus gesehen, der Eindruck einer am Flussniveau beginnenden und bis zum Rande des Hochufers reichenden gewaltigen
Düne erweckt wird, während oben einige kleinere, auch gegenwärtig noch
wandernde Dünen erscheinen“ (Materialien zur Einschätzung der Ländereien
des Gouv. Poltáwa, Lief. VIII, S. 95; 1891 (russisch).

bindung steht. Da aber in den Flussthälern selten eine Windrichtung die ausschliesslich herrschende ist, und die Gegend meist nach allen Seiten offen liegt, so sind hier Dünen mit typischem Profile seltener. Auch in ihrem Grundriss weisen die Flussdünen eine ebenso grosse Mannigfaltigkeit auf wie die Stranddünen; auch bei ihnen ist die unregelmässige Bogengestalt, mit der konvexen Seite in der Richtung der Bewegung der Düne, recht verbreitet. Diese Bogen verfliessen oft in einander und durchkreuzen sich gegenseitig. Ausser der Bogenform nehmen die Flussdünen häufig die Gestalt langgezogener Hügel an, deren Längserstreckung entweder der Windrichtung folgt oder senkrecht zu dieser steht, in welchem Falle das Gebilde als Ergebniss der Verschmelzung mehrerer an einander gereihter Bogendünen anzusehen ist, zumal fast immer Einschnürungen wahrzunehmen sind, welche die vereinigten Dünen von einander trennen. Endlich trifft man, wenn auch recht selten, die regelmässigste Art der Dünen in Sichelgestalt an, deren konkave Seite vom Winde abgewendet ist, eine Gestalt, welche, wie schon betont wurde, am häufigsten bei Wüstendünen vorkommt. Solche Dünen beobachtete ich Ende April vor Eintritt des Hochwassers[1] am Unterlauf der Wólga in einigen Kilometern von Jenotájewsk auf einer 10 km langen und 2 bis 3 km breiten Sandbank, welche, vom Ende Juli des vorangegangenen Jahres an, einer heftigen Umgestaltung durch Wind ausgesetzt gewesen ist. Die ganze Fläche dieser jeglichen Pflanzenwuchses beraubten Sandbank war mit unzähligen, wenn auch kleinen, etwa 0,5 m hohen Dünen bedeckt, welche, die eine wie die andere, eine auffallend regelmässige Sichelgestalt besassen.[2]

Auch in der Gruppirung der Flussdünen fällt gegenüber den Stranddünen nichts besonders Abweichendes auf; es sei denn, dass sich bei ihnen die Reihenanordnung weniger kundgiebt, was selbstverständlich mit der grösseren Mannigfaltigkeit der Gestaltung des Bodens, auf welchem sie entstehen, im Zusammenhange steht.

Die in Ueberschwemmungsthälern sich bildenden Dünen ändern sich ohne Zweifel in ihrer Form unter dem Einfluss von An- und

---

[1] Am Unterlauf der Wólga beginnt das Frühjahrs-Hochwasser sehr spät, meist nicht vor Mitte Mai, und hört in den letzten Tagen des Juni auf.

[2] Diese Dünen werden wahrscheinlich während des Hochwassers, welches die Oberfläche der Sandbank ausebnet, spurlos fortgeschwemmt, worauf der Wind den bei der herrschenden Hitze und Regenlosigkeit rasch trocknenden Sand wieder zu Dünen aufthürmt.

Abschwemmungen während der Frühjahrsüberschwemmungen, welche bestrebt sind ihnen die Gestalt und den Grundriss von Fluss-Sandbänken zu verleihen.

Bei den Flussdünen finden sich, wie bei den Stranddünen, verschiedenartige Einsenkungen, d. h. Windmulden oder vom Winde mit Sand nicht zugewehte Zwischenräume. Sehr verbreitet sind ferner in Flussdünen-Gebieten Seen und Sümpfe, welche meist Ueberbleibsel verlassener Flussbette darstellen, obwohl hier, ebenso wie am Meeresstrande, eine See- und Sumpf-Bildung auch durch Hemmen des Abflusses atmosphärischen Wassers oder Absperrung von Bächen durch die Dünen möglich ist.[1]) Ein allmähliches Zuschütten dieser Sümpfe durch Sand beim Vorrücken der Dünen erklärt zur Genüge das Auffinden von Torfschichten unter einer Dünensand-Decke. Ueber das Wandern der Flussdünen bestehen keine genauen Angaben; es lässt sich aber a priori annehmen, dass diese Bewegung hier weder die Geschwindigkeit noch die Beständigkeit in der Richtung, wie bei den Stranddünen, besitzt, zunächst und hauptsächlich, weil in Flussthälern ein ausschliessliches Herrschen eines Windes nicht besteht und zweitens, weil die topographischen Bedingungen der Flussthäler in den meisten Fällen für das Vorrücken der Dünen viel weniger geeignet sind. Uebrigens ist diese Bewegung in den freiliegenden unbewaldeten Thälern Südrusslands (z. B. im Don-Thal) ziemlich rasch und zieht, Wiesen, Fluren und Wege bedrohend, die Aufmerksamkeit aller Bewohner auf sich.

Die Höhe der Flussdünen ist selten bedeutend, wenigstens habe ich keine über 10 bis 15 m gesehen, doch sollen sie am Don, nach Aussage des Herrn Margarítow nicht unter 30 m Höhe besitzen und an der Oká hat W. Dokutschájew sogar Höhen von 60 m über dem Flussspiegel bestimmt, wobei freilich nicht

---

[1]) Ich fand Seen und Sümpfe in den Dünengebieten am mittleren und unteren Lauf des Dnjepr und am Donetz in reichlicher Menge. In gleichem Sinne äussern sich auch W. Dokutschájew und Krótow über die Dünen der Oká und der mittleren Wólga (vgl. Dokutschájew, Archäologie Russlands [russisch], Krótow, Zur Frage über das relative Alter der Reste aus der Steinzeit an der Oká [russisch]). Bei den eingehenden Bodenuntersuchungen in dem Gouvernement Poltáwa wurden ebensolche, die alten Flussläufe einnehmenden und mit Zonen von Dünenhügeln abwechselnden Seen und Sümpfe an allen grösseren Nebenflüssen des Dnjepr festgestellt. Materialien zur Einschätzung der Ländereien des Gouvernements Poltáwa, herausgegeben unter der Redaktion des Prof. W. Dokutschájew, 1889—1892 (russisch).

bekannt geworden ist, wie hoch die Lage der Grundfläche der Düne war.

In dem inneren Bau der Flussdünen fallen zunächst die gewundenen und sich durchkreuzenden Humusschichten, die Ueberbleibsel der einst die Dünen bedeckenden Vegetation auf. Sie wurden von Dokutschájew, Krótow und dem Grafen Uwárow in den Dünen der Oká beobachtet. In diesen bisweilen 0,5 m mächtigen Schichten werden nicht selten von Sand verschüttete Reste von Landpflanzen, Kiefern, Weiden, Haidekraut angetroffen. Manchmal sind es auch sogenannte Kulturschichten, welche Spuren des prähistorischen Menschen enthalten. Mehrfaches Wechsellagern humoser Schichten mit solchen aus reinem Sande weist auf wiederholtes Ablösen von Ruheperioden der Dünen durch Zeiten der Bewegung hin, was, wie bei den Stranddünen, auch hier eine grosse Mannigfaltigkeit der Formen einzelner Dünen, sowie die grösste Unordnung in ihrer Gruppirung hervorruft, da Ruhe oder Bewegung nicht nur bei verschiedenen Dünen einer und derselben Kette, sondern auch bei verschiedenen Theilen einer und derselben Düne zu verschiedenen Zeiten eintreten.

Die Ursachen, welche eine erneute Bewegung bei Flussdünen nach ihrer Festlegung und Bewachsung veranlassen, sind im Ganzen dieselben, die diese Erscheinung auch bei Stranddünen einleiten, nur mit dem Unterschiede, dass die Flussdünen ihrer geschützteren Lage wegen viel seltener beunruhigt werden durch Unterwaschungen, Windbruch und sonstige natürliche Unfälle, als die Stranddünen. Bei den gegenwärtigen klimatischen Verhältnissen des Europäischen Russlands tritt als Hauptstörer der Ruhe der Flussdünen der Mensch auf.[1]

Die bei Stranddünen so sehr häufige Ursache der Schichtung, nämlich den Wechsel feinerer und gröberer Sandschichten, habe ich bei Flussdünen nie wahrgenommen, wahrscheinlich weil der von den Flüssen abgelagerte Sand meist eine ausgesprochene Verschiedenheit in der Korngrösse nicht aufweist, da die Stromgeschwindigkeit an einem gegebenen Punkte im Ganzen eine gleichmässige ist; und ändert sie sich auch mit den Jahres-

---

[1] So beobachtete man am Donetz eine rasche Bewegung der Dünen nur auf den Bauerngütern und denjenigen der Kleingrundbesitzer, welche schonungslos herrliche Waldungen abtrugen, während solche noch heute die Dünen von den Ländereien des Fiskus und einiger Grossgrundbesitzer fernhalten.

zeiten, so doch nicht in dem Maasse, wie die Geschwindigkeit
der an einer flachen Küste brandenden Meereswelle, welche unten
Kraft genug besitzt, um Steine zu wälzen, während sie oben
den feinsten Sand absetzt. Eine fernere Ursache des Mangels
an verschiedener Korngrösse des Flussdünen-Sandes ist darin zu
suchen, dass der Wind in den Flussthälern schwächer ist als am
Meeresstrande, an welche er ohne sonderliche Einbusse an Stärke
gelangt, da er an der Wasseroberfläche jedenfalls eine viel geringere Reibung erleidet als an der Festlandsfläche.[1]

Ein Wechsel der mineralischen Beschaffenheit des Sandes bei
Flussdünen ist, trotzdem ich ihm in deren Durchschnitten nie begegnet bin, an sich ebenso denkbar, wie bei den Stranddünen.

Die Dünen der Ueberschwemmungsthäler können allerdings
auch einige Eigenheiten in ihrem Bau besitzen. Im Frühjahr,
während des Hochwassers können sich auf den Sand Flussablagerungen absetzen, welche dann von der den Windstössen
ausgesetzten Seite, nach dem Fallen des Wassers wahrscheinlich,
bald wieder abgetragen werden, wogegen sie an der entgegengesetzten Leeseite erhalten bleiben und durch neue Lagen angewehten Sandes überdeckt werden können. Auf diese Weise sind
mitten im Dünensande Flussablagerungen möglich.

Bei genauerer Betrachtung des Flussdünen-Sandes bemerkte
ich eine grössere Abrundung seiner Körner als bei demjenigen
der Stranddünen.[2] Unter den organischen Resten finden sich
am häufigsten solche einer vom Dünensande verschütteten Land-
und Sumpf-Flora, wobei die Baumstämme wie in den Stranddünen
ihre vertikale Richtung beibehalten. Möglich ist auch das Vorkommen einzelner Muschelschalen von Flussmollusken in dem
Dünensande, wiewohl ich selbst niemals solche fand. Auch hier

---

[1] Unzweifelhaft kann es auch Flussthäler geben, in denen der Sand so
verschieden im Korne ist, dass eine merkliche Schichtung zu Stande kommt;
jedenfalls ist aber eine solche Schichtung bei Flussdünen viel ungewöhnlicher,
als bei Stranddünen.

[2] Ich verglich den Sand, und zwar die Quarzkörner, welche über 90 $^0/_0$
des Sandes ausmachen, aus den Dünen des Finischen Meerbusens und der
Ostsee mit demjenigen der Dünen des Dnjeprthales in seinem mittleren Theil,
bei Kiew, und seinem unteren Theil, bei Alëschki, ferner der Thäler des Don,
Donetz und Niemen. Hierbei ist zu bemerken, dass durch stärkere Rundung
der Sandkörner sich diejenigen Stranddünen auszeichnen, welche an Flussmündungen gelegen sind, z. B. die bei Nárwa, Dünamünde u. dgl. m., also aus
Sand bestehen, der von den Flüssen ins Meer hinausgetragen wird.

können die leichteren dieser Muschelschalen vom Winde, die schwereren durch Vögel verschleppt werden.

Nicht unerwähnt dürfen hier bleiben die in vielen Flussdünen Russlands vorkommenden prähistorischen Gegenstände. Ein sehr reichhaltiges Material lieferten in dieser Hinsicht die Dünen an der Oká, sowohl in der Nähe von Rjasan', als auch in der Umgebung von Múrom (die sogenannten Wolosow'schen Dünen) und des Kirchdorfes Páwlowo. Nicht wenige verschiedenartige Kunsterzeugnisse wurden auch in den Dünen des Dnjepr, bei Kiew, am Unterlauf des Dnjepr bei Alëschki, an der Wólga und in den Dünen längs des Wólchow gefunden. Alle diese Gegenstände lagen entweder unmittelbar in den Humusschichten zwischen mächtigen Sandablagerungen oder am Boden von Windmulden, wo sie aus verschiedenen Horizonten zusammen getragen worden sein mögen.[1])

Dass man sich der Stranddünen zum Bestimmen des Alters der Küsten nicht bedienen darf, wurde bereits erwähnt. Dasselbe darf auch auf die Flussdünen übertragen werden, welche eben so wenig einen Anhaltspunkt über das Alter der Terrasse, auf der sie sich befinden, abzugeben vermögen. Es ist sogar möglich, dass die Zeit ihrer Entstehung mit derjenigen der Terrasse nicht zusammen fällt, da auch gegenwärtig noch eine Neubildung von Dünen aus Flusssand auf alten, seit längerer Zeit sogar dem Hochwasserbereich entrückten Terrassen, stattfindet.

---

[1]) In denjenigen Fällen, bei welchen die Windmulden unter dem Niveau der Dünenbasis ausgehöhlt wurden, d. h. in das Liegende des Flusssandes gedrungen sind, wie z. B. am Wólchow, ist es natürlich nicht zu entscheiden, ob die auf ihrem Boden angetroffenen prähistorischen Gegenstände ursprünglich im Dünensande, oder auf der Oberfläche des Flusssandes (also vor der Dünenbildung), oder gar in den höheren Horizonten dieses letzteren enthalten waren.

XI.

Festlandsdünen. — Inniger Zusammenhang ihrer Entstehung mit den klimatischen Bedingungen des Landes. — Die von ihnen in den Wüsten des alten und neuen Kontinentes eingenommenen weiten Flächen. — Gestalt der Festlandsdünen. — Ihre charakteristische Sichelgestalt. — Ursprung dieser Gestalt. — Abhängigkeit ihrer regelmässigen Entwickelung von den topographischen Bedingungen der Gegend. — Geringe Höhe der sichelförmigen Dünen.

Ausser an Meeresküsten und Flussthälern können mitten auf dem Kontinente mehr oder weniger weite Flächen lockeren Sandes vorkommen, welche entweder das Ausgehende unbedeckter älterer Sandablagerungen darstellen oder das Ergebniss der Einwirkungen der Atmosphäre, namentlich atmosphärischen Wassers und der Temperaturschwankungen auf Sand liefernde Gesteine sind. Ist der blossliegende Sand den Einwirkungen des Windes zugänglich, so wird dieser ihn einer Aufbereitung unterziehen und unter geeigneten Verhältnissen zu Dünen häufen, welche zum Unterschied von Strand- und Flussdünen Festlandsdünen heissen mögen.

Von allen Dünen hängen diese ihrer Entstehung nach am Engsten mit den klimatischen Bedingungen zusammen. Am Meeresufer wirkt das ihm eigene feuchte Klima nicht hindernd, da die immer wieder auftretende Brandung die ständige Kahlheit des angeschwemmten Sandes unterhält und auch der Wind am Strande für seine Einwirkung auf die Sandoberfläche die günstigsten Bedingungen findet. Die Flussdünen stehen, wie wir eben sahen, schon in grösserer Abhängigkeit von den klimatischen Verhältnissen. Theils ist ihre Lage geschützter, theils findet die Blosslegung des Sandes durch periodisch (ein- oder zweimal jährlich) sich wiederholendes Hochwasser oder durch Unterwaschung sandiger Ufer in beschränkter Ausdehnung statt und wird in einer der Windwirkung gegenüber nicht immer geeigneter Lage hervorgebracht. Immerhin können auch Flussdünen in einem feuchten

Klima entstehen, während für das Zustandekommen von Festlandsdünen es unbedingt erforderlich ist, dass die klimatischen Verhältnisse die Bildung einer einheitlichen Pflanzenbedeckung, welche
den lockeren Sand vor der Windwirkung schützen könnte, verhindern. Wenn wir in Europa, trotz dessen feuchten Klimas, hier
und da geringfügige Festlandsdünen antreffen, so verdanken sie
ihre Entstehung unzweifelhaft der Thätigkeit des Menschen, welcher
die die europäischen Binnenlandsande durchweg überziehende
Pflanzendecke verletzt oder zerstört. Namentlich finden wir, infolge
der Vernichtung der Wälder, Festlandsdünen selbst in Ländern
mit so feuchtem Klima, wie Frankreich.[1]) In Belgien nehmen die
Festlandsdünen in der sogenannten „campine" (Kempenland) ziemlich ausgedehnte Flächen ein.[2]) Eine noch grössere Ausdehnung
besitzen diese Bildungen in der Norddeutschen Tiefebene, welche
Wessely als ein zusammenhängendes Flugsandgebiet betrachtet,
in welchem der Wind den Sand aus den geringfügigen sandigen
Glacialablagerungen aufbereitet und stellenweise zu ziemlich hohen,
bei Arenberg, Baruth und nördlich von Colmberg ansehnliche
Ketten bildenden Dünen angehäuft hat.[3]) In den ungarischen Puszten,
wo das Klima einen kontinentalen Charakter besitzt, erreichen die
Festlandsdünen eine grosse Ausbreitung. Wessely bestimmt die
Fläche der drei grössten Flugsandgebiete, des Kumaniergebiets,
der Nyir und des Banater Reviers zu 237 Qu.-Meilen oder etwa
13200 qkm.[4]) In dem letzteren erreichen einige Dünen eine Höhe
von 52 m.

In Russland kommen die Festlandsdünen im Allgemeinen ziem-
lich oft vor; sie sind nicht selten in Polen, wo ausgedehnte Flächen
von sandigem Boden eingenommen werden, und in den West-
Gouvernements. In der Umgegend von Olkusz treten ansehnliche
Festlandsdünen auf, welche bei ihrem Vorrücken nach Osten dieser
Stadt keinen geringen Schaden zufügten.[5]) Barbot-de-Marny

---

[1]) Festlandsdünen trifft man z. B. in der Umgebung von Fontainebleau
(de Lapparent, Traité de géologie).

[2]) Lavergne, Économie rurale de la Belgique.

[3]) Wessely, Der Europ. Flugsand, 1873, S. 7.

[4]) Wessely, ebenda, S. 17—19.

[5]) Eine etwa 2000 m westlich von der Stadt liegende Kirche, in welcher
noch zu Karls XII. Zeiten der Gottesdienst abgehalten wurde, war bereits zu
Anfang unseres Jahrhunderts von Dünensand vollkommen umgeben, welcher
das ganze Innere der Ruine abgeschliffen und die Fugen zwischen den Steinen
tief ausgewetzt hat. Allmählich wurde auch die ganze Vorstadt, welche zwischen

stiess oft auf solche Bildungen im „Polésje" (Waldgebiet) des Gouvernements Wolynien.[1]) Und überhaupt trifft man sie, wenn auch in geringen Grössenverhältnissen, auf der ganzen Fläche des „Polésje" Westrusslands, d. h. in den Gouvernements Gródno, Minsk, Tschernígow (mit Ausschluss dessen südlichen Theiles), in dem nördlichen Theil von Wolynien und dem nordwestlichen Theil des Gouvernements Kiew. Im Gouvernement Tschernígow z. B. leiden viele Kreise unter den Sandverwehungen, welche beständig zunehmen, in Folge der Abtragung der Wälder. „Nach beiden Seiten der von Gorodnjá nach Starodúb hinführenden Strasse", berichtet Kytmánow, „breitet sich oft eine unübersehbare Sandsteppe aus; jeden Augenblick erblickt man hohe Sandwirbel, welche mit gewaltiger Kraft vom Winde in der Steppe umhergetrieben werden. Die noch nicht festwurzelnden Saaten werden vom Winde herausgerissen und die Felder mit Dünensand verweht."[2]) Auch an vielen anderen Stellen des „Polésje" von Tschernígow und Kiew hat W. Dokutschájew Flugsande angetroffen, welche sich manchmal zu ziemlich hohen Dünen häuften.[3]) Es liegt kein Grund vor, zu vermuthen, dass im nordwestlichen, nördlichen und mittleren Russland, wo gleichfalls bedeutende Flächen von sandigem Boden eingenommen werden, welcher entweder aus sandigem Diluvium oder aus blossliegenden älteren (tertiären und Kreide-) Sanden besteht, Festlandsdünen eine geringere Entwickelung besitzen sollten.[4])

---

der Kirche und der Stadt lag, verweht. (Vgl. darüber auch Wessely, Der Europ. Flugsand, S. 62.)

[1]) Barbot de Marny und A. Karpínskij, Geolog. Unters. des Gouvernements Wolynien, S. 50 und 51; (russisch).

[2]) Dokutschájew, Der russische Tschernozëm, S. 89; (russisch).

[3]) Ebenda, S. 88, 91 und 92. Bei einer Fahrt (1891) von der Station Mjéna der Libau-Rómnyer Eisenbahn nach der Stadt Nówgorod-Sjéwersk, hatte ich Gelegenheit, mich von der ausserordentlichen Entwickelung des Festlanddünensandes im centralen Theile des Gouvernements Tschernígow zu überzeugen. Dieser Sand wird durch Wind aus den Glacialablagerungen ausgeblasen, welche hier, wie überhaupt in der breiten von Norden her das Tscherozëmgebiet Russlands umsäumenden Zone, ausnehmend sandreich sind.

[4]) Grewingk weist auf Festlandsdünen von ansehnlicher Höhe in Kurland hin. Ich für meinen Theil hatte Gelegenheit, diese Bildungen im Bezirk Lúga (Gouv. St. Petersburg), in Ehstland und dem südlichen Finland bei Nykyrka zu sehen, wo sich kleine Dünen bildeten auf Kosten des aus den nicht aufbereiteten Glacialablagerungen durch Wind direkt herausgeblasenen Sandes, nachdem diese Ablagerungen durch Abholzen des Waldes blossgelegt wurden. Herr N. W. Kudrjáwtzew theilte mir mit, dass er Festlandsdünen in dem Be-

Im Tschernozëm-Gebiet, wo das Liegende aus Löss besteht, kommt Dünensand, wenn auch seltener, dennoch vor.[1]) Im Uebrigen muss hervorgehoben werden, dass trotz der grossen Verbreitung der Festlandsdünen in Russland, dessen gegenwärtige klimatischen Verhältnisse, mit Ausnahme des südöstlichen Grenzgebiets (d. h. der kaspischen Steppen), unzweifelhaft für die Entstehung neuer Festlandsdünen ungünstig sind und diese nur unter Mitwirkung des Menschen zur Bildung gelangen. — Nur in den kaspischen Steppen, welche ihrem physischen Charakter und ihrem Klima nach eine Art Vorland Central-Asiens bilden, können die Festlandsdünen entstehen und sich entwickeln, vermöge eben dieser günstigen klimatischen Verhältnisse. Am rechten Wólga-Ufer, in der Kalmykensteppe finden sich Sande nicht vielorts; die wichtigsten liegen an der Wólga zwischen den Stanitzen (Kasakenniederlassungen) Durnówskaja und Lebjážja und im südlichen Theile der Steppe zwischen den Flüssen Kuma und Térek; am linken Wólgaufer hingegen, in der Kirghisen-Steppe nehmen die Festlandsdünen, wenn auch nicht ununterbrochen, ausgedehnte Gebiete zwischen dem Unterlauf der Wólga und dem des Ural ein. In den transuralischen Kirghisensteppen und namentlich im Turkistan herrschen durchaus geeignete klimatische Bedingungen zur Entwickelung äolischer Bildungen, welche dann auch eine ausserordentliche Verbreitung besitzen. Seinem Klima nach gehört der Turkistan in den Wüstenstrich, welcher sich als breiter Gürtel um den ganzen alten Kontinent von der Westküste Afrikas bis nach der Mandjurei hin lagert. In diesen Wüsten trägt Alles zur Entfaltung der geologischen Thätigkeit des Windes bei: die äusserste

---

zirke Schenkúrsk des Gouvernements Archángelsk beobachtet habe. F. Schmidt weist in seiner Arbeit über die glacialen und postglacialen Bildungen in Ehstland und dem Gouvernement St. Petersburg ebenfalls auf die Häufigkeit einer Dünenbildung unmittelbar aus den sandigen Glacialablagerungen oder aus den Sanden von Süsswasserbecken (Ancylusbecken) hin. Zeitschr. d. d. geol. Ges., 1884, **36,** 268—269. In letzterer Zeit erschien eine Notiz von Hult über die Dünen im centralen Finland und zwar im Tavastland (Flygsand i det inre af Finland. Geogr. Föreningens Tidskrift, 1891, No. 4, S. 133, Helsingfors).

[1]) In dem gründlichen Werke Dokutchájew's, „Der russische Tschernozëm", finden sich häufig Hinweise auf das Auftreten einzelner Inseln von Dünensand kontinentalen Ursprungs: in den Gouvernements Nižnij-Nówgorod (S. 63), Kursk (S. 124), Chárkow (S. 133), Poltáwa (S. 139 und 143), Tambów (S. 197), Samára (S. 248), im Dongebiet (S. 261).

Trockenheit der Luft,[1]) die fast gänzliche Abwesenheit atmosphärischer Niederschläge[2]); die schroffen Uebergänge von einer unerträglichen Hitze des Tages zur Kühle der manchmal frostigen Nacht, sind einer Ausbreitung der Vegetation hinderlich, welche in der That nur durch einige auf dem kahlen Boden zerstreute Büsche vertreten ist.[3]) Oefter sind aber auch weite Flächen jeglicher Vegetation baar. Der sehr schroffe Temperaturwechsel begünstigt im hohen Maasse die Zerstörung der Gesteine und eine ständige Erzeugung neuer Sandmassen.[4]) Die starke Erhitzung des Bodens während des Tages nach einer kalten oder gar frostigen Nacht bewirkt eine Erschütterung des Gleichgewichts in der Luft und giebt zur Entfesselung gewaltiger Wirbelwinde und Stürme Anlass, welche an Stärke kaum den stärksten Stürmen im Ocean nachstehen. Deswegen erscheint in den Wüsten, wie Barbot-de-Marny ganz richtig bemerkt, „der Wind als eins der wirksamsten geologischen Agentien, welche die verschiedenen Gestalten des Bodenreliefs zerstören und aufbauen; was anderwärts durch Wasser hervorgebracht wird, geschieht hier durch die Thätigkeit des Windes".[5])

---

[1]) Duveyrier fand in der Algierischen Sahará im August nur 10 % relative Feuchtigkeit der Luft (bei 26,5° C. Lufttemperatur).

[2]) In der inneren Sahará kommen regenlose Perioden von 9—12 Jahren vor, und in In-Sâlah fiel während 20 Jahren kein Tropfen Regen. (Duveyrier, Exploration du Sahara, 1, 118; 1864.)

[3]) Bei der Besprechung der Flora der Sahará bemerkt Grisebach: „Tropische Wärme und ein bis zum Frost gesteigertes Sinken der Temperatur, das sind Einflüsse, welche nur von wenigen Pflanzen ertragen werden. Hierauf nicht minder als auf die Dürre des Bodens ist die Armuth der Flora zurückzuführen." (Die Vegetation der Erde, Leipzig 1872, 2, 83.)

[4]) „Schon im Winter," sagt Jordan (Physische Geogr. und Meteorologie der Libyschen Wüste, 1876, S. 127), „betragen die Temperaturdifferenzen des Gesteins 30°, und im Sommer noch viel mehr. Betrachtet man einen Felsblock von 1 cbm, so wird dieser durch Wärmeänderungen an seiner Oberfläche täglich um etwa 1 mm ausgedehnt und wieder zusammengezogen, und denkt man sich diese oscillatorische Bewegung Jahrhunderte lang fortgesetzt, so begreift man sofort, warum in der Wüste alles Gestein an seiner Oberfläche vollständig zersplittert und zerklüftet ist." Ueber die ausserordentliche zerstörende Wirkung der Atmosphäre in den Wüsten berichten vielfach auch andere Reisende in der Sahará und den Aegyptischen Wüsten, namentlich Lenz, Rohlfs, Schweinfurth, Nachtigal. Den grössten Theil dieser Thatsachen, durch eigene Beobachtungen ergänzt, hat Joh. Walther in seiner gediegenen Arbeit „Die Denudation in der Wüste" 1891 gesammelt.

[5]) Barbot de Marny, Ueber die geolog. Unters. im Amu-Darjá-Gebiet, „Izwestija" d. kais. russ. geogr. Ges., 1875, 11, 117 (russisch).

Die in den grossen Wüsten von den Dünenbildungen eingenommenen Flächen sind ausserordentlich gross. Allein in der Sahará nehmen die Sandwüsten, selbst wenn sie nach Zittel[1]) nur $^1/_9$ der Gesammtfläche ausmachen, eine Fläche von nicht weniger als 18000 geographischen Quadratmeilen ein. In Asien ist die Fläche der Sandwüsten in ihrer Gesammtheit wahrscheinlich noch grösser, wenn man berücksichtigt, dass die südliche Hälfte der Arabischen Halbinsel im Inneren ein einheitliches Sandmeer bildet,[2]) und dass auch in Nord-Arabien, Syrien, Iran, Beludjistan und Nord-Indien Sandwüsten über weite Flächen sich ausbreiten, selbst wenn man von den endlosen Wüsten Turans und der Mongolei absieht.[3])

Auf dem neuen Kontinent sind die Sandwüsten viel weniger entwickelt. Die bedeutendsten von ihnen liegen in Nord-Amerika zwischen dem Felsengebirge und der Sierra-Nevada, in Neu-Mexico und namentlich in dem durch übermässige Hitze sich auszeichnenden Gebiete am Colorado, dem Gilafluss und den Llanos Estacados, östlich vom Rio Pecos.[4]) In Süd-Amerika sind die bedeutendsten Festlandsdünen in der Wüste Atacama. Endlich im fünften Welttheil, in Australien, scheinen sich im Inneren Festlandsdünen ziemlich häufig über weite Flächen hin auszudehnen. Somit ist die auf der ganzen Erdkugel von Festlandsdünen eingenommene Gesammtfläche eine gewaltige.

---

[1]) Zittel, Beitr. z. Geol. u. Paläont. d. Libyschen Wüste, Paläontographica, **30**, 1. Thl., S. X; 1883. Duveyrier bestimmt die Oberfläche nur einiger kleineren Dünengebiete der westlichen Hälfte der Sahará bis zum Meridian Tripolis-Mursuk zu 45 000 000 ha, d. h. zu beiläufig 10 800 geogr. Quadratmeilen (Exploration du Sahara, **1,** les Touareg du Nord, p. 36; 1864). In der östlichen Hälfte befindet sich indessen auch die Libysche Wüste, welche nach Zittel die ausgedehnteste des Sahará-Gebietes ist.

[2]) Palgrave berichtet, dass ganz Süd-Arabien von Yemen bis Maskat und von El-Harik bis Hadramut von der grausigen Wüste Dahná eingenommen wird, welche durchweg mit Flugsand bedeckt ist und der Oasen gänzlich entbehrt; diese Wüste allein ist 150 geogr. Meilen lang und 80 breit. Er meint ferner, dass die Sande im Ganzen $^1/_3$ der Gesammtoberfläche Arabiens, d. h. nicht weniger als 15 000 geogr. Quadratmeilen einnehmen. W. G. Palgrave, Narrative of a year's journey through Central and Eastern Arabia, **1,** p. 91; 1865.

[3]) In der Mongolei sind, nach dem Zeugniss unseres berühmten Reisenden Przewalsky, die Sandwüsten vorwiegend in der südlichen Hälfte und im Westen, im Tarim-Becken gelegen; einige Sandflächen, z. B. diejenige von Ala-Schan, ziehen sich fast ohne Unterbrechung über Hunderte von Kilometern hin. (Dritte Reise durch Central-Asien, 1883.)

[4]) Parry, Geolog. reports of Mexican Boundary Survey, **1.** W. P. Blake, Geol. rep. (Pacific Railroad rep.), **5.**

Diejenigen Europas zeigen in ihrer Gestalt und Vertheilung wenig, was sie von den Strand- oder Flussdünen wesentlich unterschiede. Auch bei ihnen, wie bei jenen, lässt sich eine grosse Mannigfaltigkeit im Grundriss neben der bekannten Einförmigkeit und Regelmässigkeit des Profils beobachten, dank welchen nach Wessely's Ausdruck, „das kundige, durch das Studium der bereits entzifferten Bewegungsgesetze geschärfte Auge sogar die Form der einzelnen Dünenkörper zu erklären weiss und den Gang zu errathen, den deren fernere Gestaltung nehmen wird".[1] Wenn auch bei den europäischen Festlandsdünen all' diejenigen Gestalten anzutreffen sind, denen wir bei den Strand- und Flussdünen begegneten, so scheint hier dennoch die eines in der Richtung des herrschenden Windes verlängerten Hügels die verbreitetste zu sein. Sie waltet wenigstens unbedingt in dem Banater Dünengebiet vor. Nicht selten sind auch senkrecht zur Windrichtung verlängerte Hügel oder solche von irgend einer anderen Gestalt. Auch inmitten der Festlandsdünen wechseln Hügel mit Mulden ab, von denen viele Windmulden sind, da auch in diesem Falle, wie bei den von der Küste entfernteren Stranddünen die Bildung einer Düne nothwendiger Weise von derjenigen einer Windmulde begleitet werden muss.

Auch bei den Dünen der Sandwüsten herrscht zwar eine ausserordentliche Mannigfaltigkeit der Gestalten, ihnen ist aber besonders die Sichelform charakteristisch, welche bei Strand- und Flussdünen sehr selten ist und niemals jene Regelmässigkeit erreicht, welche sie in den Wüsten besitzt. Im Grundriss hat eine solche Düne das Aussehen eines meist länglichen, manchmal sogar sehr gestreckten Ovals, an dessen einem Ende eine kleine halbkreisförmige Einbuchtung durch den schroffen Abfall der Leeseite scharf umgrenzt ist. Bei einigen Hügeln ist diese Einbuchtung unbedeutend, so dass die Gesammtgestalt des ovalen Umrisses nicht gestört wird; bei anderen ist sie viel umfangreicher, dringt fast bis zur Mitte des Hügels vor und erinnert dann besonders an die Gestalt der Mondsichel. Oft liegt die halbkreisförmige Einbuchtung nicht genau in der Mittellinie des Hügels, so dass die beiden Sichelflügel nicht gleich gross sind. Auch in der Ge-

---

[1] Wessely, .Der Europ. Flugsand, 1873, S. 60. In dieser Schrift findet sich eine sehr eingehende Beschreibung der bemerkenswerthesten unter den europäischen Festlandsdünen, derjenigen der Banater Sandwüste.

stalt und der Richtung der Flügel nimmt man einigen Unterschied
wahr: in manchen Fällen erscheint die äussere Randlinie des
Flügels nicht als Fortsetzung derjenigen des Ovals, sondern verläuft geradlinig parallel der Längsaxe des Hügels oder bildet
sogar eine Einbiegung, weil sich der Flügel nach Aussen ausbiegt.
Indessen beeinflussen alle diese Einzelheiten so wenig die Gesammtgestalt der Hügel, dass sie wie nach einer gemeinsamen Form
gegossen erscheinen.

Nicht weniger charakteristisch sind ihrer Einförmigkeit und
Regelmässigkeit nach die Profile dieser Dünen. Im Längsschnitt
projicirt sich die Luvseite als eine Kurve, deren unterer Theil
schwach eingebogen ist, entsprechend der oft kaum wahrnehm-

Fig. 13
Sichelförmige Dünen (Barchane) bei der Stanitza Durnówskaja, Gouvernement Astrachan.

baren Einbiegung des unteren Böschungtheiles, und geht dann allmählich in eine sanfte Ausbiegung über, welche den grössten
Theil der Luvseite, des Gipfels und einen Theil der Leeseite begrenzt; der untere Theil dieser letzteren bildet sich aber in der
Projektion als steil abfallende Gerade ab, da dieser Abfall dem
Schüttungswinkel des Sandes entspricht. Der stets mehr oder
weniger ausgeprägte Abbruch zwischen dem oberen und unteren
Theile der Leeseite, fällt mit dem oberen Rande der halbkreis-
förmigen Einbuchtung zusammen. Ist diese nicht gross, so ist die
Höhe der steilen Böschung kaum der Hälfte des ganzen Hügels
gleich; ist sie dagegen gross und reicht sie bis zur Mitte des
Hügels, so entspricht die Höhe des Steilabfalls fast derjenigen des

Hügels.[1]) Im Querschnitt ergiebt die Düne einen etwas abgeflachten Halbkreis. Wie in den Strand- und Flussdünen, zeichnet sich auch in denen der Wüsten namentlich das Längsprofil durch die sanften und gefälligen Umrisse seiner Wölbung aus und fesselt unwillkürlich den Blick des Beobachters. Aber im Gegensatz zu den Strand- und Flussdünen, weisen die der Wüsten oft auch im Grundrisse jene bereits erwähnte Regelmässigkeit auf, indem sich die Einbiegung der halbkreisförmigen Einbuchtung an der Leeseite durch eine besondere Beständigkeit auszeichnet, während der Gesammtumriss nicht selten unregelmässig wird, vorwiegend in Folge der Unebenheit des Bodens, auf welchem die Düne lagert.[2]) Da nun die hauptsächliche Eigenthümlichkeit der Wüstendünen eben in ihrer von der Einbuchtung der Leeseite abhängenden Sichelgestalt besteht, so bin ich bei der Untersuchung der Barchane des Gouvernements Ástrachan besonders bestrebt gewesen, die Ursachen dieser Einbuchtung zu ermitteln. Das Erste, was mir auffiel, war die sehr bezeichnende Vertheilung der Sandwellenreihen, welche ja (vergl. Kap. I) als Ergebniss der Reibung der Luftströmung gegen den Sand eine zur Windrichtung senkrechte Lage annehmen. Bei aufmerksamer Betrachtung dieser Wellenreihen machte ich die Wahrnehmung, dass sie nur im mittleren Theil des Dünenkörpers — wenn man sich diesen durch zwei senkrechte Längsebenen in drei Theile, einen mittleren und zwei seitliche, getheilt denkt — die erwartete Richtung, senkrecht zu derjenigen des Windes und der Längsaxe des Hügels annahmen,[3]) während sie an den Seitentheilen des Barchans in mehr oder weniger bedeutendem Maasse gegen die Basis der Leeseite hin abgelenkt werden; demnach musste auch die Strömung in der der Düne unmittelbar

---

[1]) Der obere gewölbte Theil der Leeseite lässt sich auch als gewölbter Abhang des Dünengipfels betrachten, wobei nur der untere steil abfallende Theil als eigentliche Leeseite gelten würde. Im Verlauf unserer Darstellung werden wir demnach bei der Erwähnung der Leeseite lediglich den Steilabfall im Auge haben.

[2]) Der Grundriss der Einbuchtung der Leeseite zeichnet sich fast immer durch Deutlichkeit aus, was sich über die Umrisse der Luvseite und der Seitenabhänge, welche ziemlich sanft abfallen und ohne scharfe Grenze in die umgebende Sandfläche übergehen, nicht sagen lässt.

[3]) Natürlich nur in dem Falle, wenn die Windrichtung mit der Axe des Barchans zusammenfällt, was dann stattfindet, wenn der Barchan unter dem Einfluss des betreffenden Windes entstand. Bei meinen ersten Beobachtungen in den Sanden bei der Stanitza Durnówskaja herrschte der südöstliche Wind (Morjána), unter dessen Wirkung sich in dieser Gegend die Barchane bilden.

anliegenden Luftschicht eine Ablenkung erfahren: die Luftwellen gingen also aus einander, den gewölbten Gipfel des Barchans gewissermaassen umspülend. Die Beobachtungen an der Bewegung der Sandkörner bestätigten diese Voraussetzung vollauf. Nur in dem mittleren Theil des Barchans bewegten sich die Sandkörner genau in der Richtung des Windes, vom Fusse der Luvseite bis zur Kammhöhe, von welcher sie dann die Leeseite hinab rollten. An der Oberfläche der Seitentheile bewegten sie sich schräg, etwas abwärts, gegen die etwas hervorstehenden Flügel des Barchans hin, indem sie sowohl dem Einfluss des den Hügel umspülenden Luftstromes, als auch der eigenen Schwere gehorchten. Es ist klar, dass eine solche verstärkte Bewegung des Sandes nach den Seitenrändern des Barchans hin, in hohem Maasse zu dem Vortreten dieser letzteren beiträgt, was sich besonders gut an neu entstehenden Barchanen oder an solchen, welche in Folge des Windwechsels einer Umgestaltung unterworfen werden, verfolgen lässt, kurz, in allen den Fällen, in welchen die schroff abfallende Leeseite im Entstehen begriffen ist, indem sie zunächst einen geradlinigen Verlauf annimmt und sich erst nach und nach rundet.[1])

Bei der Besprechung der nur selten vorkommenden, sichelförmigen Stranddünen, wurde die von E. Reclus herrührende Erklärung dieser Gestalt verzeichnet (S. 91); meine Beobachtungen haben dagegen gelehrt, dass in Wirklichkeit das Vortreten der Flügel vorwiegend durch die so eben erwähnte, die Düne umspülende Luftströmung bedingt ist. Um mich von der Richtigkeit meiner Voraussetzung endgültig zu überzeugen, errichtete ich auf einer glatten und für eine ungestörte Windwirkung geeigneten Fläche senkrecht zur Windrichtung einen 0,5 m hohen und 2 bis 3 m langen Wall aus lockerem Sande. Höhe und Breite des Walles waren auf seiner ganzen Erstreckung die selben. Nach einer Windwirkung von kurzer Dauer nahm die Windseite die normale Luvseitenböschung an und es begann an ihr eine lebhafte Bewegung der Sandkörner. Im mittleren Theil des Walles bewegten sie sich in gerader Richtung gegen den Kamm

---

[1]) Wie rasch manchmal die Flügel herauswachsen, zeigen meine Beobachtungen in den Sanden der Durnówskaja Stanitza. Während einer $1^1/_2$ stündigen Beobachtung schob sich ein 2 m hoher Barchan bei mässigem Winde in seinem mittleren Theile um 12 cm, jeder der Flügel dagegen um über 20 cm vorwärts.

hin, an beiden Seitentheilen hingegen trat in Folge der entstandenen den Wall umspülenden Seitenströmungen eine schräge Bewegung ein, die weniger nach oben als seitwärts gerichtet war. Der ursprünglich geradlinige Wallkamm begann nach und nach sich zu krümmen und abzurunden, da die Vorwärtsbewegung seiner Seitentheile diejenige der Mitte übertraf. Da auf der ganzen Erstreckung des Walles in diesem Falle, wie gesagt, gleiche Höhe und Breite, also die gleiche Masse herrschte, so kann für die raschere Bewegung an den Seiten die Erklärung von Reclus nicht gelten.

Ich habe ferner, bei der Beobachtung der Windwirkung auf die Barchane, wahrgenommen, dass der den Barchan umspülende Luftstrom von beiden Seiten in die halbkreisförmige Einbuchtung einbog und kleine Wirbel erzeugte, welche die feinsten Sandkörner und den Staub aufwirbelten. — Diesen Wirbeln muss aller Wahrscheinlichkeit nach auch die vielfach zu beobachtende Biegung der Flügelspitzen nach innen zugeschrieben werden.[1] Die Gestalt und Lage der Flügel hängt wesentlich davon ab, ob der Wind in der Richtung der Längsaxe des Barchans oder etwas von der Seite her weht, da die Umgestaltung eines Dünenhügels sich zunächst an den Flügeln kundgiebt. Häufig ist der eine Flügel länger als der andere, wobei es in gewissen Gebieten stets der an derselben Seite gelegene ist, welchem die stärkere Entwickelung zukommt. Dies weist darauf hin, dass in der betreffenden Gegend ausser dem Hauptwinde noch ein anderer Wind und zwar von der Seite weht, welcher der kleinere Flügel des Barchans zugekehrt ist.[2]

Genau so, wie die Strand- und Flussdünen, erhalten auch die Festlandsdünen die grösste Regelmässigkeit bei einer mehr oder weniger lang andauernden Wirkung eines Windes aus einer Richtung. Erhebt sich hingegen ein Wind von einer an

---

[1] Ch. Helmann („Izwestija" d. kais. russ. geogr. Ges., 1891, **27**, 405) bemerkt, dass wenn er die Stange (vgl. Anm. 2 S. 108) mit dem an sie gebundenen langen Seidenfaden an der Leeseite des Barchans aufpflanzte, welche höher war, als die Stange, so wurde der Faden unregelmässig abgelenkt, ja verwickelte sich in Folge der Wirbelbewegung der Luft.

[2] Ich habe nicht gesehen, dass auf einer und derselben Fläche stets der eine Flügel aller Barchane grösser wäre, als der andere; dagegen giebt P. M. Lessar, der die Barchane der Wüste Kara-Kum sehr gründlich studirte, an, dass dort der südwestliche Flügel aller Barchane stets der längere ist.

deren oder gar der entgegengesetzten Seite, so wird die Regelmässigkeit der Form in grösserem oder geringerem Maasse gestört, obwohl, wie mehrfach bemerkt wurde, eine vollständige
Umgestaltung eines Barchans ziemlich rasch vor sich geht. Der
Grund hierfür liegt einestheils in der verhältnissmässig geringen
Masse des Barchans, anderentheils in dem Umstande, dass dank
der geringen Feuchtigkeit in den heissen Wüsten die Umschüt-
tung des Sandes rascher als an Meeresküsten stattfindet. Beim
Wechsel der Richtung des den Barchan erzeugten Windes in die
entgegengesetzte, beginnt die Umgestaltung damit, dass die dem
Windstoss nunmehr ausgesetzte eingebuchtete steile Leeseite nebst
ihren vorspringenden Flügeln nach und nach ausgeebnet wird
und an ihrer Stelle die sanft gewölbte Luvseite entsteht, während
an der ehemaligen Luvseite sich zunächst als kaum wahrnehm-
barer, geradlinig gestreckter Absatz die dann schroff abfallende,
sich nach und nach vergrössernde und abrundende Leeseite bildet.
Der untere Theil der neuen Leeseite aber behält noch lange die
der Luvseite eigene, sanft gerundete Gestalt, und zwar so lange
bis die unaufhaltsam vorrückende Schüttungsböschung die Basis
der vormaligen Luvseite überschritten und bedeckt hat.[1])

Die Sichelform der Wüstendünen ist ziemlich gemein in der
Sahara und ihre Schilderung finden wir in den Schriften vieler
französischen Forscher, wie Duveyrier, Martins, Ville, Pomel,
Rolland, namentlich aber in denjenigen von Vatonne und
Le Chatelier. In einigen Sandwüsten Central-Asiens erscheinen
die sichelförmigen Dünen vorherrschend nach den Aussagen
unserer russischen Erforscher dieser Gebiete: Fédtschenko,
Séwertzow, Barbot-de-Marny, Bogdánow, Fürst Gedroitz,
Muschkétow, Lessár, Kónschin, Óbrutschew, Helmann u. A.;
sie sind auch sehr gemein, nach Przewalski und Potánin, in
den Wüsten der südlichen Mongolei. — Eben solche Dünen beobachtete Mac·Gregor in den Wüsten des Beludjistan. Endlich

---

[1]) Ich habe öfter Barchane gesehen, deren Leeseite aus zwei deutlich abweichenden Theilen bestand: einem oberen, welchen der steile Schüttungswinkel des Sandes kennzeichnete, und einem unteren mit der sanftgerundeten
Oberfläche der ehemaligen Luvseite. Ich vermochte auch den Vorgang der
Umgestaltung der Barchane selbst zu verfolgen, dank dem Umstande, dass der
herrschende Südöst („Morjána“) nicht selten vom West- und Nordwestwinde
abgelöst wurde. Herr A. M. Nikólskij beschreibt ganz entsprechende, von
ihm an den Barchanen des Semirétschensk-Gebiets beobachtete Fälle.

finden sich gleichgestaltete Dünen in der Wüste Atacama in Chile, nach den Berichten von Meyer und Pöppig und in vielen Wüsten Nord-Amerikas nach Blake und Parry. So weit es sich nach den, meist sehr kurzen Angaben der genannten Beobachter beurtheilen lässt, ist die Gestalt dieser Dünen überall dieselbe, wie es auch zu erwarten war. Alle sprechen von einer im Grundriss eingebuchteten steilen Leeseite und einer sanft ansteigenden gewölbten Luvseite, und nur Meyen allein bezeichnet in seiner Beschreibung der „medanos" — so heissen die sichelförmigen Dünen in Chile — die steile eingebogene Böschung als dem Winde zugekehrte Seite. Da aber Pöppig über dieselben Dünen genau das Entgegengesetzte aussagt, was mit den Beschreibungen der Dünen aller anderen Länder übereinstimmt, so muss angenommen werden, dass Meyen sich dadurch irre führen liess, dass kurz vor seiner Beobachtung der herrschende Wind durch den widersinnigen abgelöst wurde, welcher noch nicht Zeit gehabt hatte, auf die Dünen in seiner Weise einzuwirken und sie umzugestalten.

Bei den Bestimmungen der Böschungswinkel der sichelförmigen Dünen stossen wir wieder auf falsche, auf Schätzungen nach dem Augenmaass beruhende Angaben. So bestimmt Middendorff den Leeseitenwinkel zu 60°,[1] Meyen giebt ihn sogar zu 75 bis 80° an,[2] und viele Beobachter weisen dieser Böschung einen grösseren Winkel zu als der dem lockeren Sande entsprechende von 36 bis 38°. Ein so grober Schätzungsfehler rührt wahrscheinlich zum Theil daher, dass die Einbuchtung der Leeseite es verhindert, diese letztere anders als von vorn zu betrachten, wobei eine Böschung stets einen steileren Anblick gewährt, während bei den Stranddünen der Grundriss das Beschauen der Seitenansicht der Leeseite, wenn auch nicht genau im Profil, wohl zulässt. — Meine eigenen Messungen mit dem bergmännischen Kompass an den Barchanen in den Sandwüsten des Gouvernements Ástrachan ergaben mir Winkel zwischen 30 und 38°. Den letzteren Werth

---

[1] A. v. Middendorff, Einblicke in das Ferghanathal, Mém. Acad. St. Petersb., 1881, (7), **29**, No. 1, S. 32, welcher den Schüttungswinkel des Sandes zu 60° bestimmt, befindet sich im Irrthum. Dieser Winkel ist in Wirklichkeit viel geringer. Nach den Versuchen von Prof. Petruschewskij beträgt der Böschungswinkel für den feinsten trockenen Quarzsand 40° 33′ und für gröberen 36° 3′ (Journ. d. russ. phys.-chem. Ges., **16**, Heft 7, russisch).

[2] Meyen, Reise um die Erde, ausgef. a. d. Kgl. preuss. Seehandlungsschiffe „Prinzess Louise", **2**, 43; 1835.

erhielt ich übrigens nur ein Mal und zwar bei so labilem Gleichgewicht des Sandes, dass die leiseste Berührung seiner Oberfläche ein unverzügliches Hinabgleiten hervorrief und die Böschung sofort flacher wurde. — Die Böschung der Luvseite, welche eine gekrümmte, vorwiegend gewölbte Oberfläche bildet, ist von Punkt zu Punkt wechselnd, meist aber nicht steil und erreicht nirgend einen Winkel von 20^0. Mit den Ergebnissen meiner Messungen stimmen die an den sichelförmigen Dünen der Sahará durch Le Chatelier,[1] Vatonne[2] und Rolland[3] ausgeführten Bestimmungen der Böschungswinkel beider Abhänge völlig überein. Nach den genannten Beobachtern übersteigt der Böschungswinkel an der Luvseite selten 10^0, an der Leeseite dagegen beträgt er 33^0 und nur ein Mal hatte Vatonne bei Ghâdamès 37^0 gemessen. Endlich bestimmte Herr A. M. Nikolskij auf Grund einer grossen Reihe von Messungen an vielen Barchanen des Semirétschensk-Gebietes die Steilheit der Leeseite zwischen 30 und 34^0, am häufigsten zu 32^0, und den Winkel der Luvseite im Mittel zu 10^0.[4]

---

[1] Le Chatelier, La mer Saharienne: Revue scientif. Janvier, 1877, [2], **12,** 656 ff.

[2] Mission de Ghâdamès. Vatonne, Études s. l. terrains et sur les eaux des pays traversés par la mission. Alger, 1863, p. 203, 313.

[3] Rolland, Sur les grandes dunes de sable du Sahara (Bull. soc. géol. de France, 1882, (3), **10,** 30) und Géologie du Sahara algérien etc., Paris 1890. Im letzteren Werk (p. 213) finden wir folgende Schilderung der sichelförmigen Dünen: „On connait la forme type de la dune de sable: un monticule dissimétrique, avec une croupe allongée et inclinée en pente douce du côté d'où vient le vent, un talus raide et légèrement concave (pente moyenne de 32^0 à 33^0) du côté opposé, et, à l'intersection des deux surfaces, une arête vive, transversale et courbée en croissant. On sait que le sable, poussé par le vent, gravit la pente antérieure, s'élève jusqu'au sommet, et de là tombe suivant le talus postérieur; c'est ainsi que, sous l'action du vent, on voit les petites dunes avancer en roulant sur elles-mêmes. Cette dune type a reçu des Arabe le nom de *sif* (pl. *siouf*), c'est-à-dire de dune en lame de sabre ou de cimeterre, à cause de la forme de son profil en long. Mais la forme des dunes perd naturellement sa netteté, quand le vent change de direction, subit des remous etc." Die von Rolland gegebenen Abbildungen einer sichelförmigen Düne im Grundriss und im Profil ähneln, trotz ihrer schematischen Ausführung, durchaus den Umrissen der Barchane Central-Asiens und der von mir in den Astrachanischen Steppen gesehenen Festlandsdünen. Dasselbe lässt sich von der Abbildung in Nachtigal's „Sahárâ und Sûdân" (**2,** 99; 1880), welche Joh. Walther (Die Denudation in der Wüste, S. 506; 1891) übernommen hat, nicht behaupten. Diese letztere Abbildung dünkt mir recht misslungen: man sieht an ihr nicht einmal die Einbuchtung der Leeseite der Düne.

[4] J. W. Muschkétow und W. Óbrutschew geben für die Leeseite 30 bis 40^0, für die Luvseite 6 bis 17^0. (Muschkétow, Turkestan, **1,** 622; 1886, russisch; Óbrutschew, Die Transkaspische Niederung, S. 103, russisch.)

Die sichelförmigen Dünen kommen durchaus nicht in allen
Sandwüsten vor, sondern nur da, wo der Wind auf eine von
Vegetation und erheblichen Bodenunebenheiten freie Sandfläche
ungehindert seine Einwirkung ausüben kann.[1]) Wie gross hierbei
der Einfluss der Vegetation ist, sah ich bei meinen Untersuchungen der Dünen des Gouvernements Ástrachan, wo vollkommen kahle Sandflächen mit solchen, die theilweise mit
Gras und Gebüsch bewachsen sind, abwechseln. Sichelförmige
Dünen wurden nur auf den ersteren angetroffen, während auf den
Vegetation führenden Sandflächen zwar viel höhere Dünen auf-
traten, niemals aber besassen sie die regelmässige Sichelgestalt,
sondern zeigten dieselbe Mannigfaltigkeit und Unregelmässigkeit
in ihrem Grundriss, wie die Strand- und Flussdünen. Einen
eben solchen Zusammenhang zwischen der Entstehung der regelmässigen Sichelgestalt und der Abwesenheit von Vegetation nahm
auch P. M. Lessar in der Sandwüste Kara-Kum wahr. In der
südöstlichen Ecke dieser Wüste, namentlich unweit der Amu-Darjá
sind die Sande vollkommen kahl und hier treten sehr regelmässig
entwickelte Barchane zahlreich auf; der übrige Theil der Wüste
weist Graswuchs und Gebüsch auf, und wenn auch in diesem Gebiet Dünen, sogar von ansehnlicher Höhe vorkommen, so sind sie
doch von mannigfaltiger und unregelmässiger Gestalt.[2]) Ausserdem trägt zur regelmässigen Ausbildung einer Düne ihre Verein-

---

[1]) Einzelne, seltene, niedrige Büsche sind der Entwickelung einer regelmässigen Gestalt nicht hinderlich, ebenso wenig wie ab und zu vorkommende
geringe Bodenunebenheiten, welche der anfänglichen Häufung des Sandes Vor-
schub leisten, später aber von der Düne gänzlich zugedeckt werden können,
ohne im Geringsten deren Regelmässigkeit zu stören. Ohne nachtheiligen Einfluss sind auf die Bildung der sichelförmigen Dünen allmählich ansteigende Erhöhungen, an deren Gehängen nicht selten diese Dünen in der regelmässigsten
Ausbildung angetroffen werden.

[2]) Lessar, Die Wüste Kara-Kum („Izwestija" d. kais. russ. geogr. Ges.,
1884, **20**, 114 und 115). — In den neuesten Arbeiten von Kónschin („Izwestija" d. kais. russ. geogr. Ges., 1886, **22**, 409) und Óbrutschew (Die Transkaspische Niederung, S. 101—118, russisch) werden bei den Dünenbildungen
des Transkaspischen Gebietes unterschieden: 1) Barchanenwüste — gänzlich
kahl mit typischen sichelförmigen Dünen bedeckt; 2) höckerige Wüste —
Dünenhügel mit Strauchgewächsen; 3) Reihenwüste — aller Wahrscheinlichkeit
nach durch Verschmelzung und Uebereinanderthürmen sichelförmiger Dünen. —
Óbrutschew ist geneigt, in den Reihendünen Sande marinen Ursprungs, in
den Barchanensanden dagegen solche dem Binnenlande und den Flüssen entstammende zu erblicken. Eine solche Gegenüberstellung ist, wie wir weiter
(in dem Anhange) sehen werden, wenig begründet.

samung bei, da sie beim Zusammenstossen mit den Nachbar-
dünen und beim Verschmelzen mit ihnen die Regelmässigkeit
ihrer Umrisse nothwendiger Weise einbüsst. Deshalb zeichnen
sich die sich über einer glatten Kies- oder thonigen Wüste erhebenden Barchane durch besondere Regelmässigkeit aus.[1] In
den mit einer mächtigen einheitlichen Schicht lockeren Sandes
bedeckten Wüsten, wo der Sand sehr lange Zeiträume hindurch der Häufung durch Wind unterworfen worden ist, haben
die sichelförmigen Dünen durch Zusammenfliessen und durch Bildung mehr oder weniger langer Ketten, ihre charakteristische
Gestalt gänzlich verloren. So finden sich in der gewaltigen
Libyschen Wüste keine sichelförmigen Dünen; sie haben die Gestalt von Kegeln, welche mit einander vereinigt, riesige Ketten
bilden. „Aus einem ebenen oder schwach wellig gekräuselten
Sandteppich,“ sagt Zittel über die Sahará, „treten in weiteren
und engeren Abständen Gruppen unregelmässig geordneter oder
häufiger zu parallelen Ketten an einander gereihter Hügel hervor.
So weit das Auge schaut, sieht es nichts als Sand; ein einziges,
unabsehbares Sandmeer, aus welchem die Dünen 50 bis 150 m
hoch, wie gewaltige versteinerte Wellen hervorragen. . . . Im Sandmeer der Libyschen Wüste, dem grossartigsten Sandgebiete der
ganzen Sahará erscheinen die Dünen meist zu förmlichen Gebirgsketten angeordnet, schon von der Ferne kenntlich an ihrer wein-
gelben Farbe und ihrem vielköpfigen Profil.“[2] Eben so wenig
erwähnt Palgrave sichelförmige Dünen bei der Beschreibung
der Grauen erregenden Sandwüsten Arabiens, wo der bis zur
Tiefe von 150 m reichende lockere Sand an der Oberfläche zu
Wällen von grosser Höhe und nordsüdlichem Verlauf aufgehäuft
ist.[3] In solchen Wüsten, wie der Libyschen, kann, nach Zittel,
eine Neubildung von Dünen nicht zu Stande kommen; der ganze
Sand wird vielmehr vom Winde fort geschoben, von den Dünen-

---

[1] Middendorff, Einblicke in das Ferghanathal, Mém. Acad. St. Petersb.,
1871, (7), **29**, No. 1, S. 36.

[2] Zittel, Beitr. z. Geol. u. Paläont. d. Libyschen Wüste, Paläontographica,
30, 1. Thl., S. X; 1883.

[3] Palgrave, Journ. of the roy. geogr. Soc., 1864, **34**, 111—154. Eine
Ausnahme bildet die Wüste Nefûd in Central-Arabien. In dieser mit grobem
nur bei starkem Winde in Bewegung kommendem, rothem Sande bedeckten
Wüste besitzen die Dünen eine Halbkreisform und heissen bei den Arabern
Fuldjes (Anne Blunt, Peterm. geogr. Mitth., 1881, **27**, 216; Joh. Walther,
Die Denudation in der Wüste, 507—509; 1891).

ketten aufgehalten und zum Wachsthum dieser letzteren verwendet, wenn nicht um sie zu erhöhen, so doch um ihren Umfang zu vergrössern.

Die Höhe der sichelförmigen Dünen ist meist nicht gross. In den Sandflächen des Gouvernements Ástrachan habe ich keine über 2,5 bis 3 m hoch gesehen.[1] In der Wüste Kara-Kum, wo die Dünen dieses Typus verbreiteter sind, übersteigt ihre Höhe auch 3 bis 4 m nicht.[2] In anderen Wüsten erreichen sie anscheinend eine grössere Höhe: so besitzen sie in der Sahará nach Vatonne bis zu 10 m, eine Höhe, die unbedeutend ist im Vergleich mit derjenigen, welche ebendaselbst die unregelmässig kegelförmigen erreichen, die 150 bis 200 m hohe Ketten bilden.[3]

Die Häufung des Sandes an irgend einem Hinderniss, z. B. unter dem Schutz eines Busches, womit, wie wir sahen, an den Meeresküsten die Dünenbildung beginnt, ist von vielen Forschern auch in Sandwüsten beobachtet worden.[4] Ich hatte in der Kaspischen Steppe, bei dem Dorf Balchuny, Gelegenheit, die allmäh-

---

[1] Eigentlich überstieg die Höhe der steilabfallenden Leeseite selten 2 m, der gewölbte Gipfel aber erhob sich noch um 1 m über dem oberen Rande der Schüttungsböschung. Recht häufig traf ich viel höhere Hügel, welche sich über den Thälern auf 10—15 m erhoben, allein diese Hügel bestanden aus vielen in mehreren Stockwerken über einander gethürmten Dünen.

[2] Lessar, Die Wüste Kara-Kum, „Izwestija" d. kais. russ. geogr. Ges., 1884, **20,** 115. Nach Óbrutschew (Die Transkaspische Niederung, S. 103, russisch) erreichen die höchsten Barchane 9—10 m Höhe.

[3] Vatonne, Mission de Ghâdamès, Alger. 1863. Nachtigal (Saharâ und Sûdân, **2,** 68; 1880) bemerkt ebenfalls, dass die beweglichen Bogendünen, von den Arabern Ghurûd genannt, selten eine Höhe von 15 m übersteigen. Nur die oben erwähnten Fuldjes Central-Arabiens weisen viel bedeutendere Höhen, über 80 m, auf. Doch weichen sie auch schon durch ihre Unbeweglichkeit (Anne Blunt, l. c., p. 215) von allen sichelförmigen Dünen ab. — K. Bogdanówitsch (Arbeiten der Tibet-Expedition in den Jahren 1889 bis 1890, geleitet von M. Pewtzów, Bd. II: Geol. Forschungen in Ost-Turkestan, St. Petersb. 1892, S. 94, russisch) berichtet, dass in den weiten Sandwüsten von Kaschgarien die Höhe der Barchane 6 m nicht übertrifft, wogegen daneben die Reihendünen, welche durch Vereinigung der Barchane entstanden, eine Höhe bis zu 90 m erreichen.

[4] Viele Erforscher der Sahará berichten über die Bildung sogenannter „Neulinge" durch Sandhäufung durch Wind um Pflanzen: „Die Wüstenpflanzen wirken, wie jeder hervorragende Gegenstand, auch auf steinigem Boden als Sandfänger und umgeben sich mit einem, in der Richtung des zuletzt herrschenden Windes verlängerten Sandhaufen, der sie allmählich verschütten würde, falls sie nicht die Fähigkeit besässen, sich aus dem Sand hervorzuarbeiten. Durch diesen Vorgang erhöhen sich diese Sandhügel immer mehr, am meisten bei der Tamariske, deren oft 3—5 m erreichenden Hügel als Neulinge der Wüsten-

liche Bildung der Barchane zu beobachten, vom Beginn der Sandhäufung an einem Dornbusch an, welcher den Hügel nicht gehindert
hat, die durchaus regelmässige Sichelgestalt anzunehmen. Während
meines, allerdings nur kurzen (dreiwöchentlichen) Aufenthaltes in
den Sandwüsten des Gouvernements Ástrachan habe ich kein
einziges Mal eine Bildung neuer Dünen auf vollkommen glatten
und vegetationsfreien Sandflächen beobachtet. — Bei Wind bedeckte sich die Sandoberfläche mit Sandwellen, welche sich allmählich in der Richtung des Windes fortbewegten; damit fand
aber der Vorgang seinen Abschluss. Und schüttete ich einen
etwa 0,5 m hohen Wall aus lockerem Sande auf, um die Ver-
biegung seines Kammes zu beobachten, so erniedrigte er sich
merklich nach Verlauf einiger Zeit, in Folge verstärkten Ab-
tragens des Sandes vom Kamme, und nach einigen Stunden wurde
er überhaupt vollkommen geebnet bis auf einige zurückgelassene
grobe Sandwellen.[1])

Bei der Besprechung der sichelförmigen Wüstendünen dürfen
die von Middendorff beschriebenen, in ihrer Form von den
hier geschilderten wesentlich abweichenden, nicht unerwähnt
bleiben. Sie besitzen nicht die Gestalt einer Sichel, sondern
eines an der Leeseite sich öffnenden Winkels, da ihre Flügel
keine sanfte Biegung annehmen, sondern geradlinig hinausragen
und sich unter einem Winkel schneiden.[2]) Middendorff hat

---

geographen, mit den Zeugen, denen sie von weitem oft gleichen, wetteifernd
eine Rolle in der Physiognomie der Wüstenlandschaft spielen" (Ascherson,
bei Walther, Die Denudation &c., S. 377.

[1]) Die Beobachtungen Kónschin's in den Sandwüsten Turkmeniens beweisen indessen die Möglichkeit der Bildung neuer Barchane auf einer glatten
Oberfläche. „Im Sommer 1881," berichtet er, „bemerkte ich beim Trocknen
der Sandfläche Babá-Chodjá die Entstehung der Barchane. Zunächst zeigten
sich auf dem feuchten Sande, an verschiedenen Stellen der ebenen Fläche,
auf welcher, wie es schien, der Thätigkeit des Windes keine Schranken gesetzt waren, Flecke, die heller waren als der umgebende Boden, etwa 2 m im
Durchmesser; unter dem Einfluss starker trockener Winde verwandelten sie
sich bald in embryonale Barchane von 1 Fuss Höhe und länglicher Gestalt,
die ihre steileren Abhänge nach der Unterwindseite kehrten. Zum Herbste
des folgenden Jahres wuchsen diese Barchane bis zur Höhe von etwa 1 m
heran, nahmen die typische Halbmondgestalt an, rückten um einige Zehner
Motor in der Richtung des herrschenden Windes vor, während sich ihnen inzwischen neue zugesellten und Theile der Sandfläche einnahmen." („Izwestija"
d. kais. russ. geogr. Ges., 1886, **22,** 411.)

[2]) Es ist bemerkenswerth, dass sonst bei keinem Autor sich Angaben
über das Vorkommen solcher eckförmiger Dünen finden. Fédtschenko,

die Entwickelung dieser eigenthümlichen Gestalten nicht beobachtet, da zu jener Zeit kein genügend starker Wind herrschte; nach den Zeichnungen und den ziemlich ausführlichen Beschreibungen zu urtheilen, dürfte indessen in erster Linie die Vermuthung Platz greifen, dass hier Zungenhügel in grossem Maassstabe vorlagen, die durch Einwirkung zweier verschieden gerichteten Winde an irgend einem Höcker oder einem sonstigen unbeweglichen Gegenstande entstanden. Zu dieser Vermuthung wird man theilweise durch die vielfach sich wiederholende Angabe Middendorff's hingeleitet, dass er im Inneren der Dünen einen festen Kern fand, um welchen herum „die Dünen aufgewirbelt und kaleidoskopisch aufgeschüttet werden".[1]) Solche grossen Zungenhügel finden sich auch in anderen Sandwüsten, z. B. in Aegypten unter dem Schutz der Pyramiden, Obelisken u. dgl. m. und sind in der That in der Richtung des Windes geradlinig gestreckt, wobei sie mit der Entfernung vom schützenden Gegenstande schmaler und niedriger werden. Bei häufigem Wechsel zweier herrschenden, mit einander einen gewissen Winkel einschliessenden Windrichtungen ist unter dem Schutz eines gleichfalls mit angewehtem Sande bedeckten Höckers das Auftreten zweier unter demselben Winkel, wie die beiden Winde auseinander gehenden Zungenhügel, wohl möglich. Middendorff aber nimmt an, dass in Folge des Widerstandes, welchen die zu einer Kuppe aufgehäuften Sandmassen dem Winde entgegensetzen, dieser selbst nach beiden Seiten beiläufig unter einem Winkel von 185^0 abgelenkt wird und in dieser, nach der Zeichnung geradlinigen Richtung zungenförmige Fortsätze aufschüttet.[2])

Eine solche Erklärung ist nicht annehmbar, da die an der Luvseite der Düne entstehenden Seitenströmungen keinen geradlinigen Verlauf haben, sondern eine Kurve beschreiben, den Sandhügel umspülen, welcher, da er aus lockerem, beweglichem Sande besteht, jene bemerkenswerthen regelmässigen gerundeten Umrisse und die gefällige, die sichelförmigen Dünen kennzeichnende Biegung an der Leeseite erhält.

---

welcher die Dünen des Ferghanathals ebenfalls gesehen hat, schreibt ihnen eine hufeisenähnliche Gestalt zu.

[1]) Middendorff, l. c., S. 43, auch 36, 40, 42 und 48.

[2]) Middendorff, l. c., S. 34.

XII.

Wie an der Meeresküste und in den Flussthälern stossen auch die anfänglich regellos zerstreuten Wüstendünen bei ihrer Vermehrung, ihrem Wachsthum und ihrer Fortbewegung mit den benachbarten zusammen, verschmelzen mit ihnen und gruppiren sich zu Ketten von verschiedener Gestalt und Richtung. Oft vereinigen sie sich mit ihren Seiten und bilden in diesem Falle eine mehr oder weniger lange, zu der Windrichtung senkrecht gelagerte Welle. Oft holen einige Dünen die anderen ein und bilden dann einen in der Richtung des Windes verlängerten Hügel. Ausser diesen kommen natürlich auch andere Arten der Gruppirung vor. Die sichelförmigen Einzeldünen, welche zu Bestandtheilen eines solchen Hügels geworden sind, büssen nach und nach ihre charakteristische Gestalt ein, um dann unter den neuen Umrissen gänzlich zu verschwinden. Von diesem Zeitpunkte ab tritt der Hügel mit seinen vom Winde veranlassten neuen Umrissen als selbständige Düne auf. Die neugebildeten Reihendünen haben nicht im Entferntesten die Regelmässigkeit der sichelförmigen; sie erinnern vielmehr in ihrer Gestalt an die Strand- oder Flussdünen. Die Längsrichtung der Reihendünen kann, wie schon bemerkt wurde, eine sehr verschiedene sein, nicht nur deswegen, weil die Verschmelzung der Einzeldünen in verschiedenen Richtungen stattfindet, sondern auch weil die Gestaltung des Bodens, auf welchem der Sand ruht, sich häuft und vom Winde bewegt wird, unzweifel-

haft in der Vertheilung der Dünenketten ihren Einfluss bekundet.[1]
Uebrigens tritt bei all' der Mannigfaltigkeit in der Richtung der
Ketten der Wüstendünen, ein Vorwalten irgend einer dieser Rich-
tungen in den meisten Fällen deutlich hervor. So ziehen sich in
der Libyschen Wüste die Dünenketten vorwiegend von NNW nach
SSO, in der westlichen Sahará dagegen ist nach der Aussage von
Lenz die herrschende Richtung NNO—SSW. — In den Arabischen
Wüsten Nefú, Dahná beobachtete Palgrave ausschliesslich die
meridionale Richtung, was er nicht der Windrichtung oder dem
Einfluss der unter der Sandschicht verborgenen Bodengestaltung
zuschreibt, sondern auf die Umdrehung der Erde um ihre Axe
zurückführt. Endlich herrscht in der Wüste Kara-Kum ebenfalls
die NS-Richtung der Dünenketten, obwohl stellenweise eine sehr
verwickelte Vertheilung vorkommt.[2]

Jedenfalls kann nach dem Vorstehenden die Richtung der
Dünnenketten nicht immer als Kennzeichen für diejenige der

---

[1] Zittel findet den Zusammenhang zwischen der Lage der Dünenketten
und der Bodengestaltung der Libyschen Wüste sehr denkbar. Er äussert sich
darüber wie folgt: „Möglicherweise steht die Richtung und Vertheilung der
Dünen auch in einer gewissen Beziehung zur Configuration des Bodens. Bei
Betrachtung der wirr durcheinander geschobenen Sandberge südlich von Siuah
und vom Sittrah-See gewinnt man unwillkürlich die Ueberzeugung, dass eigenthümliche Hindernisse (vielleicht beckenförmige Vertiefungen?) die regelmässige
Kettenbildung der Dünen gestört haben. Freilich ruft andererseits in der
Plateauwüste die übereinstimmende Richtung der Uâdi's und der Erosions-
ränder mit jener der Dünen die Vermuthung wach, es möchte irgend eine in
dieser Richtung verlaufende Unebenheit des Bodens die erste Veranlassung zur
Dünenbildung gegeben haben." Beitr. z. Geol. u. Paläont. d. Lybischen Wüste,
Paläontographica, **30**, 1. Thl., S. CXL; 1883. — Nach der Karte, welche Lenz
seinem „Bericht über meine Reise von Tanger nach Timbuktu &c." (Zeitschr.
d. Ges. f. Erdk., Berlin 1881, **16**, Taf. XI) beigegeben hat, zu urtheilen, ergiebt
sich in der westlichen Sahará eine auffallende Uebereinstimmung in der Richtung der verschiedenen Unebenheiten des Bodens, wie Bergketten, Uâdi's u. s. w.,
mit derjenigen der Dünen. — Endlich finden wir bei Rolland zahlreiche Beweise einer strengen Abhängigkeit der Vertheilung der Dünen in der Sahará
von der Bodengestalt, was namentlich in dem westlichen Erg-Gebiet, bei El-
Golea, Ued-Sidi-Hamed, Ued-Zirara u. a. deutlich hervortritt. Im östlichen
Erg, wo die Gegend ebener, die Mächtigkeit der Sande aber grösser ist,
kommt die Oberflächengestalt weniger, stellenweise auch gar nicht zur Geltung, so dass dort der Wind allein die Richtung der Dünenketten bestimmt.
Rolland sagt: „Il y a relation directe ou indirecte entre les chaînes des
grandes dunes et le relief du sol, et c'est le relief qui est la cause première
de l'amoncellement des sables en certaint endroits déterminés." Géologie du
Sahara algérien, Paris 1890, p. 228.

[2] Lessar, Die Wüste Kara-Kum. „Izwestija" d. kais. russ. geogr. Ges.,
1884, **20.**

herrschenden Winde in einer gegebenen Gegend in Anspruch genommen werden. Hierzu dürfen die einzelnen Dünen mit deutlich abweichender Luv- und Leeseite verwerthet werden. Ihrem Aeusseren
nach unterscheiden sich, wie gesagt, diese Dünenketten der Wüsten
in Nichts von denjenigen der Seeküsten, was auch zu der irrthüm-
lichen Vorstellung über ihre Bildung an den Küsten verschwun-
dener Meere Anlass gegeben hat. Wir sehen auch hier das viel-
kuppige Längsprofil der Kette und die Dissimetrie der Gehänge in
ihrem Querprofil.[1]) „Les monticules de sable,“ sagt Rolland,[2])
„affectent les mêmes formes extérieures, les mêmes modes d'orien-
tation et de groupement que sur nos côtes, et l'on peut dire que
les dunes de Gascogne donnent une image, pâle et réduite, il est
vrai, des grandes dunes du Sahara.“ Der Sand bedeckt gewöhnlich nicht die ganze von den Dünen eingenommene Fläche. „En
réalité,“ heisst es an einer anderen Stelle,[3]) „là où des voyageurs
ont passé, ils ont constaté que les grandes dunes comprennent
des chaînes allongées et distinctes, entre lesquelles apparaît souvent
le terrain sousjacent. Ces chaînes ont quelques kilomètres de largeur;
elles offrent des pics, des cols, etc.; çà et là, leurs ramifications
barrent les vallées intermédiaires. Les sables forment ainsi des
sortes de massifs montagneux, fort accidentés, dont la hauteur peut
atteindre 150 à 200 mètres au maximum.“ Derselbe Forscher beschreibt den Eindruck, welchen die Dünen hervorrufen, wie folgt:[4])
„Celui qui traverse une grande chaîne de dunes se croit au milieu
d'un dédale inextricable, mais s'il gravit une cime élevée, il est
dédomagé de ses fatigues par le spectacle grandiose auquel il
assiste: les dunes qui l'entourent de toutes parts, ressemblent,
surtout quand elles sont bien orientées parallèlement, aux lames
de l'Océan s'élevant les unes derrière les autres jusqu'aux limites
de l'horizon; c'est comme une mer de sable, soulevée par un vent
furieux, puis tout à coup solidifiée.“

Vollkommen den gleichen Charakter besitzen nach Zittel,

---

[1]) Die grosse Aehnlichkeit der Umrisse der grossen Dünen der Sahará
mit denjenigen der Stranddünen fiel mir beim Betrachten der Rundansicht des
Erg auf, welche dem Werke von Duveyrier (Exploration du Sahara, 1, pl. III,
1864) beigegeben ist.

[2]) Rolland, Sur les grandes dunes de sable du Sahara, Bull. soc. géol.
de France, 1882, (3), 10, 32.

[3]) Ebenda, S. 31.

[4]) Ebenda, S. 33.

wie wir sahen (S. 173), die Dünen der grossen Libyschen Wüste, wo sie ebenfalls „meist zu förmlichen Gebirgsketten angeordnet erscheinen".

Ihrer Höhe nach übertreffen die Wüstendünen, wenigstens diejenigen der Sahará, bei Weitem die Stranddünen und erreichen oft eine für Windbildungen in der That erstaunliche Höhe von 200 m. Freilich besitzen eine solche Höhe nur die zu Ketten vereinigten, während die gesondert auftretenden, nach Rolland, meist 20 m nicht übersteigen und nur in Ausnahmefällen sich bis 70 m und sogar etwas mehr erheben.[1] Die regelmässig sichelförmigen Dünen erreichen (wie im vorigen Kapitel berichtet wurde) selten eine Höhe von 10 m; öfter schwankt diese letztere zwischen 2 und 5 m.

Wie an den Meeresküsten, so auch in den Wüsten, erniedrigen heftige Winde die Dünen. Jordan beobachtete in der Libyschen Wüste nach einem starken Sturm eine Erniedrigung des Kammes einer Düne um 22 cm und nach einem $1^1/_2$ tägigen Wehen des Samum um 1 m.[2] Es steht ausser Zweifel, dass es auch bei Wüstendünen eine Grenzhöhe giebt, über welche hinaus sie nicht zu wachsen vermögen, wie unerschöpflich der Sandvorrath, der zu ihrem Unterhalt dient, auch sein möge.

Ueber die Bewegung der Wüstendünen liegen nicht nur keine so genauen Angaben vor, wie über diejenige der Stranddünen, sondern es besteht sogar eine Meinungsverschiedenheit darüber, ob sich die grossen Wüstendünen überhaupt bewegen.[3] Einerseits giebt es zahlreiche Hinweise auf eine unzweifelhafte Beweglichkeit nicht nur der Dünenketten, sondern ganzer Sandgebiete: viele Sahará-Reisende berichten über ein allmähliches Vorrücken der Sande gegen die Oasen, welche, wie z. B. Dachēl, Chargeh, Schritt für Schritt ihren Kulturboden einbüssen. Lenz sagt aus, dass in

---

[1] So besitzt der südlich von El-Golea befindliche Sandkegel Guern El Chouff 70 m Höhe und die daneben sich erhebende Düne Guern Abd el Kader scheint noch höher zu sein. Rolland, Sur les grandes dunes de sable du Sahara. Bull. soc. geol. de France, 1882, (3), **10**, 33.

[2] Jordan, Phys. Geogr. u. Meteorolog. d. Libyschen Wüste, S. 206; 1876. In Central-Asien wurde sogar eine vollkommene Abtragung durch sehr starke Stürme beobachtet. (Kónschin, „Iswestija" d. kais. russ. geogr. Ges., 1886, **22,** 410.)

[3] An der Beweglichkeit der kleinen, sichelförmigen Dünen ist meines Wissens von keiner Seite ernstlich gezweifelt worden.

der westlichen Sahará die Dünenketten ihre Lage und Gestalt in solchem Maasse verändern, dass selbst erfahrene Führer oft mit Mühe den Weg wiederfinden. In dem Erggebiet von Süd-Algier hat Rolland eine, wenn auch langsame, dennoch ständige Verschiebung der Dünen nach Südost festgestellt. Es ist sogar eine Verschiebung der Dünen nach einem heftigen Sturm beobachtet worden. So fand Jordan während der Rohlfs'schen Expedition nach der Libyschen Wüste, den Kamm einer Dünenkette nach einem starken westlichen Sturme um 85 cm nach Ost verschoben. Ebenso fehlt es nicht an Zeugnissen über ein allmähliches Vorrücken des Sandes nach den Kulturgegenden Central-Asiens und der Mongolei. Fédtschenko,[1]), Choróschchin, Middendorff[2]) erwähnen eine merkliche Bewegung der Sande im Ferghana-Thal, welche nicht nur Kulturboden, sondern auch Ansiedelungen verschütten. Kuhn,[3]) Sóbolew,[4]) Lessar[5]) sprechen von Sandverwehungen und von der Bewegung der Barchane im Amu-Darjá-Gebiet, in Buchará und in Turkmenien.[6]) Die Expedition von Forsyth[7]) hat erwiesen, dass die Dünen des Tarimbeckens ausgedehnte Kulturflächen, ja sogar ganze Städte zuschütten. Przewalski[8]) berichtet über eine durch Sand verschüttete Stadt im Lande Ordós, in der südlichen Mongolei u. s. w. Ich selbst hatte oft genug Gelegenheit, die Bewegung der sichelförmigen Dünen in den Sanden des Gouvernements Ástrachan zu beobachten, wobei ich feststellen konnte, dass sie bei gleicher Windstärke etwas rascher vor sich geht, als die der Stranddünen, wahrscheinlich wegen der grösseren Trockenheit des Windes und des Sandes.

Von der anderen Seite werden zahlreiche Thatsachen, welche

[1]) Fédtschenko, Reise nach dem Turkestan, **1** (russisch).

[2]) Middendorff, Einblicke in das Ferghanathal, S, 38.

[3]) Kuhn, „Russische Revue", 1874, **4,** 58 ff.

[4]) Sóbolew, „Izwestija" d. kais. russ. geogr. Ges., 1873.

[5]) Lessar, Die Wüste Kara-Kum, „Izwestija" d. kais. russ. geogr. Ges., 1884, **20.**

[6]) In letzterer Zeit hat sich, dank den während des Baues der Transkaspischen Bahn ausgeführten sorgfältigeren Beobachtungen über die Bewegung der Barchane, ein ziemlich reiches Material in Betreff der Geschwindigkeit und Richtung der Bewegung dieser Dünen angesammelt. Diejenigen Angaben, welche am Meisten Beachtung verdienen, werden am Schlusse in einem besonderen Anhange angeführt werden.

[7]) Forsyth, Report of a mission to Yarkund in 1873, Calcutta 1875, p. 28.

[8]) Przewalski, Reise nach der Mongolei und dem Lande der Tanguten, 1875 (russisch).

die fast völlige Unbeweglichkeit der Dünen erhärten, vorgebracht. „Die grossen Dünengebiete," sagt Zittel, „haben seit Menschengedenken ihren Platz nicht verändert, ihre Hauptketten, ihre Gipfel tragen Namen, zwischen ihnen giebt es Brunnen, auf welche der Wüstenreisende mit Sicherheit rechnen darf; ja im Sûf liegen sogar Oasen in trichterförmigen Vertiefungen mitten im Sandgebiet, ohne verschüttet zu werden."[1]) Und folgendermaassen spricht sich Rolland aus: „Si paradoxale que paraisse cette proposition, les grandes dunes ne sont pas mobiles sous l'action du vent qui les a formées. Le vent ne détruit d'un souffle les monuments qu'il a mis tant de siècles à édifier grain par grain. L'ouragan le plus violent, au milieu des grandes dunes les fait fumer, mais ne les remue que sur une bien faible épaisseur. Le spectacle est effrayant, l'impression des plus pénibles, le danger réel; les sables obscurcissent l'air et cinglent le visage; ils remplissent les yeux, la bouche, les oreilles; ils altèrent le gosier et dessèchent les peaux de bouc des caravanes indigènes, menacées de périr de soif. Mais quand le calme renaît, ou retrouve les choses en l'état, et les mêmes hauteurs aux mêmes places."[2]) In Betreff der Barchane Central-Asiens finden sich bei Middendorff vielfach Angaben über ihre Unbeweglichkeit.

Wie erklärt sich nun dieser Widerspruch in den Angaben? Zunächst darf als feststehend betrachtet werden, dass in den Sandwüsten zwei einander sehr ähnliche, oft nach ihrem Aeusseren nicht unterscheidbare, ihrem Bau, sowie ihrer Entstehung nach aber scharf aus einander zu haltende Typen von Dünen vorhanden sind. Die einen bildeten sich auf dem Wege der Sandhäufung durch Wind, d. h. in derselben Weise wie Stranddünen — dies sind bewegliche Dünen — und Vatonne schlägt vor, sie als Häufungsdünen zu bezeichnen. Die des anderen Typus enthalten im Inneren einen festen Hügel, bestehend aus Sedimenten verschiedenen geologischen Alters und sind nur äusserlich von einer mehr oder weniger dicken Hülle durch Wind aufbereiteten Sandes bedeckt, welcher meist an Ort und Stelle entstand, durch die Zerstörung des sandhaltigen Hügelkernes unter der Einwirkung der Atmosphäre. Die

---

[1]) Zittel, Beitr. z. Geol. u. Paläont. d. Libyschen Wüste, Paläontographica, **30,** 1. Thl., S. CXXXIX; 1883.

[2]) Rolland, Sur les grandes dunes de sable du Sahara, Bull. soc. géol. de France, 1882, (3), **10,** 45.

Hügel selbst verdanken ihre Entstehung einem seitlichen Drucke
und stellen eine antiklinale Falte dar, oder erscheinen als eine Folge
der Erosion (Denudation), welche die zwischenliegenden Massen
abgetragen hat. Vatonne beobachtete solche Hügel in der Tripolitanischen Sahará bei Ghâdamēs, wo sie aus Kreide-Mergeln
und -Sandsteinen bestehen, welche nahezu horizontal gelagert sind,
so dass dieselben Schichten in allen Hügeln nahezu in derselben
Höhe anzutreffen sind. Le Chatelier, Ville, Pomel fanden ähnliche Hügel bestehend aus Quartärablagerungen in Süd-Algier. Die
Beobachtungen von Vatonne sind sehr eingehend; er verfolgte die
allmähliche Bedeckung der Hügel mit Sand, von solchen, die eben
erst eine dünne Sanddecke erhalten hatten, bis zu solchen, deren
Oberfläche bereits vollkommen von Sand umhüllt war.[1]) Diese
Dünen, welche eigentlich Ruinen früherer Erhebungen darstellen,
schlägt Vatonne vor Zerstörungsdünen zu benennen. Im Gegensatz zu den Häufungsdünen sind sie unbeweglich: der Wind vermag nur die Umrisse ihrer beweglichen äusseren Hülle einigermaassen zu verändern. Es ist höcht wahrscheinlich, dass auch in
allen anderen Wüsten solche Hügel vorkommen, deren Hülle allein
äolischen Ursprunges ist. Middendorff macht z. B. vielfach Angaben über das Vorhandensein fester Kerne in den Dünen des
Ferghana-Gebietes, an deren Oberfläche „der Flugsand gewissermaassen aufgegossen" ist.[2])

Aber auch die echten, durchweg aus angewehtem Sande bestehenden Dünen müssen, sobald sie eine so bedeutende Höhe
erreicht haben, wie sie z. B. diejenigen der Libyschen Wüste besitzen, sich nur noch sehr langsam fortbewegen können. „Um
eine Dünenkette von 100 bis 150 m Höhe und 1 bis 2 Kilometer
Durchmesser nur um einen Fuss zu verschieben," schreibt Zittel,
„bedarf es sicherlich enorm langer Zeiträume."[3])

<hr>

[1]) Mission de Ghâdamès, Alger 1863, Vatonne, Études sur les terrains
et les eaux des pays traversés.

[2]) Middendorff, Einblicke in das Ferghanathal. K. Bogdanówitsch
(Geol. Forschungen in Ost-Turkestan, 1892, S. 100) weist auf die Möglichkeit der Bildung unbeweglicher Sandhügel durch Sandhäufung unter dem
Schutz von Gebüschen hin. „In Folge raschen Wachsthums eines Busches,
z. B. der Tamariske, erreicht ein sich an ihm bildender Zungenhügel ein bedeutendes Maass, ohne die Gestalt eines Barchans anzunehmen; der Sand wird
befestigt, bevor er die Pflanze ersticken kann." Solche Sandbildungen nennt
Bogdanówitsch „Done".

[3]) Zittel, Beitr. z. Geol. u. Paläont. d. Libyschen Wüste, Paläontographica,

Ganz anders verhält es sich mit den kleinen sichelförmigen Dünen: sie bewegen sich verhältnissmässig rasch. Ich beobachtete die Verschiebung eines 2 m hohen Barchans, dessen Kamm in wenigen Stunden um 1 m verrückt wurde. Rolland machte ebenfalls die Beobachtung, dass kleinere Dünen unter 10 m Höhe vom Sturme um mehrere Meter verschoben wurden. Eine noch grössere Bewegungsgeschwindigkeit kleiner Dünen wurde in Central-Asien festgestellt.[1]

Abgesehen von dem Unterschiede in der Masse, kann die unverhältnissmässig langsamere Bewegung der grösseren Dünen zum Theil auch davon abhängen, dass in einer stark zerschnittenen Gegend, wie diejenigen immer sind, welche von grossen Dünen eingenommen werden, wo 150 bis 200 m hohe Hügel mit tiefen Thälern und Schluchten abwechseln, der Wind, in Folge beständiger Ablenkungen von seiner Richtung, bedeutend geschwächt und seine Einwirkung auf die Sandoberfläche erheblich geringer werden muss, als auf Sandebenen, deren horizontale glatte Fläche durch die niedrigen sichelförmigen Dünen wenig beeinflusst wird.

Ausserdem ist, bei der Beurtheilung der Frage über die Bewegung der Wüstendünen, stets im Auge zu behalten, dass es in den Wüsten kein so ausschliessliches Vorherrschen irgend eines Windes nach Stärke und Dauer giebt, wie es an Meeresküsten dem Seewinde zukommt. In der Libyschen Wüste scheint allerdings der Nordwest der häufigste Wind zu sein, allein aus den vorliegenden meteorologischen Angaben ist es ersichtlich, dass auch Süd- und Südwestwinde nicht selten sind und oft eine recht bedeutende Stärke erreichen.[2] Le Chatelier behauptet sogar, dass die Dünen der algierischen Sahará beständig hin und her

---

30, 1. Thl., S. CXXXIX; 1883. Auch Rolland erkennt an, dass die grossen Dünen der Sahará eine, wenn auch recht langsame, Bewegung besitzen: „Les grandes dunes marchent, elles s'élèvent, elles s'étendent. Leur progression n'est pas, en général du moins, notable dans la durée d'une génération; mais elle n'en est pas moins continue. . . Les grandes dunes ne sont pas, à proprement parler, mobiles, mais elles présentent une progression lente suivant la résultante mécanique des vents" (Géol. du Sahara Algérien, Paris 1890, p. 228).

[1] Nach den genauen Beobachtungen von Kónschin („Izwestija" d. kais. russ. geogr. Ges., 1886, 22, 413—315) erreicht die Geschwindigkeit des Vorrückens der sichelförmigen Dünen beinahe 20 m in 24 Stunden. Ausführliches cf. im Anhange.

[2] Alles bisher bekannt gewordene über die Winde in der östlichen Sahará wird von Jordan (Physische Geogr. u. Meteorol. der Libyschen Wüste, S. 147 bis 150; 1876) aufgeführt.

wandern, indem sie bald dem im Winter herrschenden Nordwestwinde, bald dem im Sommer überwiegenden Südostwinde folgen.[1]
Ebenso herrschen in den Steppen an der Amu-Darjá nordöstliche Winde vor und damit steht auch die südwestliche Richtung
der halbkreisförmigen Einbiegung der sichelförmigen Dünen in
voller Uebereinstimmung. Nach den in Nukus angestellten meteorologischen Beobachtungen kommen aber nicht selten auch
anders gerichtete, namentlich südöstliche und westliche Winde vor,
wodurch die Bewegung des Sandes nach Südwest in hohem Maasse
gehemmt werden muss.[2] Nur in solchen Gebieten, in welchen
die topographischen Verhältnisse einem gewissen Winde die Oberhand gewähren, kann eine dauernde und rasche Bewegung der
Dünen in einer und derselben Richtung stattfinden.

In seiner Arbeit „Die Denudation in der Wüste" kommt Joh.
Walther bei der Besprechung der Bewegung der Wüstendünen zu
folgendem Schlusse: „So lange die Bedingungen, welche eine Düne
bildeten (Bodengestalt, Windrichtung, Windstärke, Sandzufuhr) dieselben bleiben, so lange beharrt die Düne an ihrer Ursprungs-
stelle; sobald sich eine dieser Bedingungen verändert, verändert
sich und wandert die Düne."[3] Diese Schlussfolgerung wäre nur
in dem Falle richtig, wenn die von Aussen der Dünen-Luvseite
zugeführte Sandmenge im Ueberschuss über diejenige wäre, welche
der Wind nach der Leeseite hinüberträgt.[4] Directe Beobachtungen
erweisen indessen durchaus Abweichendes. Die Versuche von Ch.
Helmann an den kleinen sichelförmigen Dünen der Wüste von
Chiwá beweisen, dass ein erheblicher Theil des vom Winde getragenen Sandes an der Luvseite der Dünen nicht aufgehalten
wird, sondern weiter eilt, sich in der Zone der Windstille, an der
Leeseite niederschlägt und die Menge jenes Sandes vermehrt,

---

[1] H. Le Chatelier, La mer Saharienne. Revue scientif., 1877, [2],
12, 656 ff.

[2] Óbrutschew (Die Transkaspische Niederung, S. 104, russisch) berichtet, dass in den Sandwüsten des Transkaspischen Gebiets im Sommer, d. h.
von April bis November, Winde von N und NW her herrschen, im Winter
hingegen von S und SO her. Dementsprechend ändert sich zweimal im Jahre
die Bewegungsrichtung der Dünen (Barchane).

[3] Abh. kgl. sächs. Ges. d. Wiss., 1891, **27** = d. math.-phys. Cl., **16,** 516.

[4] Ist die Sandzufuhr von Aussen nur derjenigen Menge gleich, welche
von der Luvseite auf die Leeseite hinübergetragen wird, so wird zwar die Luvseite unverrückt bleiben, die Leeseite jedoch vorrücken und mit ihr zugleich,
obwohl langsam, in der Richtung des Windes auch der Dünenkamm.

welcher dahin durch Hinüberwehen von der Luvseite her gelangt. Durch diesen Umstand, im Verein mit dem geringen Volumen der sichelförmigen Dünen, erklärt sich das rasche Vorrücken dieser letzteren, wie es gegenwärtig durch zahlreiche Beobachtungen in den Wüsten Asiens und Afrikas festgestellt ist. Und würde selbst von den grossen Wüstendünen aller von Aussen zugeführte Sand an der Luvseite aufgehalten werden, so würde diese Menge dennoch kaum im Stande sein, diejenige zu ersetzen, welche der Wind von der Luvseite her abträgt; denn zu einer kräftigen Einwirkung des Windes auf die ihm zugekehrte Dünenfläche trägt sowohl die geneigte Lage dieser letzteren, als auch die Zunahme der Windstärke mit der Erhebung über dem Boden bei. Jedenfalls ist es nicht die Stetigkeit, sondern umgekehrt die Veränderlichkeit der Windrichtung, welche, in Verbindung mit dem bedeutenden Volumen der grossen Dünen der Wüsten, als Ursache der Langsamkeit ihres Vorrückens im Vergleich mit demjenigen der Stranddünen gelten muss. Von diesen letzteren stehen diejenigen der Gascogne und der Kurischen Nehrung den grossen Wüstendünen in ihrem Volumen kaum nach, sie befinden sich aber unter stark überwiegenden, ja fast alleinigem Einfluss der Seewinde.[1]

Die Sandwüsten entbehren durchaus nicht gänzlich des Wassers und des Pflanzenwuchses. Selbst mitten in der Sahará, wenigstens der nordwestlichen, sind Brunnen nicht selten. Laurent hat selbst in den trichterförmigen Vertiefungen der Dünengipfel mehrfach Wasser vorgefunden.[2] Die Feuchtigkeit tieferer Sandschichten der Dünen anderer Gebiete wird ebenfalls von vielen Beobachtern erwähnt. Eversmann[3] berichtet über den Wasserreichthum des Sandes der Kirghisen-Steppen (Bolschój und Mályj Barsúk, Karakúsch, Kil u. A.). Middendorff fand in der Wüste

---

[1] Ch. Helmann, „Izwestija" d. kais. russ. geogr. Ges., 1891, 27, 403, 414. Vgl. auch den Anhang.

[2] Laurent, Mémoire sur le Sahara, p. 12. Ueber das Wasser in der mittleren, Tripolitanischen Sahará macht Rohlfs nach Lyons folgende Angaben: „Die Brunnen in der Wüste werden gewöhnlich in den Uadis oder im sandigen Land gefunden, und in allen diesen fand ich stets das Wasser faul und salzig; aber die Fäulniss verminderte sich, nachdem man eine gewisse Menge herausgezogen hatte. Einige Brunnen haben höchstens ein für fünf bis sechs Pferde genügendes Quantum Wasser, und es dauert lange, ehe sie sich wieder füllen" (Rohlfs, Woher kommt das Wasser in den Oasen der Sahara? Zeitschr. d. Ges. f. Erdk., 1893, 28, 302).

[3] Eversmann, Naturgeschichte des Orenburgischen Landes, S. 83.

Kara-Kum unter einigen Zoll Flugsand stets „nassen, backenden Sand“.[1]) Ebenso hatte ich in den Kaspischen Steppen nicht selten Gelegenheit, bei den vom Winde zerstörten Dünen, in den aufgeschlossenen inneren Theilen kompakten und ganz feuchten Sand zu sehen. Manchmal finden sich mitten in Dünenwüsten in Bodeneinsenkungen sogar kleine Seen und Sümpfe, und Wasser ist fast durchweg in geringer Tiefe vorhanden.[2]) Dank dieser Feuchtigkeit des Sandes bedecken sich nicht nur die Bodeneinsenkungen, sondern auch Sandhügel oft mit Gras und Gebüsch. In den Kaspischen Steppen, wie auch in den Wüsten Turkestans ist ein ansehnlicher, ja der grösste Theil der Sandflächen mit einer allerdings wenig dichten Vegetation bedeckt.[3]) In den grossen Wüstengebieten der Saharà scheint dies nicht der Fall zu sein. Wenigstens schildert Zittel[4]) die gewaltige Libysche Wüste als des Pflanzen- und Thierlebens völlig entbehrend. In der nordwestlichen Saharà liegen dagegen die besten Weideplätze hauptsächlich im Dünengebiete, und in Algier besitzen nach Le Chatelier selbst die beweglichen sichelförmigen Dünen nicht selten eine Pflanzendecke. Die Bewachsung der Dünen hat stets eine Einbusse der strengen Regelmässigkeit ihrer Gestalt zur Folge und ist häufig von einem erheblichen Höhenwachsthum begleitet. Ich habe wenigstens in Sandgebieten, welche theilweise mit Gras und Gebüsch bewachsen

---

[1]) Middendorff, Einblicke in das Ferghanathal, Mém. Acad. St. Petersb., 1881, (7), **29**, No. 1, S. 43.

[2]) Ich fand im Gouvernement Àstrachan öfter kleine Seen inmitten völlig kahler Sandebenen. Auf diesen von saftigem Grün umrandeten blauen Flächen ruht mit Wohlgefallen der von der Eintönigkeit der unbegrenzten gelbgrauen Sandebene ermüdete Blick.

[3]) Die östlich vom Aralsee gelegene Wüste Kara-Kum ist zum grössten Theil mit Vegetation bedeckt (Middendorff, Einblicke in das Ferghanathal, Mém. Acad. St. Petersb., 1881, (7), **29**, No. 1, S. 48). Auch im anderen Kara-Kum, zwischen dem Kaspischen Meere und der Amu-Darjà bilden vollkommen kahle Sandflächen einen verhältnissmässig geringen Theil des Gesammtareals der Sandwüste (Lessar, Die Wüste Kara-Kum, „Izwestija“ d. kais. geogr. Ges., 1884, **20**, 135). Die allmähliche Bewachsung der Dünensande des Transkaspischen Gebiets mit Gras oder Gebüsch, da wo der Mensch nicht hindernd einwirkt, bezeugen alle jüngsten Erforscher dieser Gegend. Ausführliches vgl. im Anhange.

[4]) „Im grossen Sandmeer der Libyschen Wüste hört das vegetabilische und animalische Leben fast vollständig auf. Man kann tagelang wandern, ohne ein dürftiges Wüstengewächs zu erblicken, ohne den Ruf eines Vogels oder das Summen eines Insektes zu vernehmen“ (Beitr. z. Geol. u. Paläont. d. Libyschen Wüste, Paläontographica, **30**, 1. Thl., S. XI; 1883).

waren, stets höhere Dünen angetroffen, als auf kahlen Sandflächen, auf welchen die Dünen die Sichelgestalt besitzen. Dieselbe Beobachtung machte auch Lessar in der Wüste Kara-Kum.

Der innere Bau der Festlandsdünen weist oft dieselbe Schichtung auf, welche für äolische Bildungen charakteristisch und auch den Strand- und Flussdünen eigen ist. Ich selbst habe an den Kaspischen Dünen eine ausgesprochene Schichtung nicht gesehen, hauptsächlich in Folge der Gleichartigkeit des dort die Dünen zusammensetzenden Sandes; in den Sahará-Dünen hingegen, wo die Sandkorngrösse zwischen 0,25 und 2 mm im Durchmesser schwankt, haben viele Beobachter ein Wechsellagern gröberen und feineren Sandes, sanft gebogene und sich durchkreuzende Schichten wahrgenommen. Ausser der auf verschiedener Korngrösse und abweichendem mineralischen Charakter des Sandes beruhenden Schichtung finden sich in den Wüstendünen thonige oder Löss-Einlagerungen, welche in den Stranddünen niemals vorkommen. Middendorff[1] schildert eine Düne in der Sandwüste von Kokan, deren Luvseite „mit papierdünnen, aber auch bis $1/4$ Zoll Dicke erreichenden Streifen in verschiedenen Abständen von einander, horizontal umbändert, gleichsam abgestuft war". Die beigefügte Abbildung und die richtige Erklärung des Verfassers weisen darauf hin, dass diese Streifen früheren Oberflächen der Leeseite entsprechen, welche bei dem Wandern der Düne von der Fläche der Luvseite durchschnitten worden sind. Der feine Thon- oder Löss-Staub, welcher in Central-Asien die Luft in solchem Maasse erfüllt, dass alle Gegenstände gelb erscheinen,[2] setzt sich

---

[1] Middendorff, Einblicke in das Ferghanathal, Mém. Acad. St. Petersb., 1881, (7), **29,** No. 1, S. 91.

[2] „In Shensi, wo die Luft nur selten klar und durchsichtig ist, hat die ganze Landschaft einen gelben Ton. Strasse, Häuser, Bäume und Saaten, selbst der Reisende, dem man auf der Strasse begegnet, und die Luft, sind einförmig gelb gefärbt. . . . Die Aussicht ist ringsum verhüllt, die Sonne erscheint nur noch als eine matte bläuliche Scheibe" (v. Richthofen, China, **1,** 97; 1877). Nach heissen Tagen trocknet der Boden aus und verwandelt sich leicht zu feinen gelben Staub, welcher durch den leisesten Windhauch aufgewirbelt wird. „In Margelan hüllte uns zu Ende März und zu Anfang April der Ostwind fast täglich in eine Staubatmosphäre. Der Staubnebel war jedoch meist nicht stärker, als dass er uns die an der Grenze des Horizontes auf 8—10 Werst stehenden Berge verhüllte. Berge sowie Bäume waren indessen an anderen Tagen mit genauer Noth auf 2 Werst nur sichtbar. Am 8. April füllte sich bei mässigem Westwinde die Atmosphäre so sehr mit Staub, dass die Strassen wie in Rauch sich hüllten, die Gegenstände eine graue Farbe annahmen und

beim Eintritt völliger Windstille auf die Oberfläche des Barchans ab und kann durch Feuchtigkeit, d. h. sich in klaren, kalten und windfreien Nächten an der Sandoberfläche verdichtenden Wasserdämpfe, auf ihr befestigt werden. Wenn sich dann wieder der Wind erhebt und eine Bewegung des Sandes eintritt, so wird die Lössdecke von der Luvseite weggeweht, kann aber an der Leeseite verbleiben und mit angewehtem Sande überdeckt werden.[1] An Meeresküsten kann der herrschenden Feuchtigkeit wegen in nennenswerther Menge Thon-Staub nicht erzeugt werden, ja es ist durch Thatsachen erwiesen, dass selbst ein verhältnissmässig geringer Thonzusatz zum angeschwemmten Meeressande die Dünenbildung verhindert.

Der Sand der Festlandsdünen besteht meist aus reinen Quarzkörnern. Andere, weichere, leichter zerreibliche oder unter dem Einfluss der Atmosphäre leichter zersetzbare Minerale verwandeln sich nach und nach in feinen Staub, welcher vom Winde weggeblasen wird. So besteht der Sand der Libyschen Wüste, welcher wahrscheinlich lange Zeiträume hindurch einer Aufbereitung durch Wind ausgesetzt gewesen ist, ausschliesslich aus vollkommen staubfreien Quarzkörnern.[2] Ebenso ist der Sand der westlichen Sahará zum grössten Theil reiner Quarzsand mit nur geringer Beimengung von Gyps.[3] Hier und da erscheinen

der Staub den Augen lästig wurde" (v. Middendorff, Einblicke in das Ferghanathal, Mém. Acad. St. Peterb., 1881, (7), **29,** No. 1, S. 88).

[1] Nach Ch. Helmann („Izwestija" d. kais. russ. geogr. Ges., 1891, **27,** 394) kann auch am Fusse der Luvseite eine Lössdecke vorkommen, entstanden aus Lössstaub, welcher durch Regen zusammengeschwemmt und befestigt wurde.

[2] „Ueberall in der Libyschen Wüste zeigt der Sand gleiche Zusammensetzung und physikalische Beschaffenheit. Er besteht aus unregelmässig geformten, abgerundeten, vollkommen rein gewaschenen und polirten Quarzkörnchen von 0,5—2 mm Durchmesser. Meist haben die Körner einer Sandprobe ziemlich gleiche Grösse, so dass man Sandmassen von ganz feinem, mittlerem und gröberem Korne in der Regel getrennt findet. Die einzelnen Körner zeigen sich unter dem Mikroskop bald aus klarem, farblosem oder weingelbem, bald aus trübem, milchweissem oder braunem eisenhaltigem Quarz zusammengesetzt. Lediglich durch Mischung dieser verschiedenartigen Körner entsteht jene weingelbe oder matt goldene Färbung, welche die Dünen schon von Weitem kenntlich macht. Thonige, mergelige und eisenhaltige Verunreinigungen giebt es im Wüstensande nicht. Die Aregregion ist darum absolut staubfrei und von höchst erfreulicher Sauberkeit." Zittel, Beitr. z. Geol. u. Paläont. d. Libyschen Wüste, Paläontographica, **30,** 1. Thl., S. CXXXVII und CXXXVIII; 1883.

[3] Rolland, Bull. soc. géol. de France, 1882, (3), **10,** 30.

jedoch als mehr oder weniger merkliche Beimengungen Glimmer, Feldspath, Hornblende.[1])

In dem Sande der Dünen des Gouvernements Ástrachan, welcher den sandig-thonigen aralo-kaspischen Ablagerungen entstammt, machen die Quarzkörner über $90\,^0/_0$ aus. Das Mikroskop zeigt, dass die Sandkörner grösstentheils abgerundet, obwohl von unregelmässiger, oft eckiger Gestalt sind. Ganz runde Körner finden sich selten, noch seltener aber scharfkantige und scharfeckige. Die Oberfläche der Körner, namentlich der abgerundeten Ecken und Kanten, ist eher matt, keinesfalls glänzend und glatt. Das Vorherrschen eines braungelben eisenschüssigen Quarzes verleiht diesem Sande eine rothgelbe Farbe. Der Sand der Dünen in der Wüste Kara-Kum, im Ferghanathale, ja wie es scheint in den Wüsten Turkestans im Allgemeinen und auch in der Mongolei besteht nach den Aussagen von Middendorff, Fédtschenko, Muschkétow, Séwertzow, ferner von Przewalsky, Potánin, Pewtzów u. A. vorwiegend aus Quarzkörnern, obwohl ihm stellenweise auch eine mannigfaltigere Zusammensetzung zukommt.[2]) Ebenso führen die Wüsten Amerikas nach Blake und Parry fast reinen Quarzsand. Indessen trifft man unter den Festlandsdünen solche, die aus Kalkspath-Sand bestehen, so nach Eversmann diejenigen der Kirghisen-Steppen.[3]) In ihrer Gestalt zeichnen sich die Körner des Wüstensandes meist durch stärkere Abrundung aus, vor denjenigen des Meeressandes, obwohl es Festlandsdünen giebt, deren Sandkörner wenig gerundet, zum Theil sogar scharf-

---

[1]) Joh. Walther, Die Denudation in der Wüste, Abh. kgl. sächs. Ges. d. Wiss., 1891, **27** = d. math.-phys. Cl., **16,** 492—496.

[2]) In dem Dünensande von Kokan-Jany-Kurgan (Ferghanagebiet) ergab die chemische Analyse (Schmidt, Untersuchungen der Bodenarten und der Wasser des Ferghanagebiets, Mém. Acad. St. Petersb., 1881, (7), **29,** No. 1) $38{,}3044\,^0/_0$ Karbonate und Phosphate und nur $60{,}6851\,^0/_0$ Silikate und Quarz. Muschkétow (Turkestan, **1,** S. 604; 1886 — russisch) fand im Sande der Barchane an der Amu-Darjá unweit Tschardjui eine starke Beimengung von Gypsblättchen, welche „öfter die ganze Oberfläche des Barchans bedecken und bei Sonnenschein in mannigfaltigen schönen Farbentönen erglänzen". „Die petrographischen Eigenschaften des Sandes der Barchane," sagt derselbe Forscher (l. c. S. 716), „sind unstetig und hängen von dem Gestein ab, welches zur Bildung des Barchans das Material lieferte."

[3]) „Die Flugsande der Kaisakensteppe bestehen nicht, wie sonstige Sande, aus Quarz oder Kieselsäure: sie sind kalkig. Sie bildeten sich wahrscheinlich aus den an der Luft verwitterten Mergeln und Roggensteinen, körnigem Kalktuff und ähnlichen Gesteinen." Eversmann, Naturgeschichte des Orenburger Landes, S. 65, auch 83.

kantig sind.[1]) Unzweifelhaft müssen bei langer Bewegung des Sandes durch Wind die scharfen Kanten und Ecken der Körner nach und nach abgerieben und ihre Oberfläche muss matt werden, wie vom Winde getriebener Sand Felsen, Blöcke und andere feste Gegenstände matt schleift. Es ist aber wohl kaum möglich nach dem Grade der Abrundung der Sandkörner das verhältnissmässige Alter der Dünen zu beurtheilen, da es schwer, ja manchmal unmöglich ist, festzustellen, welchen Grad der Abrundung die Sandkörner besassen, bevor sie der Einwirkung des Windes ausgesetzt wurden.

Im Sande der Festlandsdünen, wie in demjenigen der Stranddünen, können Molluskenschalen, freilich meist zerbrochene, angetroffen werden. Diese Schalen können sowohl Landmollusken (z. B. in dem Dünensande Aegyptens) als auch Wassermollusken angehören und vom Winde aus denselben Ablagerungen, denen der Dünensand entnommen wird, ausgeblasen werden. So finden sich im Dünensande der Kaspischen Steppen in ziemlich grosser Menge kleine Schalenbruchstücke von Mollusken der aralo-kaspischen Ablagerungen, welche auch den Sand liefern.[2])

Von grossem Interesse und wesentlicher Bedeutung für die historische Geologie einer Gegend ist die Entscheidung der Frage über den Ursprung des Dünensandes: ob er an Ort und Stelle durch Zerstörung verschiedener Gesteine unter der Einwirkung der Atmosphäre entstand, oder irgendwo weiter durch fliessende, später versiegte Wasser dahin geführt worden ist, oder sich am Boden eines verschwundenen Beckens ablagerte. Wie schwierig manchmal sich die einigermaassen befriedigende Lösung einer solchen Frage gestaltet, zeigt sich an der Sahará, die von sämmtlichen Sandwüsten verhältnissmässig am Eingehendsten erforscht ist. Die

---

[1]) Der Sand der kleinen Dünen bei Nykyrka (Finland), welcher unmittelbar aus den Glacialablagerungen herausgeblasen wird, besteht beinahe zur Hälfte aus nicht abgerundeten Körnern. Parry und Emory bezeugen, dass die Dünen der an der Nordgrenze von Mejico gelegenen Sandwüsten aus eckigen und nicht aus gerundeten Körnern bestehen. Mexican Boundary Survey, **1,** Geol. report of C. Parry, p. 10, 47.

[2]) In den zwischen den Dünen gelegenen Thälern ist oft der Boden mit Muschelschalen, vorwiegend von *Dreissena rostriformis* und *Monodacna protracta,* einheitlich bedeckt. Die kleinen feinen Dreissenaschalen wurden vor meinen Augen durch den Wind am sanften Abhang der Düne hinaufgeschoben. Dank den Schalenbruchstücken braust der Sand dieser Dünen mit Salzsäure, und die chemische Analyse ergiebt bis 1 %/$_0$ Kohlensäure.

Ansicht, dass die Sahará oder ihr grösster Theil noch in postglacialer Zeit mit Wasser bedeckt war, ist vor Kurzem noch die herrschende gewesen und besitzt auch gegenwärtig noch Vertreter (Rohlfs, Pélagaud, Czerny). Nach Zittel wurde diese Meinung „begünstigt durch die Verbreitung von Salz und Gyps in den oberflächlichen Gesteinsschichten, durch die Bedeckung des Bodens mit Sand, und namentlich durch die herrschenden Ideen über Entstehung von Wüsten und Tiefebenen überhaupt, sowie durch die irrigen Vorstellungen von der Configuration der Sahara".[2] Namentlich dienten Vielen die grossen Massen zu Dünen gehäuften Sandes als unwiderleglicher Nachweis des Vorhandenseins eines Saharameeres in verhältnissmässig jüngster Zeit. Als eifrige Verfechter der Hypothese des Saharameeres traten auf: Escher von der Linth, welcher mit ihr die Erklärung der Glacialzeit in Europa verband, Desor und Ch. Martins, welche eine gemeinsame Reise nach dem sogenannten „petit désert" Süd-Algiers unternahmen. Die Dünen, die sie dort fanden, wurden als Beweise eines ehemals vorhanden gewesenen Meeres angesehen. Eine weitere Bestätigung ihrer Ansicht erblickten sie in dem Auffinden unzweifelhaft mariner Muscheln in den Brunnen von Buchan in Sufi.[2] Gleichzeitig wurden auch entgegengesetzte Ansichten geäussert. Duveyrier,[3] der erste, der in das Innere der westlichen Sahará, in das fast unbekannte Land der Touareg vordrang, Vatonne,[4] der als Geolog die Gesandtschaft nach Ghâdamēs begleitete, und vor ihnen Marès,[5] welcher die Dünen im Süden der Provinz Oran erforschte, legten klar, dass der die Sahará-Dünen zusammensetzende Sand durch Zerstörung verschiedener Gesteine unter dem Einfluss der Atmosphäre an Ort und Stelle entstand, dass solche Zerstörungen auch jetzt noch zu beobachten sind und dass von dem gewaltigen Maass-

---

[1] Zittel, Beitr. z. Geol. u. Paläont. d. Libyschen Wüste, Paläontographica, **30,** 1. Thl., S. XXXII; 1883.

[2] E. Desor, Aus Sahara und Atlas. Vier Briefe an J. Liebig, Wiesbaden 1865. Ch. Martins, Le Sahara, Revue des deux Mondes, 1864, **52,** 295 und 611; Derselbe, Du Spitzberg au Sahara, 1866. Vgl. das Kapitel: „Tableau physique du Sahara Oriental", p. 527 ff.

[3] Duveyrier, Exploration du Sahara, **1,** Les Touareg du Nord, 1864.

[4] Mission de Ghâdamès; Vatonne, Études sur les terrains et sur les eaux des pays traversés, Alger 1863.

[5] Marès, Note sur la constitution générale du Sahara au sud de la province d'Oran. — Bull. soc. géol. de France, 1857, (2), **14,** 524.

stabe, in welchem sie stattfinden, die Ruinen ehemaliger Erhebungen einen Begriff zu liefern vermögen. Spätere eingehendere geologische und topographische Beobachtungen in der Sahará untergruben immer mehr die Hypothese von der marinen Herkunft ihres Sandes. Die gewichtigsten Beweise gegen diese brachte Pomel in seinem „Le Sahara" betitelten Werk vor, in welchem er ausführte, dass sich ihrer Annahme unüberwindliche Hindernisse entgegen setzen: sowohl die Höhenlage der afrikanischen Wüste über dem Meere, als auch die Gestalt ihrer Oberfläche, ihre Flora, ihre Fauna und endlich ihr geologischer Bau. „Les terrasses," sagt er, „que l'on a comparées à celles des bords d'une mer desséchée, n'en ont point les caractères, mais ne sont que des rivages de lacs relativement peu étendus ou des berges d'anciennes gouttières d'écoulement. Le sel du Sahara n'est pas plus un delaissé de mer que celui accompagné également de gypse des hauts plateaux et du Tell, dont l'origine n'est certainement pas celle-là, mais doit résulter des concentrations de tout ce que les eaux pendant des siècles y ont accumulé de dissolutions opérées sur l'Atlas et l'Ahaggar."[1] Von späteren Erforschern der Sahará sprachen sich gegen die Hypothese des Saharameeres Erwin von Bary und Lenz besonders entschieden aus. So sagt der erstgenannte: „Was das frühere Sahara-Meer betrifft, so kann ich nur sagen, ich habe nicht die geringste Spur davon gesehen; ja im Gegentheil, nach dem zu urtheilen, was ich auf meinem Wege von Tripoli nach Ghat gesehen, muss der Boden Nordafrikas seit langen Zeiten über dem Meere stehen, da nicht einmal Tertiärgebilde zu treffen sind, es müsste denn jede Spur davon durch Verwitterung und Erosion verschwunden sein."[2] Und der zweite: „Man spricht häufig von einem alten Saharameer. Wenn man dabei das Wort alt in geologischer Bedeutung anwendet, so hat man ja recht: es hat zur Devonperiode, zur Kreide- und Tertiärperiode etc. ein Meer existirt; aber die heutige Sandbedeckung eines grossen Theiles der Wüste hat mit einem Meeresboden nichts zu thun. Es ist dies einfach ein durch Atmosphärilien zerstörtes Sandstein-Gebirge. Es ist wohl gewiss, dass Nordafrika nicht immer eine sogenannte Wüste gewesen ist, aber die Entstehung der Sahará scheint weniger eine Frage der Geologie als

---

[1] A. Pomel, Le Sahara, Alger 1872, p. 87.
[2] Zeitschr. d. Ges. f. Erdk., Berlin 1877, **12,** 197.

vielmehr der Meteorologie und Klimatologie zu sein."[1] Rolland, welcher das Erg-Gebiet der Westlichen Sahará gründlich erforscht hat, ist zur festen Ueberzeugung gelangt, dass der Dünensand auf eine Zerstörung des Sandsteingebirges durch die Atmosphäre zurückzuführen ist.[2] Zittel erklärt, dass die Untersuchungen in der Libyschen Wüste zu einem für die Annahme eines Saharameeres verneinenden Ergebnisse führten. „Meine Bemühungen," sagt er, „sichere Spuren oder Ueberreste eines Diluvialmeeres zu beobachten, sind fruchtlos geblieben. Subfossile Cochylienschalen und sonstige Reste von Meeresbewohnern oder alte Uferlinien mit charakteristischen Sedimenten finden sich weder auf dem steinigen Boden der Hammâden, noch in den Niederungen der Oasen, noch zwischen den Sandmassen der Dünen. Nur für einen kleinen Strich, nämlich für die tiefe Depression der cyrenäischen Hochebene mit ihren stellenweise 25 bis 70 m unter dem Meeresspiegel gelegenen Oasen und Becken gilt dieser Ausspruch nicht in seinem vollen Umfange."[3] Somit ergeben die geologischen Untersuchungen in der Sahará, dass nur sehr unbedeutende Gebietstheile innerhalb der Tunesischen Schotts und die erwähnte südlich der Cyrenaica gelegene Mulde während der Diluvialzeit vom Meere bedeckt sein konnten. Der grösste Theil der Sahará war aber bereits ein Festland vom Ende der Kreidezeit an, die südliche und ein Theil der mittleren sogar seit dem Ende der devonischen Periode.

Welches riesige Maass die allmähliche Zerstörung der Schichten in der Saharä und die Denudation durch Wasser, besonders aber durch Wind erreichten, zeigen die Ruinen früherer Erhebungen, welche von den gewaltigen Massen fortgeführten Erdreiches zeugen. „Quand," sagt Duveyrier, „par la pensée ou la plume à la main, j'additionne une à une la superficie des espaces dénudés autour de chaque groupe de dunes, quand j'établis le cube du vide que laissent entre eux tous les témoins géologiques du niveau

---

[1] Zeitschr. d. Ges. f. Erdk., Berlin 1881, **16,** 291.

[2] „Nos observations, pendant la mission transsaharienne d'El Golea, confirment l'opinion de Vatonne, que les dunes sont de formation contemporaine et que leurs éléments proviennent de la désagrégation des roches sous l'influence atmospheriques." Rolland, Bull. soc. géol. de France, 1882, (3), **10,** 30.

[3] Zittel, Beitr. z. Geol. u. Paläont. d. Libyschen Wüste, Paläontographica, **30,** 1. Thl., S. XXXV u. XLI; 1883. Zu denselben Schlüssen gelangt auch Joh. Walther in seiner Schrift „Die Denudation in der Wüste", welche eine ziemlich vollständige Zusammenstellung der Ansichten über den in Rede stehenden Gegenstand enthält.

de l'ancien sol et quand je compare la masse des matériaux enlevés ici et apportés là, soit par les pluies, soit par les vents, je me demande ce qu'est devenu le cube du vide, si les dunes sont formées sur place, car je ne retrouve pas le total des déblais dans l'ensemble des remblais, si considérable qu'il soit."[1]) Vatonne beobachtete bei Ghâdamēs die zerstörende Einwirkung der Atmosphäre auf Berge, welche aus Quarzit, sandigem Gyps und kieseligem Dolomit bestehen und der oberen Kreide angehören.[2]) Nicht minder auffallend sind die von Rolland beobachteten Spuren der Zerstörung des quartären Sandsteins längs des Ued Mya zwischen Uargla und Turgut und im Ued Rir'. Diese Sandsteine sind ziemlich locker und zerfallen leicht. Einzelne durch Kalk und Gyps fester gebundene Theile haben der Zerstörung besser widerstanden und geben der Felsoberfläche, indem sie geschwulst- und gesimsartig aus ihr hervortreten, ein rauhes, höckeriges Aussehen.[3]) Nach Zittel's Ueberzeugung ist der Sand der Libyschen Küste unzweifelhaft aus dem Nubischen Sandstein (der Devonformation), welcher am Südrande dieser Wüste ansteht, entstanden.[4])

Oft ist die Ansicht ausgesprochen worden, dass bei einem so trocknen Klima, wie dem der Sahará, die Einwirkung der Atmosphäre auf Gesteine recht beschränkt sein müsse; indessen erweisen die Thatsachen das Entgegengesetzte. Unzweifelhaft unterstützen die grossen Schwankungen im Feuchtigkeitsgehalt der Luft, die Uebergänge des Wassers bald in den gasförmigen, bald in den festen Zustand die zerstörenden Wirkungen der Atmosphäre; aber ebenso unzweifelhaft ist es, dass der von allen Reisenden festgestellte schroffe Temperaturwechsel einen grossen Einfluss auf die Zerstörung der Gesteine ausüben muss.[5]) In der Wüste selbst

---

[1]) Duveyrier, Exploration du Sahara &c., **1,** 35; 1864.

[2]) Vatonne, Mission de Ghâdamès &c.

[3]) Rolland, Bull. soc. géol. de France, 1882, (3), **10,** 35—37. Joh. Walther führt zahlreiche Beweise einer weitgehenden Verwitterung des Granits und anderer zusammengesetzten krystallinischen Gesteine unter dem Einfluss der Atmosphäre an und kommt zu dem Schlusse, „dass die krystallinischen Gesteine die wichtigsten Sandbildner in der Wüste sind" (Denudation in der Wüste, Abh. kgl. sächs. Ges. d. Wiss. math.-phys. Cl., **16,** 491; 1891).

[4]) Zittel, Beitr. z. Geol. u. Paläont. d. Libyschen Wüste, Paläontographica, **30,** 1. Thl., S. CXL; 1883.

[5]) Wie gross die Temperaturschwankungen in der Sahará sein können, zeigen die Beobachtungen von Duveyrier: am 22. Januar 1861 war die

sind freilich die Schwankungen im Feuchtigkeitsgehalt der Luft nicht erheblich, es lässt sich dies aber nicht auf die Oberfläche des Bodens und der Felsen ausdehnen, an welchen bekanntlich eine Verdichtung der Wasserdämpfe stattfindet. Man darf wohl annehmen, dass an diesen stets etwas zerklüfteten und mit mikroskopischen Poren versehenen Oberflächen der Unterschied in der Feuchtigkeit bei Tage, wann das Gestein durch die Sonnenstrahlen stark erhitzt wird, und bei Nacht, wann bei der Abkühlung eine Verdichtung der Wasserdämpfe an der Oberfläche fester Körper stattfinden muss, ein recht grosser ist.

Die während der Rohlfs'schen Expedition in der Libyschen Wüste angestellten meteorologischen Beobachtungen zeigten, dass gegen Abend, namentlich aber in der Nacht, die Feuchtigkeit auch in der Luft erheblich zunimmt.[1]) Das Gleiche ergaben auch die Beobachtungen von Duveyrier in der westlichen Sahará.[2]) Es wurde, wenn auch nicht oft, Thau und Nebel beobachtet, woraus auf Sättigung mehr oder weniger mächtiger Luftschichten mit Wasserdampf zu schliessen ist. Es ist berechtigt, anzunehmen, dass unmittelbar an der Bodenoberfläche, in Folge der eben er-

---

Temperatur an der Sonne im Maximum $+ 30{,}15^0$ C., im Schatten im Minimum $- 4{,}7^0$ C. An manchen Tagen stieg die Bodentemperatur bis zu 60^0 C.; am 20. Juli war sie $66{,}42^0$ C., Exploration du Sahara, **1,** 109 und 110; 1864. Rolland lässt eine Amplitudenschwankung von 100^0 C. zu. Während meiner Reise nach dem Altai, im Jahre 1882, hatte ich stets wahrzunehmen Gelegenheit, dass die Südabhänge viel stärker unter dem Einfluss der Atmosphäre zerstört waren, als die nordlichen. Und dies war nicht nur bei Bergketten und Ausläufern, sondern selbst an den unbedeutendsten Unebenheiten zu beobachten, deren beiden Gehänge in Bezug auf die Niederschläge unter durchaus gleichen Bedingungen standen, aber unter sehr verschiedenen in Betreff der täglichen Temperaturschwankungen in der Oberflächenschicht des Gesteins. Zum selben Ergebniss gelangte auch Thoulet auf Grund seiner Beobachtungen in den Vogesen. Vgl. Joh. Walther, Die Denudation in der Wüste, Abh. d. kgl. sächs. Ges. d. Wiss. math.-phys. Cl., **16,** 497; 1891.

[1]) Aus dem meteorologischen Tagebuche von Rohlfs ist zu ersehen, dass die Luftfeuchtigkeit in der Libyschen Wüste beständig und oft innerhalb 24 Stunden sehr erheblich wechselt: sie nahm am Tage ab und steigerte sich nach Sonnenuntergang bis zum Sonnenaufgang. So betrug am 28. Dezember 1873 zu Bir-Keraui die verhältnissmässige Feuchtigkeit Morgens $87\,^0/_0$, um 3 Uhr Nachmittags $35\,^0/_0$, nach Sonnenuntergang $76\,^0/_0$ und am nächsten Tage vor Sonnenaufgang $92\,^0/_0$. — Am 1. Januar war in der Oase Farâfrah die Feuchtigkeit um 3 Uhr Nachmittags $13\,^0/_0$ und wuchs in der Nacht gegen Sonnenaufgang bis $89\,^0/_0$ u. s. w. Jordan, Phys. Geogr. u. Meteorolog. d. Libyschen Wüste, 1876, S. 103, 106, 124, 134.

[2]) Duveyrier, Exploration du Sahará, **1,** 116; 1864.

wähnten Umstände, die Sättigung der Luft mit Wasserdämpfen viel häufiger eintritt. Das hierbei in tropfbar flüssigem Zustande ausgeschiedene Wasser kann bei weiterer Temperaturerniedrigung gefrieren und hierdurch zum Zerklüften der Oberflächenschicht der Gesteine beitragen. Atmosphärische Niederschläge werden in den Wüsten manchmal, wenn auch selten, so gewaltig, dass sie grosse Ströme erzeugen; da aber die Felsen in den Wüsten kahl sind, so müssen die atmosphärischen Niederschläge auf sie viel stärker einwirken als in Gegenden mit feuchterem Klima, wo das Gestein mit einer mehr oder weniger mächtigen Schicht Pflanzenbodens oder mit Vegetation selbst bedeckt ist. Ueberhaupt giebt die Kahlheit des Gesteins und die Abwesenheit einer Pflanzendecke in der Wüste eine der wesentlichsten Ursachen für die tief zersetzende Einwirkung der Atmosphäre ab. Endlich übt auch der vom Winde getragene Sand eine nagende, ätzende Einwirkung aus (Sandschliff), namentlich wenn er gegen weichere Gesteine geschleudert wird. Auch ist bereits erwähnt worden, dass selbst feste krystallinische Gesteine in Folge zahlreicher durch die anprallenden Sandkörner hervorgerufenen Kritzen eine matte Oberfläche bekommen.[1] So erhält die von allen Beobachtern festgestellte Zerstörung der Gesteine eine befriedigende Erklärung.[2] Viel schwieriger ist eine solche für die manchmal absonderliche Vertheilung des Sandes auf der Wüstenoberfläche, z. B. in der westlichen Sahará, zu finden. Zittel vertritt die Ansicht, dass zwischen dem die Libysche Wüste bedeckenden Sande und den unterlagernden anstehenden Gesteinen gar keine Beziehung besteht: „Von dem geologischen Bau des Untergrundes ist die Vertheilung des Sandes in der Libyschen Wüste völlig unabhängig. Man findet die Dünen auf den verschiedenartigsten Gesteinen des Kreide- und Tertiär-Systems, ja hin und wieder haben sie sogar in den Oasen Strecken erobert,

---

[1] Bei Rolland (Bull. soc géol. de France, 1882, (3), **10,** 36—37) finden sich interessante Hinweise auf die zerstörende Wirkung des Sandes auf Gesteine.

[2] Alle Zerstörungserscheinungen an den Gesteinen in der Wüste unter dem Einfluss der Atmosphärilien, welche ich hier nur beiläufig erwähne, sind in der mehrerwähnten Arbeit Joh. Walther's, „Die Denudation in der Wüste", eingehend besprochen worden. Auf diese ausgezeichnete Schrift verweise ich den Leser, und bemerke nur, dass alle dort angeführten Thatsachen und gemachten Folgerungen im Wesentlichen mit den in gegenwärtiger Arbeit vertretenen Ansichten übereinstimmen.

die noch in historischer Zeit Kulturland waren. Niemals bildet festes Gestein den Kern oder gewissermaassen die Axe der Düne, an welche sich die Sandmassen angelagert hätten. Ihre Entstehung steht in keiner Weise mit der Verwitterung ihres Untergrundes im Zusammenhang, denn aus diesem könnten sie ihr Material nur in den seltensten Fällen beziehen, da Quarzsandstein nur im südlichen Theil der Libyschen Wüste verbreitet ist. ... Ueber die Entstehung des Sandes der Libyschen Wüste aus dem im Süden weit verbreiteten nubischen Sandstein kann meines Erachtens kein Zweifel obwalten. Er ist jedenfalls auf dem Kalkplateau, sowie in der Oaseneinsenkung von Farâfrah ein aus der Ferne stammender Fremdling. In der algerischen Sahará wird ein quartärer gypshaltiger Sandstein als Muttergestein des Sandes betrachtet; in der Libyschen Wüste giebt es solche Gebilde nicht."[1]

Wie ist nun die Verbreitung des Sandes von seiner Bildungsstätte aus auf so grosse Entfernungen hin zu erklären?[2] Nimmt man an, dass es ein Werk des Windes sei, so muss die weitere Annahme gemacht werden, dass einst Südwinde vorherrschten, während es gegenwärtig die Nordwinde sind, und dass die Bewegung des Sandes nach Norden mit viel grösserer Geschwindigkeit geschah, als sie jetzt nach Süden stattfindet, da bei der Langsamkeit, mit welcher sich heute zu Tage die Dünen fortbewegen, deren Platzwechsel von den Landbewohnern kaum wahrgenommen wird, zum Zurücklegen einer etwa 450 km langen Strecke ausserordentlich lange Zeiträume erforderlich gewesen wären. Solche Annahmen sind gewiss zu willkürlich und werden von Zittel nicht gemacht; er ist der Meinung, dass die Ausbreitung des Sandes über die Libysche Wüste hauptsächlich durch fliessendes Wasser zur Diluvialzeit bewirkt worden ist, während welcher die Sahará, seiner Ansicht nach, ein viel feuchteres Klima besass.[3] In der

---

[1] Zittel, Beitr. z. Geol. u. Paläont. d. Libyschen Wüste, Paläontographica, **30,** 1. Thl., S. CXXXIX und CXL; 1883.

[2] Von dem nördlichsten Auftreten des nubischen Sandsteins bei Regenfeld bis zur nördlichen Grenze des Sandgebiets der Libyschen Wüste ist die Entfernung mindestens 420 km. Vgl. die Karte der Libyschen Wüste in Zittel's Beitr. z. Geol. u. Paläont. d. Libyschen Wüste, Paläontographica, **30,** 1. Thl., 1883, in welcher übrigens der Kilometermaassstab mit Zahlen versehen ist, die doppelt so gross sein müssten.

[3] Joh. Walther (l. c. 485—500) ist mit der Ansicht Zittel's nicht einverstanden. Er betrachtet die Bildung des nubischen Sandsteins selbst als nicht genügend aufgeklärt und ist der begründeten Meinung, dass der Sand

mittleren (Tripolitanischen) und Westlichen Sahará kann die heutige
Sandvertheilung mit viel grösserer Wahrscheinlichkeit entweder
dadurch erklärt werden, dass der Sand an der Stätte seines Ent-
stehens verblieb und dieselben Hügel umhüllt, aus deren durch
die Atmosphäre zerstörten Schichten er sich bildete, wofür die
Dünen bei Ghâdamēs ein Beispiel darbieten dürften; oder, wie es
z. B. im Erggebiete der Fall ist, dass die Verbreitung der Dünen
mit derjenigen des alluvialen Sandes übereinstimmt, bei dessen
Ablagerung man kein wesentlich feuchteres Klima vorauszusetzen
braucht, wie es Pomel thut, da ja auch gegenwärtig, nach der Aussage vieler Erforscher der Sahará, Regengüsse gewaltige Ströme erzeugen und sogar Ueberschwemmungen veranlassen. „Quand les
pluies sont générales," sagt Duveyrier, „les rivières débordent,
couvrant de leurs inondations les vallées dans lequelles elles
déposent leurs alluvions, seules terres de culture que les Touareg
connaissent. Presque toutes les rivières de montagnes agissent à
la façon des torrents ravageant et dévastant tout sur leur passage.
Malheur à ceux que les avalanches liquides surprennent dans
leur chûte desordonnée! ... Il ne m'ai pas été permis d'apprécier
de quantités variables d'eau que donne chaque pluie, mais d'après
les indigènes je dois croire que dans certains cas les pluies sa-
hariennes sont de véritables déluges."[1]) Danach wäre auch in
der Westlichen Sahará der Dünensand nur zu einem Theil rein
äolischen Ursprungs, zum anderen aber auf Anschwemmungen
zurückzuführen, welche durch zeitweilige, nach starken Regen-
güssen entstehende Ströme gebildet werden, zunächst also wäs-
seriger Herkunft. „Une première préparation par l'eau," sagt

der Libyschen Wüste, ebenso wie anderer Theile der Sahará, auf Kosten der
Zerstörung verschiedener, namentlich weite Verbreitung besitzender zusammengesetzter krystallinischer Gesteine sich bildete.

[1]) Duveyrier, Exploration du Sahara, **1,** Les Touareg du Nord, p. 119
bis 120; 1864. Darin finden sich auch Thatsachen, welche den Umfang und
die ausserordentliche Gewalt der nach einem Regen entstandenen Ströme be-
leuchten. „Avant 1856, sur la rive gauche de l'Ouâdi-Titerhsin existait une
ligne de dunes, du nom d'Azekka-n-Bôdelkha, assez hautes pour que les cha-
meaux ne pussent les franchir. Advint alors une crue accidentelle dans l'Ouâdi,
et elle eut la puissance de faire disparaître toute la masse de sable qui com-
posait ces dunes" (l. c. p. 42)... „J'ai eu l'occasion le 30 Janvier 1861, étant
à Oursêl au pied du Tasili, d'observer le débordement d'un des nombreux torrents qui descendent de cette montagne. La rapidité du courant était d'un
mètre à la seconde et les eaux charriaient des alluvions dans des proportions
telles que je regrette de ne pas en avoir constaté la quantité" (l. c. p. 39).

Rolland, „a donné les alluvions sableuses; une seconde, par
l'air, donne les dunes."[1]) In solchen Fällen wäre es kaum möglich eine strenge Scheidung vorzunehmen, ob die Dünen aus Sand
wässerigen oder äolischen Ursprungs sich bildeten.

Nicht weniger dunkel ist die Frage von der Herkunft des
Sandes der Turanischen Niederung. Hier giebt es unzweifelhaft
Dünen, die ihre Entstehung dem vom Aralsee angeschwemmten
Sande verdanken (Séwertzow, Alenítzyn), andere, die sich
auf Kosten des von den Flüssen geführten Sandes bildeten
(Middendorff, Muschkétow, Lessar) und wiederum solche,
deren Material an Ort und Stelle auf dem Wege der Zerstörung
der Gesteine, namentlich des tertiären Sandsteins, der aralokaspischen Ablagerungen durch die atmosphärischen Einflüsse erzeugt
wurde (Barbot de Marny, Fürst Gedroïtz, Muschkétow,
Middendorff, G. Romanówskij).[2]) In manchen Fällen kann
man, scheint es, sogar nach der Farbe entscheiden, aus welchem
Sande die Dünen errichtet wurden;[3]) in den meisten Fällen ist
dies jedoch nicht durchführbar, da der Wind den Sand ebenso
gut einer blossliegenden und trockenen Flusssandbank, wie einem
benachbarten Sandsteinfelsen oder einem anderen an seiner Oberfläche durch den Einfluss der Atmosphäre der Zerstörung anheim-
gefallenen sandigen Gestein entnehmen kann. So sind im östlichen Theil der turkmenischen Wüste Kara-Kum nach Lessar
„die Abstürze am Ungus ausgehöhlt, werden durch atmosphärische
Wirkungen zerstört und liefern wahrscheinlich der südlich gelegenen Sandwüste das Material. Die Gegenwart von lockerem
Flugsande an der Amu-Darjá gestattet die Annahme, dass ein
anderer Theil des Materials durch die Ueberschwemmungen des
Flusses hergestellt wird." Dann, über die von den Strassen von
Merw nach der Amu-Darjá überschrittenen Zone kahler Flugsande
sprechend, bemerkt er: „Wahrscheinlich ist es dieselbe Sandzone,

---

[1]) Rolland, Bull. soc. géol. de France, 1882, (3), **10,** 38.

[2]) Besonders leicht werden durch die Atmosphäre die tertiären Sandsteine zerstört, mit deren Verbreitung, nach Muschkétow (Turkestan, **1,** 1876,
S. 609, 614, 620 u. s. w.), diejenige vieler Sandwüsten im Amu-Darjá-Gebiet in
engem Zusammenhang stehen.

[3]) Nach Muschkétow zeichnen sich die aus dem tertiären Sandstein
entstandenen Dünen (Barchane) durch eine röthliche Farbe aus, während die
aus Meeressand gebildeten weiss und endlich die aus Flusssand zusammengesetzten stahlgrau sind. „Trudý" d. Naturf.-Ges. St. Petersburg, 1881, **11,** 93.
Vgl. auch sein „Turkestan", **1,** 1876.

welche sich parallel der Amu-Darjá hinzieht und aus den nach den Ueberschwemmungen zurückbleibenden Theilchen gebildet wird. Der Wind erzeugt aus ihnen Barchane, welche bei Verschiebung des Sandes nach Westen allmählich befestigt werden."[1] Es ist leicht möglich, dass bei dieser Verschiebung ins Innere des Landes der Flusssand sich mit einem Sande örtlichen Ursprungs mischt; und berücksichtigt man, dass auch hier wie in der Sahará die Sandanschwemmungen nicht nur durch ständige Flüsse, sondern auch durch zeitweilige in Folge starker Regengüsse entstandene Ströme bewirkt werden,[2] so wird es klar, wie schwer es in manchen Fällen ist, ja unmöglich wird, festzustellen, ob der Sand einer vorherigen Aufbereitung durch Wasser ausgesetzt gewesen ist oder nicht.

Diesen Abschnitt über die Wüstendünen wollen wir mit einer in allgemeinen Zügen gehaltenen Besprechung thoniger äolischer Bildungen beschliessen.

Bei Gelegenheit des inneren Baues der Dünen und der in ihnen vorkommenden thonigen oder lössartigen Einlagerungen, wurde der die Luft Central-Asiens fast immer erfüllende feine Staub erwähnt. Der Ursprung dieses Staubes und die Art seiner Ablagerung auf der Oberfläche des Bodens sind so meisterhaft und mit solcher tiefer Kenntniss von F. v. Richthofen in seinem klassischen Werke „China" behandelt worden, dass es überflüssig wäre, dieser Darstellung irgend etwas hinzuzufügen. Nicht vollkommen aufgeklärt bleibt nur das Verhältniss des Windes und des atmosphärischen Wassers in ihrer Betheiligung bei der Bildung der Lössablagerungen. v. Richthofen weist dabei auf drei die Löss-

---

[1] Lessar, Die Wüste Kara-Kum. „Izwestija" d. kais. russ. geogr. Ges., 1884, **20**, 123.

[2] „Die continentalen Extreme verläugnen sich auch darin nicht. Periodisch treten unerhörte Regengüsse auf. Wo es gestern dürr war, strömt es vielleicht schon heute. Auf der Hinreise nach Ferghaná beschrieb ich in meinem Tagebuche genau das weite Bett eines mächtigen Thaleinschnittes in den Löss, die mehrfachen Uferstufen desselben und die Reihe emporragender Wände. Das Wasser, das hier gewüthet hatte, musste, so vermuthete ich, der Vorzeit angehört und einen anderen Lauf genommen haben, denn nur schwache Spuren eines winzigen Bächelchens waren vorhanden; aber sogar zu Ende Februar nicht ein Tropfen Wasser. . . . Im Mai kehrte ich desselbigen Weges zurück: auf Werste stand Alles unter Wasser, wir mussten den Postwagen aufgeben und von zahlreichen Reitern unterstützt auf hoher Arbá-Karre die sich dahinschlängelnde Furthe aufsuchen." v. Middendorff, Einblicke in das Ferghanathal. Mém. Acad. St. Petersb., 1881, (7), **29**, No. 1, S. 92.

bildung bedingenden Agentien hin: „Das erste ist das Regenwasser, welches von den höheren nach den niederen Theilen hinabrieselte und die bei der Zersetzung der Gesteine der nächsten Gebirge lose werdenden festen Bestandtheile abspülte. Das zweite ist der Wind, dessen ausserordentliche Mitwirkung an der Anhäufung des staubförmig vertheilten festen Materials man in jenen Gegenden fortdauernd zu beobachten Gelegenheit hat. Das dritte der Agentien liegt in den mineralischen Bestandtheilen, welche die Graswurzeln vermöge der Diffussion der Flüssigkeiten aus der Tiefe heraufziehen, in sich aufnehmen und bei der Verwesung übrig lassen. Alle diese verschiedenen fein vertheilten festen Bestandtheile wurden durch die Vegetationsdecke festgehalten und fortan nur in unbedeutender Menge vom Winde weitergeführt.“[1]

Die nebensächliche Bedeutung des drittens Agens braucht nicht bewiesen zu werden. Welchem von den beiden ersteren ist aber die wesentlichste Einwirkung bei der Ablagerung des Lösses zuzuschreiben? Nach v. Richthofen's Beschreibung des Vorganges der allmählichen Lössanhäufung in flachen Becken,[2] müsste man annehmen, dass er geneigt ist, in dem atmosphärischen Wasser den Haupturheber der Lössbildung zu erblicken; an anderen Stellen des Werkes stösst man jedoch auf Aeusserungen, aus welchen zu schliessen ist, dass er die grössere Bedeutung dem Winde zuschreibt. Ich für meinen Theil halte mich an die Ansicht, dass beim Ablagern thoniger staubförmiger Theilchen auf die Bodenoberfläche die Hauptrolle dem atmosphärischen Wasser zukommt.

Die Bildung thonigen Staubes erfordert eine vorherige mechanische Zerkleinerung des Thongesteins. Während der trockene lockere Sand, an sich einen losen, vom Winde leicht beweglichen Körper darstellt, bildet der trockene Thon an seiner Oberfläche eine kompakte feste Kruste, von welcher der Wind kaum irgend ein Theilchen abzulösen im Stande ist, wenn sie zuvor nicht mechanisch zerbröckelt wird.[3] Auch in der Ablagerungsweise des staubigen Thones und des Sandes besteht ein grosser Unter-

---

[1] v. Richthofen, China, **1,** 78; 1877.

[2] Ebenda, S. 79.

[3] „. . . jede Auflockerung,“ sagt v. Richthofen vom Löss, „ob sie durch das ausblühende Salz, durch die Bildung von Haarfrost, durch den Huf der Gazelle oder des wilden Esels, oder durch den Marsch einer Caravanne geschehe, wird die Abtragung befördern.“ Ebenda, S. 96.

schied. Der feine Staub schwebt frei in der Luft und sinkt erst bei vollkommener Windstille langsam zu Boden, wo er liegen bleibt, wenn er entweder durch Feuchtigkeit gebunden wird oder sich in einer vor der Windwirkung geschützten Lage befindet, z. B. zwischen Grasstengeln.[1]) Die Ablagerung des Dünensandes geschieht dagegen unmittelbar durch den Wind, welcher ihn Schicht für Schicht herbeiweht. Der Unterschied ist durchaus derselbe wie zwischen dem Absatz einer schwebenden Trübe in stehendem Wasser und der Ablagerung von Sand, Grand und noch gröberem Materiale aus bewegtem Wasser, z. B. bei Brandung, durch Flüsse u. dgl. m. Daher entstehen sandige Dünenablagerungen gerade da, wo der Wind Zugang hat; eine Staubablagerung ist hingegen nur an Punkten möglich, welche vor dem Winde vollkommen geschützt sind.[2])

---

[1]) Im Allgemeinen geht der Staubabsatz unvergleichlich langsamer und in viel geringerem Maasse vor sich, als man es vermuthen dürfte, trotz seiner grossen Menge in der Luft. „In arge Staubwolken eingehüllt ist man eine Station abgefahren, und in Erinnerung an unsere Wege oder gar diejenigen auf dem Gebiete der Schwarzerde tritt man an den Spiegel: doch Alles ist rein, ja Kleider, Gepäck und Fahrzeug sind rein; so wie auch die Kräuter auf dem Wege es waren. Die pudergleiche Feinheit der Staubtheilchen und die völlige Dürre, die auch keine Spur von Thau gestattet, erklären Alles; der Luftzug des Fahrens selbst besorgt schon das Abblasen, obwohl bei vollster Windstille man den Staub, dem über der glühenden Steppe aufsteigenden Luftstrome folgend, senkrecht steigen sieht. Aber eben deshalb auch nirgends eine Spur des Ansatzes zu ähnlichen Gebilden wie die ‚Kupsen‘ des Flugsandes oder des dem Staube ähnlicheren Stiemschnees. . . . Es ist ein höchst feiner, salzig schmeckender Staub, der sich in unerwartet unbedeutender Schicht auf Tischen ablagert Er ist eben feiner als bei uns und hat weniger Neigung sich zu senken als bei uns.“ v. Middendorff, Einblicke in das Ferghanathal, Mém. Acad. St. Petersb., 1881, (7), **29,** No. 1, S. 92 und 90.

[2]) K. Bogdanówitsch (Geolog. Forschungen in Ost-Turkestan, 1892, S. 101—102) beobachtete in Kaschgarien die Bildung von Höckern aus Lössstaub unter dem Schutz von Büschen und Bäumen. „Sie sind durch eine schräge, mehr oder weniger koncentrische Lagerung abwechselnder Lagen von Löss und Laub charakterisirt.“ Eine ebensolche Anhäufung von Lössstaub findet auch in Wäldern statt, wobei nach dem genannten Forscher die Anziehung des Staubes durch den Wald mit der Verdichtung der Wasserdämpfe im engsten Zusammenhange steht, da nach seinen Beobachtungen „Staubnebel stets von Wassernebeln begleitet werden“. Es ist ferner beachtenswerth, dass „die Anhäufung des Lösses im Walde zunächst eine Erhöhung des Bodens, dann aber auch die Vernichtung des Waldes zur Folge hat“. Ueber dieselben Lösshügel findet sich in dem Werke des Grafen B. Széchenyi (Die wiss. Ergebn. d. Reise in Ostasien, 1893, **1,** 524—525) folgende Bemerkung: „Die durch Vermittelung der Sträucher entstehenden Butzen sind alle länglich und besitzen eine O-W-liche Richtung. Ihr Material besteht aus sandigem Löss,

Der Regen übt durchaus nicht die gleiche Wirkung auf wind-
abgelagerten Sand und auf Staubabsatz aus. Der auf lockeren Sand
fallende Regentropfen wird eingesogen und bewirkt nur an der
Oberflächenschicht eine geringfügige Verschiebung der Körner;
nur an steilen Dünengehängen rufen starke Regenfälle eine
Abschwemmung hervor, allein auch diese beschränkt sich
auf die obersten Sandschichten, während die tieferen unverändert die Lagerung beibehalten, welche ihnen vom ablagernden
Winde verliehen wurde. Auf Staubabsatz wirkt im Gegentheil
der Regen sehr stark ein: die feinen Staubtheilchen werden vom
Wasser fortgerissen und in anderer Weise vertheilt. Selbst wenn
der Staub sich auf Gras abgelagert hat und vom Regen nicht
weggeschwemmt werden kann, findet doch eine abweichende Vertheilung der Staubkörperchen statt, indem sie von den Stengeln und
Blättern auf den Boden hinabgespült werden, um sich dort in
kleineren Vertiefungen zwischen den Wurzeln abzulagern. Ausserdem schwebt, vermöge seiner geringen Schwere, der Staub längere
Zeit in der Luft und sinkt, wie soeben bemerkt wurde, selbst bei
vollkommener Windstille nur langsam zu Boden; der Regen aber
bewirkt ein rascheres Niederschlagen der Theilchen und säubert
somit von ihnen die Luft.[1])

---

darin mit *Helix*- und *Succinea*-Schneckengehäusen, die vordem auf den Gräsern
gelebt haben. Die Oberfläche dieser Gegend ändert sich rasch; einzelne dieser
kleinen Hügelchen sind von Aussen angefressen und weisen an dieser dem Winde
zugekehrten Seite eine solche Schichtung auf, die von der sogenannten fluviatilen kaum unterschieden werden kann. Dass das Wachsen der Butzen rasch
vor sich geht, beweisen die 30—60 cm tief eingegrabenen Grashalme und
stacheligen Zweige. Mitunter werden diese Hügelchen von Gras und selbst
von Rasen bedeckt und es kommt dann, nach Ausfüllung der dazwischen gelegenen Vertiefungen zur Bildung eines zusammenhängenden ebenen Bodens."
— Genau ebensolche Thon- oder Löss-Hügel sah in der Central-Sahará von
Bary, und beobachtete auch ihre Zerstörung durch Wind: „Im Uâde-ben-
Auëgir in Tripolis wachsen zahlreiche Sträucher von *Calligonum comosum* auf
niedrigen Lehmhügeln und schützen durch ihre tiefeindringenden Wurzeln das
lose Erdreich gegen den Wind, der sonst den zerfallenden Lehm über die
Dünen streuen würde; auch verleiht dieses Netz von Wurzeln dem Boden eine
gewisse Festigkeit durch Conservirung des Wassers. Oft sieht man in der
Wüste solche Hügel in Zerfall, wenn der schützende Strauch abgestorben ist
und nur mehr verdorrte Wurzeln das Erdreich durchziehen. Der Wind legt
dann in kurzer Zeit die Basis des Hügels bloss." (von Bary, Zeitschr. d. Ges.
f. Erdk., 1877, **I2**, 179.)
[1]) „Es schwebte der Staub hauptsächlich in grösserer Höhe und wir
sahen unter seiner Hauptwolke durch. In der That setzte sich auch auf eine
ausgestellte Unterschaale kein sichtbarer Staub ab; indessen sammelte sich doch

Die Mächtigkeit der im Laufe lange andauernder Regenlosigkeit, wie sie in manchen Wüsten vorkommt, abgesetzten Staubschicht dürfte wohl kaum so bedeutend werden, als dass der
Absatz nicht durch einen Regenfall weggespült werden könnte.
Bei aller Dichtigkeit eines Staubnebels ist die Staubmenge niemals
gross und die Mächtigkeit des Abgesetzten bemisst sich nach
Millimetern, höchstens nach Centimetern, während die Mächtigkeit
des im gleichen Zeitraume durch den Wind aufbereiteten, theils
weggewehten, theils aufgewehten Sandes nach Metern, ja Zehnern
von Metern zu beziffern ist.

Somit lagert sich der Dünensand lediglich mit Hülfe des
Windes ab, während dem atmosphärischen Wasser höchstens eine
abschwemmende Thätigkeit zukommt; beim Absatz aus Staub
entstehender lockerer Bildungen hingegen fällt unstreitig dem
atmosphärischen Wasser die wichtigste Rolle zu. Die Sonderung,
das Abblasen staubförmiger Theilchen aus gröberen am Orte ihrer
Entstehung, ihre Uebertragung auf mehr oder weniger weite
Strecken und ihre Vertheilung auf der Erdoberfläche geschieht freilich auch durch Wind, ihre endgültige Häufung und Befestigung
an den Boden gehört jedoch ausschliesslich den wässerigen Niederschlägen an.

---

von ihm im Verlaufe des Tages so viel an, dass die Bärte und Haare hoch-
blond wurden; die Augen fühlten sich beeinträchtigt. Nach eingebrochenen
von Regen begleiteten zwei Gewittern klärte sich am folgenden Tage die Luft:
anfangs war nach dem Regen nur im Zenith der Himmel klar, während die
niedrig stehende Sonne als hellweisse kaum glänzende Scheibe im Staube erschien. Stets schwebte die Hauptmasse des Staubes in einer gewissen Höhe,
so dass ich, so verdunkelt die Luft auch war, doch auf 200 Schritt in horizontaler Richtung Umrisse von Bäumen unterscheiden konnte. . . Rasch wurde
die Atmosphäre durch Gewitterregen vom Staube gereinigt und solche mögen
es denn auch sein, welche jene Verstaubungen der Futterpflanzen bedingen, die
den Heerden zu Zeiten tödtlich werden." v. Middendorff, l. c., S. 88 und 90.

Schluss.

Nachdem im Vorstehenden der Reihe nach Strand-, Fluss- und Festlandsdünen besprochen worden sind, wird es ersichtlich, welche grosse Aehnlichkeit diese Bildungen in ihrer Entstehung und ferneren Entwickelung, in ihrer Gestalt und ihrem inneren Bau zeigten. Diese bemerkenswerthe Aehnlichkeit der Dünen, wo sie sich auch gebildet haben mögen, ist unzweifelhaft darin begründet, dass die Wirkung des Windes auf lockeren Sand eigentlich überall denselben Gesetzen folgt. Daher zeichnet sich das der Windrichtung nach durchgelegte, von der Wirkung des Windes auf den Sand und von den Eigenschaften dieses letzteren als schüttigen Körpers ausschliesslich abhängende Dünenprofil durch eine grosse Gleichartigkeit und Beständigkeit aus, während der Grundriss und die Gruppirung der Dünen, umgekehrt, ziemlich bedeutenden Abweichungen unterworfen sind, da sie von den an verschiedenen Stellen verschieden gestalteten topographischen Bedingungen abhängen. Uebrigens nehmen unter gewissen geeigneten Bedingungen die Dünen auch im Grundriss eine auffallend regelmässige Gestalt an. Einige Unterschiede der Dünen der Meeresküsten von denen der Flussgebiete und der Wüsten machen sich nur in den Einzelheiten bemerkbar, aber auch sie lassen sich wesentlich auf die Topographie der Gegend zurückführen. Von Einfluss ist ferner die Verschiedenheit in den Bedingungen, unter denen der Wind zu dem durch die Meeresbrandung oder durch periodisch wiederkehrendes Hochwasser der Flüsse blossgelegten lockeren Sand Zugang findet; endlich machen sich diejenigen Bedingungen geltend, welche auf die Entwickelung einer Pflanzendecke hindernd wirken, was die Entstehung der Dünen von der Trockenheit des Klimas mehr oder weniger in Abhängigkeit bringt.

In vielen Fällen ist eine strenge Eintheilung der Dünen in Strand-, Fluss- und Festlandsdünen undurchführbar. Wir treffen häufig solche an, die sowohl zu Strand-, als auch zu Flussdünen, oder ebenso zu Strand- wie zu Festlandsdünen gerechnet werden können u. s. w. So müssen die an Flussmündungen auftretenden Dünen dem Ursprunge ihres Sandes nach als Flüssdünen, ihrer Lage und ihren Bildungs- und Entwickelungsbedingungen nach aber als Stranddünen betrachtet werden. Als weiteres Beispiel einer Uebergangsform zwischen Strand- und Flussdünen erscheinen die Dünen an den Binnenseen.[1]) Ihren gesammten Entstehungs- und Entwickelungsbedingungen nach sind diese Dünen Stranddünen im Kleinen; in einigen Seen tritt aber periodisch Hochwasser auf, welches das Ufergebiet überschwemmt und die darauf befindlichen Dünen in ähnliche Bedingungen wie jene der Flussthäler versetzt. Nicht weniger schwer ist es in manchen Fällen eine Grenze zwischen Strand- und Festlandsdünen zu ziehen. Der Sand vieler Dünen der Küste des Finischen Meerbusens wird vom Winde zu einem Theile aus der Anschwemmungszone, zum anderen aber unmittelbar aus den glacialen Ablagerungen, in welchen Windmulden entstanden, aufbereitet. Die auf dem Hochufer der Jütländischen Westküste gelegenen Dünen setzen sich ebenfalls theils aus dem Sande des Strandes, theils aus dem unmittelbar den anstehenden kahlen tertiären Sanden entnommenen Materiale zusammen. Die unzweifelhaft einst am Strande entstandenen Dünen bei Reval sind gegenwärtig vom Meere unabhängig und beziehen ihren Sand aus den Glacialablagerungen. In allen diesen Fällen sind die Dünen ihrem Ursprunge nach theils Strand , theils Festlandsdünen. Ebenso schwer, ja manchmal unmöglich ist es bei Wüstendünen zu entscheiden, ob ihr Sand durch Wasser angeschwemmt wurde oder an Ort und Stelle durch Zerstörung des anstehenden Gesteins unter dem Einfluss der Atmosphäre entstand, wie es im letzten Abschnitt dargelegt wurde. In Anbetracht aller dieser Umstände ist die von manchen Geologen versuchte scharfe Abtrennung der Stranddünen von den Festlandsdünen unbegründet:

---

[1]) Ich habe die Binnenseedünen nicht gesondert besprochen, um eine Wiederholung des über die Stranddünen Vorgebrachten zu vermeiden. Bei dieser Gelegenheit sei aber bemerkt, dass Dünen, welche jedoch eine starke Entwickelung nicht erreichen, durchaus nicht selten sind an den Ufern unserer Seen: des Ládoga-, Onéga-, Peipus-Sees (Tschúdskoje Ózero) u. a.

diese wie jene sind äolische Sandbildungen, durchaus ähnlich in
ihrer Entstehung und Entwickelung.

Bei meinen Untersuchungen der Dünen richtete ich meine
Aufmerksamkeit hauptsächlich auf die Art der Ablagerung des
Sandes durch Wind und auf die Entstehung der Schichtung, da
diese Seite des Vorganges für den Geologen von wesentlichem
Interesse ist. Die Frage nach der Entstehung der Sedimentär-
gesteine ist unstreitig eine der Wichtigsten in der Geologie. Der
einzige Weg zu ihrer Beantwortung ist, worauf schon Lyell
und v. Hoff hinwiesen, das gründliche Studium der in der
Gegenwart sich abspielenden, in der Zerstörung älterer und dem
Absatz neuer Erdschichten bestehenden Vorgänge. Die Noth-
wendigkeit, diesen Weg zu verfolgen, ist allseitig anerkannt, aber
nur wenige Schritte sind bisher auf demselben gethan worden.
In den besten Handbüchern der Geologie wiederholen sich, mit
geringen Abweichungen, dieselben schematischen Darstellungen und
dieselben, in allgemeinen Zügen gehaltenen, nicht immer auf unmittelbarer Beobachtung und Erforschung gegründeten Erklärungen,
welche bereits von Lyell, De la Bêche und Élie de Beaumont gegeben wurden. Auch jetzt noch behält Forchhammer's
berechtigte Klage, dass „die Bildungen, welche noch fortwährend
am Ufer des Meeres vor sich gehen, ... im Ganzen nur wenig
die Aufmerksamkeit der Geognosten auf sich gezogen haben, indem die mächtigen Phänomene der Vulkane und die damit in
Verbindung stehenden Hebungen und Senkungen das Interesse
derselben fast ausschliesslich fesselten",[1] ihren vollen Werth.
Wenn einige der die Erdoberfläche umgestaltenden Erscheinungen,
z. B. die Bewegung der Gletscher, der Lauf der Flüsse, die Bewegung der Wellen, von vielen Seiten auch sehr eingehend studirt worden sind, so haben diese Forschungen, da sie vorwiegend
von Nicht-Geologen ausgeführt wurden, die für die Geologie besonders wichtigen Seiten der erwähnten Erscheinungen, nämlich die
diese begleitenden Vorgänge der Zerstörung und des Absatzes der
Erdschichten nur wenig beachtet.

Der Mangel an einigermaassen genauen Beobachtungen ist
zwar für alle genannten Vorgänge fühlbar, nirgend wohl aber in

---

[1] Forchhammer, Geogn. Stud. am Meeres-Ufer, N. Jahrb. f. Min. &c.,
1841. 1.

so hohem Grade, wie in der Frage von der Bildung der Sand-
und sandführenden Ablagerungen. Freilich gestaltet sich diese
ziemlich verwickelt, da wir gegenwärtig mehrere Arten der Bildung von Sandablagerungen kennen. Wir sehen sie am Meeresstrande mit Hülfe der Brandung entstehen, sich am Boden der
Flussbette und an den Flussmündungen unter gleichzeitiger Mitwirkung der Strömung und der Brandung bilden, auf dem Festlande unter dem Einfluss des Windes, oder in Gebirgsschluchten
unter demjenigen des Gletschereises zu Stande kommen u. dgl. m.
Wie kann nun der Geologe, dieser Mannigfaltigkeit der Bildungs-
ursachen Rechnung tragend, bei der Untersuchung lockerer oder
im Laufe der Zeit zu Sandsteinen verkitteter Sande feststellen, in
welcher Weise diese Ablagerungen entstanden: ob da ein Meeres-
strand, hier eine Flusssandbank oder eine Sandwüste bestand, auf
welcher der Wind Sandmassen zusammenfegte und aufschüttete.
In der Mehrzahl der Fälle vermag der Geologe eine bestimmte
Antwort hierauf nicht zu geben, weil es oft in den mächtigen
Sandablagerungen an organischen Resten, die in Fragen dieser
Art hauptsächlich oder ausschliesslich leitende, wenn auch nicht
immer unfehlbare Anhaltspunkte gewähren, gänzlich fehlt. Sande
und Sandsteine sind oft in paläontologischer Hinsicht gänzlich
stumm, da wegen ihrer leichten Durchlässigkeit für Luft wie für
Wasser die in ihnen enthaltenen Reste einer raschen Zersetzung
unterliegen. Selbst die festen Theile der Organismen, wie ihr
inneres und äusseres Gerüst werden aufgelöst und ausgelaugt und
verschwinden schliesslich vollkommen. Es bleibt also nur der
Ausweg übrig: die Bildungsweise der Sandablagerungen nach den
Eigenschaften des Sandes selbst, nach der Art seiner Schichtung,
nach den gegenwärtigen topographischen Bedingungen, und wenn
möglich nach der der Ablagerung des Sandes vorangegangenen
Bodengestaltung zu beurtheilen. Die Schichtungsweise wäre das
bequemste Merkmal, wenn es nicht bekannt wäre, dass in vielen
Fällen eine recht komplicirte und trotz verschiedener Bedingungen
dabei sehr ähnliche Schichtung zu Stande kommt.

Gegenwärtig ist es bekannt, wenn auch durch genaue Beobachtungen nicht bewiesen, dass Absätze wässerigen Ursprungs
durchaus nicht immer in wagerechter Lage stattfinden. Schon
De la Bêche wies darauf hin, dass am Meeresstrande die Sand-,
Grand- und Geröllschichten eine geneigte Lage besitzen. Ebenso

ist es auch schon längst erwiesen, dass in den Absätzen bei Delta-
bildungen, ja sogar in Flussbetten eine Abweichung von der horizontalen Lage recht verbreitet ist. Andererseits ist auch klargelegt
worden, dass bei äolischen Bildungen, welche früher für un-
geschichtet galten, sich recht oft eine ausgesprochene Schichtung
offenbart, welche, wie bei den Absätzen aus Wasser, in einer
Wechsellagerung des Sandes verschiedener Korngrösse und abweichender mineralischen Zusammensetzung zum Ausdruck kommt.

In Anbetracht dieser Verwickelung der Frage, erscheint es
geboten, die Bedingungen der Sandablagerung bei seiner Anschwemmung durch die Meereswellen, bei fliessenden Gewässern
u. dgl. m. genauer zu erforschen, um die Oberflächengestalt der
Ablagerungen, ihren grössten Böschungswinkel festzustellen, den
zu erwartenden Grad der Aufbereitung zu ermitteln u. dgl. m.
Gerade auf diese Seiten der Erscheinung wurde bei meinen Untersuchungen der Dünenbildungen das Hauptaugenmerk gerichtet.
Beim Mangel einigermaassen zuverlässiger Angaben über Sandablagerungen, welche nicht auf Dünen zurückzuführen sind, ist
es unmöglich alle Unterscheidungsmerkmale der Dünensande endgültig festzustellen; dennoch will ich es versuchen, diejenigen
Merkmale der Dünenbildungen hier aufzuführen, welche, gegenüber anderen Sandbildungen als besonders charakteristisch erscheinen, soweit unsere Kenntnisse dies gestatten.

Wie wir bereits wissen, tritt im Dünensande oft eine deutliche Schichtung auf, bedingt durch die Wechsellagerung von
Schichten verschiedenen Kornes und verschiedener mineralischen
Beschaffenheit, und bei den Wüstendünen durch Hinzutreten von
thonigen und Löss-Einlagerungen. Diese Schichtung tritt entweder
in ein- und ausgebogenen Flächen hervor, welche den ehemaligen
Oberflächen der Luvseite und des Gipfels der Düne entsprechen
und auf der Durchschnittsebene als sanftgebogene Linien erscheinen, oder sie bietet steile Böschungen dar, welche sich auf
der Schnittebene als mit dem Horizont Winkel von etwa 30^0 ein-
schliessende gerade Linien projiciren. Bei meinen Beobachtungen
habe ich viel häufiger Schichten der ersten Art angetroffen.[1] Es
ist bemerkenswerth, dass bei den Ablagerungen vulkanischer Asche

---

[1] Eine ebensolche Schichtung beobachtete A. Briart in den Dünen der
Umgegend von Heyst in Flandern. (Sur la stratification entrecroisée. Bull.
soc. géol. de France, 1880, **8,** 587.)

am Laacher-See, welche ebenfalls unter dem Einfluss des Windes
stattfanden, eine eben solche Schichtung mit sich durchkreuzenden
ein- und ausgebogenen Flächen zu beobachten ist,[1] — ein Umstand, der diese Art der Schichtung als eine für äolische Bildungen
im Allgemeinen bezeichnende anzusehen berechtigt. Unter den auf
Dünenbildungen nicht zu beziehenden Sandablagerungen dürfte
eine ähnliche Schichtung in den vom Meere angeschwemmten zu
finden sein, da die Ablagerungsweisen durch Wasser- und durch
Luftwellen ohnehin viel mit einander gemein haben. Auf die Möglichkeit, eine ähnliche Schichtung anzutreffen, weist die Gestalt der
Oberfläche der Brandungszone mit Deutlichkeit hin. In dem vom
Meere angeschwemmten Sande findet sich indessen erstens gröberes
Material, wie Grand und Geröll (vgl. Abschn. IX) und zweitens übersteigt der Grenzwinkel, unter welchem feiner Sand angeschwemmt
wird, die Grösse von 5^0 nicht, während bei den Dünen die
Böschung, auf welche Sand angeweht wird, oft einen Winkel von
15 bis 20^0 besitzt und es bei oft eintretendem Windwechsel sogar
vorkommen kann, dass die Umrisse der eingebogenen und mit
überhängendem Rande versehenen Oberfläche einer zugeschütteten
Windmulde erhalten bleiben, wofür in Dünendurchschnitten nicht
selten Beispiele vorliegen. Am Meeresstrande ist dagegen, meiner
Meinung nach, die Bildung einer solchen eingebogen-überhängenden
Schichtung schlechtweg unmöglich.[2]

Eine weitere Eigenthümlichkeit des Dünensandes ist seine
ziemlich vollkommene Aufbereitung und die Abwesenheit grober
Körner in ihm, welche zu schwer sind, um vom Winde geführt zu werden. Es ist bereits hervorgehoben worden, dass
die grössten Körner 3 bis 4 mm im Durchmesser erreichen und
dass ein so grober Sand hauptsächlich im unteren Theil der Luvseite vorkommt, wogegen am Dünengipfel Körner über 2 mm nicht
angetroffen werden und meist sogar 1 mm nicht übersteigen. Aus

---

[1] Ebenda, S. 588.

[2] Leider sind die Bedingungen der Sandablagerung am Meeresstrande
durch die Wellen, in den Flussbetten, bei Delta- und Barren-Bildungen bisher
nicht genau studirt worden. Indessen können viele dieser Erscheinungen, z. B.
die in so grossartigem Maassstabe vor sich gehenden Anschwemmungen durch
die Meereswellen, sehr bequem auch experimentell erforscht werden. Den
Anfang zu solchen Untersuchungen hat in höchst lehrreicher Weise Hagen in
seinem vorzüglichen Werke „Handbuch der Wasserbaukunst, 3. Theil: Das Meer,
2 Bände, Berlin 1863“ geliefert. Vgl. oben S. 25.

den Angaben von Zittel und Rolland ergiebt sich, dass auch
im Dünensande der Sahará die grössten Körner 2 mm messen.
Es wäre übrigens irrig anzunehmen, dass die Aufbereitung durch
Wind den Sand vollkommen gleichmässig gestaltet. Im Gegentheil, in jeder Handvoll Sand lassen sich gröbere und feinere
Körner wahrnehmen, was mit ihrer verschiedenen Gestalt und
ihrer Lage dem Winde gegenüber im Zusammenhange steht.
Andererseits ist der Dünensand stets staubfrei, da der beim An-
einanderreiben der Körner entstehende Staub vom Winde weggeblasen wird. Auf den dadurch bedingten Unterschied in der
Farbe zwischen dem sauberen Dünensande und dem durch Staub
verunreinigten Sande der Glacialablagerungen, welchem er entstammt, ist bereits hingewiesen worden. Ueber die völlige Staub-
freiheit des Dünensandes der Wüsten berichten auch Zittel und
v. Richthofen. Bei Windstille kann sich freilich Staub auf die
Dünenoberfläche absetzen; wenn er durch Feuchtigkeit befestigt
wird, auf der Leeseite sogar erhalten bleiben und eine thonige
oder Löss-Einlagerung hervorrufen. Ist aber der Wind stark
genug, um Sand fortzuführen, so kann von einer Staubablagerung
natürlich nicht mehr die Rede sein.

In der Gestalt der Körner bietet der Dünensand nichts Eigenartiges dar: neben Dünen, deren Sandkörner abgerundet, ja ganz
rund sind, sah ich andere, bei denen dies in sehr geringem Grade
der Fall war, vielmehr abgestumpft eckige Körner vorwalteten,
aber auch zuweilen scharfeckige und scharfkantige vorkamen.
Allem Anscheine nach besitzt der Dünensand der Wüsten, welcher
durch lange Zeiträume hindurch den Windwirkungen ausgesetzt
war, stärker gerundete Körner als der Meeressand; jedenfalls
kann aber der Grad der Abrundung weder als Unterscheidungsmerkmal für den Dünensand im Allgemeinen noch als Hinweis auf ein geringeres oder höheres Alter der Dünen gelten.
Ein zuverlässigeres Unterscheidungsmerkmal liefern die Humusschichten mit Ueberbleibseln von Landpflanzen, obwohl es sich
schwer annehmen lässt, dass diese Reste, mit seltenen Ausnahmen, im Dünensande lange erhalten bleiben können, es
sei denn im Falle einer Befestigung und Cämentirung des
Sandes. Uebrigens finden sich in den tertiären Sanden
von Ostricourt, denen die französischen Geologen einen Dünen-
ursprung zuschreiben, ziemlich zahlreiche Reste von Land-

pflanzen.[1]) Man kommt der Wahrheit sicher viel näher, wenn man in den vielen Fällen, in denen Schichten mit Landpflanzen, welche ihre natürliche Wurzel- und Stammstellung bewahrt haben,[2]) mit Schichten feinen, ziemlich einheitlichen, in nennenswerther Menge weder zu grobes Material noch Schalen von Wassermollusken führenden Sandes wechsellagern, diesen letzteren als Luvseiten-Sand betrachtet, welcher die Vegetation am Orte ihrer Entstehung zuschüttete, und nicht eine Reihe von Schwankungen der Bodenoberfläche annimmt, welche ein ganzes Gebiet bald unter den Meeresspiegel versenkten, bald wieder aus dem Wasser hervortauchen liessen.

Unwillkürlich drängt sich übrigens hierbei die Frage auf, ob eine so unstete Bildung, wie eine Sandanwehung, im Stande ist, sich so lange, seit ihrer Entstehung in der Tertiär- oder einer noch älteren Periode mit all' ihren Kennzeichen unverändert zu erhalten. Eine solche Annahme ist im höchsten Grade unwahrscheinlich, zumal unter der Voraussetzung, dass der Sand locker blieb; cämentirt und in Sandstein verwandelt, kann er dagegen unter Beibehaltung seiner Schichtung und anderer Eigenschaften fortbestehen. Eine solche Verkittung losen Sandes durch Kieselsäure, Eisenoxyd, Kalk-, Magnesia- und andere Salze, welche einsickernden und kreisenden Wässern entstammen, ist eine in Sandgesteinen recht verbreitete Erscheinung, welche auch bei Dünenbildungen statthaben kann. Ich habe nicht selten Gelegenheit gehabt bei durch Wind zerstörten Dünen einen festeren Kern zu beobachten, welcher aus demselben Sande mit wohl erhaltener Schichtung bestand, aber unter der Einwirkung der Feuchtigkeit und unter dem Druck der überlagernden Massen ein festeres Gefüge angenommen hatte und mit Eisenoxyd und etwas Kieselsäure schwach verkittet war. Viel häufiger tritt die Verfestigung des Dünensandes und seine Umwandlung zu Sandstein in denjenigen

---

[1]) Gosselet, Quelques remarques sur la flore des sables d'Ostricourt. Ann. Soc. géol. du Nord, Lille 1883, **10,** 100. Joh. Walther hält den nubischen Sandstein, welcher Baumreste enthält, für eine alte Dünenbildung: „Das Sediment, welches diese Hölzer einschliesst, scheint mir eine Dünenbildung des Festlandes zu sein; marine Fossilien fehlen in den Bänken, die Hölzer sprechen ebenfalls für Festland und die Diagonalschichtung der Sandsteine ist ein weiterer Beweis dafür (Die Denudation in der Wüste &c., S. 473).

[2]) Vereinzelte Wurzeln von *Tamarix gallica* fand Vogel in grosser Menge in den Sandhügeln zwischen Mursuq und Mafem (Joh. Walther, l. c., S. 473).

Fällen auf, in welchen er eine merkliche Beimengung von Calciumcarbonat führt. Die allmähliche Verkittung des Dünensandes ist
eine nicht nur bei reichlicher mit kreisendem Wasser versehenen
Strand- und Flussdünen, sondern auch bei Wüstendünen anzutreffende
Erscheinung. Laurent[1] fand in der Sahará, z. B. in der Gegend
von El Muya Tanger und El Baya zu Sandstein verkitteten Sand,
der zugleich die dem Dünensande eigene Schichtung in wohl-
erhaltenem Zustande aufwies.

[1] Laurent, Mém. s. l. Sahara p. 12.

Anhänge und Ergänzungen.

Die Dünen der Dörfer Murila und Lautaranta.

An der Küste des Finischen Meerbusens, etwa halbwegs zwischen St. Petersburg und Wiborg, da wo das Dorf Murila und etwas südlicher auch das Dorf Lautaranta liegt, finden sich sehr interessante Dünen. Die Finländische Küste zwischen Wiborg und Wammelsuu bietet in ihrem Gesammtumriss einen mit seiner Ausbiegung nach SW gewendeten Halbkreis. Ungefähr in der Mitte dieses Halbkreises ist das Dorf Murila gelegen. Hier ist die direkt nach SW blickende Küste der Wirkung der Stürme und Winde am meisten ausgesetzt. Etwas nördlicher wird sie durch die Björko-Inseln geschützt; etwas südlicher hinter der Landzunge Toivolaniemi ändert sie ihre Richtung und ist anfangs, bis zum Kap von Innoniemi, gerade gegen Süden, dann aber gegen SO gerichtet. Das Dorf Murila liegt auf einer von der Küste 0,5 km entfernten Terrasse. Diese steigt zur See mit zwei Stufen hinab, von denen die erstere mit dem Dorfe sich auf 36,6 m über dem Meeresspiegel erhebt, während die zweite 23,7 m hoch ist. Am Fusse der Terrasse dehnt sich eine vom Meere durch eine Dünenkette getrennte, ziemlich schmale sumpfige Zone aus. Die Dünen sperren den von der Terrasse hinabkommenden Bächen den Abfluss ab und begünstigen auf diese Weise die Bildung kleinerer vorgelagerter Sümpfe, deren Oberfläche, und auch wohl deren Boden, deutlich über der Meeresfläche liegt. Dem Dorfe Murila gegenüber finden sich zwei Dünen: die nördlichere, neugebildete ist klein und erhebt sich nicht über 3 bis 3,5 m über der Bodenfläche, auf welcher sie sich bewegt. Die südlicher gelegene, viel weniger regelmässige, ist etwas höher, etwa 5 m hoch, und ist eine alte vom Winde in Umgestaltung versetzte Düne. Ihr mittlerer Theil ist als frischaufgeschütteter Hügel vorgeschoben; auf beiden Seiten haben sich dagegen

Theile der alten Düne erhalten, welche mit Birken bewachsen sind. Ich war nicht wenig erstaunt, hoch auf den Dünen Birken zu finden, zumal man sie im Walde nicht sieht. Auf höheren Punkten, auf den Terrassengehängen, standen Kiefern, in der Niederung Tannen, reichlich mit Wachholder untermischt. Einen besonderen Grad von Feuchtigkeit kann man im Sande dieser Gegend nicht voraussetzen, da er nicht fein, sondern mittelkörnig ist, also ein hohes Maass von Kapillarität nicht aufweisen kann.

Die neugebildete Düne besitzt in ihrer Gestalt eine bemerkenswerthe Eigenthümlichkeit, wie ich sie bis dahin an keiner anderen Düne gesehen hatte. Ihre allmählich ansteigende Luvseite und ihr flachgewölbter Gipfel bieten nichts Ungewöhnliches dar; der Gipfel geht aber in die Leeseite nicht wie sonst als abschüssige Wölbung über, bildet auch keinen ausgesprochenen Knick, sondern senkt sich als sanfte, kaum eingebogene Böschung, unter einem Winkel von 7 bis 8° gegen den Horizont und ähnelt in seiner Gestalt täuschend einer Dünenluvseite. Dieser sanfte Abhang macht die oberen zwei Drittel der Leeseite aus, während das untere Drittel das gewöhnliche Aussehen einer regelrecht gebauten, unter 30° einfallenden Leeseite besitzt und gegen den oberen Theil durch einen scharf ausgeprägten Knick abgegrenzt ist. Da die vor der Düne als steile Wand sich erhebende Terrasse jede Einwirkung des Landwindes vollkommen unmöglich macht, so muss die Bildung eines der Luvseite ähnlichen Abhanges an der Leeseite dem von der Terrasse zurückgeworfenen Meereswinde zugeschrieben . werden. Zu Gunsten einer solchen Annahme spricht auch der Umstand, dass der untere Theil der Leeseite, vor der Wirkung des zurückgeworfenen Windes durch kleinere Bodenunebenheiten und durch die zwischen der Düne und der Terrasse in grosser Menge wachsenden Wachholdersträuche geschützt, den Charakter einer regelmässig gebildeten Dünenleeseite in vollem Maasse bewahrt hat.

Der Sand dieser Dünen hat, wie bereits erwähnt wurde, im Mittel eine Korngrösse von 0,5 bis 1,5 mm, ist also für einen Dünensand schon recht grobkörnig, was natürlich mit der Grobkörnigkeit des vom Meere angeschwemmten Sandes zusammenhängt. Unter den Körnern vermag man alle an der Zusammensetzung des finländischen Granits theilnehmenden Minerale zu unterscheiden. Die vorherrschenden Quarzkörner sind bald durchsichtig wie Glas, bald durch Eisenoxyde gelblich oder braun gefärbt, bald undurchsichtig und milchweiss. Daneben sieht man ebenfalls in grosser Menge theils dunkle, theils helle fleischfarbene Feldspathkörner, ferner schwarze Hornblendesäulchen und dunkle Glimmerblättchen. Alle Körner sind eckig, kaum angerundet. An den Feldspathkörnern nimmt man oft Krystallflächen, -Kanten und -Ecken wahr, und an den Quarzkörnern manchmal einen scharfkantigen muscheligen Bruch. In der Anschwemmungszone, am Fusse der Dünenluvseite, beobachtet man kurze Geröllreihen von 1 bis 2 Fuss Höhe. Sie sind von verschiedener Höhe und Länge, ziehen sich aber dem Küstenrand parallel hin und sind nichts Anderes als Ueberbleibsel von Strandwällen, deren feinerer Sand vom Winde herausgeblasen und den Dünen zugeführt worden ist. Die unterbrochene Verbreitung der Geröllreihen, ihre verschiedene Höhe und Breite hängt von der ungleichmässigen Vertheilung der Gerölle in den Strandwällen ab. So lässt es sich bei den im Entstehen begriffenen Wällen leicht beobachten, wie sich an einer Stelle das Gerölle in grosser Menge anhäuft, während es an einer anderen, benachbarten fast gänzlich fehlt. Kleine Bäche, welche sowohl die Geröllreihen, als auch die neugebildeten Strandwälle durchschneiden, verschaffen die Gelegenheit, den Bau beider Art von Gebilden kennen zu lernen. Hierbei zeigt es sich, dass der innere Bau der einen wie der anderen durchaus derselbe ist: beide sind aus Sand, Grand und Gerölle, welche ohne jegliche Sonderung mit einander vermengt sind, aufgebaut. Bei den neuen, einer andauernden Einwirkung des Windes noch nicht ausgesetzten Wällen sieht man an der Oberfläche dieselbe Mischung des verschiedenartigen Materials wie im Inneren; bei den alten aber hat sich eine Hülle aus Grand und Gerölle gebildet, welche das Innere vor der Windwirkung schützt. Die Wälle sind hier von der Wassergrenze bei mittlerem Stande ziemlich weit, d. h. einige Zehner Schritt entfernt und erheben sich 1,5 bis 2 m über dem Spiegel. Hieraus folgt, dass sie bei heftigen Stürmen gebildet werden, wenn die Küste auf einige Meter hinaus überschwemmt wird. In grösserer Nähe der Wassergrenze bildet der Strand eine schwach gewölbte sanfte Böschung von 5 bis 8°, auf welcher, der Strandlinie parallel, niedere Sand-Wellen-Reihen von 3 bis 4 cm verlaufen. Jede dieser

Reihen besitzt einen langen sanften, gegen das Meer gerichteten, mit Sand bedeckten und einen kurzen steileren, vom Meere abgewendeten, aus Grand bestehenden Abhang. Die Wellenreihen sind durch die Brandung bei zurückweichender Fluth erzeugt worden. Tritt ein Sturm ein, so werden alle diese Sandwellen bis an die Wälle spurlos hinweggeschwemmt, bei schwacher Brandung aber auf dem sanft ansteigenden, durch den Sturm geebneten Strand wieder gebildet.

Das Meeresufer zwischen den Dörfern Murila und Lautaranta bietet ein interessantes Beispiel der Abhängigkeit der Sandanschwemmung, also auch der Dünenbildung, von der Lage der Küste zu der herrschenden Brandung dar. Hier besteht die Uferlinie aus einer Reihe bald sanfter, bald schärfer gebogener Kurven, deren jede mit ihren Enden sich auf Klippenlandzungen stützt, welche durch die Meereswellen zerfressene Ausläufer der Åsar darstellen. Südlich von dem Dorfe Murila, bis zur Landzunge Kyroniemi, besitzt das Ufer eine SSO-Richtung und liegt für die hier herrschenden Brandungen von W und SW offen. Ausser den erwähnten Dünen finden sich noch kleinere an zwei etwa $^1/_4$ km von einander entfernt liegenden Stellen. Uebrigens beginnt auf der ganzen zwischen den ersten und zweiten Dünen befindlichen Fläche eine Bildung neuer Dünen, von reichlicher Sandzuführung durch das Meer begünstigt. Auf jedem Schritt trifft man entstehende Dünen an; ihre Entwickelung wird jedoch durch den Kiefernwald mit dichtem aus *Calluna vulgaris*, *Empetrum nigrum*, *Arctostaphylos uva ursi* und *Vaccinum vitis idaea* bestehenden Gebüsch gehemmt, welche der zerstörenden Thätigkeit des Windes Widerstand leisten. Dünenneubildungen sehen wir daher auch nur an dem Waldrande. — Besonders interessant ist die Windwirkung auf die dichten *Empetrum*-Büsche, welche gewissermaassen umwallt werden. Der Wind, der nicht im Stande ist, durch das dichte Gezweig des Busches durchzudringen und den unter ihm befindlichen Sand wegzublasen, fegt den vor ihm und an seinen Seiten befindlichen weg und bildet um ihn eine Rinne. Der Busch selbst scheint auf einem kleinen Hügel zu wachsen; unter seinem Schutze lagert sich nach und nach feiner Sand an, es entsteht eine kleine Düne, deren gewölbter und steiler Abhang dem Meere zugekehrt und mit *Empetrum*-Sträuchen bedeckt ist, während an der Leeseite

der angewehte Sand sich in Gestalt zweier Sichel-Flügel aus-
streckt.[1]) Grösser, etwa 1 bis 1,5 m hoch, sind die vor den in
diesen Wäldern reichlich wachsenden Wachholderbüschen sich
bildenden Dünen. Dabei häuft sich hier, im Gegensatz zu der
soeben geschilderten Bildung an den *Empetrum*-Büschen, wie auch
an *Salix*-(Weiden-)Arten, an Büscheln von *Elymus arenarius* u. A.
der Sand nicht an der Leeseite, sondern an der Luvseite, als ob
die Sandwelle plötzlich einen Theil der Zweige zuschüttete, die
anderen niederdrückte und darauf erstarrte.

Ausser den am Meeresufer zwischen dem Dorfe Murila und
der Landzunge Kyroniemi häufigen Dünenbildungen, wurde meine
Aufmerksamkeit durch den auf verschiedenen Stufen seiner Entwickelung befindlichen höchst interessanten Vorgang der Abtrennung einzelner Meeresreviere durch die sich über dem mittleren
Meeresstand auf 1,5 m erhebenden und eine Breite von etwa 5 m
besitzenden Strandwälle gefesselt. Diese Wälle sind, wie die ganze
Anschwemmungszone, aus ziemlich grobem Sande mit Beimischung
von Grand und Geröll zusammengesetzt. Die durch diese natürlichen Dämme abgetrennten Meeresreviere bewachsen mit Sumpf-
gräsern, Röhricht und verwandeln sich nach und nach in Sümpfe.

Die Landzunge Kyroniemi ragt in das Meer als ein aus rie-
sigen Geschiebeblöcken bestehender Rücken hinein und stellt das
Ende eines vom Meere unterspülten Ås dar; hinter ihr bildet das
Meer eine ziemlich tief in das Land eingeschnittene halbkreis-
förmige Bucht, Karjalais-lahti (Wäräperä-lahti). Schon beim ersten
Blicke auf das Ufer dieser Bucht fällt der grosse Unterschied im
Charakter des an die Landzunge Kyroniemi anstossenden und des
ihm gegenüber liegenden, nach Lautaranta gerichteten Theils auf.
Der von der Landzunge nach Norden verlaufende, gegen S und
SO offene Theil weist Spuren einer stetigen Unterwaschung und
Zerstörung durch die Meereswellen auf: er bildet einen Ab-
sturz, dessen oberer Rand an den Stellen, wo starker Gras-
wuchs, ein Busch oder ein Baum mittels ihrer Wurzeln die oberen
Schichten des Bodens befestigt haben, sogar überhängt. Viele
Bäume mit fast vollkommen blossgelegtem Wurzelwerk halten sich
in ihrer über dem Wasser schwebenden Lage kaum mehr fest.

---

[1]) Eine Sandhäufung vollkommen ähnlicher Gestalt sah ich in den Sand-
steppen des Gouvernements Astrachan, mit dem einzigen Unterschiede, dass sie
dort an Dornbüschen stattfand.

Dieser kaum 2,5 m hohe Absturz hat die sandig-thonigen Geröll-
und Geschiebe führende Glacialablagerung blossgelegt; an seinem
Fusse ist nur grösseres Geröll sichtbar, da alles feinere Material
durch die Wellen ausgewaschen und fortgeführt wird. Eine ganz
abweichende Beschaffenheit besitzt das entgegengesetzte nach W
und SW blickende, an angeschwemmtem Sande und diesen begleitenden Dünen reiche Ufer. Dort ist ein Absturz nicht vorhanden; von der Meeresoberfläche an steigt in sanfter Neigung
von etwa 5 bis 8° ein breiter, bei starken Stürmen von den
Wellen überflutheter Strand an. Die Wellen schwemmen fort
und fort neue Sandmassen an, welche nach ihrem Trocknen vom
Winde ergriffen und den Dünen zugeführt werden. Die Dünen
ziehen sich, wenn auch nicht als ununterbrochene Kette, das
ganze Ufer entlang bis nach Lautaranta und sogar etwas südlicher hin. Sie sind nicht hoch, ganz kahl und ihr vielköpfiges
Profil hebt sich von dem dunkelen Grün eines Waldhintergrundes
scharf ab. Jenseits des Waldes sieht man andere, höhere, meist
bereits mit Kiefern bedeckte Dünen, an denen nur hier und da
kleine Flecken weissen Sandes bemerkbar sind.

Somit besitzt das gegen W gewendete Ufer der Bucht eine
breite, andauernd im Wachsen begriffene Anschwemmungszone,
auf welcher die Wellen einen Strandwall nach dem anderen errichten, während sie am gegenüberliegenden, nach SO und O
gewendeten Ufertheil ebenso eifrig bemüht sind, den Strand zu
zerstören. In der Tiefe der Bucht, wo das O-Ufer, sich sanft
umbiegend, in das W-Ufer übergeht, wird der Charakter einer
Anschwemmungsküste allmählich durch eine Unterwaschungsküste
ersetzt. Die sanft ansteigende Anschwemmungsküste wird mit
ihrer Annäherung an die W-Seite der Bucht immer schmäler, die
Beimengung von Grand und Geröll zum Sande immer bedeutender
und zugleich erscheint über ihr ein Absturz, zunächst kaum merklich, dann aber je südlicher, der Landzunge Kyroniemi näher,
immer höher werdend; endlich verschwindet die Sandzone ganz
und die Wellen branden unmittelbar an dem senkrechten Absturz,
an dessen Fuss nur bei tiefem Wasser eine schmale, ausschliesslich aus grobem Geröll und regellos zerstreuten Geschieben bestehende Bank blossgelegt wird.

Bei den durchaus gleichen topographischen Verhältnissen und
unverändertem geologischem Bau des Ost- und West-Ufers der

Bucht von Karjalais-lahti muss die so sehr ausgesprochene Verschiedenheit in ihrem Charakter ausschliesslich ihrer verschiedenen Lage der herrschenden Brandung gegenüber zugeschrieben werden. An der ganzen Küste sind West- und Südwest-Winde ihrer Dauer, namentlich aber ihrer Stärke nach die herrschenden und dem entsprechend haben auch die häufigsten und stärksten Brandungen dieselbe Richtung. Die heftigsten Stürme kommen von SW her, da gegen NW und zum Theil gegen W sich die Björko-Inselgruppe schützend vorlagert. Die von SW ankommenden Meereswellen werden beim Eingang in die Bucht von Karjalais-lahti durch die Reibung an der Landzunge von Kyroniemi aufgehalten, verändern, wenigstens an der linken Seite, ihre Richtung und bewegen sich nicht mehr nach NO, sondern fast genau nach N, die Küste entlang. Auf diese Weise erfährt der der Landzunge von Kyroniemi anliegende Ufertheil eine Einwirkung nur seitens der an ihr hingleitenden, tangential sich bewegenden Wellen, welche, in die Tiefe der Bucht eindringend, alle ausgeschlämmten feineren Bestandtheile des Ufergesteins, den Thon, den Sand, den Grand und das kleinere Gerölle mit sich fortreissen. Bei der Vorwärtsbewegung nach dem Inneren der Bucht nimmt aber die Geschwindigkeit und mit ihr auch die Tragkraft der Wellen allmählich ab. Dies ist eine Folge der gesteigerten Reibung an dem Ufer und dem Boden der Bucht, deren Tiefe geringer wird. Die Wellen zernagen das weiter liegende Ufer bedeutend schwächer und lassen an seinem Rande nicht nur das Geröll, sondern auch Grand und Sand zurück. Endlich laufen die vollkommen erschöpften und des wesentlichen Theiles des mitgeführten Materiales beraubten Wellen das flache O- und NO-Ufer der Bucht, welchen sie selbst jene sanfte Neigung verleihen, an, brechen sich an ihnen und setzen den Rest des mitgebrachten Materials ab bis auf den allerfeinsten Sand und die Thontheilchen, welche von der beim Brechen der Wellen an einem flachen Strande stets entstehenden rückläufigen Strömung fortgerissen werden. So laufen die Wellen die O- und die NO-Küsten der Bucht direkt an, geben ihnen eine flache Neigung und schwemmen einen Sandwall nach dem anderen an.

Es ist oben bereits erwähnt worden, dass sich am O- und NO-Ufer der Bucht von Karjalais-lahti ausser den unmittelbar am

Strande gelegenen vollkommen kahlen und verhältnissmässig jungen
Dünen, hinter dem Walde andere, ältere, gegenwärtig stark bewachsene erheben. Von diesen alten Dünen hat die westliche,
höhere (von etwa 20 m Höhe) die für die Stranddünen typische
Gestalt eines unregelmässigen, etwas verbreiterten, hier eine Breite
von 1,5 km besitzenden Hufeisens wohl bewahrt. Ihre gewölbte,
gegen eine sumpfige Niederung steil abfallende Leeseite ist im
Vorrücken begriffen; ihre sanft abfallende Luvseite geht unmerklich in eine weite, zu ihrem grössten Theil mit jungen Kiefern
bestandene Windmulde über. Der Wald bedeckt auch beide
Abhänge der Düne und nur hier und da, hauptsächlich am
Gipfel, ist der Sand entblösst. wird vom Winde bewegt und bildet
kleine aufgeschüttete Sandhügel, welche allein die Regelmässigkeit
der Gestalt der Düne beeinträchtigen.

Die Kette der alten Dünen zieht sich die ganze Küstenstrecke
zwischen Karjalais-lahti und Lautaranta entlang und etwas weiter
darüber hinaus. Auf dieser ganzen Erstreckung sind die alten
Dünen von den jungen durch eine zum Theil morastige Niederung
getrennt, welche mit einem dichten, 1 km breiten Walde bedeckt ist.

Ueberblickt man die Vertheilung der Dünen auf der ganzen
Küstenerstreckung zwischen den Dörfern Murila und Lautaranta,
so wird man die deutlich hervortretende Abhängigkeit ihrer Bildung von der Lage der Küste den herrschenden Winden gegenüber wahrnehmen. Sie sind ausschliesslich an jenen Ufertheilen
vorhanden, welche gegen W gewendet und also der Thätigkeit
des Windes und der Wellen am meisten ausgesetzt sind, nämlich
an dem Küstentheil zwischen dem Dorf Murila und der Landzunge
von Kyroniemi, an dem Ostufer der Bucht von Karjalais-lahti und
weiter über das Dorf Lautaranta hinaus nach Seivästo.

Die Dünen des Rigaer Meerbusens an der Mündung der Westlichen Düna.

Die Küsten des Rigaer Meerbusens sind sowohl rechts, d. h. östlich von der Mündung der Westlichen Düna, als auch links, d. h. westlich, auf eine ansehnliche Erstreckung hin von einer ununterbrochenen, an einzelnen Stellen recht breiten Dünenzone umsäumt. Rechts finden sich kleine Dünen auf der Insel Magnusholm, namentlich auf ihrem südwestlichen Theil, während der nordöstliche sumpfig ist. Viel bedeutender sind die von der Küste entfernter, nach dem Innern des Landes hin, hinter der Alten Düna liegenden Dünen. Vom Ufer des Flusses an beginnen sie als eine über 2 km breite Zone zwischen der Farm Mühlgraben und dem Kirchdorf Rinusch. Darauf wendet sich diese Zone gegen NO und verläuft parallel dem Zufluss der Alten Düna, welcher sie sich bald sehr nähern, bald sich von ihr auf 0,5 bis 1 km entfernt. Am Orte Wetsak treten die Dünen an den Strand heraus, ziehen sich ihm entlang in ununterbrochener Zone bis zur Mündung der Livländischen Aa und weiter nordwärts bis zum Badeort Catharinenbad (Inze). Nördlich von Catharinenbad treten Dünen zwar sehr häufig auf, bilden aber keine einheitliche Reihe und haben auch eine nur unbedeutende Höhe. Ihre Hauptentwickelung erreichen sie zwischen der Düna und der Aa, wo die Breite des von ihnen eingenommenen Landstriches zwischen 0,5 und 1,5 km schwankt, stellenweise aber auch 2 km übersteigt. Diese Dünen sind bald in einer Reihe angeordnet, bald in zwei oder drei Reihen; viele von ihnen sind bereits mit Kiefernwald bestanden, andere wandern und verursachen nicht wenig Schaden, indem sie Wald und Feld verschütten. Die Fläche der zugeschütteten Bauern- und Pastorats-Ländereien beträgt nicht weniger als rund 2200 ha. Nicht wenig Wanderdünen giebt es auch auf den fiskalischen Ländereien des Magnushofer Forstes, namentlich in dessen nordöstlichem Revier, wo die dem Meere zweitnächste Dünenkette recht bedeutende Maasse erreicht hat und unter dem Einfluss der im Frühjahr und Sommer herrschenden nördlichen und nordwestlichen Winde ins Innere des Landes vorrückt, den schönen Kiefernwald verwüstet und den Langen Bach zuschüttet.[1]) Eine ziemlich bedeutende Entwickelung besitzen auch die dem Stintsee zustrebenden Dünen.

Eine noch ansehnlichere Entwickelung erreichen die Dünen links (d. h. im W) der Düna, in welche von dieser Seite her die Bolderaa oder richtiger ein Arm derselben mündet. Die die kurländische Niederung von S nach N durchfliessende Bolderaa vertauscht bei Schlock ihre nördliche Richtung gegen eine ONO verlaufende und fliesst über 30 km beinahe der Küstenlinie parallel, wobei sie vom Meere durch einen sehr schmalen, bei Schlock etwa 1,5 bis 2 km und bei Dubbeln sogar nur 0,5 km breiten Landstrich getrennt ist. Etwas westlich vom Gute Bullen theilt sich die Aa in zwei Arme, einen kürzeren, der sich in das Meer ergiesst, und einen längeren, welcher die ONO-Richtung beibehält, um, wie erwähnt, seine Wasser der Westlichen Düna etwa 2 km oberhalb deren Mündung in den Rigaer Meerbusen zuzuführen. Durch die Theilung der Bolderaa entsteht eine lange und schmale Insel, an deren nordöstlichem Ende Dünamünde liegt. Diese Insel ist in ihrer nordöstlichen Hälfte flach und zum Theil sumpfig, in der südwestlichen hingegen sehr sandig.

Hier am linken Ufer der Bolderaa treten auch kleinere Dünen zu einer kurzen Kette zusammen; westlich von der Mündung der Bolderaa ins Meer sind die Dünen von bedeutend grösseren Maassen und ziehen sich in einer fast ununterbrochenen Kette auf eine Erstreckung von mehreren Zehnern Kilometer längs des süd-

---

[1]) „Diese Düne," sagt St. Rauner (Die Dünen, ihre Befestigung und Aufforstung, St. Petersburg 1884, S. 70; russisch), „schüttet an gewissen Stellen den Langen Bach zu, welcher auf seinem Laufe mehrfach unter dem Sande hervortritt und wieder verschwindet. An einer anderen Stelle werden durch dieselbe Düne die Felder der ehemaligen Kronbauern zugeschüttet; sie befindet sich nicht mehr fern von der Ansiedelung dieser Bauern, welche in der Absicht, sich gegen sie zu schützen, eine Hecke angebracht haben; aber die Düne hat diese bereits überschritten und befindet sich gegenwärtig wenige Zehner Meter von den Gebäuden."

lichen und südwestlichen Ufers des Rigaer Meerbusens hin. Westlich vom Ort Kaugerzeem werden die Dünen erheblich niedriger
und ihre Kette ist auf mehr oder weniger grosse Strecken unter-
brochen. Auch bilden sie hier nur eine Reihe und nehmen daher
nur einen schmalen Landstrich ein. Je östlicher, um so breiter
wird ihre Zone, und von Bilderlingshof an nach O bedecken sie
die ganze Fläche zwischen der Bolderaa und dem Meere. Die
Küste ist hier von einer etwa 100 Schritt breiten Anschwemmungszone umsäumt, deren äusserst gleichmässig feiner Sand einen vollkommen ebenen, glatten Strand bildet. Bei meinem Besuch dieser
Küste war der Sand bis zur halben Breite der Anschwemmungszone, also auf eine Strecke von 40 bis 50 Schritt von der Wasserlinie vollkommen feucht und durch den Druck der Wellen recht
kompakt geworden, so dass trotz des heftigen Seewindes nicht die
geringste Bewegung der Sandkörner wahrzunehmen war. An der
oberen Hälfte des Anschwemmungsgebietes war dagegen der Sand
trocken und der Wind erzeugte auf ihm gefällige und regelmässige
parallele Sandwellen. Wie an der Küste bei Libau, wo der Sand
noch feiner ist, waren auch hier keine Strandwälle vorhanden,
die Anschwemmungszone bildete vielmehr eine vollkommen ebene,
unter einem Böschungswinkel von 3 bis 5^0 dem Meere zu
fallende Fläche. Oberhalb dieser Zone erheben sich Dünen, deren
Luvseite bei starken Stürmen vom Meer unterspült wird und daher, namentlich am unteren Theil steil ist und den Charakter eines
Absturzes annimmt. Dieser Absturz, wie mit einem Lineal parallel
der Küstenlinie gezogen, verleiht der Dünenkette, wenn sie vom
Meere aus betrachtet wird, ein geradliniges Aussehen; besteigt
man aber eine dieser Dünen, oder dringt durch eines der zahlreichen die Uferkette durchschneidenden Querthäler in die Mitte
der Dünenreihen ein, so wird man eine stark zerschnittene Gegend
und die Dünen als einzelne Hügel von mannigfaltiger Gestalt und
von sehr verschiedener Höhe und Erstreckung erblicken. Bald
sieht man benachbarte Dünen mit ihrer Basis vereinigt, bald
durch mehr oder weniger tiefe und breite Einsenkungen, welche
ein ganzes System von Längs- und Querthälern bilden, von
einander getrennt. Als herrschende Gestalt tritt bei diesen Dünen
diejenige eines unregelmässigen Hufeisens auf, welches in der
Richtung des Windes stark verlängert ist und dessen Rundung
von der steil abfallenden Leeseite gebildet ist. Die Mehrzahl

dieser Dünen ist gegenwärtig mit schönem Kiefernwald bestanden, und da die ganze Gegend sich für den Sommeraufenthalt sehr eignet, so ist sie mit Sommerwohnungen (Dátscha) bedeckt, welche sich ohne Unterbrechung von Bilderlingshof bis nach Dubbeln, mehrere Kilometer weit hinziehen. Kahle, bewegliche Dünen sind nicht zahlreich und fast nur im östlichen Theile der Vorkette vorhanden; und am äussersten Ende dieser letzteren, bei der Mündung der Bolderaa, erhebt sich eine grosse, vollkommen kahle, wohlgestaltete Düne; sie rückt gegen den Wald vor und schüttet die hohen Kiefern, eine nach der anderen, zu. Vollkommen abgeschlossene und gut ausgebildete Dünen sieht man nur in der dem Meere am nächsten liegenden Kette, wogegen die weiter abgelegenen selten eine bedeutende Höhe erreichen und die typische Gestalt erlangen. Häufiger finden sich hier flache wellenartige Erhebungen, welche sich kaum 2 bis 3 m über dem Boden der zwischen ihnen liegenden Thäler erheben. Dies sind nicht völlig ausgebildete Dünen, ohne ausgesprochenen Unterschied der Luv- und der Leeseite, in deren Entwickelung aus ursprünglichen hinter Büschen entstandenen Sandhaufen ein Stillstand eintrat und die in diesem Zustande durch die Pflanzendecke befestigt wurden.

Ausser diesem dem Meere nahegelegenen Dünensysteme zieht sich tiefer im Lande, aber nunmehr am rechten Ufer der Bolderaa, vom Orte Spunge, wo ein den Babitsee mit der Bolderaa verbindender Durchfluss besteht, ununterbrochen, bis zur Mündung des einen Bolderaa-Armes in die Westliche Düna, auf eine Strecke von 25 km hin ein noch bedeutenderes Dünengebiet. In seiner westlichen Hälfte sind die Dünen nicht über 5 bis 8 m hoch und gegenwärtig meist mit Kiefernwald bestanden und mit Haidekraut bedeckt, wenn auch hier kahle und windbewegte vorhanden sind. In der östlichen Hälfte hingegen, von der Eisenbahnbrücke über die Bolderaa bis zur Düna, erreichen die Dünen ihre grösste Entwickelung und da sie kahl sind, sind sie in Bewegung. Bei diesen Dünen will ich etwas verweilen, da sie unzweifelhaft die bemerkenswerthesten sind von allen an der Dünamündung vorhandenen, sowohl ihrer bedeutenden Entwickelung und völligen Beweglichkeit wegen, als auch wegen des lehrreichen, mit der Verschiedenheit der topographischen Bedingungen der Gegend zusammenhängenden Unterschiedes in der Gestalt der östlichen und westlichen Hälfte der Kette.

In der westlichen Hälfte ist das Dünengebiet nicht über 0,5 km breit, gegen O verbreitert es sich aber und erreicht am Düna-Ufer 2,5 km. Im Westen erheben sich die Dünen fast unmittelbar hinter dem Bolderaa-Ufer; im Osten sind sie von dem Flusse durch eine schmale, stellenweise sumpfige Niederung getrennt. Von SO her sind die westlichen Dünen durch einen hochstämmigen Wald geschützt, die östlichen liegen dagegen frei, da sich an dieser Stelle gegen S weite, Spilwe genannte Ueberschwemmungswiesen ausbreiten.

Die Bewegung der Dünen geschieht auf der ganzen Erstreckung der Kette von NNW nach SSO unter dem Einfluss der vom Rigaer Meerbusen her wehenden Winde. Nach den in Dünamünde angestellten Beobachtungen ändert sich die Richtung der Windresultante an dieser Küste im Laufe des Jahres erheblich: im Frühjahr und im Sommer ist sie NNW, also vom Meere gegen die Küste gerichtet; im Herbst und namentlich im Winter herrschen hingegen SSO- und S-Winde, also Landwinde vor.[1] Für die Bewegung der Dünen ist nur die Richtung der im Frühjahr, Sommer und Herbst wehenden Winde maassgebend, da im Winter die Schneedecke die Dünen vor der Einwirkung des Windes schützt.

Die Vertheilung der Winde war nun in den neun Monaten, von März bis einschliesslich November, der Jahre 1866—1876 folgende:[2]

	N	NO	O	SO	S	SW	W	NW	Still	φ
März	13,4	11,2	9,7	17,0	15,9	13,2	5,0	10,5	4,1	S 42° 48′ O
April	15,3	10,4	9,1	10,3	10,8	15,5	9,9	15,9	2,9	N 59° 55′ W
Mai	22,9	13,2	7,1	6,9	6,7	11,1	10,9	16,4	4,8	N 20° 19′ W
Juni	22,4	15,4	7,9	7,6	6,5	12,1	9,8	17,3	1,0	N 14° 22′ W
Juli	21,3	14,4	5,9	7,1	5,9	14,3	11,2	17,0	2,9	N 28° 34′ W
August . . .	15,4	9,9	5,8	12,1	11,6	15,9	12,3	14,0	2,9	N 85° 45′ W
September .	8,7	7,4	4,8	12,5	16,9	23,6	13,3	10,4	2,5	S 41° 9′ W
Oktober . .	4,9	3,5	6,9	24,5	19,8	22,2	9,9	6,1	2,3	S 4° 28′ W
November .	7,8	8,8	10,2	18,2	18,6	20,6	8,1	7,1	0,6	S 3° 25′ O

Aber auch in den Sommermonaten kommen S- und SW-Winde vor und können sogar eine bedeutende Stärke erreichen, wovon ich mich selbst zu überzeugen Gelegenheit hatte. Diesen Winden gegenüber befinden sich die Dünen der beiden Hälften

---

[1] Rykatschew, Die Vertheilung der Winde über dem Baltischen Meere. Repert. f. Meteorol., St. Petersb. 1878, 6, No. 7.

[2] Die Zahlen der Tabelle sind Procente, so dass jede Horizontalreihe 100 ergiebt; unter φ sind die Richtungen der Windresultanten angegeben.

der Kette durchaus nicht unter gleichen Bedingungen. Die der westlichen Hälfte sind, wie bereits bemerkt, von S her durch einen hohen dichten Kiefernwald geschützt, so dass auf sie ausschliesslich Seewinde wirken; darum haben sich auch bei ihnen die Luv- und die Leeseiten vollkommen regelmässig entwickelt und lassen sich von einander scharf unterscheiden. Die Luvseite ist, wie immer, von geringer Neigung von 5 bis 8° und schwach eingebogen, die Leeseite fällt dagegen unter dem gesetzmässigen Böschungswinkel des Sandes von etwa 33° schroff ab. Ganz abweichend tritt uns die östliche Kettenhälfte entgegen: hier ist die nach SO gerichtete Leeseite durch nichts verdeckt und ist einer unumschränkten Einwirkung der Südwinde ausgesetzt, zu welcher die weiten und ebenen, Spilwe genannten Wiesen genügenden Raum darbieten. Da aber die südlichen, südöstlichen und südwestlichen Winde besonders im Herbst eine bedeutende Stärke erlangen, so wandelt sich die südöstliche eigentliche Leeseite in eine Luvseite um, während die nordwestliche Luvseite zur Leeseite wird. Auf diese Weise wird jeder der Abhänge abwechselnd zur Luvseite und zur Leeseite, und die Folge davon ist die Abwesenheit regelmässig ausgebildeter Abhänge bei diesen Dünen. Es macht sich freilich im Allgemeinen eine grössere Steilheit der nach Süden gerichteten Seite gegenüber der nordwestlichen bemerkbar, was beim Vorherrschen der Seewinde auch erwartet werden durfte, allein der Unterschied in Steilheit und Gestalt ist doch viel weniger wahrnehmbar, als an den Dünen der westlichen Kettenhälfte.

Die ganze Kette rückt unter dem Einfluss der NW-Winde nach SO vor. In einer interessanten Arbeit hat Gottfriedt das Vorrücken dieser Dünen durch Zahlenangaben belegt. Die Bewegung der Westhälfte wurde direkt beobachtet, da es, dank der regelmässig entwickelten steilen Leeseite dieser Dünen, sehr bequem war, die Entfernungen ihres Fusses von den im Voraus bezeichneten Bäumen festzustellen. Die Beobachtungen geschahen an drei nicht weit von einander entfernten Stellen A, B und C.

	7. Nov. 1871	15. Okt. 1872	17. Aug. 1874
A) Baum I	3′ 6″	— 2′ 9″ (im Inneren der Düne)	(Wegen Zu- schüttung nicht mess- bar)
„ II	28′ 9″	22′ 10″	1′
„ III	144′ 0″	107′ 6″	86′ 2″

		7. Nov. 1871	15. Okt 1872	17. Aug. 1874
B)	Baum I	5′ 4,5″	4′ 6″	0′ 0″
	„ II	88′ 4″	87′ 4″	83′ 0″
C)	einziger Baum . .	48′ 4″	46′ 0″	39′ 1″

Aus diesen Messungen ergeben sich als Bewegungsbeträge:

		7. Nov. 1871 bis 15. Okt 1872	7. Nov. 1871 bis 17. Aug. 1874	Jahresmittel
A)	Baum I	6′ 3″	—	—
	„ II	5′11″	27′ 9″	—
	„ III	6′ 6″	27′10″	—
	Mittel	6′ 3″	27′ 9,5″	10′ 1″
B)	Baum I	0′10,5″	5′ 4,5″	—
	„ II	1′	5′ 4″	—
	Mittel	0′11,25″	5′ 4,25″	1′11″
C)	einziger Baum . .	2′ 4″	9′ 3″	3′ 4″

Diese Messungen beweisen zugleich, wie ungleichmässig die Bewegung der Dünen an verschiedenen Stellen derselben Kette, sowohl im Laufe eines Jahres als auch von drei Jahren, ist.

Die Bewegung der Dünen der östlichen Kettenhälfte konnte nicht direkt gemessen werden, da nach Gottfriedt die Zuschüttung durch Sand in diesem Theile sich je nach den Verhältnissen auf Monate, ja Jahre vertheilt. Zunächst wird die Wiese nur schwach, dann stärker zugeschüttet, während die Gräser fort wachsen und ihre Stengel den Sand so lange durchstossen, bis die Schicht so mächtig geworden ist, dass alle Vegetation unter ihr erstickt und begraben wird. Zur Bestimmung der Geschwindigkeit der Bewegung dieser Dünen hat Gottfriedt die Karten dieser Gegend aus den Jahren 1723 und 1858 mit einander verglichen; er fand, dass im Zeitraum von 135 Jahren das Vorrücken in das Innere des Landes im Mittel 376 m betrug, aber sehr ungleichmässig stattfand. Am Ufer der Westlichen Düna hatten die Dünen nicht weniger als 632 m zurückgelegt, für andere Stellen wurden die Werthe 380, 290, 212, 172 ermittelt. Im Ganzen sollen während dieser 135 Jahre, nach Gottfriedt's Berechnung, die Dünen eine Fläche von zwei Quadratkilometern Kulturland erobert haben. Der Lohfeldshof, welcher 1723 am Flussufer lag, ist später durch Sand völlig zugeschüttet worden, während jetzt Ueberbleibsel der Baulichkeiten wiederum aus dem Sande hervorzutreten beginnen.[1])

---

[1]) Gottfriedt, Beiträge zur Kenntniss des Mündungsgebietes der Düna. Korresp.-Blatt des Naturforscher-Vereins zu Riga, 1875, **21**.

Ausser den soeben besprochenen Dünen treten in der Niederung des Unterlaufes der Westlichen Düna von der Küste noch entfernter gelegene Ketten auf, welche sich vom Nordeckshof bis zum Babitsee hinziehen. Sie sind zumeist mit einem dichten Kiefernwald bestanden und nur an wenigen Stellen nimmt man gänzlich entblössten Sand wahr, dessen Auftreten eine Folge des Eingreifens des Menschen in den Haushalt der Natur, namentlich des Abholzens des Waldes ist.

Der Sand der hier in Rede stehenden Dünen besteht hauptsächlich aus Quarzkörnern, unter denen vollkommen farblose, durchsichtige vorherrschen, wenn sich auch gelbliche, dunkelgelbe, ja dunkelbraune, durch Eisenoxyd gefärbte antreffen lassen. Ausser den Quarzkörnen finden sich, wenn auch in viel geringerer Menge röthlicher Feldspath und dunkelgrüne Hornblende; ab und zu bemerkt man auch durchsichtige violettrothe Granatkörnchen.[1] Die Mehrzahl der Körner ist abgerundet; nicht selten sind vollkommen kugelförmige Quarzkörner mit gleichmässig matter Oberfläche; doch giebt es auch solche, deren Oberfläche uneben, zerfressen ist. Ziemlich häufig sind auch eckige Gestalten, jedoch mit abgeriebenen Ecken. Scharfkantige Körner sind äusserst selten. Das Korn des Sandes ist ziemlich gleichmässig und fein. Sein mittlerer Durchmesser schwankt zwischen 0,20 und 0,35 mm, wenn sich auch Körner von 0,4 ja 0,5 mm finden.[2] Ueber den Ursprung dieses Sandes können Zweifel nicht obwalten: einen durchaus identischen Sand führt die Westliche Düna in gewaltigen Mengen in das Meer hinein und aus ihm ist die ganze Niederung dieses Stromes zusammengesetzt.

---

[1] Die chemische Zusammensetzung des Sandes der Düne von Magnushof ist nach einer Analyse von St. Rauner (Die Dünen, ihre Befestigung und Aufforstung, St. Petersb. 1884, S. 44) folgende: Unlösliches $= 99,210$, Glühverlust $= 0,160$; in Salzsäure lösliches $= 0,790$, bestehend aus $CaO = 0,092$, $CO_2 = 0,072$, $SO_3 = 0,030$, $MgO = 0,055$, $P_2O_5 = 0,013$, $Fe_2O_3 = 0,422$, $SiO_2 = 0,023$, Alkalien und Verlust $= 0,083$. In Alkali lösliche $SiO_2 = 0,465$.

[2] Nach Rauner's Messungen ist der mittlere Durchmesser der Sandkörner der Magnushofer Düne 0,18 mm, wobei Körner von 0,1—0,2 mm 57 % und von 0,2—0,3 mm 43 % ausmachen. (Die Dünen &c., S. 43.)

Die Dünen der Kurländischen Westküste zwischen Libau und Polangen.

Die Westküste Kurlands besitzt ausserordentlich eintönige Umrisse. Auf der ganzen Erstreckung von Lüserort bis zur Preussischen Grenze, welche beiläufig 200 km beträgt, giebt es keine scharf ausgeprägte Landzunge, keine tiefeingeschnittene Bucht. Die Küstenlinie besteht aus einer Reihe sanftgebogener Kurven, welche bald die konvexe, bald die konkave Seite dem Meere zuwenden. Die Krümmung dieser Linien ist oft so gering, dass sie nur bei grösseren Strecken bemerkbar wird, bei kürzeren, selbst einige Kilometer betragenden, erscheint die Küste von durchaus geradlinigem Verlauf. Kurz, die Kurländische Küste weist Umrisse auf, wie sie allen Anschwemmungsküsten eigen sind, welche aus Sand, Grand und Gerölle, überhaupt aus leicht beweglichem Materiale bestehen. Auch der Bau der Küste ist auf ihrer 200 km langen Gesammterstreckung sehr eintönig; sie ist von einer ununterbrochenen, ziemlich breiten und flachen Zone angeschwemmten Sandes umsäumt, über welcher sich ein sandiger Küstenabbruch erhebt, auf dem sich wiederum Dünen aufthürmen. Nur ganz im Süden zwischen dem Swenta-Fluss (Heilige Aa) und dem Ort Polangen wird die Küste malerischer, indem sich an das Meer ein ziemlich hohes Diluvialplateau mit mannigfaltiger Oberflächengestaltung heranschiebt; die Küstenumrisse bleiben aber dabei ebenso sanftgebogen, da die Erhebungen aus demselben leicht abschwemmbaren Materiale bestehen.

In der Umgegend von Libau und weiter südlich bis Bernaten, nimmt die Anschwemmungszone eine Breite von etwa 60 m ein; sie besteht aus gleichmässigem, ziemlich einheitlichem Sande, steigt nicht über 0,5 bis 0,75 m über die Meeresfläche an und wird bei starker Brandung bis an den Steilabbruch überschwemmt. Die

Festigkeit des Sandes ist so gross, dass nicht nur der Fuss des Wanderers, sondern auch Wagenräder keine Spur auf ihm hinterlassen. Diese Beschaffenheit der Anschwemmungszone macht sie bei ihrer vollkommenen Glätte zum Befahren recht geeignet, und auf ihr findet denn auch der ganze Fussgänger- und Wagenverkehr von und nach Libau statt; sogar Postfuhrwerke schlagen den Weg am Strande nach Bernaten ein, um erst dort in die Poststrasse einzulenken. In Folge der ausserordentlichen Festigkeit und Feinheit des Sandes, sowie der unbedeutenden Erhebung des Anschwemmungsgebietes über das Meer, erhält sich die Feuchtigkeit noch lange nach dem Aufhören der Brandung und dem Rückzug des Wassers, während tiefer liegende Stellen überhaupt nicht trocken werden.

Ungeachtet der grossen Massen angeschwemmten Sandes, findet hier eine beachtenswerthe Bildung von Strandwällen nicht statt und nur längs der Wasserlinie zieht sich ein flacher, 0,5 m nicht erreichender Wall hin, ein Erzeugniss der letzten wenig starken Brandung. Bei starken Brandungen hingegen, bei welchen das ganze Anschwemmungsgebiet überfluthet wird, lagert sich der Sand nicht in Gestalt von Wällen, sondern als gleichmässige Schicht über den 1 bis 3^0 geneigten oder sogar horizontalen Boden ab. Ueber diese Fläche erhebt sich ein 10 bis 15 Fuss hoher Abbruch: er ist bei heftigen Stürmen durch die Meereswellen erzeugt worden, welche ihn fort und fort bei stärkeren Brandungen unterspülen. Wenn der Sand noch nicht trocken und schüttig ist, erkennt man in den Durchschnitten des Abbruches den feinen, kaum wahrnehmbar geschichteten Dünensand, von einem weniger aufbereiteten Sande marinen Ursprunges unterlagert, welchem Grand, Geröll und Schalen von *Cardium edule* und *Tellina baltica* beigemischt sind. Unter dem Dünensande sieht man hier und da Lagen ziemlich festen, blättrigen Torfes, sowie Baum- und zwar meist Kiefernstämme, welche ihre aufrechte Stellung bewahrt haben. Uebrigens ist die Deutlichkeit eines Durchschnittes nur von kurzer Dauer: sie wird nach Beendigung der Unterwaschung durch hinabrieselnden Sand verschleiert. Der auf den Abbruch senkrecht wirkende Wind bläst in dem Maasse wie der Sand trocknet, nach und nach mehr oder weniger tiefe Rinnen in ihn ein, welche sich meist durch die Regelmässigkeit ihrer eingebogenen Oberfläche auszeichnen. Der Sand lagert sich oberhalb des Abbruches ab und dient entweder zur Vergrösserung alter oder zur Bildung neuer Dünen.

In der nächsten Umgebung von Libau und südlich, bis Bernaten, auf einer Erstreckung von 12 km, trifft man keine Dünen von bedeutender Höhe an, obwohl sich am Rande des Abbruchs eine ununterbrochene Kette niedriger, theils ganz kahler und beweglicher, theils mit dünner, aus *Elymus arenarius* und einigen Weidenarten bestehender Vegetation bedeckter Aufschüttungshügel hinzieht. In Libau selbst, unweit des Kurhauses erblickt man drei Dünenketten, welche durch tiefe Längsthäler von einander getrennt sind. Und auch weiter südlich, nach Bernaten zu, finden sich ausser der erwähnten Küstenkette, in gewisser Entfernung von der Küste, zwischen dem Meere und dem Libauer See vereinzelte Dünengruppen. Indessen erreichen hier die Dünen, wie gesagt, einigermaassen ansehnliche Grössen nicht und sind auch ihrer Gestalt nach wenig typisch.

Die geringe Höhe der Dünen dieser beinahe waldlosen Gegend lässt sich wohl am Ungezwungensten auf die offene Lage dieser letzteren, sowie auf die Feinheit des Sandes zurück-

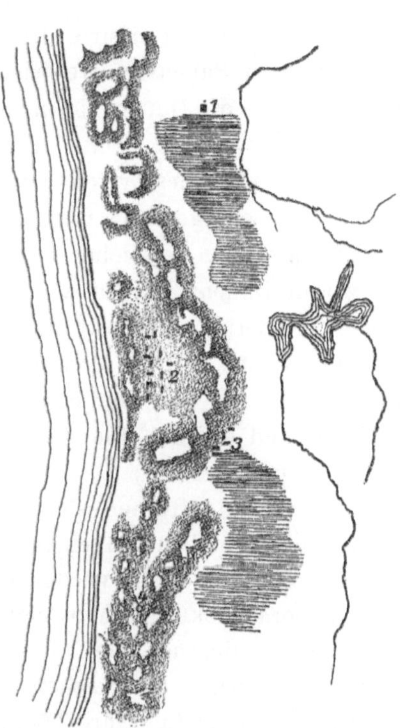

Fig. 14.

Dünen zwischen Bernaten und Zöpling. 1. Ausingen, 2. Kurencke, 3. Aiswike, 4. Meetrage.

führen. Denn nicht nur Stürme, sondern auch starke Winde erniedrigen merklich diese Dünen, indem sie von ihrem Gipfel ansehnliche Sandmassen abtragen, um sie als dünne Schicht über eine grössere Fläche auszubreiten. Bei Bernaten stossen wir auf die ersten hervorragenden Dünen, von der den Stranddünen eigenen Gestalt, mit steil abfallender Leeseite und sanft ansteigender Luvseite. Gegenwärtig sind hier fast alle Dünen mit dichtem Kiefernwald bedeckt und nur am nördlichen Waldsaume stellen sich kahle, bewegliche Dünen ein. Zwar bilden sie keine Ketten, doch verleiht die Gleichheit ihrer Gestalten, die gleiche Lage ihrer entsprechenden Gehänge im Verein mit ihrer Neigung zu Reihenbildungen der ganzen Gegend das Gepräge von Gleichartigkeit und einer gewissen Ordnung. Im Mittel ist die Höhe dieser Dünen 9 bis 12 m und nur einige übertreffen diese Maasse erheblich. So erreicht die Plicke-Kaln 39 m, die Nogge-Kaln 41 m über dem Meere.

Das soeben charakterisirte Dünengebiet erstreckt sich von Bernaten bis zum Papensee, wo wiederum die Gegend offen und waldlos wird und die Dünen viel niedriger werden. Dieses Dünengebiet ist 0,5 bis 1,5 km breit. Bei Bernaten bilden die Dünen ein ziemlich verworrenes System von Ketten, Hügeln und Thälern, wenn sich auch ein gewisses Bestreben zur Reihenanordnung nicht verkennen lässt; viel deutlicher tritt dies aber weiter nach Süden hervor, wo die Dünenzone schmaler und die Dünen selbst niedriger werden. Von Bernaten bis Kureneke verlaufen die Ketten längs der Küste, welche genau denselben Charakter trägt, wie die bei Libau. Nur ist hier der Strand breiter, sein Sand nicht so gleichmässig und enthält eine deutliche Beimengung von grobem Sand, Grand und Geröll.[1])

Bei Kureneke entfernen sich die Dünen von der See etwa auf 2 km und, nachdem sie einen Halbkreis beschrieben haben, nähern sie sich bei Meetrage wieder der Küste. Da, wo sie wieder an die See heranrücken, erhebt sich die höchste Düne Kurlands, die Koope-Kaln, deren Gipfel über 70 m über den Meeresspiegel emporragt. Ueberhaupt erreichen die Dünen in der Umgegend von Meetrage und Zöpling ihre höchte Entwickelung und erheben sich, ohne regelmässige Ketten zu bilden, als einzelne vollkommen getrennte Hügel verschiedener Gestalt und Erstreckung. Die Störung in der regelmässigen Kettenbildung und die Absonderung jeder einzelnen Düne gerade da, wo sie ihre höchste Entwickelung erlangen, tritt an der Kurländischen Westküste recht deutlich hervor.[2]) Gegenwärtig sind zwar, wie gesagt, sämmtliche Dünen

---

[1]) Südlich vom Papensee wird das Geröll vorherrschend und stellenweise ist der Strand nur damit bedeckt.

[2]) Denselben Zusammenhang zwischen der stärkeren Entwickelung der Stranddünen und ihrer unregelmässigen Gruppirung beobachtete ich bei Sestrorétzk, Nárwa, Kuokkala und an anderen Stellen.

südlich Bernaten mit dichtem Kiefernwald bedeckt, in nicht ferner Vergangenheit bildeten sie jedoch eine drohende Gefahr für die Nachbargebiete: durch das Fällen des Waldes aus ihrer Jahrhunderte langen Ruhe aufgerüttelt, geriethen sie in Bewegung und schütteten Ländereien, Gebäude und Höfe zu. So ersieht man aus der im Jahre 1637 von dem Feldmesser Tobias Kraszczen angefertigten Karte der Umgebung von Libau und Grobin, dass ungefähr da, wo sich die soeben erwähnte Düne Koope-Kaln erhebt, einst ein Hof Siebenberg bestand, von welchem nicht die geringste Spur zurückgeblieben ist; ebenso verschwanden vollkommen 18 Bauernhöfe, welche der Sand begrub. Auch wurde viel Wald verschüttet. Um dem weiteren Vorrücken der Dünen Einhalt zu thun, wurde im Jahre 1835 unter der Leitung Senger's, welcher die Dünenkultur in Ostpreussen erlernt hatte, zur Festlegung dieser Sande geschritten. Im Jahre 1860 waren die Arbeiten beendet und gegenwärtig sind alle Dünen, bis auf einige wenige und keine Gefahr mehr darbietende kahle Flugsandstellen, bewaldet. Die bebaute Flugsandfläche umfasst rund 65000 ha. Weiter nach Süden ist der zwischen dem Meere und dem Papensee gelegene schmale Landstreifen waldlos; die Dünen sind unbedeutend, verursachen aber doch den Bewohnern von Papensee viel Sorge, indem sie deren Gemüsegärten und Wohnhäuser schädigen.

Eine der charakteristischen Eigenheiten der Westkurländischen Dünen besteht in dem häufigen Vorkommen von Torfschichten unter der Sandmasse. An vielen Stellen nördlich wie südlich von Libau sind Torfschichten bis zu 2 Fuss Mächtigkeit blossgelegt. Der Torf ist schwarz, vom Aussehen der Braunkohle, dünnschichtig und führt nicht selten Stämme, Zweige und Wurzeln von Bäumen, vorwiegend von Kiefern und Birken. Bei allen von mir beobachteten Durchschnitten war der Torf von Dünensand überlagert, während das Liegende aus sandigthonigen Schichten mit Grand, Geröll und Schalen mariner Mollusken (fast ausschliesslich *Cardium edule* und *Tellina baltica*) bestand. Zur Erklärung dieser Lagerung des Torfes ist die Annahme einer Reihe auf einander folgender Hebungen und Senkungen überflüssig, da die Torfschichten durch den Sand vorrückender Dünen an der Stelle ihrer ursprünglichen Ablagerung zugeschüttet werden konnten. Auch gegenwärtig werden noch östlich der Dünenzone sich ausbreitende ausgedehnte Torfmoore zugeschüttet.[1])

Die nach Osten gekehrte Leeseite der Kurländischen Dünen ist von einer fast ununterbrochenen Reihe von Sümpfen und Seen begleitet, deren Bildung vielleicht durch die Absperrung des Abflusses atmosphärischer und fliessender Wässer erklärt werden kann, theilweise aber auch auf Abschliessung von Meerestheilen durch Strandwälle und Dünen zurückzuführen ist. Die letztere Entstehungsweise kommt unzweifelhaft den drei grössten Seen Westkurlands, dem Tosmar-, dem Libauer- und dem Papensee zu. Der erste, der nördlichste von ihnen, ist 6,5 km lang und beinahe 1 km breit; der zweite und grösste erstreckt sich auf 15 km bei einer Breite von 3 km; der letzte, südlichste endlich ist fast 7 km lang und 4 km breit. An alle diese Seen schliesst sich von Westen her ein Dünengebiet an, welches sie vom Meere trennt, obwohl der Libauer und der Papensee durch enge Abflüsse mit ihm in Verbindung stehen. Von allen anderen Seiten sind sie aber von weitausgedehnten Torfmooren umgeben. Der Boden dieser ziemlich flachen Seen liegt bedeutend unter der Meeresfläche und selbst ihr Wasserniveau ist nur im Frühjahr höher als diese; im Sommer sinkt es unter den Meeresspiegel, wenigstens im Libauer- und Papensee, so dass im Abfluss des letzteren eine Schleuse angebracht werden musste, um das Eindringen des Meerwassers zu verhindern.

Der Dünensand der Umgegend von Libau ist fast reiner Quarzsand; die Beimengung anderer Minerale, unter denen die häufigeren Feldspath und Hornblende sind, ist unbedeutend.[2]) Unter den Quarzkörnern herrschen farblose und durchsichtige vor; gelbliche und bräunliche sind verhältnissmässig selten. Der Sand ist meist fein; seine mittlere Korngrösse beträgt 0,1 bis 0,2 mm im Durchmesser. Die Gestalt der Körner ist eine wenig gerundete,

---

[1]) Das Auftreten mariner Ablagerungen über dem Meeresniveau und die Bildung von Torf auf ihnen, weist auf eine Hebung der Küste; die Annahme einer darauf folgenden Senkung entbehrt jedoch jeglicher Begründung.

[2]) Nach einer von St. Rauner ausgeführten Analyse (Die Dünen &c., S. 44) ergeben sich für die Zusammensetzung des Sandes der Libauer Dünen nachstehende Werthe: In Salzsäure unlöslich $= 98{,}450$; Glühverlust $= 0{,}280$; in Salzsäure lösliches $= 1{,}550$, darin: $CaO = 0{,}350$, $CO_2 = 0{,}239$, $SO_3 = 0{,}047$, $MgO = 0{,}082$, $P_2O_5 = 0{,}024$, $Fe_2O_3 = 0{,}531$, $SiO_2 = 0{,}041$, Alkali und Verlust $= 0{,}236$; in Alkali lösliche $SiO_2 = 0{,}647$.

meist eckige; dabei sind viele scharfkantig, besitzen frische, durchaus nicht abgeriebene Bruchflächen.

Für den Ursprung des Sandes der Kurländischen Dünen ist die Annahme v. Helmersen's die wahrscheinlichste.[1] Danach würde er den sandigen Glacialablagerungen, welche einer Aufbereitung durch Wasser ausgesetzt worden sind, entstammen.

[1] Mélanges phys. et chim Acad. St. Petersb., **10,** 231.

Die Sande von Alëschki.

Die unter diesem Namen bekannten Sande befinden sich am linken Dnjepr-Ufer im Dnjepr-Kreis des Taurischen Gouvernements. Sie beginnen als schmaler Streifen am Kirchdorf Kachówka, gegenüber der Stadt Berislaw, und ziehen sich, allmählich breiter werdend, nach WSW. Am Meridian von Alëschki erreichen sie ihre grösste Breite und gelangen, sich allmählich verengend, auf die Landzunge von Kinburn, welcher sie bis zur Stadt gleichen Namens folgen. Im Ganzen besitzt die von den Sanden eingenommene Fläche die Gestalt einer Mondsichel, deren konkave Seite dem Dnjepr zugekehrt ist. Die Länge des Sandgebiets von Kachówka bis Kinburn übertrifft 150 km, seine grösste Breite zwischen Alëschki und Tscholbasy beträgt etwa 30 km. Die Sande bedecken übrigens nicht die Gesammtfläche einheitlich; mitten zwischen ihnen befinden sich auch sandfreie Flächen. Zwischen Kachówka und Kazátschji Lágeri (Kasakenlager) beginnen die Sande beinahe unmittelbar am Dnjepr, weiter westlich aber sind sie vom Flusse oder richtiger von seinen Sandbänken durch eine mit üppigem Gras und Gebüsch bedeckte Niederung getrennt, welche zum Theil von Gemüsegärten und Wassermelonen-Anpflanzungen eingenommen ist. Besonders breit ist sie nach SW von Alëschki.

Der Flugsand wird durch Wind gehäuft und bildet bewegliche Hügel, Dünen, welche hier den Namen „Kutschugur" führen. Die Gestalt der Kutschugure ist eine ziemlich mannigfaltige: einige sind unregelmässig kegelförmig, bald spitz, bald flach, andere erinnern an Wellenreihen, welche verschiedenartig gebogen und gekrümmt sind. Sehr häufig ist eine unregelmässige Hufeisenform, deren eingebogene Seite aus einer Windmulde besteht — also genau dieselbe Gestalt, welche an den Dünen des Ostseestrandes so oft angetroffen wird.

In der Richtung der Dünenreihen vermochte ich eine Regelmässigkeit nicht zu finden, obwohl die Mehrzahl sich von NW nach SO hinzieht. Viele Hügel sind kahl, andere mit Büschen, namentlich mit Weiden bewachsen, und in der Nähe von Alëschki trifft man Anpflanzungen der weissen Akazie. Die meisten Dünen besitzen keine ausgeprägte Luv- und Leeseite, da die Gegend nach allen Richtungen hin frei und daher bald dem einen, bald dem anderen Winde ausgesetzt ist. Nur bei einer unter dem Schutz einer benachbarten stehenden Düne bildet sich eine regelmässige der Windwirkung entzogene Leeseite aus. Die Kutschugure des Gebiets von Alëschki erheben sich meist nicht mehr als 5 bis 7 m über die Fläche der Gegend; die höchste von mir gemessene Düne war 11,2 m hoch. Jede Düne ist von der nächsten durch eine mehr oder weniger ausgedehnte Mulde getrennt; durch Vereinigung mehrerer solcher Mulden entstehen Thäler, welche sich manchmal weit hinziehen. Die Bildung jeder Düne ist hier nothwendiger Weise mit einer Windmulde verbunden, da der Wind den Sand zur Errichtung der Dünen an Ort und Stelle entnimmt.

Gegenwärtig ist der grösste Theil der von den Sanden von Alëschki eingenommenen Fläche mit Gebüsch, namentlich mit Weiden bedeckt, so dass von 9 683 000 ha fiskalischen Landes nur 1 942 000 etwa aus Flugsand bestehen. Die Kultur dieser Sandflächen wird in hohem Maasse durch den Umstand gefördert, dass die Feinheit des Sandes die Erhaltung der Feuchtigkeit begünstigt.

In Folge der geringen Höhe der ganzen Gegend über dem Dnjepr-Niveau, befindet sich das Grundwasser überhaupt nicht weit unter der Oberfläche und daher bleibt der Sand auf dem Boden einiger Mulden während des ganzen Sommers feucht. Ausserdem sind inmitten dieser Dünen kleinere Seen sehr zahlreich. Einige von ihnen sind mehrere Kilometer lang, z. B. die Seen der Orte Tschaburdá und Kostogrýzowo und der Odžigol-See. — Diese Seen sind meist zu Gruppen vereinigt oder bilden Reihen; seltener liegen sie vereinzelt. Die Landzunge von Kinburn ist besonders seenreich, so dass die Gesammtfläche des Wassers kaum derjenigen des Landes nachsteht. Häufig sind auch Sümpfe, deren Fläche oft recht umfangreich ist; so bedeckt z. B. der grosse Kardaschinka-Sumpf an 16 qkm.

Der Sand der Kutschugure besteht fast ausschliesslich aus

Quarz mit nur geringer Beimengung anderer Minerale, unter denen weissliche oder blassrothe Feldspathkörner und glänzende dunkle Körnchen, vielleicht von Brauneisenerz, verhältnissmässig häufig vorkommen. — Der Quarz ist vorwiegend vollkommen durchsichtig, jedoch nicht farblos, sondern von schwach gelblicher Färbung; manchmal ist er durch Eisenhydroxyde ausgesprochen gelb, beinahe orange gefärbt. Im Ganzen ist die Farbe des Sandes eine hell goldgelbe, schimmernde, in Folge der inneren Reflexion des Lichtes in den durchsichtigen, mit glatter glänzender Oberfläche versehenen Körnern. Die Sandkörner sind vollkommen abgerollt, oft kugelförmig; scharfkantige und scharfeckige trifft man gar nicht an. — Weder in seinem Aeusseren, noch in seiner mineralischen Zusammensetzung unterscheidet sich dieser Sand von demjenigen der Dünen am Mittellauf des Dnjepr. Theils dieser Umstand, theils die Vertheilung des Sandes, sowie endlich die topographischen Bedingungen des ganzen Gebiets lassen vermuthen, dass der Sand vom Dnjepr abgelagert wurde, bei dessen allmählicher Verschiebung gegen NW, welche auch gegenwärtig noch weiter vor sich geht und in der Unterwaschung des rechten, dem Gouvernement Cherson zugehörigen Hochufers zum Ausdruck kommt. — In Anbetracht der Nähe des Meeres drängt sich die Frage auf, ob es nicht in irgend einer Weise an der Bildung der Sande von Alëschki theilgenommen hat, sei es selbstständig, sei es die Thätigkeit des Stromes derart unterstützend, dass es im Verein mit der Strömung des Dnjepr zur Bildung einer Barre beitrug, welche später über das Meeresniveau hervortrat und dem Einfluss der Winde unterworfen wurde. Der erste Theil der Frage muss entschieden verneint werden, denn von einer Umgestaltung der Sande von Alëschki aus dem Ufersande des Schwarzen Meeres kann schon deswegen nicht die Rede sein, weil die ersteren den vom Dnjepr angeschwemmten durchaus gleich sind, dagegen mit den vom Schwarzen Meere angeschwemmten, recht groben und zur Hälfte aus Muschelschalenbruchstücken bestehenden nicht die geringste Aehnlichkeit aufweisen. Hingegen ist die zweite Annahme nicht nur gestattet, sondern berechtigt, freilich nur in Bezug auf den westlichen, verhältnissmässig unbedeutenden Theil der Sande von Alëschki, nämlich diejenigen an der Landzunge von Kinburn. Der ganze übrige Theil dieses Sandgebiets ist jedoch vom Meere durch eine sand-

freie Zone getrennt, welche dazu noch höher ist, als das Sandgebiet selbst. Die Gesammtneigung dieser Gegend ist eine nordwestliche, d. h. dem Dnjepr-Thal zu. Die Sande nehmen aber
den tiefsten Theil des Hanges ein, und zwar von dessen Mitte
an bis zu den Sandbänken des Dnjepr; nach Süden fällt aber
das Gebiet steil ab und endet mit einem Absturz gegen das
Schwarze Meer hin.[1]) Ausserdem rücken, bei dem gegenwärtigen
Vorherrschen der Nordwinde, die Sande unzweifelhaft dem Schwarzen
Meere zu und sind wahrscheinlich von ihrem ursprünglichen Ab-
lagerungsgebiet weit nach Süden vorgerückt. In Anbetracht all'
dieser Thatsachen dürfte es wohl kaum zweifelhaft sein, dass der
Sand der Kutschugure von Alëschki mit Ausnahme der Landzunge
von Kinburn fluviatilen Ursprungs und vom Dnjepr abgelagert ist,
ohne jegliche Mitwirkung des Meeres.

Bei genauerer Betrachtung der Vertheilung der Seen, an
denen das Sandgebiet von Alëschki, wie schon erwähnt, so reich
ist, bemerkt man leicht, dass sie in Bändern angeordnet sind,
welche deutlich die alten Flussläufe bezeichnen. So zweigt sich
zwischen Kazátschji Lágeri und Alëschki vom Dnjepr-Thal ein ziemlich tiefeingeschnittenes und breites, eine ununterbrochene Reihe
von Seen und Sümpfen enthaltendes Thal ab; anfänglich ist es
nach S, gegen die Ansiedelung Tschaburdá gerichtet, darauf
wendet es sich nach SSW zum Kirchdorf Kostogrýzowo, endlich
genau gegen W und, von Süden her den Sumpf von Kardaschinka umbiegend, vereinigt es sich wiederum mit dem Dnjepr-Thal bei Gólaja
Prístan' („Kahler Landungsplatz"). Auf seiner etwa 50 km langen
Erstreckung besitzt dieses Thal über hundert Seen und Sümpfe,
obwohl in seinem mittleren Theil, zwischen Tschaburdá und Kostogrýzowo und zwischen diesen und den Höfen von Alëschki, viele

---

[1]) Es mögen hier einige trigonometrische Höhenbestimmungen in dem
zwischen dem Schwarzen Meere und dem Dnjepr-Delta gelegenen Gebiete angeführt werden. Kardaschinka, am Nordrande der Sandgegend: 3,7 m; Schu-
wájew's Hof, am selben Rande, jedoch flussaufwärts: 10,27 m; Kostogrýzowo,
im mittleren Theile der Sande: 10,48 m; Tschaburdá, ebenda: 10,78 m; Bogo-
mólow's Hof, ebenfalls im mittleren Theil, aber östlicher, höher gelegen:
12,73 m; Borittschenko's Landzunge, am Südrande der Sande: 13,84 m; Luk-
jantzew's Landzunge am SO-Rande: 17,07 m; Issakow's Landzunge bei Stáryje
Majatschkí („alte Leuchtthürmchen"), südlich von der Südgrenze der Sande:
17,61 m. Noch südlicher, ausserhalb des Sandgebiets, dem Schwarzen Meere
zu, finden wir Höhen zu 20 m und mehr.

der Seen und Sümpfe durch die von NW heranrückenden Kutschugure zugeschüttet und vernichtet worden sind.

Ausser dem erwähnten alten verlassenen Flussbett kann man leicht auch andere verfolgen, welche sich ebenfalls als Thäler mit Reihen von Seen und Sümpfen kennzeichnen. Auch die vom Dnjepr entfernteren alten Flussbette haben ihre Umrisse beibehalten, allerdings nicht vollständig, da viele Seen und Sümpfe ausgetrocknet und die Thäler selbst an vielen Stellen durch den Sand der beweglichen Kutschugure zugeschüttet worden sind.

Die Sandablagerungen, welche den Dünen ihren Ursprung gaben, bildeten ohne Zweifel eben solche Sandbänke und Inseln, wie sie auch gegenwärtig vom Dnjepr angeschwemmt werden. Die auf diesen Inseln vorkommenden Seen erklären die Entstehung derjenigen im Sandgebiet von Alëschki, welche abgesondert mitten zwischen den Dünen liegen.[1]) Wenn der Wind an den jetzigen Sandinseln und Bänken seinen Einfluss nicht bekundet und keine Dünen bildet, so beruht dies auf dem Umstande, dass ihr Sand, wegen seiner geringen Höhe über dem Flussniveau, stets feucht ist und daher auch sehr bald mit Vegetation bedeckt wird. Als aber die Sandbänke, in Folge der allmählichen Verschiebung des Dnjepr gegen NW, in grössere Entfernung vom Flusse geriethen und im Frühjahr bei Hochwasser von der Ueberschwemmung nicht mehr berührt wurden, wurde auch die Vegetationsdecke auf dem trockenen, wenig fruchtbaren Boden viel dünner und weniger fähig, verletzte Stellen auszuheilen, was schliesslich die Entstehung der Kutschugure zur Folge hatte. Die Ursache aber, welche die Verschiebung des Dnjepr gegen NW veranlasste, ist höchst wahrscheinlich dieselbe gewesen, welche auch jetzt die Unterwaschung des Chersonischen Ufers bedingt, nämlich die mit ihrer konvexen Seite gegen NW gewendete Ausbiegung des Stromes.

---

[1]) Krendowski, Die Dnjepr-Sandbänke.

Die Dnjepr-Dünen zwischen den Kirchdörfern Nikólskoje und Woskressénskoje.

Der mittlere Lauf des Dnjepr von der Einmündung der Desná bis zu den Stromschnellen ist linkerseits von einer fast ununterbrochenen Dünenzone begleitet, welche an gewissen Stellen, z. B. Ržischtschew gegenüber, eine ansehnliche Entwickelung erlangt. Um den Charakter dieser Dünen kennen zu lernen, habe ich die Kiew gegenüber, zwischen Nikólskoje und Woskressénskoje liegenden einer genauen Besichtigung unterzogen. Diese Dünen liegen auf der zweiten, die Wiesen überragenden Terrasse, die zwar nicht hoch ist, von den Frühjahrsfluthen jedoch niemals überschwemmt wird. Nach der am 16. (28.) August 1883 ausgeführten Messung, erhebt sich der Rand dieser Terrasse auf 5,6 m über das Flussniveau. Die untere, nur 1 bis 3 m über dem Fluss gelegene Terrasse ist mit einem dichten Wald bedeckt und bietet schöne Ueberschwemmungswiesen dar, obwohl der am Flussufer befindliche Durchschnitt deutlich zeigt, dass sie aus ziemlich feinem Quarzsand besteht, welchem in nur sehr geringem Maasse Schlammtheile beigemischt sind. Der üppige Graswuchs ist also bedingt durch den Wasserreichthum des Sandes, welchem die Ueberschwemmungen die für die Ernährung der Pflanzen erforderlichen Stoffe theils in gelöstem, theils in schwebendem Zustande zuführen. Der Rand der zweiten Terrasse wird durch einen schmalen Sandstreifen ziemlich scharf bezeichnet, welcher offenbar durch die bis dahin reichende Ueberschwemmung entstanden ist. Die zweite Terrasse besteht aus demselben Sande wie die erste, ist aber wegen ihrer höheren Lage über dem Flusse trockener und, da sie durch den alljährlichen Schlammabsatz nicht gedüngt wird, mit einer schwachen, dürftigen Vegetation bedeckt. Hier und

da finden sich kahle, vom Grase vollkommen entblösste Stellen,
welche als geeignete Angriffspunkte für den Wind dienen. Auch
gegenwärtig lassen sich an vielen Stellen eben im Entstehen begriffene Windmulden und der Beginn der Sandhäufung zu Dünen
beobachten. Auf derselben Terrasse befinden sich auch grössere,
vollkommen entwickelte Dünen. · Sie erheben sich wohl als einzelne
Kegel, häufiger jedoch bilden sie, mit ihren Seiten zusammenstossend,
den Fluss entlang verlaufende Ketten. Die Richtung dieser letzteren hängt zweifelsohne von der Bodengestaltung wesentlich ab,
was besonders deutlich in der Erscheinung zum Ausdruck kommt,
dass sie der Richtung des Terrassenrandes und den ihn entlang
sich hinziehenden Unebenheiten streng folgen. In der Gestalt der
Dünen habe ich nicht den geringsten Unterschied von derjenigen
der Stranddünen wahrzunehmen vermocht. Das Profil ihrer sanftansteigenden nach Westen, dem Dnjepr zu gewendeten Luvseite,
ihres flachgewölbten Gipfels und ihrer steilabfallenden Leeseite,
die Gestalt ihres Grundrisses und ihre Gruppirung bieten genau
dieselben Verhältnisse dar, welche ich an allen Dünen des Ostseestrandes beobachtete. Es sei denn, dass man hier als Merkmal
gelten liesse, dass ein ausgesprochener Unterschied zwischen den beiden Böschungen selten vorkommt, was offenbar seinen Grund darin
hat, dass die Mehrzahl der Dünen auch der Einwirkung der Ostwinde
zugänglich ist, welche die unter dem Einfluss der herrschenden
Westwinde entstehenden regelmässig gestalteten Gehänge zerstören.
Indessen weisen einige von Osten her geschützten Dünen ziemlich
regelmässig ausgebildete Gehänge auf. Im Grundriss waltet die
Gestalt eines unregelmässigen Bogens vor, welcher die hier jede
Düne begleitende Windmulde umgiebt. Seltener sind Reihendünen,
entstanden durch Verschmelzung mehrerer kleinerer in eine Reihe
geordneter Dünen. Viele der Dünen sind gänzlich kahl, andere
theilweise mit Gebüsch bewachsen, endlich die vom Flussufer entfernteren, älteren Dünenketten mit Kiefernwald bestanden. Die
Höhe der Dünen ist gering: die höheren unter ihnen erheben
sich 10 bis 12 m über den Boden der Windmulden und 15 bis
18 m über das Niveau des Dnjepr. Das Wandern der Dünen
geschieht und, wenn nach der Gestalt der alten, jetzt bewachsenen
geurtheilt wird, geschah auch früher von West nach Ost. Es ist
durch das Vorherrschen der West-, namentlich der Nordwestwinde
bedingt, zumal im Westen des Dünengebiets die ziemlich breite

Dnjepr-Ebene dem Winde geringeren Widerstand leistet, als die östlich gelegene wellige und bewaldete Gegend.[1])

Die Dünen sind nicht auf das besprochene Gebiet beschränkt, sondern breiten sich weiter nach Osten bis zum Kirchdorf Browary aus; dort sind sie aber zum grössten Theil mit Kiefernwald bedeckt, selten kahl, haben in den wenigsten Fällen ihre typischen Gestalten bewahrt und erreichen keine bedeutende Höhe.

Der Sand dieser Dünen besteht zumeist aus reinem, durchsichtigem, bald heller, bald dunkler gelb gefärbtem Quarz. Verhältnissmässig in geringer Menge kommen Körner von Feldspath, dunkler Hornblende und braunem Glimmer vor. Die Körner sind stark abgerollt, manchmal vollkommen kugelförmig; ihr Maass übersteigt im Mittel 0,4 mm nicht. Im Ganzen ähnelt der Sand demjenigen der Dünen von Alëschki, mit dem einzigen Unterschiede, dass letzterer anscheinend etwas feiner ist.

---

[1]) Die Windrichtung in Kiew nach elfjährigen Beobachtungen von 1862 bis 1872 ist folgende:

	N	NO	O	SO	S	SW	W	NW
Januar. . . .	13,4	6,2	6,6	18,2	12,8	9,9	13,6	19,3
Februar . . .	11,1	7,2	6,1	19,4	9,5	6,9	19,4	20,4
März.	12,5	6,3	19,4	21,8	12,4	8,9	6,5	12,0
April.	16,6	11,2	10,2	9,1	12,9	10,1	11,4	18,5
Mai	17,7	7,0	5,5	12,8	13,2	9,5	13,5	20,7
Juni	21,1	8,3	8,0	9,5	8,3	5,4	12,3	27,1
Juli	23,7	7,6	15,2	5,7	7,1	7,1	11,6	32,0
August . . .	18,4	6,3	7,1	8,9	9,9	7,4	10,8	31,2
September. .	15,5	5,2	7,4	11,1	12,6	8,5	13,9	28,8
Oktober . . .	13,2	7,9	7,9	18,5	15,7	7,5	10,9	18,4
November. .	10,7	5,5	6,3	15,1	15,6	11,5	18,9	16,4
December . .	11,6	13,1	6,7	11,0	13,2	9,9	15,7	19,4

(Die Horizontalreihen für März, Juli, September und December ergeben Summen, welche von 100 stark abweichen. In welchen Zahlen die Fehler stecken, habe ich nicht ermitteln können. Der Uebers.)

Die Dünen am Don zwischen den Stanítzen Ust-Medwéditzkaja und Nowo-Grigóriewskaja.[1])

Von der Stanítza Ust-Medwéditzkaja bis zur Stanítza Nowo-Grigóriewskaja umsäumen hohe Dünen in breiter Zone das linke, von Wiesen eingenommene Donufer. Das Sandgebiet beginnt nicht unmittelbar am Flusse, sondern ist von ihm durch eine mehr oder weniger breite Wiesenniederung, dem Ueberschwemmungsthal des Don getrennt. Die Dünenzone ist nicht überall gleich breit: bald 8 bis 12 km, bald 12 bis 18 km; im Durchschnitt darf die Breite zu 12 bis 13 km bemessen werden. Die grosse Zahl der Sandhügel verschiedener Grösse und Gestalt und der zwischen ihnen befindlichen flachen Kessel („Pad") und Mulden verleiht der Oberfläche ein durchfurchtes Aussehen. Zugleich hat der Anblick sämmtlicher Dünenhügel auf dem ganzen Gebiet etwas Eintöniges. In der Gruppirung der einzelnen Dünen oder „Burúne", wie sie am Don genannt werden, lässt sich ebenfalls eine gewisse Regelmässigkeit feststellen: sie sind nach Bogenlinien geordnet, welche bald koncentrisch verlaufen, bald sich mannigfaltig durchkreuzen, ihre konvexe Seite aber stets nach einer und derselben Richtung, gegen NW kehren. Manchmal vereinigen sich mehrere Hügel zu einem nach derselben Richtung hufeisenförmig gebogenen Wall. Dabei beobachtet man an der eingebogenen Luvseite stets eine Mulde, welche häufig von kleinen Seen (Musgá, pl. Musgi) und von Wald eingenommen wird. Mit der Richtung der Burúne stimmt diejenige der herrschenden Winde überein. Die Höhe der einzelnen Hügel ist wechselnd: man findet eben erst beginnende Dünen von einigen Decimetern, daneben andere von 4, 8 und 10 m Höhe, aber auch erheblich höhere. Der Höhe entspricht auch der Umfang.

---

[1]) Zusammengestellt nach Beobachtungen, welche Herr S. J. Margarítow auf meine Bitte hin anstellte. — Stanítza = Kasakendorf.

Der Sand der Burúne ist ziemlich fein, von hellgelber Farbe und anscheinend von gleichmässigem Korn an dem Fusse wie am Gipfel. Der mineralischen Beschaffenheit nach ist er fast reiner Quarzsand, mit verschwindenden Mengen anderer Bestandtheile. Die Quarzkörner sind theils ganz durchsichtig und farblos, theils gelb gefärbt, von dem blassesten Tönen bis zum grellen Orange; es kommen aber auch undurchsichtige, durch Eisenoxyde dunkelbraun gefärbte vor. Infolge seiner Feinheit ist der Sand der Dondünen so beweglich, dass er selbst bei verhältnissmässig schwachen Winden auf weite Strecken hinaus getragen wird. So bestand nach der Aussage der Ortsansässigen unweit des Gutes Klétskopotschtówskoje ein etwa vier Kilometer langes Thal und vor etwa 6 Jahren führte dadurch eine gute Strasse; gegenwärtig ist sie aber von den Burúnen, welche sich durch das Thal bewegen, zugeschüttet. Bei etwas stärkerem Winde ist das Wandern inmitten der Don-Burúne recht unangenehm: der feinere Sand wird in förmlichen dichten Wolken einhergetrieben, welche den Wanderer von Kopf bis zu Fuss umhüllen und an Gesicht und Händen empfindliche Stiche beibringen. In den Dünenthälern, in welchen der Feuchtigkeit wegen ein üppiger Pflanzenwuchs sich entwickelt, ist mehrmals versucht worden Hanf zu säen, dies Unternehmen musste aber wieder aufgegeben werden, da ganze Felder von den Burúnen zugeschüttet wurden, deren Vorrücken in diesem Gebiete überhaupt ziemlich bedeutend ist und in der Richtung der herrschenden Winde, von SW nach NO, geschieht.

Hinter dem Burúnengebiet, welches, wie gesagt, im Mittel 12 bis 13 km breit ist, dehnen sich Niederungen und hinter diesen breitet sich wiederum eine Dünenzone aus, welche den Bach Artschadá umsäumen. Die „Pad" oder „Log" bezeichneten Niederungen breiten sich zwischen den einander parallel verlaufenden Don- und Artschadádünen aus und trennen sie von einander. Auf die Niederung von Klétskopotschtówskoje folgen diejenigen am kleinrussischen Dorfe Guljájewka, an der Eisenbahnstation Artschadá und an der Stanítza Nowo-Grigóriewskaja. In allen findet man ziemlich ansehnliche Seen, an denen auch die Höfe gelegen sind. Der erste Eindruck, den diese Niederungen durch ihre Ausdehnung und Richtung, ihre Gestalt und die Vertheilung der Seen hervorrufen, erweckt unwillkürlich die Vorstellung, dass hier sich einst das Donbett befand. Weiter hinter der Niederung, in einer Ent-

fernung von 20 bis 25 km vom Don breitet sich nochmals eine Flugsandzone mit kleinen Dünen aus, welche, wie bereits erwähnt
wurde, den Bach Atschardá umsäumen. Ihr Gesammtcharakter
weicht von dem der Dondünen etwas ab. Hier besitzen die Hügel
selten die typische Dünengestalt, mit ihren ausgesprochenen beiden
Gehängen; sie sind meist sehr sanft gewölbt und erscheinen wie
Kugelabschnitte, eine Gestalt, deren Herausbildung wahrscheinlich
auf den längst eingetretenen Ruhezustand dieser gegenwärtig mit
Wald bestandenen Dünen zurück zu führen ist. Während der
langen Ruhezeit haben das atmosphärische Wasser sowohl, als
auch die Vegetation nach und nach die schroffen Unterschiede in
der Gestaltung der Gehänge ausgeglichen und ihnen sanftere,
rundere Umrisse verliehen. Zu Gunsten einer solchen Vermuthung
spricht der Umstand, dass auf den hier und da mitten im Walde
vorkommenden Feldern, auf denen noch gegenwärtig der Sand
vom Winde bewegt wird, Sandhügel angetroffen werden, welche
die typische Dünengestalt mit deutlich unterschiedener Luv- und
Leeseite besitzen. Mit der Entfernung vom Don werden die Sande
kompakter. Die Gegend steigt allmählich an, zunächst sehr sanft,
dann zu zwei Terrassen und bildet endlich eine längliche Erhebung,
einen Kamm, welcher vom Don etwa 50 bis 60 Kilometer entfernt
liegt. Längs des nördlichen Abhanges dieses Kammes ist die
Eisenbahn von Grjási nach Zarítzyn angelegt. Die Terrassen besitzen sandigen Boden, welcher höher nach dem Kamm zu von
Tschernozëm überdeckt wird, dessen Hauptentwickelung sich auf
der Kammhöhe selbst zeigt.

Die Entstehung der dem Don am nächsten gelegenen Dünen
aus dem vom Don abgelagerten Sande ist wohl kaum zu bestreiten;
nicht so leicht ist aber der Ursprung der zweiten an beiden Seiten
des Atschardábaches sich ausbreitenden Flugsandzone zu erklären.
Ihn dem Bache selbst zuzuschreiben, wäre wenig begründet, wegen
der in keinem Verhältniss zu einem unbedeutenden Bache stehenden mächtigen Sandabsätze. Viel eher darf man aber bei der
Gleichheit des Materiales auch die Atschardásande dem Don zuschreiben. Es ist soeben erwähnt worden, dass die beiden Sandgebiete am Don und an der Atschardá von einander durch eine
zum Theil sumpfige und seenreiche Niederung getrennt sind, welche
berechtigter Weise als altes Donbett angesehen werden kann.
Hinter dieser Niederung beginnen ohne besondere Bodenerhebung

die Atschardásande und erst dann erheben sich die beiden Terrassen, welche dem Donthal parallel verlaufen und unbedingt als alte Ufer dieses Stromes zu betrachten sind. Somit würde sich die ganze Niederung, von den Terrassen an bis zum Don, in Folge allmählichen Zurückweichens des Stromes gegen das rechte, jetzt beständig unterwaschene Ufer gebildet haben. Die sanfte Neigung des ganzen Gebiets, von den Terrassen an bis zum Don, würde ferner bezeugen, dass mit dem Zurückweichen des Bettes seine Vertiefung Hand in Hand ging. Endlich würde mit dieser Annahme der allmählichen Verlegung des Donbettes, welche zunächst die Atschardásande und darauf die des Dons blosslegte, auch die Vertheilung der „Musgi" (Seen) in Uebereinstimmung stehen. Diese Seen, die im Gebiete der Dondünen sehr zahlreich sind, treten inmitten der Atschardádünen viel seltener auf und sind auch in ihren Grössenverhältnissen viel unbedeutender. Der Atschardábach hat sich seinen Weg durch die vom Don abgelagerten Sande gebahnt und da er nicht im Stande war, dies in gerader Richtung zu thun, so hat er die zwischen den Dünen liegenden kleinen Thäler, welche ungefähr parallel dem Don verlaufen, benutzt und fliesst nun auch selbst auf eine weite Strecke hin diesem parallel.

Die Festlandsdünen des Gouvernements Ástrachan.

Das trockne warme Klima der südlichen Steppen des Europäischen Russlands verhindert die Entwickelung einer einheitlichen Grasbedeckung, ausser in Niederungen, Schluchten und Gräben, an deren Boden sich stets eine grössere Feuchtigkeit erhält. Der ziemlich dürftige Graswuchs dieser Steppen besteht in vereinzelten Büscheln und lässt bedeutende Zwischenräume gänzlich kahl. Ein solcher Vegetationscharakter muss beim Sandboden naturgemäss Dünenbildungen in hohem Grade fördern. Und in der That nehmen Sande äolischen Ursprungs weite Flächen in den Steppen des Gouvernements Ástrachan ein. — Am rechten Wolga-Ufer, in den Kalmyken-Steppen sind Sandgebiete, bis auf die Gegenden von Andryk und Anketeri, seltener und nehmen verhältnissmässig kleine Flächen ein. Eine viel grössere Verbreitung kommt ihnen zwischen dem Unterlauf der Wolga und des Ural zu, obwohl sie auch hier meist als Inseln erscheinen, welche durch Thonboden- oder Salzsteppen-Flächen von einander getrennt sind. Besonders sandreich ist die Südosthälfte der Kirghisen-Steppen, der sogenannten Bukéjew'schen Horde, wo das Sandgebiet sich fast ohne Unterbrechung von Tschaptschatschi und von Chánskaja Stáwka bis zum Kaspischen Meere hinziehen. Hier sind die Sandinseln in Reihen geordnet, welche nahezu parallel von NO nach SW verlaufen, was aus der ausführlichen Karte der Bukéjew'schen Horde besonders deutlich hervortritt.[1] Einige dieser Sandgebiete sind vollkommen kahl, andere mit Gebüsch- und Gras-Vegetation bedeckt.

In den Astrachanischen Steppen wird der Sand, wie auch sonst, durch den Wind zu niedrigen Hügeln, welche durch mehr

---

[1] Die Karte der Bukéjew'schen Horde ist nach der Halbinstrumentalaufnahme des Jahres 1865 von der militärtopographischen Abtheilung zu Orenburg 1875 angefertigt worden.

oder weniger tiefe Thäler von einander getrennt sind, aufgehäuft; diese Dünen nehmen aber je nachdem die Fläche kahl oder bewachsen ist, ganz abweichende Gestalten an. Auf vegetationslosen Flächen besitzen sie die Sichelgestalt von manchmal staunenswerther Regelmässigkeit, welche namentlich im Längsprofil und in der steilen Leeseitenkurve, sowie in der halbkreisförmigen Einbuchtung an dieser Seite zum Ausdruck kommt. In den von mir besuchten Sandgebieten, sowohl des rechten als auch des linken Wolga-Ufers, wenden sämmtliche Dünen ihre Einbuchtungen gegen NW, was auf den vorherrschenden Einfluss des SO-Windes (der „Morjána") hinweist. Die Thätigkeit dieses Windes wird dadurch begünstigt, dass sie von trocknem, oft heissem Wetter begleitet wird, während Süd- und namentlich Südwest-Winde stets mit Regen verbunden sind, welcher den Sand bindet und dadurch die Windwirkung schwächt oder sogar gänzlich aufhebt.[1]) Nur dem stromabwärts gerichteten Nordwestwinde, welcher manchmal eine grosse Stärke erreicht und mehrere Tage andauert, gelingt es, die Dünen nach seiner Weise umzubauen, bis die Morjána wiederum die Ueberhand gewinnt und die ursprüngliche Gestalt wieder herstellt. Die Höhe der sichelförmigen Dünen der Astrachanischen Steppen ist nicht bedeutend: ich habe keine einzige gesehen die 2,5 bis 3 m übersteigt. Selten sind diese Dünen vereinsamt, öfter mit den benachbarten vereinigt; sie büssen dabei in erheblichem Maasse die Regelmässigkeit ihres Grundrisses ein und bilden, indem sie sich über einander aufthürmen, Hügel von 10 bis 12 m Höhe. Von ihrer Leeseite her betrachtet, gewähren

---

[1]) Während meines Aufenthaltes in den SO des Berges Tschaptschatschi fast unbegrenzt sich ausbreitenden gänzlich kahlen Sandflächen des Gebietes der Kundrow'schen Tataren herrschte starker SW-Wind; der bedeutenden Feuchtigkeit des Sandes wegen, veranlasst durch ab und zu niederfallenden Regen, bewegten sich die Sandkörner nicht im Geringsten, selbst bei heftigeren Windstössen und trotz der vollkommen freien Lage der Gegend. — Bobjátinskij (Gornyj Journal, 1884, **1**, 361; russisch), welcher die Barchane bei Ischpe, Gouvernement Ástrachan, eingehend studirte, giebt an, dass das Profil ihrer Luvseite und ihres Gipfels „eine allmählich verlaufende Kurve darstellt, d. h. dass der Neigungswinkel von 12—17° allmählich sich bis zu 0° am Gipfel des Barchans verflacht". Vom Gipfel bis zur oberen Grenze des Schüttungsabhangs „verläuft die Krümmung im entgegengesetzten Sinne und erreicht einen Böschungswinkel von 12°". Den Schüttungswinkel bestimmt Bobjátinskij zu 27—30°. Alle diese Angaben stimmen mit meinen eigenen Beobachtungen vollkommen überein.

solche Hügel den Anblick eines mit rundwellig umrissenen Stufen versehenen Amphitheaters.

In Sandgebieten, welche mit Gras und Sträuchern stark bewachsen sind, besitzen die Dünen nicht die typische Sichelgestalt, sondern dieselbe Mannigfaltigkeit des Grundrisses, wie man ihr bei Strand- und Flussdünen begegnet. Nicht selten traf ich Dünen von der Gestalt eines unregelmässigen um eine Windmulde sich legenden Hufeisens an, eine Gestalt, welche bei Strand- und Flussdünen häufig auftritt. Die Höhen, welche die Dünen in solchen bewachsenen Sandgebieten erreichen, sind im Ganzen beträchtlicher: sie erheben sich nicht selten über 10 oder sogar 15 m. Zu dieser Höhenzunahme tragen die auf dem Dünengipfel wachsenden Sträucher selbst bei, indem sie den zugewehten Sand aufhalten.

In den Thälern zwischen den Dünen entwickelt sich, dank der bedeutenden Feuchtigkeit, rasch eine üppige Vegetation, und die Weideplätze zwischen den Barchanen werden von der Kirghisen als die besten erachtet. Manchmal sieht man in grösseren Bodenvertiefungen theils Süsswasser-, theils Salzseen, welche aber eben so gut in pflanzenbewachsenen wie in gänzlich kahlen Gebietstheilen vorkommen. Zu den letzteren gehören z. B. das Sandgebiet südöstlich von Tschaptschatschi und einige auf dem Wege zwischen Tschaptschatschi und Baskuntschák befindliche, wie Ischpe, Stamgasy, ferner die Sande beim Kirchdorf Bolchuny a. d. Achtúba u. s. w.

Die Bewegung der Dünen erfolgt allem Anscheine nach vorwiegend unter dem Einfluss der „Morjána“, also von SO nach NW. Die alten Leute in Tschaptschatschi erzählten mir, dass sich die im SO des gleichnamigen Berges befindlichen unabsehbaren kahlen Sandflächen diesem deutlich nähern, und dass sie da, wo gegenwärtig nur kahler Sand lagert, Weideplätze und sogar Aecker gesehen zu haben sich erinnern. Eine ebensolche Zuschüttung der Weideplätze findet auch anderweitig statt.

Neben der Weiterverbreitung alter Dünensande entstehen hier und da neue Sandinseln. So gab es auf der Strasse von Tschaptschatschi nach Charbaly noch vor vier Jahren gar keinen Dünensand, jetzt aber nimmt er bereits eine ansehnliche, etwa 1,5 km lange Fläche ein.[1]) Ueber die Richtung der Sandbewegung in den

---

[1]) Bobjátinskij, Geolog. Skizze der Astrachanischen Salzwerke. Gornyj Journal, 1884, **1,** 361 (russisch).

Kaspischen Steppen giebt es bis jetzt keine genauen Angaben, die meteorologischen Beobachtungen zu Ástrachan lassen aber vermuthen, dass diese Bewegung von O nach W stattfinden muss, wegen des Vorherrschens östlicher, d. h. von NO, O und SO wehender Winde[1] oder, wie bei Tschaptschatschi beobachtet wird, von SO nach NW, da der diese Richtung besitzende Wind („Morjána“) sich nicht nur durch seine Beständigkeit, sondern auch durch seine Heftigkeit, Wärme und Trockenheit auszeichnet, was seine Einwirkung auf den Sand in hohem Grade begünstigt.

Der Sand der Astrachanischen Steppen ist sehr fein; seine fast ausschliesslich aus Quarz bestehenden Körner haben einen mittleren Durchmesser von 0,1 bis 0,2 mm. Die Beimengung anderer Minerale ist verschwindend gering. Die Quarzkörner sind mit Eisenoxyd überzogen, welches ihnen eine hellgelbe, grellorange oder bräunliche Farbe verleiht; sie sind zumeist gut abgerundet, manchmal auch kugelförmig. Ihre Oberfläche ist matt, in Folge der Stösse und der Abreibung, welche sie an einander und an anderen festen Gegenständen erleiden.

Die über den Ursprung dieses Dünensandes vielfach geäusserte Ansicht, dass ihr Material den sandigthonigen kaspischen Ablagerungen entstamme, dürfte wohl kaum irgend welchen Zweifeln begegnen. Auch gegenwärtig lässt sich an vielen Stellen eine Zerstörung der oberen Schichten dieser Ablagerungen durch den Wind und eine Bildung neuer Sandmassen beobachten. Nicht selten trifft man in den Steppen Thonsteinsäulen an, welche als Zeugen der früheren Bodenhöhe über die gewaltigen Massen fortgeführten Materials berichten.

---

[1] Die Vertheilung der Winde in Ástrachan ist die folgende:

	N	NO	O	SO	S	SW	W	NW
Winter	4,21	23,96	21,13	17,19	3,34	7,07	7,51	15,59
Frühjahr	4,15	18,96	16,12	18,27	5,33	16,51	8,22	18,43
Sommer	4,71	19,50	9,95	23,06	6,01	12,97	9,10	14,69
Herbst	6,21	18,54	16,94	20,14	5,25	8,65	7,44	16,83

(Die Frühjahrssumme weicht von 100 erheblich ab. Vgl. Bem. des Uebers. S. 247.)

Die Festlandsdünen Central-Asiens.

In dem letzten Jahrzehnt (1884—1893) sind viele Arbeiten über die Geologie Central-Asiens erschienen, welche zahlreiche Angaben über die unter dem kirghisischen Namen „Barchan" bekannten Festlandsdünen dieses Gebiets enthalten. Die umfassendsten Beobachtungen über die Bildung, Entwickelung und Bewegung der Barchane finden sich in dem umfangreichen Werk von J. Muschkétow („Der Turkestan", St. Petersburg 1886, Bd. I), in den Arbeiten von Fédtschenko, Middendorff, Lessár, Kónschin, Óbrutschew, Helmann.[1] Interessanten Mittheilungen über die Dünenbildungen Kaschgariens und der Mongolei begegnet man in den Reisebeschreibungen von Przewalski, Forsyth, Potánin, Bogdanówitsch und des Grafen Széchenyi.[2] Ihrer Genauigkeit nach recht wichtige Beobachtungen über die Bewegung der Barchane wurden durch den Bau der Transkaspi-

---

[1] Fédtschenko, Reise nach dem Turkestan, St. Petersburg 1875, Bd. I. — Middendorff, Einblicke in das Ferghanathal, Mém. Acad. St. Petersb., 1883, (7), **29**, No. 1. — Lessár, Die Wüste Kara-Kum. „Izwestija" d. kais. russ. geogr. Ges., 1884, **20**, 115. — Kónschin, Vorl. Bericht über Untersuchungen in der Turkmenischen Niederung. „Izwestija" d. kais. russ. geogr. Ges., 1886, **22**, 379. — Derselbe (bei Radde), Vorl. Bericht über die Expedition in das Transkaspische Gebiet und den nördlichen Chorassan. 1886. — Óbrutschew, Die Transkaspische Niederung, „Zapiski" d. kais. russ. geogr. Ges., 1890, **20**, No. 3. — Helmann, Beobachtungen über die Bewegung der Flugsande im Chanate Chiwá. „Izwestija" d. kais. russ. geogr. Ges., 1891, **27**, 384.

[2] N. Przewalski, Die Mongolei und das Land der Tanguten, 1875, Bd. I. — Derselbe, Dritte Reise nach Central-Asien. 1883. — Derselbe, Vierte Reise nach Central-Asien, 1888. — Forsyth, Report of a Mission to Yarkund, 1873. — Potánin, Skizzen über die Nordwestliche Mongolei, 1881, Bd. 1. — Derselbe, Das Tangutisch-Tibetanische Grenzgebiet Chinas und die Central-Mongolei, 1893. — Bogdanówitsch, Geologische Untersuchungen in Ost-Turkestan, 1892. — Graf Széchenyi, Die wiss. Ergebn. d. Reise in Ost-Asien, 1893, Bd. 1.

schen Eisenbahn veranlasst, welche an manchen Stellen viele Kilometer Sandwüsten durchzieht.

Ueber die Entstehung und Entwickelung der Barchane finden wir ziemlich ausführliche Untersuchungen in dem erwähnten Werke Muschkétow's, welche zeigen, dass dieser Vorgang in den Wüsten Central-Asiens ebenso verläuft, wie an den Meeresküsten. „Bei dem Dorf Potar und nördlich davon, wo viele Barchane mit ihren typischen Eigenschaften vorkommen, vermag man sowohl den Sandtransport durch Wind, als auch namentlich die Entstehung der Barchane, so zu sagen die Barchane in embryonalem Zustande zu beobachten. Als ich im Jahre 1880 von der Zerawschán-Expedition zurückkehrte und durch das Dorf Potar bei heftigem Winde kam, beobachtete ich einige Neubildungen, die ich früher nicht gesehen hatte. Auf einer glatten mit wenigen Dornbüschen bedeckten Ebene hatten sich viele, jedoch niedrige Sandwellen und -hügel gebildet, welche sich von den grossen Barchanen in der Grösse, wie in der Gestalt deutlich unterschieden. Die Sandwellen maassen etwa 2 m Länge bei 10 bis 75 cm Höhe. — Trotzdem SW-Wind herrschte, zeigten sie im Gegensatz zu den grossen Barchanen einen steilen SW- und einen sanftgeneigten und langen NO-Abhang. Jede Sandwelle befand sich unter dem Schutz eines Dornbusches, welcher sich an der Luvseite, d. h. vor dem steilen Abhang befand. Hier und da trat an Stelle eines Busches ein grosser Geschiebeblock. Die Bildung der Sandwellen hatte die fast ebene Fläche in eine hügelige verwandelt."[1] Aehnliche Erscheinungen beobachtete Muschkétow während eines heftigen Sturmes in der Sandwüste Kisil-Kum. „Der Wind wirbelte Sandkörner verschiedener Grösse auf; einige wurden bis zu 10 m hoch gehoben, andere dagegen, die gröberen, rollten und führten Sprünge auf der Oberfläche des Bodens aus. Unter den letzteren befanden sich erbsengrosse, die Mehrzahl aber übertraf 1 bis 2 mm im Durchmesser nicht. Die Sandkörner rollten und sprangen so lange, bis sie auf ein Hinderniss in Gestalt eines Busches oder Steinblockes stiessen. Sobald ihnen aber ein Hemmniss den Weg verlegte, fingen sie sofort an, sich hinter ihm, an seiner Leeseite zu häufen und errichteten alsbald einen kleinen Barchan, dessen Eigenschaften denjenigen grosser Barchane durchaus entgegen-

---

[1] Turkestan, St. Petersb. 1886, **1,** 317.

gesetzt waren. An jedem Kisil-Djusgan-Busch[1]) bildete sich von der Leeseite, d. h. nach SW gewendet, ein langgezogener Sandhaufen und die ganze bewachsene Fläche wurde hügelig. Bei diesen kleinen Barchanen entsprach der flache und langgestreckte Abhang der Leeseite; steil und kurz war dagegen die Luvseite, welche sich an den hemmenden Gegenstand anlehnte."[2]) — Es sind offenbar dieselben Zungenhügel, deren Entstehung und Entwickelung an Meeresküsten oben geschildert wurden und welche bei weiterem Wachsthum sich zu Dünen umgestalten. Den Vorgang der Verwandlung dieser Zungenhügel in Barchane selbst schildert Muschkétow mit den Worten: „Die Sandwellen veränderten bei dem weiteren Wachsthum ihre Gestalt und, als gegen den nächstfolgenden Morgen viele von ihnen die Höhe der Buschspitzen erreicht hatten, begannen sie an der Luvseite sich allmählich zu verlängern, büssten ihre ursprüngliche Gestalt ein und verwandelten sich schliesslich in kleine Barchane mit einer steilen sichelförmigen, etwa 2 m hohen Leeseite".[3]) Die Umgestaltung eines Zungenhügels zu einer Düne (einem Barchan) geschieht demnach in den Sandwüsten genau in derselben Weise, wie sie auch am Meeresstrande stattfindet. (Vgl. hier S. 71—74.)

Im Gegensatz zu der von Muschkétow geschilderten Bildungsweise der Barchane in Folge einer ursprünglichen Sandhäufung unter dem Schutz eines Busches, eines Steinblockes u. dgl. beobachtete Kónschin eine Entstehung der Barchane auf der vollkommen ebenen, von jeglichem Pflanzenwuchs freien Sandfläche Babá-Chodjá. „Zunächst erschienen auf dem feuchten Sande dieser ebenen Fläche, über welcher, wie es schien, sich die Luft frei und ungehindert bewegen durfte, an verschiedenen Stellen etwa 2 m im Durchmesser erreichende Flecke, welche heller waren, als der umgebende Boden und sich bald darauf, unter dem Einfluss heftiger trockener Winde in embryonale Barchane von etwa 1 Fuss Höhe und länglicher Gestalt verwandelten, deren steilerer Abhang der Leeseite entsprach. Bis zum Herbst des folgenden Jahres wuchsen diese Barchane bis zur Höhe eines Meters empor, nahmen

---

[1]) Kisil-Djusgan = *Calligonum Pallasii*, aber auch einige *Spaerococcus*- und *Atrophaxis*-Arten.

[2]) Turkestan, S. 672—673.

[3]) Ebenda, S. 518. Ganz ähnliche Sandhäufungen unter dem Schutz von Büschen, namentlich von Tamarisken ist von vielen Forschern in der Sahara und in Arabien beobachtet worden (vgl. Anm. 3, S. 174).

die typische Sichelgestalt an und rückten um einige Zehner Meter
in der Richtung der herrschenden Winde vor; inzwischen gesellten
sich ihnen aber neue Exemplare zu, welche ein neues Revier der
genannten Sandebene besetzten."[1]) Es dürfte wohl kaum einem
Zweifel unterliegen, dass auch in diesem Falle der Sandhäufung
durch den Wind an bestimmten Punkten eine Entstehung einiger
Unebenheit, Höckerigkeit des Bodens vorangegangen war, bedingt
durch ein ungleichmässiges Trocknen und also auch ungleichmässiges
Fortblasen des Sandes durch den Wind. Die feuchteren Stellen
bilden, wegen der geringeren Sandabtragung, nach und nach
Hervorragungen, welche, wenn auch dem Auge wenig wahrnehmbar, dennoch dem vom Winde getriebenen trockenen Sande ein
gewisses Hemmniss entgegenstellen, ihn zur Häufung und zur Bildung jener „helleren Flecke" veranlassen, an welchen die Barchane
ihren Ursprung nehmen. Es ist klar, dass eine Neubildung von
Barchanen unter solchen Verhältnissen nur bei verhältnissmässig
schwachen Winden möglich ist.

Fast alle Erforscher der Sandwüsten Centralasiens berichten
über die ausserordentliche Regelmässigkeit der Sichelgestalt der
Barchane, welche sie nur bei den herrschenden günstigen topographischen Bedingungen, bei hinreichend weiter Ausdehnung
einer glatten Bodenoberfläche erreichen können. An Berghängen
oder bei bedeutenden Unebenheiten des Bodens bilden sich dagegen regelmässige Barchane nicht.

„Am steilen Berghang (der Chratsch-Berge an der Amu-Darjá),
deren Streichen mit der Richtung der NO-Winde übereinstimmt,
entstehen keine typischen Barchane, sondern nur dem Fallen nach
verlaufende, über den ganzen Abhang vom Gipfel bis zur Sohle
verbreitete niedrige Sandwellen, an welchen dennoch eine sanftgeneigte Luvseite und eine steile Leeseite zu erkennen sind. Je
näher man aber dem sanften SW-Abhang der Chratsch-Berge
kommt, wo sie zum „Tugai"[2]) werden, um so mehr nehmen die
Sandanhäufungen die Gestalt typischer Barchane an, welche endlich auf dem horizontalen Tugai-Boden in ihrer vollen Reinheit
erscheinen."[3]) Eine eben solche Abhängigkeit der Entstehung
regelmässiger sichelförmiger Barchane von der Bodengestaltung

---

[1]) Kónschin, l. c., S. 411.
[2]) Tugai == alluviales Flussthal.
[3]) Muschkétow, Turkestan, S. 612.

beobachtete Muschkétow an den Abhängen der Berge Kalat
und Ustyk an der Amu-Darjá. Daraus geht hervor, dass „die
Barchane die typische Sichel- oder Kegelgestalt nur dann annehmen, wenn sie sich auf vollkommen ebener Fläche bilden;
ist hingegen der Boden uneben und häuft sich der Sand an irgend
einem Abhange, dessen Streichen mit der Windrichtung übereinstimmt, so nehmen die Barchane die Gestalt ungleichschenkeliger
Wellenreihen an, deren Länge derjenigen des Abhanges gleich
ist. Je steiler dieser letztere ist, um so schmaler, aber auch zahlreicher sind die Reihen-Barchane und umgekehrt. Fällt dagegen
das Streichen des Abhanges mit der Windrichtung nicht zusammen,
sondern schliesst mit ihr einen Winkel ein, so verwandeln sich

Fig. 15.
Die Barchane der Chratsch-Berge an der Amu-Darja, nach einer Zeichnung von N. Karazín
(Muschkétow, Turkestan, **1**, 611; 1882).

die ungleichschenkeligen Reihen-Barchane in gleichschenkelige;
wenn dabei der Abhang sanft ist und in eine Ebene verläuft, so
werden sie zu gewöhnlichen Barchanen."[1] Es verschwindet auch
die Regelmässigkeit der Umrisse der Barchane, wenn diese mit
einander verschmelzen und doppelte, dreifache u. s. w. Barchane bilden. Durch besondere Regelmässigkeit zeichnet sich die wohlgefällig
halbkreisförmig eingebogene steile Leeseite aus, deren Böschungswinkel meist zwischen 30 und 38° schwankt und nur selten den
Grenzwerth des Schüttungswinkels von 40 oder gar $40\frac{1}{2}°$ erreicht.[2] Die Böschung der Luvseite wird gewöhnlich zu 6 bis

<hr>

[1] Ebenda, S. 616—617.
[2] Bei Middendorff (Einblicke in das Ferghanathal, S. 32) finden sich

11⁰ oder auch zu 16⁰ angegeben. Ch. Helmann,[1] dessen sorgfältigen Beobachtungen die Sandwüsten des Chanats von Chiwá
betreffen, betont, dass der obere Theil der Luvseite flacher ist
als der untere, so dass sie im Längsprofil eines Barchans sich als
eine unter einem ausgeprägten Winkel ausgebogene Linie darbietet, welche in die unter 30 bis 40⁰ steil abfallende Gerade
der Leeseitenspur übergeht.[2] Die scharfen Umrisse des Barchanenkammes, welcher als Durchschnittslinie der Luv- und Leeseiten-
flächen auftritt, erwähnen alle Erforscher der Barchane, obwohl
sie, Helmann's Aussagen gemäss, nach dem Regen oder nach
andauernder Windstille verwischt werden und sich abrunden. Die
verhältnissmässig geringere Neigung des oberen Theiles der Luvseite erklärt Helmann, sich auf seine Versuche stützend, durch
eine stärkere Abtragung durch den Wind. „Der Windwirkung
am meisten ausgesetzt sind die Sandkörner des Barchanenkammes
und die auf der oberen Hälfte des Luvseitenabhanges lagernden.
Dies ist der Grund, weshalb dieser Theil des Barchans flacher
ist als der benachbarte tiefer liegende und der zugleich das Höhenwachsthum des Barchans beeinträchtigt. Ueberhaupt schwankt
das Längsprofil der Luvseite bei Barchanen eines und desselben
Gebiets, selbst nach längerer Einwirkung des herrschenden Windes,
innerhalb äusserst geringer Grenzen."[3] Höchst interessant, obwohl leider gering an Zahl und nicht mit ausreichender Genauigkeit angestellt, sind Helmann's Versuche und Beobachtungen über
die Windwirkung auf die Sandbewegung, welche ihn ausser der soeben
erwähnten zu folgenden Schlussfolgerungen führen: „1. Der grösste
Theil des Staubes (mit Sand untermischt) wird vom Winde unmittelbar an der Bodenoberfläche getrieben, seine Menge nimmt
bis zur Höhe von 1 bis 1,5 m über dem Boden rasch ab, darüber
aber wieder zu;[4] 2. zur Bildung des Barchans oder zur Ver-

Angaben über Böschungen von 60⁰. Beziehen sie sich auf vollkommen trockenen Sand, so sind sie zweifellos irrig, da der Schüttungswinkel des Sandes,
wie auch aus Laboratoriumsversuchen hervorgeht, den Werth von 41⁰ nicht
erreicht.

[1] „Izwestija" d. kais. russ. geogr. Ges., 1891, **27**, 395.

[2] Vgl. die Angaben über die Barchane des Gouvernements Ástrachan
hier S. 252 ff.

[3] Helmann, l. c., S. 414.

[4] In Anbetracht des Umstandes jedoch, dass alle Beobachter die Reinheit des Dünensandes hervorheben, ist anzunehmen, dass nicht an der Luvseite
des Barchans allein nur ein Theil des Sandes zurückgehalten, der Rest aber

grösserung seines Umfanges wird nur die Hälfte der an seinem
Fusse vorbeigeführten Sandmenge zurückgehalten; 3. die Luftströme werden in der Zone zwischen dem Boden und einer Höhe
von 2 m über dem Barchan unregelmässig; 4. das Vorrücken der
Sandwellen des Barchans ist ein rascheres, wenn der Wind in
schräger Richtung gegen ihn wirkt. Im Ganzen wächst aber die
Geschwindigkeit des Vorrückens der Sandwellen stärker, als die
Windgeschwindigkeit zunimmt; 5. das Vorrücken der Sandkörner
geschieht mit gleichbleibender Geschwindigkeit, diese wächst aber
proportional der Windstärke. Die Vorwärtsbewegung der Sandkörner findet auf der ganzen Luvseite in Gestalt einer zusammenhängenden Schicht und mit gleicher Geschwindigkeit in allen
Theilen statt."[1] Die Gestalt des Grundrisses der Barchane wird
fast von allen Beobachtern entweder mit einem Hufeisen, einer
Sichel oder einem Hufe verglichen. Es ist klar, dass bei diesem
Vergleich das Hauptaugenmerk auf den Grundriss der steilen Leeseite gerichtet wurde, welcher denn auch in der That viel schärfer
ist, als der Grundriss der sanftansteigenden Luvseite. Bei genauer
Wiedergabe des ganzen Grundrisses eines Barchans muss er als
die Hälfte oder zwei Drittel eines Ovals mit einer mehr oder
weniger tief eingebuchteten halbkreisförmigen Aushöhlung an der
Leeseite dargestellt werden.[2] Manchmal ist ein Flügel des Barchans stärker ausgebildet als der andere. Solche ungleichseitige
Barchane beobachtete Lessar in der Sandwüste Kara-Kum und
erklärte sie durch eine häufige Ablösung des herrschenden Windes durch einen anderen, dessen Richtung mit jenem einen spitzen
Winkel einschliesst.

Die Führung der Transkaspischen Bahn durch Sandwüsten
hatte eine genauere Erforschung der Bewegung der Barchane er-

---

mit dem Staub vorbeigetrieben wird, sondern dass auch an der Leeseite ausschliesslich Sand zum Absatz gelangt, wogegen der Staub, welcher selbst beim
schwächsten Winde in der Luft schweben bleibt, nur bei gänzlicher Windstille
niederfällt, namentlich aber unter der Mitwirkung atmosphärischer Niederschläge, während deren in den unteren Theilen des Barchanenabhanges feine
Lössschichten sich bilden, von welchen später die Rede sein wird.

[1] Helmann, l. c., S. 414—415.

[2] Die von Rolland (Géol. du Sahara Algérien, 1890, XXIII, fig. 5, auch
Bull. soc. géol. de France, (3), 1882, **10**, 32, fig. 1 et 2) gegebenen Abbildungen,
welche eine Wanderdüne der Sahara (von den Arabern *„sif"*, plur.: *„siouf"*
genannt) im Grundriss und im Längsprofil darstellen, entsprechen vollkommen
einem Barchan Central-Asiens.

fordert. Es stellte sich heraus, dass das Vorrücken einiger von ihnen, namentlich der kleineren, ziemlich rasch geschieht und nach Verlauf verhältnissmässig kurzer Zeit wahrnehmbar wird.

„Bei starkem Winde wurden die Barchane wie lebendig. Sie nahmen alsbald die ihnen eigene Halbmondform an, wendeten ihre Sichel nach derselben Seite, d. h. nach der Leeseite hin, erhielten an ihren inneren Gehängen die schüttige sichelförmige Böschung. Ihre Gipfel begannen zu rauchen, d. h. dünne Strahlen von Flugsand auszusenden . . . und die Barchane fingen zu kriechen an, d. h. sich in eine langsame, rollende Bewegung zu versetzen, ihre Seitenflügel zu verlängern und an ihren inneren Gehängen den von der hinteren, schwach geneigten Fläche fortgewehten Sand zu verschlingen."[1]) Genaue Messungen Kónschin's ergaben, dass die Bewegungsgeschwindigkeit der Barchane 20 m in 24 Stunden erreichen kann; auch stellte es sich heraus, dass die Grösse der Barchane selbst von wesentlichem Einfluss dabei ist. So wurde ein Barchan von 10 m Länge, 5,5 m Breite und 0,3 m Höhe in 24 Stunden (am 26. Oktober 1881) bei sehr starkem Winde von 11 bis 17 m in der Sekunde um 20 m fortbewegt, während ein anderer 20,1 m langer, 13,5 m breiter und 0,9 m hoher Barchan am selben Tage nur um 9,2 m verschoben wurde.

Im Allgemeinen führten die Beobachtungen an der Bewegung der Barchane Kónschin zu folgenden Schlüssen: „1. Die Geschwindigkeit der Bewegung ist der Windstärke direkt und der Masse der Barchane umgekehrt proportional; 2. die Verschiebung der Barchane wird wesentlich verzögert oder hört sogar gänzlich auf, sobald gesonderte Barchane sich zu Gruppen oder Ketten vereinigen; 3. in diesem letzteren Falle geht das geradlinige Vorrücken der Einzel-Barchane über: a) in eine aufsteigende Bewegung, da ein Aufthürmen oder eine Bildung zusammengesetzter Barchane stattfindet und b) in eine seitliche in Folge des Anwachsens neuer Barchane an den Kettenrändern; 4. die Geschwindigkeit des Vorrückens der Einzel-Barchane ist sehr bedeutend, sie erreicht 20 m in 24 Stunden und übertrifft vielfach die Geschwindigkeit der Bewegung der Stranddünen; die geradlinige Bewegung zusammengesetzter Gruppen-Barchane oder Bar-

---

[1]) Kónschin, „Izwestija" d. kais. russ. geogr. Ges., 1886, **22,** 411.

chanenketten übersteigt 2 m im Jahr nicht; 5. die Gestalt der Barchane d. h. ihre Höhen-, Breiten- und Längenmaasse, ändern sich bedeutend langsamer und innerhalb geringer Grenzen. Diese Veränderung geht bedeutend rascher während der Vernichtung des Barchans vor sich, wobei die verhältnissmässig rasche Erniedrigung als Zeichen seiner beginnenden Vernichtung, d. h. Abtragung durch den Wind dient; 6. die Einzel-Barchane bewegen sich geradlinig und folgen der Richtung des Windes; 7. mit der Aenderung in der Windrichtung findet eine Verschiebung der Elemente des Barchans, d. h. der inneren sichelförmigen Böschung, der Seitenflügel und des äusseren sanften Abhanges in bestimmter Reihenfolge statt, welche von der Barchanengestalt und der neuen Windrichtung abhängt. Die Barchane erfahren dabei sozusagen einen Frontwechsel, unter Beibehaltung ihrer Maasse und ihrer gegenseitigen Lage." [1]

Gegenwärtig sind alle Erforscher der Sandwüsten Turkmeniens zu dem Ergebniss gelangt, dass kahle, mit beweglichen Barchanen bedeckte Sande, sich selbst überlassen, nach und nach in den Zustand der Ruhe treten, mit Gräsern und Sträuchern bewachsen. Die erste Phase der Befestigung der Barchanensande und ihrer Bewachsung mit Sträuchern äussert sich in der Verringerung ihrer Beweglichkeit, im Verwischen der regelmässigen Sichelgestalt und in einiger Höhenzunahme, da durch Bewachsung die Sandanhäufung begünstigt wird. Die Barchane der Sandwüste verwandeln sich in die „Höckersande" der Autoren. „Die Gestalt der Höcker ist sehr unregelmässig, aber sämmtliche Abhänge sind flach, so dass von einer Luv- und einer Leeseite nicht die Rede sein kann. Der einzelne Höcker hat die Gestalt eines kleinen Kurgans; häufiger sind sie aber zu zweit oder dritt an ihrer Sohle zu einer Gruppe mit zwei oder drei gerundeten Kuppen vereinigt. Stellenweise ist die Oberfläche der Höcker entblösst und man sieht an ihren Hängen und Gipfeln kleine typische Barchane, welche sich um irgend ein Hinderniss, einen Busch, einen älteren Höcker gebildet haben. Am häufigsten krönen solche kleine Barchane den Gipfel des Höckers. Die einzelnen Höcker sind durch Mulden verschiedener Grösse von einander getrennt. Da, wo die Höckersande gegenwärtige oder ehemalige Flussbette umsäumen, treten mitten

---

[1] Derselbe, ebenda, S. 412—413.

in ihnen weite, flache Mulden mit thonigem Boden auf, welche entweder mehr oder weniger kahle Takyre[1]) oder Grassteppen-Flächen darstellen. An den Muldenrändern finden sich manchmal Austritte fluviatilen, feinschiefrigen, thonigen Sandes mit Resten von Süsswasser-Mollusken."[2]) Bei weiterer Bewachsung der Höckersande, vorwiegend natürlich der Mulden und der unteren Theile der Höcker, findet der Wind nirgend mehr Material, um die Hügel zu erhöhen und es bleiben seiner Thätigkeit nur die Gipfel preisgegeben. Seine Wirkung auf diese letzteren äussert sich im Abtragen ihres Sandes, welcher sich unter dem Schutze der Büsche in den Mulden, den Zwischenräumen der Höcker ablagert und sie allmählich ausfüllt. Auf diese Weise wird die häufende Thätigkeit des Windes durch die nivellirende abgelöst und werden die Höckersande, sich immer mehr mit Pflanzenwuchs bedeckend und ausebnend, in eine Sandsteppe umgewandelt, welche „eine Ebene mit sandigem, stellenweise hügeligem Boden darstellt. Diese Hügel sind von unbedeutender Höhe und besitzen sanfte Abhänge; neben ihnen kommen unbedeutende Einsenkungen mit ebenfalls sanften Gehängen vor. Die Oberfläche der Sandsteppe bedeckt sich mit Gras- und Strauchgewächsen und bietet zu Anfang des Frühjahrs, d. h. von Mitte März an bis zur Mitte April einen unabsehbaren grünen Rasen mit niedrigen grünenden Sträuchern."[3]) Die allmähliche Bedeckung der Sandwüsten des Ferghana-Gebiets mit Vegetation bezeugen Fédtschenko, Middendorff und Muschkétow. Hier ist es nur der Mensch, welcher, indem er die Pflanzendecke verletzt, zur Bildung von Flugsand und beweglichen Barchanen beiträgt.

Ein ganz abweichendes Bild gewähren die weiten Sandwüsten Ost-Turkestans im Tarimflussbecken. Unter den dort für die Entwickelung der Vegetation herrschenden ungünstigen Bedingungen, bedeckt sich die Wüste mit kleinen sichelförmigen Barchanen, welche, durch allmähliches Verschmelzen mit einander und Aufthürmen, zu Reihendünen werden, durchaus denjenigen der Sahara und Arabiens entsprechend. „In Kaschgarien," so berichtet Bogdanówitsch,[4]) „ist der Process der Verschmelzung der Bar-

---

[1]) Takyr — Niederung oder mit schwachen kesselartigen Einsenkungen versehene ebene Fläche mit salzig-thonigem Boden.

[2]) Óbrutschew, „Zapiski" d. kais. russ. geogr. Ges., 1890, **20**, 106—107.

[3]) Derselbe, l. c., S. 112.

[4]) Bogdanówitsch, Geol. Unters. im Ost-Turkestan, 1892, S. 93.

chane so weit vorgeschritten, dass die Sande den Charakter von
Wellenreihen angenommen haben, zwischen denen sich vereinzelte
Barchanenberge erheben. Die Reihen sind meist schlangenartig
gewunden, bilden Ausläufer, vereinigen sich mittelst Querausläufer.“
Bogdanówitsch unterscheidet[1]) bei diesen Reihendünen: „1. Bar-
chane oder ungleichgehängige, bei Vorherrschen eines bestimmten
Windes sich bildende Reihen; 2. gleichgehängige Reihen, welche an
solchen Stellen entstehen, an denen die Richtung der herrschenden
Winde eine veränderliche ist und 3. Barchanenberge, welche als
Endergebniss der Einwirkung des Windes auf die Sandwüste er-
scheinen und an einzelnen Stellen, z. B. am Mazar[2]) Imam-Djafer-
Sadyk und längs des Tarimflusses eine Höhe von 90 m erreichen.
„Sobald sich die Barchane zu einer Reihe vereinigen, wird ihr
Vorrücken verzögert, dagegen beginnt ein Höhenwachsthum“.[3]) Es
unterliegt keinem Zweifel, dass die in Turkmenien vorkommenden
Reihenbildungen auch hierher gehören. Jedenfalls ist Óbrutschew’s
Ansicht, dass die Reihenanordnung der Dünen einiger Theile Turk-
meniens auf einen marinen Ursprung des sie zusammensetzenden
Sandes hinweist, unbegründet, da er bei der Beschreibung der
Dünen des Ostufers des Kaspischen Meeres, welche er als regel-
los vertheilte, unregelmässig auf einander gethürmte Hügel von
Flugsand schildert, sagt: „nur weiter, nach dem Inneren des
Landes, verwandeln die herrschenden Winde allmählich, im
Laufe vieler Jahre die unregelmässigen Hügel der Stranddünen
in symmetrische Reihendünen oder in Rücken“.[4]) Verdanken
aber, wie Óbrutschew selbst meint, die aus regellos vertheilten
Stranddünen entstehenden Reihendünen ihren Ursprung dem
Winde, so besteht offenbar auch in Turkmenien ebensowenig
Zusammenhang zwischen der Reihenanordnung und einem marinen
Ursprung des die Dünen bildenden Sandes wie in der Sahara, in
Arabien und Kaschgarien, wo die bekanntlich so sehr verbreiteten
Reihendünen gewiss keine Strandbildungen sind. Der Grund, dass
Reihendünen nur in einzelnen Theilen Turkmeniens angetroffen
werden und an anderen gänzlich unbekannt sind, ist in der un-
gleichen Mächtigkeit des lockeren Sandes, in den für die Ent-

---

[1]) Ebenda, S. 93—94.
[2]) „Mazar“ == Grabstätte eines Heiligen.
[3]) Bogdanówitsch, l. c., S. 95.
[4]) Óbrutschew, l. c., S. 119.

wickelung der Vegetation nicht gleich günstigen klimatischen Bedingungen u. s. w. zu suchen, da bei geringem Sandvorrath und für das Pflanzenwachsthum günstigen Bedingungen, wie sie anscheinend im grössten Theil Turkmeniens bestehen, natürlich Reihendünen nicht entstehen können und ihre volle Entwickelung nur in solchen Wüsten, wie der Libyschen, der Sahel, den Wüsten Arabiens und der Mongolei erreichen, in welchen der Sandvorrath unerschöpflich gross ist, die klimatischen Verhältnisse der Entwickelung der Vegetation durchaus feindlich sind und die Dünenbildung bereits vor geraumer Zeit begonnen hat.

Es ist hervorzuheben, dass bei den meisten Erforschern der Binnenlanddünen Centralasiens sich das Bestreben bekundet, einen scharfen Unterschied, ja einen Gegensatz anzunehmen zwischen den Barchanen und den Stranddünen, indem sie die ersteren als reine äolische Bildungen auffassen, den zweiten aber einen gemischten äolischen und neptunischen Ursprung zuschreiben. Wenn es sich hierbei lediglich um die verschiedene Herkunft des zur Errichtung der Dünen verwendeten Sandes, um den Unterschied der topographischen und klimatischen Bedingungen handelte, welche in gewissem Grade in der Gestalt und Zusammensetzung der vom Winde erzeugten Sandhügel zum Ausdruck kommen, so würde dagegen sicherlich nichts einzuwenden sein. Es besteht indessen unzweifelhaft das Bestreben, einen Unterschied im Wesen der Barchane und der Dünen nachzuweisen, unter der Voraussetzung, dass das Wasser an der Erbauung der Dünen selbst Antheil hat, welchen die Gestalt regelmässiger, der Uferlinie parallel sich hinziehender Wälle zugeschrieben wird. An einer früheren Stelle[1]) habe ich bereits den Beweis geführt, dass eine solche irrige Vorstellung über die Stranddünen auf der Verwechselung der sandigen, von den Meereswellen errichteten Strandwälle mit den Dünen beruht, die ihre Erzeugung ausschliesslich dem Winde verdanken. Indessen bietet die beginnende Bildung der Barchane nach Muschkétow's Schilderung (vgl. S. 257) genau denselben Vorgang dar, welchen ich am Meeresufer bei der Bildung der durch Wind unter dem Schutze von Büschen, Steinblöcken u. dgl. m. entstehenden Zungenhügel und ihrer Verwandlung zu echten Dünen beobachtete. Eine Verwechselung der sandigen Strandwälle, sogar der Sandbänke

---

[1]) Vgl. IX.

oder Riffe mit Stranddünen geht aber mit unzweifelhafter Deutlichkeit aus nachstehenden Worten Óbrutschew's hervor: „Im Meere
erscheinen die Dünen als Inseln, welche aus der Wasserfläche
einer seichten Bucht herausragen; auf dem Festland erheben sie
sich ebenfalls inselartig über die weiten Niederungen, welche den
Charakter von „Schoren" besitzen;[1] in der Zwischenzone, d. h. am
Meere selbst werden diese „Schore" oft bei Seewinden überfluthet,
und die Stranddünen verwandeln sich zu Inseln . . . Die Stranddünen oder Gruppen solcher Dünen sind von einander durch ansehnliche Niederungen getrennt, deren Boden feucht ist, aus demselben schmutzig-gelben Sande wie die Dünen besteht, mit Salzausblühungen bedeckt ist und reichlich Schalen von *Cardium
caspicum* und *Dreissena rostriformis* führt . . . An den Dünengehängen, in unbedeutender Höhe über dem Boden der „Schore",
sind hier und da Schichten röthlich-grauen Thones entblösst,
welcher vom Regen abgeschlemmt und als Trübe auf dem Boden
der „Schore" abgesetzt wird."[2] — Es ist wohl kaum daran zu
zweifeln, dass Óbrutschew keine Dünen, sondern Sandbänke
oder Riffe beschreibt, welche an der Ostküste des Kaspischen
Meeres eine eigenartige Gestalt besitzen und von den dortigen
Fischern und Schiffern die Bezeichnung „Ueberfluthungshügel"
(obliwnýje bugrý) erhalten haben. Bei der festgestellten allmählichen negativen Verschiebung der Strandlinie des Ostufers
des Kaspischen Meeres verschmelzen diese Sandriffe mit dem
Ufer und werden oberflächlich der umgestaltenden Thätigkeit
des Windes ausgesetzt, welcher oft den trocknenden Sand zu
kleinen Dünen, die Óbrutschew als Barchane bezeichnet, häuft:
„An den Gehängen und dem Gipfel der Dünen (nach Óbrutschew, in Wirklichkeit aber der Sandriffe) erheben sich vereinzelte Barchane."[3]

Jedenfalls kann sich dieser oder jener Ursprung des Sandes
lediglich durch seine Farbe oder petrographischen Charakter kundgeben, aber nicht in der Gestalt der Dünen, welche von den topographischen Bedingungen, einer grösseren oder geringeren Veränderlichkeit der Windrichtung, der Anwesenheit oder Abwesenheit

---

[1] Schor = salzige Niederungen von der Gestalt alter Flussbette.
[2] Óbrutschew, l. c., S. 120—121.
[3] Derselbe, l. c., S. 119.

von Vegetation u. dgl. m. abhängt.[1]) Obwohl es kaum in vielen Fällen angängig sein dürfte nachzuweisen, dass der Sand irgend welcher Dünen (Barchane) ausschliesslich in einer bestimmten Weise entstand,[2]) scheinen, nach Muschkétow's Aussage, sich die Binnenlanddünen, deren Material verwitterten tertiären oder Kreidesandsteinen entstammt, von den Flussdünen der Amu-Darjá sowohl, als auch von den Dünen des Südostufers des Aralsees durch die Farbe ihres Sandes zu unterscheiden. Das Hauptmaterial der turkestanischen Dünen macht der Sand aus, welcher sich durch Zerstörung der Kreide- und namentlich tertiären Sandsteine durch die Atmosphäre bildete, so dass die Verbreitung der Binnenlanddünen in Turkestan in gewissem Maasse mit derjenigen der tertiären Sandsteine zusammenfällt.

Die Barchanensande des Turkestans, namentlich Turkmeniens, über welche mehr Angaben vorliegen,[3]) zeigen in Betreff ihrer Grobkörnigkeit und auch ihrer petrographischen Zusammensetzung keine sehr grossen Unterschiede.[4]) Die Korngrösse ist meist 0,1 bis 0,3 mm, viel seltener grösser, bis zu 0,5 und 1 mm im Durchmesser, wie in den Reihendünen des nordwestlichen Turkmeniens. Die geringste Korngrösse von 0,075 bis 0,1 mm besitzen die Sande, welche den Flussablagerungen des Murgháb und Tedjén entstammen. In der mineralischen Zusammensetzung der Barchanensande des Turkestans herrscht Quarz vor, welchem aber manchmal eine ziemlich erhebliche, bis zu 12 % reichende Menge Kalksteinkörner, ferner

---

[1]) Die Regelmässigkeit der Reihendünenbildung selbst, welche, wie wir sahen, unter den Dünen unzweifelhaft binnenländischen Ursprungs — in der Sahara, in Arabien, Kaschgarien und Turkestan — weite Verbreitung besitzt, wird ausschliesslich durch Wind erzeugt und darf keineswegs als Kennzeichen für Stranddünen angesehen werden. Andererseits zeigen die Beobachtungen Muschkétow's, dass die Binnenlanddünen bei gewissen topographischen Verhältnissen, z. B. auf steilen Berghängen, nicht die typische Halbcirkusgestalt, sondern eine ziemlich regelmässige Reihenanordnung annehmen. (Vgl. S. 260.)

[2]) Wie an Meeresküsten der Dünen-aufbauende Wind dem aus neugebildeten Strandwällen stammenden Sande solchen beimischt, der älteren sandführenden Bildungen entnommen wird, so kann er in den an See- oder Flussufern sich ausbreitenden Wüsten Dünen aus Sand gemischten Ursprungs errichten.

[3]) Óbrutschew, l. c., S. 125.

[4]) Nach Muschkétow (Turkostan, 1, 716) soll übrigens die Zusammensetzung des Sandes der Barchane im Amu-Darjá-Becken eine bedeutende petrographische Mannigfaltigkeit besitzen, welche mit dem verschiedenen Ursprung des Sandes aus Kreide- und Tertiär-Gesteinen, aus aralokaspischen Ablagerungen oder aus dem Flussalluvium zusammenhängt.

Glimmerblättchen und hier und da auch Gypsblättchen beigemengt
sind.[1]) Beimengungen anderer Minerale, wie Feldspath, Hornblende, Augit, Magnetit sind unwesentlich.[2]) Eine besondere Eigenthümlichkeit der Barchanensande Turkestans besteht in ihrem
bedeutenden Gehalte an thonigen Bestandtheilen, die 10 bis 12 $^0/_0$
ausmachen. Dies zeugt von reichlichen Mengen Staubes, welcher
sich bei Windstille, namentlich bei Regenwetter absetzt und seinen
Ursprung den weit ausgedehnten Takyren, den Ebenen mit
thonigem Boden verdankt, welche im Turkestan mit Sandwüsten
abwechseln.

Die Bildung von thonigen oder Löss-Einlagerungen in den
Barchanen wurden im Ferghana-Gebiet durch Middendorff beobachtet.[3]) Nach Helmann[4]) werden thonige und Schlamm-
theilchen durch den Regen zum Fuss der Barchane hinabgespült,
wo denn auch die Einlagerungen entstehen. „Diesen Lehm-
rückständen kommt eine grosse Bedeutung zu, weil sie mit dem
Regenwasser zusammen vom Barchan hinabrollen und, wenn sie
trocken geworden, einen Umriss hinterlassen. Da aber der Wind
die Barchane verlegt, die erwähnten Umrisse hingegen an Ort und
Stelle verbleiben, so vermag man nicht nur das Verrücken selbst
deutlich festzustellen, sondern auch dessen Betrag."

Dass die einzelnen Barchane, namentlich die kleineren rasch
vorrücken, ist bereits erwähnt worden (vgl. S. 263); Beobachtungen,
welche in verschiedenen Theilen des Turkestans angestellt wurden,
lehren jedoch, dass auch Barchanenreihen, sogar ganze Bar-
chanensandflächen eine bestimmte, wenn auch langsame Vorwärtsbewegung besitzen. Auf diese Weise erhält die Frage von der
Bewegung der Dünen der Sandwüsten, welche für die Sahara
und Arabien eine schwebende ist, im Turkestan ihre Lösung in
bejahendem Sinne.

-----

[1]) Óbrutschew, l. c., S. 126. — Muschkétow bemerkt, l. c., S. 604,
dass die Barchane an der Amu-Darjá bei Tschardjuj reichlich Gypsblättchen
führen und sie dem tertiären Sandstein entnehmen.

[2]) Muschkétow weist, l. c., S. 716, auf die besondere petrographische
Beschaffenheit des Barchanensandes im Semirétschensk-Gebiete, namentlich im
Ili-Thale, welcher Orthoklasporphyren entstammt. Sehr charakteristisch ist der
Barchanensand Kaschgariens, in dessen südlichem Theile er meist schwärzliche
oder violette Farben besitzt.

[3]) Einblicke in das Ferghanathal, S. 93.

[4]) „Izwestija" d. kais. russ. geogr. Ges., 1891, **27**, 394.

Alle Reisenden und Forscher, welche das rechte Amu-Darjá-Ufer besuchten, berichten über das stetige Vorrücken der Barchanensande gegen das den Fluss umsäumende Kulturland unter dem Einfluss des herrschenden Nordostwindes. Dasselbe ist auch im nördlichen Theil des Chanats Buchará zu beobachten. „Die Umgegend von Karakul", sagt Muschkétow, „ist deswegen interessant, weil man dort unmittelbar ein gewaltiges Vorrücken des Sandes von N und NO beobachten kann, welcher langsam aber stetig und in grossem Maassstabe die ehemalige Kornkammer der Bucharei in eine vollkommene Wüste verwandelt . . . Zwischen der Festung Ustyk und Karakul nehmen die Sande eine Fläche von 25 km Breite ein, auf welcher man nicht selten Ruinen früherer Ansiedelungen, dürre Bäume, als Zeugen besserer Zeiten sieht. Wie bei Karakul. verweht auch hier der Sand alljährlich Kulturflächen, verwandelt die Gegend in eine Wüste und verdrängt die Bewohner . . . Der Kreis Romitan ist seit dem Jahre 1868 gänzlich verwüstet und 16000 Menschen wurden gezwungen, Haus und Flur zu verlassen und nach Chiwá überzusiedeln . . . Trockene Luft, hohe Temperatur, heftiger NO-Wind, Abwesenheit fliessenden Wassers, lockere, horizontal geschichtete, tertiäre Sandsteine — das sind die Ursachen, welche die ebenso rasche wie drohende Anhäufung der Barchanen-Flugsande bedingen, die mit solch unabwendbarer Ausdauer gegen die Bucharei vorrücken und ihre Kulturoasen verschlingen."[1]) Nach den Beobachtungen von Helmann kann das jährliche Vorrücken der Barchane im Chanate Chiwá zu rund 2 m oder zu 2 km in 1000 Jahren veranschlagt werden. Dagegen geht die Verbreitung der Barchane, d. h. ihre Neubildung bedeutend rascher vor sich.[2]) „Die Reihensande, welche von Norden her die Achal-Teké-Oase umsäumen, rücken gegen die Grenz-Takyre vor . . . Früher befanden sich die Brunnen Bosogoli, Chodja-Olin-Bëuri und Schigitli an der Grenze der Takyre und der Sande, wogegen jetzt die beiden ersteren von drei Seiten von Sanden umgeben sind und der letzte mitten in den Sanden und 2 km von der Grenze entfernt liegt. Auch bestand im W von Schor-Kala ehemals der jetzt 2 km weit in den Takyr hineinragende gewaltige sandige Kamm ebenso wenig, wie die mitten im Takyr liegenden Sandinseln. Die älteren Turkmenen vermochten zwar

---

[1]) Muschkétow, Turkestan, **1,** 608—610.
[2]) Helmann, l. c., S. 415.

die Zeit, welche seither verflossen ist, nicht genau zu bestimmen,
sie sagten aber aus, dass sie damals Jünglinge waren. Nimmt
man als Zeitraum 40 Jahre und das Vorrücken 2 km an, so
ergiebt sich, dass das Steppengebiet im Jahrhundert um 4 bis
5 km an Breite abnimmt und dass bei der mittleren Breite von
25 km die Sande in 500 bis 600 Jahren die Vorberge des Kopet-
Dagh erreichen müssen, was die zwischen Annau und Giaurs
sich ausbreitenden Sanden ja bereits gethan haben, indem sie
ihre Wellenreihen bis zum Fusse des Gebirges ausdehnen. Als
Beweis für ein bedeutendes Vorrücken der Sande in historischer
Zeit können die vielen mitten im Sandgebiet liegenden Brunnen,
die vom Sande umgebenen Festungsruinen und Kurgane gelten,
welche sicherlich auf Kulturland oder an der Grenze der Sande
errichtet worden sind."[1]) In gleicher Weise beobachtet man sowohl an der Amu-Darjá, als auch in den Niederungen des Zeraw-
schán, im Chanate Chiwá und am Südrande Turkmeniens eine
allmähliche, wenn auch sehr langsame vorrückende Bewegung
der Barchanensande, welche unter dem Einfluss der herrschenden
N- und NO-Winde vorwiegend gegen S und SW stattfindet.
Die verhältnissmässig langsame Bewegung der Barchanensande
durch längere Zeiträume hindurch, verglichen mit der grossen
Geschwindigkeit einzelner kleinerer Barchane in kürzerer Zeit
(vgl. die Beobachtungen Kónschin's, S. 263) muss nicht nur
in der grösseren Masse des zu Dünenketten zusammengefügten
Sandes ihre Erklärung finden, sondern auch in dem Umstande,
dass innerhalb eines gewissen Zeitraumes, z. B. eines Jahres, ein
mehrfacher Wechsel in der Windrichtung eintreten und, in Folge
dessen die von dem einen Winde geleistete Arbeit durch den
entgegengesetzter Richtung wieder vernichtet werden kann. Und
besitzen die N-Winde im Turkestan auch die Oberhand (sie
erfahren nur örtlich eine Ablenkung bald nach NO, bald nach
NW), da sie acht Monate, von April bis November herrschen,
so werden sie von November bis April durch S-, theilweise SO-
Winde abgelöst, welche die Gestalt der Barchane verändern,
deren Luv- und Leeseite vertauschen[2]) und, sie nach N bewegend,

---

[1]) Óbrutschew, l. c., S. 134—136.

[2]) „Die Verlegung des sanften Abhanges von der Nordseite nach Süden
und umgekehrt geht in den Monaten des Windwechsels vor sich, d. h. im
November und März; während dieser Zeit nimmt man eine Unordnung in der

das allgemeine Vorrücken der Sande nach S verzögern. An einzelnen Stellen, z. B. am linken Amu-Darjá-Ufer verwehen diese S-Winde ebenfalls Kulturland, obwohl der Schaden, den diese Verwehungen hervorrufen, nur gering anzuschlagen ist im Vergleich mit den Verwüstungen, welche die vom N-Winde bewegten Barchane am rechten Ufer der Amu-Darjá anrichten.[1])

In denjenigen Theilen Central-Asiens, in welchen ein ausgesprochenes Vorherrschen irgend einer Windrichtung nicht besteht, zeichnen sich die Dünen, wenn sie auch eine bedeutende Entwickelung erreichen, durch geringe Beweglichkeit oder gänzliche Unbeweglichkeit aus. Dieser Art sind z. B. die Barchane Süd-Kaschgariens. „Durch Beobachtungen in Nija und an anderen Orten habe ich mich überzeugt, dass der Kamm der Barchanenreihen beständig, bald nach der einen, bald nach der anderen Seite, parallel verschoben wird, während die Grundfläche unverändert bleibt, ebenso die Höhe . . . Die Geschichte einiger Ansiedelungen in Kaschgarien, z. B. von Oi-Tograk bei Keria und von Nija, ist sehr lehrreich im Hinblick auf die Art und Weise der Sandbewegungen und die mit ihnen verbundenen Gefahren. Diese Ansiedelungen befinden sich zum Theil unter dem Schutz als Glaubensdenkmäler angesehener hoher Barchanenberge, in deren Nähe sie denn auch entstanden sind. Kleinere Sandflächen wurden bis dicht an den Fuss der Berge für die Kultur erobert. Der Wind arbeitet beständig an der Umgestaltung des etwa 200 Fuss hohen pyramidenförmigen Berges Oi-Tograk, dessen Gipfel durch einen Mazar (eine Gruppe von Pfählen) zu Ehren eines Apostels des Islams geschmückt ist. Die Wahl dieser Stelle zur Errichtung eines Mazars spricht jedenfalls für die Unbeweglichkeit des Gipfels seit der grauen Vorzeit. Die Flächen

---

Lage der sanften und steilen Abhänge wahr und die Barchane büssen ihre typische Form ein; bald verwandeln sie sich in Hügel, bald gerathen ihre Flügel auf die sanftgeneigte Seite, bald ist ihr steiler Abhang gewölbt u. dgl. m." Óbrutschew, l. c., S. 104.

[1]) „Das linke Amu-Darjá-Ufer befindet sich unter günstigeren Verhältnissen als das rechte, da die herrschenden Windrichtungen NO und SO sind, während die Sande es nur von SW her umsäumen. Nichts desto weniger leidet das SW-Grenzgebiet der Tugaie im Winter unter den Sandverwehungen von SO und S her und ich hatte Gelegenheit, zugeschüttete Weinpflanzungen, Gärten und Felder zu sehen. Die Kischljake (Winterwohnungen) Taldosk und Kak-Tjube werden von den Sanden heftig belagert." — Óbrutschew, l. c., S. 146.

dieser Pyramide, deren jede aus einem zusammengesetzten Barchan oder einer Barchanenreihe besteht, zeigen die Einwirkung der drei örtlich herrschenden Winde, NNO, WSW und WNW. Der Wechsel in der Windrichtung bietet eine der Hauptbedingungen für die Unbeweglichkeit der Sande Süd-Kaschgariens dar."[1] Anders verhalten sich die Sandwüsten Ost-Kaschgariens und der südlichen Mongolei. Dort, z. B. im Lande Ordos, rücken die Dünensande in einer bestimmten Richtung vor und haben nicht nur kleinere Ansiedelungen, sondern ganze Städte vernichtet, was natürlich mit dem Vorherrschen von Winden bestimmter Richtungen im Zusammenhange steht.

Somit gelangen wir bei der Frage nach der Bewegung der Barchanensande Central-Asiens zu einem wesentlich abweichenden Ergebnisse als Joh. Walther, welcher die Bewegung der Binnenlanddünen in den grossen Sandwüsten der Sahara und Arabiens behandelte.[2] Gemäss den hier angeführten Beobachtungen, muss gefolgert werden, dass die Bewegung der Barchane Central-Asiens um so rascher und stetiger, je grösser und ständiger das Vorherrschen eines Windes bestimmter Richtung ist,[3] dass im Gegentheil in Gebieten, in denen sich der Wind durch Beständigkeit nicht auszeichnet, die Binnenlanddünen ihre gegenseitige Lage entweder wenig oder gar nicht verändern. Eine andere Schlussfolgerung, mit welcher alle Beobachtungen über die Dünenbewegung in Central-Asien sowohl, als auch in der Sahara[4] übereinstimmen, ist die, dass die Bewegung der einzelnen sichelförmigen Dünen (Barchanen, Siouf) unvergleichlich rascher ist, als diejenige der Dünenketten, welche durch Verschmelzung von Einzeldünen entstanden.

---

[1] Bogdanówitsch, l. c., S. 94 u. 106.

[2] Joh. Walther (Die Denudation in der Wüste, Abh. kgl. sächs. Ges. d, Wiss., 1891, 27 = der math.-phys. Cl., **16,** 516) führt unter den Bedingungen. welche die Unbeweglichkeit der Dünen bestimmen, die Beständigkeit der Windrichtung an.

[3] Also wenn die Binnenlanddünen sich dem Winde gegenüber unter denselben Bedingungen befinden wie die Stranddünen, welche landeinwärts vorrücken unter dem Vorwalten des Seewindes.

[4] Rolland; vgl. hier S. 182 ff.

Tabellen über die Vertheilung der Winde an einigen Punkten der Ostseeküste.

Nachstehende Tabellen sind der Arbeit Rykatschëw's, „Die Vertheilung der Winde über dem Baltischen Meere"[1]) entnommen. Die Kronstadt, Reval, Dünamünde, Windau und Libau betreffenden müssen berücksichtigt werden bei der Betrachtung der Bewegungsrichtung der Dünen an dem Finischen und Rigaer Meerbusen und an den Küsten der Ostsee. Die die Windrichtungen in Dorpat und auf Hochland zeigenden Tabellen sind zum Vergleich herangezogen, da an diesen zwei Punkten, von denen der erste im Inneren des Landes liegt und der zweite eine kleine, ziemlich weit von der Küste entfernte Insel ist, eine so bedeutende Ablenkung der Resultirenden gegen das Festland hin sich nicht wahrnehmen lässt, wie sie namentlich im Sommer an den Küstenplätzen beobachtet wird. (Vgl. III, S. 53.)

In den Tabellen ist „die Anzahl der Winde in jeder Richtung in Procenten ausgedrückt, indem die Summe der Winde für den ganzen Monat (das ganze Jahr oder eine Jahreszeit) gleich 100 gesetzt ist"; [2]) φ ist die mittlere Windrichtung, R die Resultirende.

Kronstadt 1866—1875.

Monate und Jahreszeiten	N	NO	O	SO	S	SW	W	NW	still	φ	R
Januar	4,7	14,4	6,3	14,9	10,5	25,4	9,6	7,3	6,9	S 16° 45′ W	19,8
Februar	2,3	11,5	11,7	18,2	10,9	15,0	13,7	11,7	5,0	S 0 26 O	15,6
März	5,0	11,8	10,7	14,5	7,7	16,7	14,4	11,3	8,0	S 30 10 W	9,8
April	3,2	12,4	7,9	10,9	6,1	12,9	19,1	17,2	10,2	N 85 43 W	16,0
Mai	5,0	15,8	8,7	6,4	3,0	10,2	26,0	14,1	10,9	N 58 44 W	22,0

<hr>

1) Rykatschëw, Repert. f. Meteorologie, St. Petersburg 1878, **6,** No. 7.
2) Derselbe, l. c., S. 12.

Monate und Jahreszeiten	N	NO	O	SO	S	SW	W	NW	still	φ	R
Juni	3,8	14,0	10,4	7,4	5,3	10,8	23,8	10,5	14,0	N 77° 31' W	13,6
Juli	6,1	16,3	10,8	7,3	4,8	13,2	17,3	13,0	11,2	N 47 58 W	11,2
August	3,9	13,1	9,0	9,4	8,3	14,8	15,7	12,7	13,2	S 72 17 W	10,7
September . .	7,1	6,1	7,2	13,1	8,5	23,6	12,8	13,8	7,8	S 54 17 W	22,7
Oktober	3,9	7,1	7,7	17,6	14,7	22,8	9,6	10,2	6,3	S 15 59 W	28,2
November . .	8,8	9,9	10,5	15,9	12,9	17,8	6,4	12,3	5,6	S 4 57 O	12,2
December . . .	7,1	11,7	7,6	11,4	11,0	19,1	9,0	17,7	5,4	S 67 7 W	12,0
Jahr	5,1	12,0	9,0	12,3	8,6	16,9	14,8	12,7	8,7	S 55 2 W	11,6
Winter	4,7	12,5	8,5	14,8	10,8	19,8	10,8	12,2	5,8	S 23 13 W	14,2
Frühling . . .	4,4	13,3	9,1	10,6	5,6	13,3	19,8	14,2	9,7	N 82 49 W	10,8
Sommer	4,6	14,5	10,1	8,0	6,1	12,9	18,9	12,1	12,8	N 76 32 W	10,9
Herbst	6,6	7,7	8,5	15,5	12,0	21,4	9,6	12,1	6,6	S 25 36 W	19,4

Reval 1865, 1870—1875.

Monate und Jahreszeiten	N	NO	O	SO	S	SW	W	NW	still	φ	R
Januar	5,5	8,4	5,8	9,8	21,7	33,5	6,0	7,5	1,7	S 24° 39' W	39,1
Februar	9,1	4,6	11,7	8,0	23,7	20,8	8,5	9,3	4,4	S 20 2 W	26,8
März	7,7	9,7	9,4	11,1	14,1	23,2	12,7	7,4	4,8	S 28 52 W	21,2
April	7,1	8,7	5,9	6,5	10,5	20,5	17,1	18,1	5,6	S 82 44 W	28,0
Mai	12,5	14,1	5,5	4,1	9,5	13,2	13,7	19,8	7,5	N 51 43 W	23,8
Juni	9,2	14,3	5,7	5,6	5,9	9,4	13,7	24,4	11,9	N 41 38 W	26,8
Juli	8,1	12,6	5,8	7,2	10,6	14,7	12,9	19,7	8,3	N 74 27 W	18,1
August . . .	8,8	9,9	8,3	5,4	9,4	18,2	12,2	18,6	9,2	N 81 29 W	19,3
September . .	12,4	7,6	2,4	6,8	15,4	19,4	12,2	15,4	8,4	S 77 45 W	24,8
Oktober	4,3	7,4	5,8	8,8	25,5	24,1	8,0	9,8	6,3	S 24 30 W	35,5
November . .	11,8	6,9	8,0	12,6	19,2	22,8	4,8	7,8	6,0	S 11 55 W	22,5
December . . .	13,7	8,0	6,5	7,8	14,3	28,9	8,9	9,7	2,3	S 52 50 W	23,2
Jahr	9,2	9,3	6,7	7,8	15,0	20,7	10,9	14,0	6,4	S 60 21 W	19,2
Winter	9,4	7,0	8,0	8,5	19,9	27,7	7,8	8,8	2,8	S 30 27 W	28,9
Frühling . . .	9,1	10,8	6,9	7,2	11,4	19,0	14,5	15,1	6,0	S 82 28 W	19,1
Sommer	8,7	12,3	6,6	6,1	8,6	14,1	12,9	20,9	9,8	N 62 45 W	20,3
Herbst	9,5	7,3	5,4	9,4	20,0	22,1	8,3	11,0	6,9	S 36 10 W	24,6

Dünamünde 1866—1876.

Monate und Jahreszeiten	N	NO	O	SO	S	SW	W	NW	still	φ	R
Januar	5,1	8,3	10,2	18,0	24,3	20,0	7,7	5,8	0,6	S 4° 31' O	36,2
Februar	7,7	6,6	10,2	19,1	16,8	17,0	10,3	9,1	3,2	S 0 56 W	23,5
März	13,4	11,2	9,7	17,0	15,9	13,2	5,0	10,5	4,1	S 42 48 O	11,6
April	15,3	10,4	9,1	10,3	10,8	15,5	9,9	15,9	2,9	N 59 55 W	9,7
Mai	22,9	13,2	7,1	6,9	6,7	11,1	10,9	16,4	4,8	N 20 19 W	26,0
Juni	22,4	15,4	7,9	7,6	6,5	12,1	9,8	17,3	1,0	N 14 22 W	25,9
Juli	21,3	14,4	5,9	7,1	5,9	14,3	11,2	17,0	2,9	N 28 34 W	25,6
August	15,4	9,9	5,8	12,1	11,6	15,9	12,3	14,0	2,9	N 85 45 W	12,1
September . .	8,7	7,4	4,8	12,5	16,9	23,6	13,3	10,4	2,5	S 41 9 W	28,1
Oktober	4,9	3,5	6,9	24,5	19,8	22,2	9,9	6,1	2,3	S 4 28 W	41,3
November . .	7,8	8,8	10,2	18,2	18,6	20,6	8,1	7,1	0,6	S 3 25 O	27,0
December . . .	7,5	9,5	12,1	16,1	20,5	18,2	8,6	7,6	—	S 7 36 O	25,4
Jahr	12,7	9,9	8,3	14,1	14,5	17,0	9,8	11,4	2,3	S 27 50 W	9,9
Winter	6,8	8,1	10,8	17,7	20,5	18,4	8,9	7,5	1,3	S 3 43 O	28,3
Frühling . . .	17,2	11,6	8,6	11,4	11,1	13,3	8,6	14,3	3,9	N 25 4 W	7,7
Sommer	19,7	13,2	6,5	8,9	8,0	14,1	11,1	16,1	2,3	N 32 36 W	19,2
Herbst	7,1	6,6	7,3	18,4	18,4	22,1	10,4	7,9	1,8	S 12 37 W	30,4

Windau 1870–1875.

Monate und Jahreszeiten	N	NO	O	SO	S	SW	W	NW	still	φ	R
Januar	5,4	6,0	7,5	19,2	23,9	18,5	6,3	8,6	4,5	S 0°14′W	34,8
Februar	6,6	5,5	15,4	22,1	13,1	10,9	6,2	9,7	10,5	S 36 39 O	23,7
März	13,1	8,2	9,3	9,3	19,2	17,7	5,9	8,2	9,0	S 10 38 W	13,7
April	15,7	6,7	8,0	7,8	9,4	24,3	7,6	13,5	7,0	S 82 31 W	16,2
Mai	18,9	5,4	5,4	5,4	7,6	20,4	12,9	14,3	9,8	N 74 1 W	25,4
Juni	17,1	7,1	6,1	6,1	7,2	19,3	13,2	13,2	10,8	N 73 8 W	21,7
Juli	16,8	5,6	4,5	4,7	6,9	24,1	14,2	13,7	9,5	N 83 46 W	29,3
August	11,3	7,7	3,0	6,3	5,7	17,6	15,4	14,3	18,6	N 80 21 W	25,4
September	15,5	5,0	1,1	7,5	11,8	19,4	12,3	14,2	13,1	S 86 11 W	26,2
Oktober	7,9	1,1	9,7	18,0	15,8	14,0	8,1	12,2	13,3	S 9 12 W	21,4
November	8,0	7,1	8,9	19,1	16,2	12,8	9,3	9,5	9,1	S 7 4 O	19,2
December	9,6	10,8	12,3	11,7	11,2	12,4	15,0	8,6	8,5	S 18 26 W	5,2
Jahr	12,2	6,4	7,6	11,4	12,3	17,6	10,5	11,7	10,3	S 54 42 W	13,5
Winter	7,2	7,4	11,7	17,7	16,1	13,8	9,2	9,0	7,8	S 11 55 O	20,0
Frühling	15,9	6,8	7,6	7,5	12,1	20,8	8,8	12,0	8,6	S 78 27 W	14,6
Sommer	15,1	6,8	4,5	5,7	6,6	20,3	14,3	13,7	13,0	N 79 33 W	25,4
Herbst	10,5	4,4	6,6	14,9	14,6	15,4	9,9	12,0	11,8	S 32 57 W	16,6

Libau 1868–1875.

Monate und Jahreszeiten	N	NO	O	SO	S	SW	W	NW	still	φ	R
Januar	2,6	9,5	11,2	14,2	11,7	22,8	8,2	5,8	14,0	S 1° 5′W	24,4
Februar	4,9	12,2	13,6	12,5	10,8	19,5	9,0	8,4	9,1	S 9 31 O	14,2
März	10,4	14,4	7,4	9,7	12,0	16,8	6,3	8,3	14,8	S 5 12 O	4,3
April	12,6	10,8	9,3	4,3	6,1	27,2	9,2	12,9	7,5	N 86 49 W	17,6
Mai	14,1	7,0	6,3	4,3	5,4	23,0	13,3	14,1	12,5	N 80 17 W	25,6
Juni	9,7	9,4	7,1	6,0	4,3	24,5	12,5	13,4	13,0	S 89 54 W	21,3
Juli	12,3	7,7	5,7	3,8	5,2	21,0	15,4	14,0	14,9	N 79 26 W	26,8
August	7,0	9,3	4,1	6,1	6,1	24,0	17,4	10,2	15,8	S 76 4 W	27,4
September	11,0	7,4	4,2	7,1	8,4	22,6	14,6	12,8	12,1	S 80 56 W	25,5
Oktober	4,8	4,6	13,4	13,6	14,8	19,9	9,9	6,6	12,4	S 5 15 W	25,9
November	3,8	11,0	14,7	15,0	11,8	17,8	10,1	7,9	7,9	S 15 6 O	18,5
December	4,4	12,8	14,8	8,1	8,5	20,0	13,0	7,5	10,9	S 16 37 W	10,0
Jahr	8,1	9,7	9,3	8,7	8,8	21,6	11,6	10,2	12,1	S 55 39 W	14,3
Winter	4,0	11,5	13,2	11,6	10,4	20,8	10,1	7,2	11,3	S 1 17 W	16,1
Frühling	12,4	10,7	7,7	6,1	7,8	22,3	9,6	11,8	11,6	N 88 15 W	14,1
Sommer	9,7	8,8	5,6	5,3	5,2	23,2	15,1	12,5	14,6	S 88 38 W	24,8
Herbst	6,5	7,7	10,8	11,9	11,6	20,1	11,5	9,1	10,8	S 25 18 W	17,5

Hochland 1866–1875.

Monate und Jahreszeiten	N	NO	O	SO	S	SW	W	NW	still	φ	R
Januar	5,6	5,7	15,1	9,1	15,1	21,7	19,0	6,2	2,6	S 29°56′W	26,4
Februar	5,3	4,8	11,9	13,5	15,7	14,2	18,1	9,7	6,8	S 27 15 W	22,1
März	8,0	5,3	14,3	12,9	10,5	16,7	20,1	6,7	5,5	S 32 23 W	17,7
April	7,8	4,4	9,6	12,5	9,3	16,0	27,0	7,5	5,9	S 59 2 W	25,7
Mai	6,1	7,2	13,1	13,1	6,3	18,0	26,2	6,3	3,8	S 51 32 W	20,3
Juni	4,0	4,6	12,2	15,6	5,8	19,7	26,3	5,4	6,4	S 41 44 W	26,4
Juli	6,9	10,5	14,8	12,7	5,9	14,8	25,4	6,3	3,8	S 56 9 W	11,1
August	8,2	9,1	10,9	11,8	9,0	15,6	23,9	8,8	2,8	S 64 5 W	17,2
September	10,0	6,0	7,2	10,4	14,3	16,4	22,6	11,6	1,6	S 65 23 W	26,0
Oktober	6,2	6,8	8,5	11,8	18,6	16,5	21,2	9,4	1,1	S 40 26 W	27,5
November	12,0	11,9	8,3	9,0	16,3	17,5	13,9	10,2	1,0	S 54 33 W	12,8
December	13,3	12,8	9,7	7,9	12,4	15,4	18,0	9,7	0,8	N 88 21 W	11,4

Monate und Jahreszeiten	N	NO	O	SO	S	SW	W	NW	still	φ	R
Jahr	7,8	7,4	11,3	11,7	11,6	16,8	21,8	8,2	3,5	S 48° 38′ W	19,5
Winter	8,1	7,8	12,2	10,2	14,4	17,1	18,4	8,5	3,4	S 39 25 W	18,2
Frühling . . .	7,3	5,6	12,3	12,8	8,7	16,9	24,4	6,8	5,1	S 49 18 W	20,9
Sommer. . . .	6,4	8,1	12,5	13,4	6,9	16,5	25,2	6,8	4,3	S 51 9 W	17,8
Herbst	9,4	8,2	8,0	10,4	16,4	16,8	19,2	10,4	1,2	S 52 53 W	21,7

Dorpat 1867—1875.

Monate und Jahreszeiten	N	NO	O	SO	S	SW	W	NW	still	φ	R
Januar	4,2	9,6	7,6	14,5	15,2	18,5	13,1	6,5	10,9	S 11° 9′ W	23,4
Februar	3,9	5,2	11,9	15,8	13,7	15,1	18,3	7,4	8,8	S 18 9 W	23,9
März	4,3	7,1	12,0	14,0	11,1	18,5	13,5	8,6	10,9	S 17 5 W	19,5
April	5,1	7,6	9,3	11,2	10,9	16,9	20,2	11,1	7,7	S 54 25 W	21,4
Mai	7,3	8,7	9,0	9,9	6,6	14,9	19,8	13,6	10,1	S 86 34 W	17,8
Juni	5,8	9,8	9,9	12,3	7,4	16,9	18,2	6,9	12,8	S 42 18 W	14,1
Juli	7,2	11,0	6,6	7,0	8,2	15,5	15,8	12,0	16,7	S 87 40 W	15,9
August . . .	8,1	6,1	5,3	9,3	10,4	16,8	17,5	11,8	14,6	S 69 23 W	23,0
September . .	6,6	5,2	4,1	10,7	14,3	22,9	18,3	10,1	7,8	S 51 52 W	33,4
Oktober. . . .	2,7	4,4	10,4	13,4	19,1	20,7	12,8	6,5	10,0	S 15 25 W	34,0
November . .	5,0	6,4	7,6	15,0	16,7	17,0	12,9	10,7	8,3	S 23 41 W	24,3
December. . .	6,1	10,4	8,5	9,2	10,1	20,4	18,3	9,0	8,0	S 56 10 W	20,1
Jahr	5,5	7,6	8,5	11,9	12,0	17,8	16,6	9,5	10,5	S 41 27 W	20,5
Winter	4,7	8,4	9,3	13,2	13,0	18,0	16,6	7,6	9,2	S 27 59 W	21,5
Frühling . . .	5,6	7,8	10,1	11,7	9,5	16,8	17,8	11,1	9,6	S 51 55 W	17,3
Sommer. . . .	7,0	9,0	7,3	9,5	8,7	16,4	17,2	10,2	14,7	S 67 36 W	16,9
Herbst	4,8	5,3	7,4	13,0	16,7	20,2	14,7	9,1	8,7	S 30 54 W	29,3

Beobachtungen über die Bewegung des Sandes durch Winde verschiedener Stärke.

Im Sommer 1883 habe ich, um wenigstens annähernd die Beziehungen zwischen der Windstärke und der Korngrösse des bewegten Sandes zu ermitteln, in Sestrorétzk eine Reihe von Beobachtungen angestellt, deren Ergebnisse hier angeführt werden mögen.

Zur Bestimmung der Windstärke bediente ich mich eines Anemometers, welches nach dem Muster des Oelanemometers von E. Lenz gebaut war und zu der Kategorie der mit einem ablenkbaren Plättchen versehenen gehört.[1]) Ein solches Instrument gewährt zwar durchaus keine Bürgschaft für die Genauigkeit seiner Angaben und es können, wie dies aus Nachstehendem hervorgehen wird, die Bestimmungen nur innerhalb weiter Schwankungen angestellt werden. Der im Allgemeinen unbefriedigende Grad der Genauigkeit in der Bestimmung der Windstärke kann keinesfalls als Fehlerquelle in Betracht kommen, da er immerhin höher ist, als derjenige, der bei der Bestimmung der Korngrösse des bewegten Sandes bei verschiedener Windstärke erreicht werden kann. Ich war bestrebt die Geschwindigkeit der untersten, unmittelbar dem Boden anliegenden Luftschichten zu messen, konnte aber bei dem Bau des Apparates die Beobachtungen nicht auf Luftschichten ausdehnen, welche sich tiefer als 12 cm über dem Boden befanden. Es ist klar, dass hierbei die

---

[1]) E. Lenz, Ueber ein neues Anemometer. Bull. Acad. Imp. des sc. St. Petersb., 1863. Der Apparat wurde für mich im Laboratorium des Physikalischen Kabinets des Technologischen Instituts unter der Aufsicht des Herrn Professors R. E. Lenz angefertigt, welchem ich meinen tiefempfundenen Dank auszudrücken für meine Pflicht halte.

Ergebnisse nicht dieselben sein konnten, wie sie erreicht werden würden, wenn eine Möglichkeit geboten wäre, die Geschwindigkeit in den unmittelbar der Sandoberfläche anliegenden Luftschichten zu messen, deren Bewegung ja eben diejenige des Sandes veranlasst. Bei allen Beobachtungen war ich bemüht, das Anemometer an einem vollkommen ebenen und freien Platze aufzustellen und namentlich vor dem Instrumente, d. h. an der Windseite, und ebenso hinter ihm, alle Unebenheiten und Hindernisse, welche die Windstärke beeinträchtigen, die Windrichtung ändern und zurückgeworfene Luftströme hervorrufen könnten, zu vermeiden. Da mein Standort, Sestrorétzk, nicht weit von Kronstadt liegt, so hielt ich es nicht für überflüssig, mir die in der Kronstadter Wetterwarte gleichzeitig über die Windstärke in den höheren Luftschichten[1]) angestellten Beobachtungen, zu verschaffen. Ich bemerkte, dass mit Hülfe meines Anemometers schon deswegen eine grosse Genauigkeit nicht zu erreichen war, weil die ausserordentlich rasch wechselnde Stärke selbst eines anscheinend stetigen, nicht stossweise wirkenden Windes, ein rasches Schwingen der Platte zur Folge hat, welches auch bei der grössesten Sorgfalt dem Ablesen der Ablenkung hinderlich ist; ferner zeigten schon die ersten Beobachtungen, dass die Ablenkung der Platte vielfach davon abhing, in welcher Schwingungslage sie vom Windstosse getroffen wurde. Endlich konnte ich an einem Wimpel, mit dessen Hülfe ich die Aufstellung des Anemometers besorgte, bemerken, dass der Wind, wenn auch meist in geringem Grade, seine Richtung verändert und bald nach der einen, bald nach der anderen Seite abgelenkt wird. Es ist klar, dass die die Platte schräg treffenden Windstösse bei ihr eine andere Ablenkung hervorrufen mussten, als gerade gerichtete, selbst bei gleicher Stosskraft.

15. Juli von 11 bis 12 Uhr Mittags. Die Beobachtungen geschahen auf der horizontalen Sandfläche der Meeresküste in der

---

[1]) Dank der ausserordentlichen Liebenswürdigkeit des Direktors des physikalischen Observatoriums, Herrn G. E. Wild, durfte ich die unveröffentlichten Beobachtungen der Kronstadter Wetterwarte benutzen. Die Höhe, in welcher in Kronstadt Beobachtungen über die Windstärke angestellt werden, beträgt 88 Fuss über dem Meere. Es muss hierbei hervorgehoben werden, dass in Kronstadt die mittlere Windgeschwindigkeit bestimmt wurde, während ich die grössten Ablenkungen der Platte vermerkte.

Nähe des ersten Abflusskanales. Der Sand war vollkommen trocken, von kleinem und mittlerem Korne, d. h. 0,2 bis 1 mm. Der Wind kam von O, war ziemlich gleichmässig, obwohl häufige Schwingungen der Platte zwischen O und 8^0 auf beständige Schwankungen in der Windstärke hinwiesen. Eine schwache Bewegung der Sandkörner unter 0,5 mm konnte nur bei Ablenkungen von 7 bis 8^0, was einer Windgeschwindigkeit von 5,5 m in der Sekunde entspricht, beobachtet werden. Dabei wurde festgestellt, dass bei gleichbleibender Stärke die Dauer des Stosses von einigem Einfluss ist. Nach den Beobachtungen der Kronstadter Wetterwarte an demselben Tage um 11 Uhr Vormittags und 1 Uhr Nachmittags herrschte Ostwind und besass auf einer Höhe von 88 Fuss über dem Meere eine Geschwindigkeit von 6 m in der Sekunde.

20. Juli von 10 bis 11 Uhr Vormittags; auf dem grossen Sandfelde zwischen dem Kirchhof und dem Bahndamm der Sestrorétzker Eisenbahn. Der Sand verhältnissmässig grob: 0,4 bis 1,5 mm. Der Wind war ziemlich stark, wirkte stossweise, kam von NO. Bei der Windgeschwindigkeit von 6,5 m in der Sekunde bewegte sich der Sand nicht, als sie aber 7 m überstieg, begannen die Sandkörner unter 0,5 mm sich zu bewegen; bei Windstössen, welche eine Ablenkung der Platte um 20 bis 25^0 bewirkten, entsprechend einer Geschwindigkeit von 10 bis 11 m in der Sekunde, bewegten sich die Sandkörner von 1 mm. In Kronstadt herrschte am selben Tage um 9 Uhr Vormittags NNO-Wind mit einer Geschwindigkeit von 10 m, um 11 Uhr Vormittags NO-Wind von derselben Geschwindigkeit.

21. Juli 6 Uhr Nachmittags. Beobachtungsort: freie Sandfläche in „Kanonerki". Korngrösse des Sandes: 0,1 bis 0,3 mm. Der NO-Wind war zunächst ziemlich schwach, seine Geschwindigkeit überstieg 3,5 m in der Sekunde nicht und er bewegte nur die feinsten Sandkörner und auch diese nur träge; darauf kamen Windstösse, bei denen die Geschwindigkeit auf 5,5 bis 6 m stieg und die Bewegung des Sandes ziemlich lebhaft wurde. Am selben Tage um 5 Uhr Nachmittags wehte in Kronstadt NO-Wind mit der Geschwindigkeit von 2 m, und um 7 Uhr Nachmittags besass er bei gleicher Richtung bereits eine Geschwindigkeit von 6 m in der Sekunde.

22. Juli von 11 bis 12 Uhr Mittags. Standort: abgeflachter

Gipfel der grossen, an der Mündung der Sestrá, dem Meere zu vollkommen frei liegenden Düne; Korngrösse des Sandes fein bis mittel, 0,1 bis 1 mm; Wind stark und stossweise, von WNW. Bei stärkeren Stössen, während deren die Windgeschwindigkeit 8 bis 10 m in der Sekunde erreichte, bewegten sich Sandkörner über 0,5 mm Durchmesser und rührten sich sogar solche von 1 mm; in den Intervallen zwischen je zwei Windstössen, wenn die Geschwindigkeit auf 3,5 bis 4 m hinabsank, bewegten sich nur Körner von 0,1 bis 0,2 mm und auch diese ziemlich schwach. In Kronstadt hatte um 11 Uhr Vormittags und um 1 Uhr Nachmittags der Wind eine WNW-Richtung und eine Geschwindigkeit von 8 m in der Sekunde.

30. Juli, etwa 6 Uhr Nachmittags. Standort: die hohe Düne an der Mündung der Zawódskaja Sestrá. Der Sand war sehr feucht, da während des ganzen Tages Regenfälle vorkamen. Zu Anfang der Beobachtung wurde daher, trotz des heftigen Seewindes, dessen Geschwindigkeit 7 bis 9,5 m in der Sekunde betrug, eine Bewegung der Sandkörner nicht wahrgenommen. Erst nach Verlauf einer halben Stunde, als die Sandoberfläche etwas zu trocknen begann und der Wind noch stärker wurde und eine Geschwindigkeit von 12 bis 13,6 m erreichte, fing die Bewegung der Sandkörner an, zunächst sehr langsam, wobei die bewegten Körner an den unter ihnen liegenden feuchten immer wieder haften blieben. In Kronstadt wurde zu derselben Zeit ein sehr heftiger Westwind beobachtet: um 5 Uhr Nachmittags mit einer Geschwindigkeit von 14 m, die sich um 7 Uhr bis zu 20 m steigerte.

31. Juli, etwa 1 Uhr Nachmittags. Die Beobachtungen geschahen auf derselben Düne; der Wind war sehr stark; bei einigen der heftigsten Stösse konnte man sich nur mit grosser Anstrengung aufrecht erhalten; nicht nur die Zweige und Wipfel, sondern auch die schwächeren Stämme der Kiefern und Birken bogen sich hin und her und erzitterten von den wüthenden Windstössen; das Meer wogte gewaltig und war bis weit vom Ufer mit zusammenhängendem weissem Gischt bedeckt. Die Luvseite der Düne hatte eine wesentliche Umgestaltung erfahren: der Wind hatte ihre Oberfläche aufgewühlt und tiefe, vom Fusse zum Gipfel verlaufende Rinnen eingegraben. Es war nicht leicht, Beobachtungen anzustellen, da der feinere Sand

hoch über der Bodenoberfläche dahingetragen wurde und das Sehen verhinderte; er füllte Ohren, Nase, Mund und verursachte dem Gesichte und den Händen ein empfindliches Schmerzgefühl. Das Anemometer wurde häufig verstopft und bedurfte des häufigen Putzens. Die Windgeschwindigkeit erreichte bei den stärkeren Windstössen 16 und 17 m, wobei Sandkörner von 1,5 bis 2 mm in ziemlich starke Bewegung geriethen und solche von 2,5 bis 3, ja von etwas über 3 mm aus dem Ruhezustand herausgebracht wurden. Heftige Windstösse wechselten mit fast vollkommener Windstille. Aus den Beobachtungen in Kronstadt ergab sich WNW als Richtung des Windes, dessen Geschwindigkeit um 1 Uhr Nachmittags 18 m und um 3 Uhr Nachmittags 20 m in der Sekunde betrug, während sie bei einigen Windstössen sicher noch grösser war. Am Abend desselben Tages etwa um 6 Uhr, als der Wind bereits erheblich abgenommen hatte, stellte ich Beobachtungen auf der Sandfläche in Kanonerki an, wo, wie bereits erwähnt wurde, der Sand recht fein ist, mit einer Korngrösse unter 0,25 mm. Bei einer Windgeschwindigkeit von 5,6 m bewegte sich der Sand schwach oder rührte sich überhaupt nicht; als sie aber 8 bis 8,5 m erreichte, trat eine ziemlich lebhafte Bewegung ein und er wurde endlich während einzelner Windstösse von 10 m Geschwindigkeit aufgewirbelt und in der Höhe von einigen Centimetern fortgetragen. In Kronstadt herrschte um 5 Uhr Nachmittags Westwind von 12 m, um 7 Uhr WSW von 8 m Geschwindigkeit.

2. August, 1 Uhr Nachmittags, auf der hohen Düne gegenüber dem Zöllner'schen Landhause. Sand von 0,25 bis 0,5 mm Korngrösse. Wind NW, mässig. Bei 5 m Geschwindigkeit rührte der Sand sich kaum; bei 6 bis 7 m wurde die Bewegung, wenn auch schwach, wahrnehmbar.

Diese Versuche ergeben annähernd die Beziehungen zwischen der Stärke der Luftströmung und der Korngrösse des bewegten Sandes. Die sehr unregelmässige Gestalt der Sandkörner, namentlich der gröberen, sowie die mannigfaltige Lage, welche sie den Windstössen gegenüber annehmen können, schliessen jegliche Möglichkeit einer genaueren Bestimmung der erwähnten Beziehung aus. Ein und dasselbe Korn kann bei einer gewissen Lage, selbst bei stärkerem Winde unverrückt bleiben, während es in einer anderen sich bei sehr schwachem Winde fortbewegt. Dabei ist nicht nur der Umstand von Wichtigkeit, welche Seite des Kornes dem Winde zugewendet ist, sondern auch seine Lage anderen, benachbarten und auch unterlagernden Körnern gegenüber. Darum können bei einem Winde von gewisser Geschwindigkeit grössere Körner in Bewegung kommen, während kleinere, stabiler gelagerte unbeweglich bleiben können.

Gleichzeitige Beobachtungen über die Windgeschwindigkeit in zwei verschiedenen Höhen über dem Boden.

Die Beobachtungen über die Bewegung der Sandkörner bei Winden verschiedener Stärke überzeugten mich von der bedeutenden Aenderung der Geschwindigkeit der Luftströmungen mit der Höhe in den dem Boden nahen Luftschichten. In Anbetracht des gänzlichen Fehlens hierauf bezüglicher Beobachtungen[1]) hielt ich es nicht für überflüssig, im Sommer 1884 einige Bestimmungen mit Hülfe zweier durchaus gleich grosser Oelanemometer von E. Lenz vorzunehmen, sei es auch nur um einen annähernden Begriff darüber zu erhalten, wie rasch die Windgeschwindigkeit mit der Annäherung an die Bodenoberfläche abnimmt. Für eine einigermaassen befriedigende Klarlegung dieser für die Meteorologie kein geringes Interesse darbietenden Frage sind, natürlich, viel zahlreichere und mit vollkommeneren Vorrichtungen, als diejenigen, über welche ich verfügte, angestellten Beobachtungen erforderlich. Als Beobachtungsort wählte ich eine ebene, fast horizontale Wiese nördlich von Kabólowka, welche nach allen Seiten vollkommen frei lag und namentlich N- und NO-Winden, bei denen die Beobachtungen stattfanden, ausgesetzt war. Bei der ersten der drei gelungensten Beobachtungsreihen, deren Ergebnisse hier angeführt werden, befand sich ein Anemometer in 0,25 m, das andere in 1,25 m Höhe über dem Boden; bei den beiden anderen Reihen

---

[1]) Die ziemlich zahlreichen, gleichzeitig auf Höhen von 276 und 376, 371 und 438, 275 und 550, 550 und 775, 915 und 1500, 1500 und 1617 Fuss über dem Meere ausgeführten Beobachtungen Stevenson's führten zu keinen positiven Ergebnissen. Es ist nicht möglich gewesen, darüber eine Aufklärung zu erhalten, ob die Veränderung der Geschwindigkeit direkt proportional den Höhen ist oder parabolisch verläuft. (Stevenson, Observations of the simultaneous force of the wind at differents heights above the earths surface. Journ. Scott. Meteorol. Soc., **5.**)

wurde das eine Anemometer unmittelbar auf den Boden, das andere 1 m hoch aufgestellt. Da die Mitte der ablenkbaren Platten 0,12 m über der Basis des Anemometers liegt, so wurde also im ersten Falle die Windgeschwindigkeit in den Höhen 0,37 m und 1,37 m und in den beiden anderen Fällen in den Höhen von 0,12 m und 1,12 m über dem Boden gemessen. Die Ergebnisse der Beobachtungen waren:

18. Juli		21. August		22. August	
Unteres An.	Oberes An.	Unteres An.	Oberes An.	Unteres An.	Oberes An.
6°	20°	17°	45°	20°	50°
15°	35	7	25	15	40
10°	35	12	27	11	35
12	30	18	50	20	55
10	25	16	45	12	37
8	22	12	35	6	20
6	20	18	47	10	35
8	25	9	26	7	22
3	10	10	32	15	47
5	16	15	45	15	39
5	15	7	25	18	45
17	32	16	45	12	30
8	25	17	45	10	30
12	30	18	50	9	30
7	23	12	35	5	12
18	35	9	25	15	40
8	20	13,3	37,6	8	25
9,3	24,6			10	30
				15	32
				16	37
				12	28
				12,4	34,2

Berechnet man aus dem Ablenkungswinkel die Windgeschwindigkeit, so ergiebt sich aus der ersten Beobachtungsreihe für das untere Anemometer 2 m, für das obere 3,9 m in der Sekunde, aus der zweiten Beobachtungsreihe für das untere Anemometer 2,7 m, für das obere 5,5 m in der Sekunde, aus der dritten Beobachtungsreihe für das untere Anemometer 2,6 m, für das obere 4,9 m in der Sekunde. Obwohl die Zahlen ziemlich übereinstimmen, müssen sie dennoch, aus den angeführten Gründen, günstigsten Falles als annähernde angesehen werden. Es ist höchst wahrscheinlich, dass zuverlässigere Ergebnisse zu erzielen sind, bei Verwendung genau geprüfter Robinson'scher Halbkugel-Anemometer und Bestimmung der mittleren Windgeschwindigkeit für ein gewisses Zeitintervall.

Vergleicht man meine Beobachtungen mit ähnlichen, aber auf grösseren Höhen ausgeführten von Stevenson, Ragona und auf der Korvette „Nornen", so ersieht man, dass die Geschwindigkeitsunterschiede in tiefer liegenden Schichten grösser sind als in höher gelegenen.[1])

---

[1]) Die Ergebnisse der Beobachtungen von Ragona in Modena und auf der Korvette „Nornen" sind bereits auf S. 9 angeführt worden. Es möge hier eine Tabelle der Beobachtungen von Stevenson auf den Höhen von 775, 550 und 275 Fuss Platz finden. Die Zahlen drücken die Anzahl der Umdrehungen der Anemometer aus.

Zeitdauer	775 Fuss ü. d. M.	550 Fuss ü. d. M.	275 Fuss ü. d M.
	16. Juni 1876		
$2^h 45'$	835	720	228
2 55	1 698	1 364	582
3 5	2 620	2 133	1038
3 15	3 416	2 718	1448
3 25	4 328	3 465	1746
3 35	5 575	4 592	2298
3 45	6 763	5 640	2682
3 55	8 035	6 782	3045
4 5	9 368	7 862	3522
4 15	10 820	8 765	4152
4 25	12 410	9 789	4770
4 35	13 700	10 639	5274
4 45	15 058	11 680	5922
	19. Juni 1876		
3 10	900	852	468
3 15	1 425	1 239	762
3 20	1 835	1 550	1002
3 25	2 490	2 001	—
3 30	2 900	2 302	1524
3 35	3 350	2 775	—

Versuche über die Wirkung eines Luftstroms verschiedener Geschwindigkeit auf Sand verschiedener Korngrösse.

Bei meinen Beobachtungen an den Dünen zur Feststellung der Abhängigkeit der Korngrösse des bewegten Sandes von der Windgeschwindigkeit, wurde diese letztere nicht an der Bodenoberfläche selbst, sondern in einer Höhe von 0,12 m gemessen. Unmittelbar an der Bodenoberfläche muss die Geschwindigkeit unbedingt geringer sein; und da dahinzielende Beobachtungen in der Natur sich unausführbar erwiesen, so stellte ich im Winter 1883/84 im Laboratorium des Geologischen Kabinets der Petersburger Universität über die Wirkung der Luftströme verschiedener Geschwindigkeit auf den Sand eine Reihe von Versuchen an. Diese Versuche waren zweierlei Art: 1. wurden der Einwirkung des Luftstromes Sandkörner bestimmter Grösse, welche auf einer Sandfläche lagerten, deren Böschungswinkel von 0^0 bis 30^0 wechselte, ausgesetzt; 2. wurde der gleichen Einwirkung aus einem Trichter herabrieselnder Sand unterworfen. Ich will hier nur einige Ergebnisse der Versuche unter den erstgenannten Bedingungen anführen, da die anderen noch nicht zum Abschluss gebracht sind und, mögen sie auch ein höheres theoretisches Interesse beanspruchen, in geringerem Zusammenhange mit der hier behandelten Frage stehen. Die erste Versuchsreihe ahmt dagegen die Erscheinung annähernd unter denselben Bedingungen nach, unter welchen die Bewegung der Sandkörner in der Natur vor sich geht.

Bei den einen wie den anderen Versuchen wurde zur Erzeugung eines Luftstromes ein Gasometer verwendet. Bei bekanntem Querschnitt der Oeffnung wurde das Volum der verdrängten Luft und die Ausströmungsdauer gemessen und daraus

die Geschwindigkeit des Luftstromes berechnet. Zur Erzielung
einer grösseren Gleichmässigkeit des letzteren liess man die Luft
in einen Glasballon ausströmen, welcher mit einem Manometer in
Verbindung stand, dessen Angaben empirisch bestimmt worden
waren. Mit Hülfe des Gasometerhahnes war es möglich, einen
gleichmässigen Druck in dem Ballon und ein gleichmässiges Ausströmen der Luft aus ihm dauernd zu unterhalten. Die Versuche
selbst wurden entweder in der Weise ausgeführt, dass auf Sand
von bestimmter Korngrösse ein Luftstrom gerichtet und dessen
Geschwindigkeit allmählich und so lange gesteigert wurde, bis
sich der Sand zu bewegen begann, oder dass man einen Luftstrom bestimmter Geschwindigkeit auf Sand von ungleichmässiger
Korngrösse einwirken liess und die von ihm bewegten Körner
maass.

Obwohl wegen des Wesens der Erscheinung selbst, namentlich der ausserordentlichen Mannigfaltigkeit in der Gestalt und
Lage der Sandkörner genaue Bestimmungen nicht erwartet werden konnten, sondern nur Annäherungen innerhalb weiter Grenzen,
so wurde durch eine Reihe von Beobachtungen dennoch eine gewisse Abhängigkeit der Korngrösse des bewegten Sandes von der
Geschwindigkeit des Luftstromes festgestellt. Es ergab sich, dass
der Sand von 0,25 bis 0,5 mm Korngrösse bei fast horizontaler
Lage der Sandfläche stets in Bewegung gerieth, sobald die Geschwindigkeit des Luftstromes 6 m in der Sekunde überstieg,
während er bei 7,5 m Geschwindigkeit heftig weggeblasen wurde.
Bei einer Korngrösse von 0,5 bis 1 mm und horizontaler Lage
der Sandfläche begann die Bewegung bei 10 m Geschwindigkeit.
Bei einem Böschungswinkel von 5^0 zeigte sich eine Bewegung bereits bei 8,5 m Geschwindigkeit; auf einer unter 10^0 geneigten
Fläche trat Bewegung bei 7,5 bis 8 m ein; wenn endlich die
Fläche mit der Richtung des Luftstromes einen Winkel von 15^0
einschloss, reichte schon eine Geschwindigkeit von 7 m in der
Sekunde aus. Ein Sand von 1 bis 2 mm Korngrösse bewegte
sich, wenn auf horizontaler Unterlage, selbst bei Einwirkung eines
Luftstromes von 11 m nicht im geringsten; bei einer unter
3^0 geneigten Fläche schwankten einige Körner, bewegten sich
aber nicht; betrug der Neigungswinkel 10^0, so trat das gleiche
Schwanken ein, bei einer Geschwindigkeit von 10 m und bei einem
Böschungswinkel von 15^0 wurde dasselbe Ergebniss mit einem

Strom von 9 bis 9,5 m erzielt. Als endlich die Sandfläche den normalen Schüttungswinkel (von etwa 35°) annahm, so geriethen die Sandkörner durch einen Strom von 11 m in der Sekunde in lebhafte Bewegung; bei 9 m dauerte die Bewegung kleinerer Körner fort und selbst bei 7,5 bis 8 m war eine wenn auch schwache Bewegung der kleinsten Körner von etwa 1 mm im Durchmesser wahrnehmbar.

Bei diesen Versuchen, wie bei den entsprechenden Beobachtungen in der Natur, konnte man bemerken, welche grosse Bedeutung die Lage der Körner dem Winde gegenüber besitzt, namentlich bei Unregelmässigkeit der Form und ungleicher Zugänglichkeit den Wirkungen des Windes gegenüber.

Vergleichen wir die Ergebnisse der Beobachtungen im Laboratorium mit den im Felde angestellten, so finden wir verhältnissmässig wenig Unterschiede: bei den Laboratoriumsversuchen bewegten sich Sandkörner von gewisser Grösse durch verhältnissmässig schwächere Luftströme, als bei den Beobachtungen im Felde. So wurden 0,5 mm grosse Sandkörner durch einen Strom von 6,5 bis 7 m ziemlich leicht bewegt, während ich bei den Beobachtungen in Sestrorétzk nicht selten die Wahrnehmung machte, dass die Bewegung der Sandkörner der genannten Grösse erst eintrat, wenn der Wind eine Geschwindigkeit über 7 m erreicht hatte. Dieser Unterschied findet vor allen Dingen seine Erklärung in dem Umstande, dass im Felde die Windgeschwindigkeit auf einer Höhe von 0,12 m über dem Boden und nicht an der Bodenoberfläche selbst bestimmt wurde, wo sie etwas geringer sein muss.

Hagen's Versuche über die Wirkung des Windes auf Sand.[1]

Im klassischen Werke des bekannten Hydrographen Hagen, „Handbuch der Wasserbaukunst", findet sich eine Beschreibung höchst werthvoller Versuche über die Wirkung eines Luftstromes auf Sand. Ihr Zweck war ausschliesslich die qualitative Seite der Frage: die Gestalt, welche der vom Winde aufgeschüttete Sand annimmt und namentlich der Einfluss der dichten und der unterbrochenen Hindernisse.

Der Umstand, dass im Laboratorium mit Hülfe eines dünnen Luftstrahls die in der Natur vom Winde hervorgerufenen Erscheinungen nicht vollkommen nachgeahmt werden können, veranlasst Hagen, die Beschreibung seiner Versuche mit folgender Betrachtung einzuleiten:

„Der Wind, der den Sand an der Meeresküste in Bewegung setzt, ist, wenn auch jederzeit dabei gewisse und oft sehr auffallende Verschiedenheiten in der Richtung und Stärke an einzelnen Stellen vorkommen, doch eine allgemeine Strömung, die in sehr grosser Breite und mit gleicher Geschwindigkeit weit ausgedehnte Flächen trifft. Die Wirkungen, die sie ausübt, werden daher, sofern die Beschaffenheit des Bodens nicht selbst dazu Veranlassung giebt, an den verschiedenen Stellen dieselben sein, auch vermindert sich die Geschwindigkeit nicht dadurch, dass andere Luftmassen, die ursprünglich an der Bewegung nicht Theil nahmen, von derselben mit erfasst werden und sonach wegen der grösseren Masse, die in Bewegung gesetzt wird, die Geschwindigkeit sich vermindert. Dieses geschieht nicht, weil die gesammte Luft,

---

[1] Hagen, Handbuch der Wasserbaukunst, 3. Thl.. Das Meer, 2, § 28. Wirkung des Windes auf den Sand, S. 149—172, Berlin 1863.

welche eine grössere Fläche überdeckt, schon in der Strömung begriffen ist. Ihr Moment ist auch so gross, dass der Widerstand, den sie auf den Unebenheiten der Erdoberfläche und beim Begegnen von Waldungen und dergleichen erfährt, im Ganzen sie nur in geringem Maasse abschwächt, und bei Betrachtung kleinerer Theile, wie etwa einzelner Dünen, diese Verzögerung ganz unbeachtet bleiben darf. — In den Versuchen konnte dagegen nur ein feiner Luftstrahl dargestellt werden, der durch die umgebende ruhende Luft hindurchdrang. Die Erscheinungen, die beobachtet werden sollten, konnten daher nur in der Breite dieses Strahles wahrgenommen werden. Derselbe theilte aber seine Bewegung auch der umgebenden Luft mit, er nahm daher zwar sehr merklich an Breite zu, indem er aber immer auf's Neue grosse Massen mit fortriss, so schwächte er sich so sehr, dass er in der Entfernung von 3 bis 4 Fuss schon ganz aufhörte, oder wenigstens seine Geschwindigkeit unmessbar klein wurde."[1])

Seine Versuche stellte Hagen mit Hülfe eines Blasebalges an, aus welchem die Luft durch eine Bleiröhre von 0,153 Zoll Oeffnung geblasen wurde. Der Druck auf einen Quadratzoll betrug 21,08 g. Die Geschwindigkeit der Strömung mit einiger Sicherheit zu messen gelang ihm nicht, dagegen maass er den Druck der strömenden Luft und bediente sich hierfür der Bifilarwaage. Nachdem er die Mittellinie des Luftstrahls mit Hülfe kleiner Fähnchen und eines Flügelrades bestimmt hatte, wobei eine kegelförmige Ausbreitung des Strahles festgestellt werden konnte, bestimmte er die Abnahme des Druckes bei wachsender Entfernung und liess dann aus einem Gefäss mit feiner Oeffnung Sand ausfliessen und zwar so, dass die Mittellinie des Sandstrahls mit derjenigen des Luftstrahls sich kreuzten. Der Luftstrahl fing den Sand auf und lagerte ihn auf einem Reissbrett ab, auf welchem zwei sich rechtwinkelig kreuzende Liniensysteme von 1 Zoll Abstand aufgetragen waren. Bei Bestimmung der Stärke der Ablagerungen wurden drei Abstufungen zu Grunde gelegt. Die erste Grenzlinie trennte den ganz frei gebliebenen Raum, oder den, auf welchem die einzelnen Körner weiter als zwei Linien von einander entfernt waren, von demjenigen auf dem die Körner dichter, aber noch vereinzelt lagen; die nächste Grenzlinie wurde

---

[1]) Hagen, l. c., S. 150.

an derjenigen Stelle gezogen, wo die Körnchen hin und wieder
einander schon berührten, oder wo Gruppirungen begannen; die
dritte endlich umgab diejenigen Ablagerungen, welche das Reissbrett vollständig überdeckten, so dass das weisse Papier darunter
gar nicht mehr oder doch nur an vereinzelten kleinen Stellen
sichtbar blieb. Die Umrisse dieser drei Ablagerungen wurden
mittelst des Pantographen in verkleinertem Maassstabe übertragen.
Lagerte der Sand sich auf der freien Fläche des Brettes ab, so
gestaltete sich die Sandanhäufung zu einem stark verlängerten
Halboval, welches durch die allmähliche Verbreiterung und
Abschwächung des Luftstrahls zu Stande kam, was in der
Natur bei Windwirkungen allerdings nicht stattfindet. Ein viel
grösseres Interesse gewähren diejenigen Fälle, bei denen dem
Strahle eine Wand in den Weg gesetzt wurde. Hierbei entstanden immer zwei Seitenströmungen, welche die Ablagerung
des Sandes unmittelbar an der Wand verhinderten und diese in
Folge dessen von der Ablagerung durch eine schmale Rinne getrennt war. Mit Hülfe der Fähnchen und der Bifilarwaage wurde
Richtung und Stärke der Seitenströmungen bestimmt. Es ergab
sich, dass bei senkrechter Stellung der Wand gegen den Luftstrom
beide Seitenströmungen die gleiche Stärke besassen, bei schräger
Stellung aber diejenige Seitenströmung die stärkere war, welche
den stumpfen Winkel mit der Wand einschloss. Wurde statt
einer dichten Wand eine durchbrochene verwendet, so bildete
sich keine Rinne vor ihr, die stärkste Sandanhäufung trat dagegen
theils unmittelbar vor und theils dicht hinter der Wand ein in
durchaus ähnlicher Weise, wie man dies in der Natur an jedem
aus einzelnen Pfählen bestehenden Zaun beobachten kann.

J. W. Retgers' mineralogische und chemische Untersuchung des Dünensandes der Niederlande.

Zu Anfang der neunziger Jahre erschienen höchst wichtige und ihrer Gründlichkeit nach einzig dastehende Untersuchungen von J. W. Retgers[1]) über die mineralische und chemische Zusammensetzung des Sandes der Niederländischen Dünen. Sie erwecken ein grosses Interesse nicht nur ihrer Ergebnisse wegen, sondern auch wegen der angewandten lehrreichen Methoden.

Die gewöhnliche Methode der Untersuchung unter dem Mikroskop findet beim Sande, dessen Bestandtheile bis auf einige wenige Ausnahmen besonders harter und schwer zersetzbarer Minerale, wie Zirkon[2]) ausschliesslich in abgeriebenen, gerundeten Körnern erscheinen, keine Anwendung. Es werden daher zunächst die Minerale der Sande nach ihrem specifischen Gewichte in Gruppen eingetheilt unter Benutzung schwerer Flüssigkeiten und Salzschmelzen. Die Gruppen sind folgende:

---

[1]) J. W. Retgers, De samenstelling van het Duinzand van Nederland (Uitgegeven van koninkl. Akademie v. Wetensch. te Amsterdam, 1891), auch in französischer Sprache: Sur la composition du sable des dunes de la Néerlande (Ann. de l'École Polytechn. de Delft, 7, 1—50; 1891). — Derselbe, Essai d'une analyse chimique du sable des dunes (Ebenda, 7, 161—186; 1892). Im Zusammenhang gab dann der Verfasser die Ergebnisse seiner Untersuchungen in Recueil des trav. chim. des Pays-Bas, 11, 169—257 unter dem Titel: Sur la composition minéralogique et chimique du sable des dunes Néerlandaises. Demnächst ist das Erscheinen auch einer deutschen Bearbeitung in Aussicht gestellt.

[2]) „So findet sich der Zirkon in scharf begrenzten Krystallen mit glänzenden Flächen", Ann. École Polyt., l. c. p. 3.

Spec. Gew.	Name der Gruppe	Verhältniss zur Ge-sammtmenge	
2,50—2,60	Orthoklasgruppe [1])	2,5 %	
2,60—2,70	Quarzgruppe	85,0 %	95,0 %
2,70—3,00	Calcitgruppe	7,5 %	
3,00—3,30	Amphibolgruppe	1,5 %	
3,30—3,60	Pyroxengruppe	1,0 %	2,5 %
3,60—4,20	Granatgruppe	2,4 %	
4,20—4,50	Rutilgruppe		
4,50—4,80	Zirkongruppe	0,1 %	2,5 %
4,80—5,20	Eisenminerale	(0,05)	

Aus den procentischen Werthen folgert Retgers: 1. der Quarz macht den wesentlichsten Theil des Dünensandes aus und schwankt zwischen 90 und 95 %; 2. die eisenhaltigen Minerale von einem specifischen Gewicht über 3,0 sind in einer Menge von etwa 5 % enthalten; 3. unter diesen eisenhaltigen Mineralen walten die Amphibole, Pyroxene und Granaten vor; 4. die übrigen, wie der Epidot, der Turmalin, der Staurolith u. s. w. treten nur untergeordnet auf; 5. die mineralogisch so wichtigen Rutil und Zirkon sind nur in verschwindend kleinen Mengen im Dünensande enthalten; 6. die Eisenerze sind ebenfalls sehr selten.[2])

Unter den optischen Bestimmungen der Minerale führt Retgers in erster Linie die der Brechungsexponenten auf, welche innerhalb weiter Grenzen schwanken (bei Quarz $n = 1,55$, bei Rutil $n = 2,76$). Die Bestimmung selbst wird durch Eintauchen eines Kornes in ein Medium von bekanntem Brechungsexponenten ausgeführt. Für Minerale, deren Brechbarkeit gering ist, wie für Quarz, Orthoklas, Cordierit, wird als zweckmässiges Mittel Benzin[3]) empfohlen, für stärker brechende wurde Methylenjodid ($n = 1,74$) angewandt.[4]) — Falls sich das Mineralkorn zu dick für eine optische Untersuchung erwies, wurde vorgezogen, es in einem Achatmörser zu zerkleinern, als es einzukitten (z. B. in ein Gemenge von

---

[1]) „Die Orthoklasgruppe besteht zum grössten Theil aus Quarzkörnern, welchen sich einige Orthoklaskörner zugesellen; dasselbe gilt für die Calcitgruppe. Die beiden Gruppen haben demnach ihren Namen nach den sie charakterisirenden Mineralen erhalten, wenn diese auch nicht reichlich vertreten sind. Die übrigen Gruppen sind im Gegentheil nach den vorherrschenden Mineralen benannt worden." Ann. École Polyt. Delft, 7, 13, Anm.

[2]) l. c. p. 14.

[3]) l. c. p. 16.

[4]) l. c. p. 16.

Zinkoxyd mit Kaliwasserglas, in Wood'sches Metall oder in gewöhnlichen Leim) und zum Dünenschliff zu verarbeiten.

Neben den optischen Untersuchungen wurden mit Erfolg mikrochemische Reaktionen angewendet, sowie zum Ausziehen von Magnetit und Ilmenit ein Elektromagnet.[1])

Mit Hülfe der erwähnten Methoden konnte Retgers im Sande der Niederländischen Dünen folgende Minerale nachweisen: Orthoklas, Mikroklin, Plagioklase, Cordierit, Quarz, Calcit, Apatit, Amphibol (Hornblende, Aktinolith, Smaragdit, Glaukophan), Turmalin, Pyroxen (Augit, Diopsid, Hypersthen), Epidot, Titanit, Sillimanit, Olivin, Granat (hauptsächlich Almandin, daneben aber wahrscheinlich auch Grossular und Melanit), Staurolith, Cyanit, Korund, Spinell, Rutil, Zirkon, Magnetit, Ilmenit.[2])

Ohne auf die viel des Interessanten enthaltende Beschreibung der einzelnen Minerale einzugehen, möge hier auf den wichtigen Hinweis Retgers' über den Ursprung einiger dieser Minerale aufmerksam gemacht werden, welcher zugleich über den Ursprung des Dünensandes selbst Schlüsse gestattet. „Die im niederländischen Dünensande als Körner enthaltenen Minerale entstammen zum grössten Theil den krystallinen, namentlich kieselsäurereichen Gesteinen des Grundgebirges, d. h. Graniten, Gneissen und Glimmerschiefern."[3]) Als Beweis werden angeführt: die in Quarzkörnern beobachteten Einschlüsse,[4]) die verhältnissmässige Häufigkeit des Orthoklases und Seltenheit der Plagioklase, die Gegenwart des Mikroklins und Glaukophans,[5]) namentlich aber das Vorkommen der für Gneisse und Glimmerschiefer typischen Minerale wie Cordierit, Staurolith, Cyanit, Sillimanit und Granat (Almandin). Einige Minerale sind indessen abweichender Herkunft, so entstammt nach Retgers' Ansicht ein Theil des Augits den Basalten des rheinischen Devons.[6]) Den gleichen Ursprung muss

---

[1]) l. c. p. 18.

[2]) l. c. p. 18--49.

[3]) l. c. p. 49.

[4]) „Fast alle im Quarz eingeschlossenen Substanzen beweisen, dass er Graniten oder krystallinen Schiefern entstammt," l. c. p. 23.

[5]) „Der Glaukophan wurde früher als ein äusserst seltenes Mineral angesehen, ist aber nach und nach immer häufiger als Gemengtheil der Gesteine, namentlich der krystallinen Schiefer (‚Glaukophanschiefer') angetroffen worden," l. c. p. 29.

[6]) „Ein Theil davon kommt uns unzweifelhaft aus den zahlreichen, die Devonablagerungen des Rheinlandes durchbrechenden Basalten. Dieser Theil

auch den Olivinkörnern zugeschrieben werden[1].) Der Epidot ist zwar in Diabasen und Dioriten als sekundäres Gebilde häufig, dürfte aber der Hauptsache nach den krystallinen Schiefern angehört haben.[2]) Endlich kommen die Calcitkörner nach Retgers mit grosser Wahrscheinlichkeit von dem im Maasthal bei Lüttich und Namur anstehenden Kohlenkalk her.[3])

Auch bei der chemischen Untersuchung der Dünensande beginnt Retgers mit der Trennung der Gemengtheile mit Hülfe von schweren Flüssigkeiten und Salzschmelzen in Gruppen von bestimmtem specifischen Gewichte, um darauf die Analyse jeder der Gruppen für sich auszuführen und weist dabei auf die Beziehungen der wichtigeren chemischen Bestandtheile zu diesen Gruppen hin. Das Kalium findet sich fast ausschliesslich in der leichtesten Gruppe, der des Orthoklases; der Quarz, welcher den Haupttheil des Sandes ausmacht, ist fast vollständig in der Quarzgruppe enthalten; die Phosphorsäure ist wesentlich im Apatit zu suchen und beschränkt sich auf die Minerale der Amphibolgruppe; das Calciumcarbonat concentrirt sich in der Calcitgruppe und besteht theils aus Calcit-, theils aus Muschelschalen-Bruchstücken. Die Gruppen des Amphibols, Pyroxens und Granats zeigen u. A. ein gesetzmässiges Verhalten, nämlich dass „das specifische Gewicht mit Abnahme des Gehaltes an Kieselsäure steigt".[4]) Die Titansäure kommt im Dünensande in fünf verschiedenen Mineralarten vor: als Rutil, Ilmenit, titanhaltiger Magnetit, Titanit und als Bestandtheil gesteinbildender Silikate. Das Zirkonium ist ausschliesslich im Zirkon enthalten. Die Eisenerze sind hauptsächlich in der Gruppe enthalten, welche mit Hülfe einer Salzschmelze vom specifischen Gewicht = 4,8 abgeschieden wird, welche aber auch Rutil und Zirkon führt, ebenso wie andererseits bei vorwiegendem Rutil und Zirkon etwas Eisenerz beigemengt vorkommt.

Das Gesammtergebniss der chemischen Analysen lässt sich wie folgt tabellarisch zusammenstellen:[5])

---

ist indessen, meiner Ansicht nach, nicht beträchtlich. Die Hauptmenge der Augitkörner im Dünensande scheint mir aus krystallinen Schiefern herzurühren," l. c. p. 33.

[1]) l. c. p. 37.
[2]) l. c. p. 35.
[3]) l. c. p. 25.
[4]) Ann. École Polyt. Delft, **7**, p. 167.
[5]) l. c. p. 184.

Gruppen n. d. spec. Gew.	Proc. Zusammensetzung d. Sandes	Proc. Zusammensetzung in der Gruppe		Chemisch-proc. Zusammensetzung des Sandes
Orthoklas-Gr. 2,50—2,60	3,23 %	Orthoklas 21,36 % Quarz 78,64 %		0,12 K_2O 0,13 Al_2O_3 2,98 SiO_2 (3,23)
Quarz-Gr. 2,60—2,70	83,64 %	fast reiner Quarz mit Spuren von Basen		83,64 SiO_2
Calcit-Gr. 2,70—3,00	7,74 %	40,46 % Carbonate	91,05 $CaCO_3$ 1,62 $MgCO_3$ 7,33 $FeCO_3$	2,85 $CaCO_3$ 0,05 $MgCO_3$ 0,23 $FeCO_3$ 3,13
		59,54 % Quarz und Silikate	76,25 SiO_2 17,40 Al_2O_3 3,22 FeO 1,41 CaO 0,83 MgO	3,55 SiO_2 0,81 Al_2O_3 0,14 FeO 0,06 CaO 0,04 MgO (4,61)
Amphibol-Gr. 3,00—3,30	1,46 %	1,04 % Apatit		0,0066 P_2O_5 0,0086 CaO (0,0152)
			46,94 SiO_2 18,72 Al_2O_3 13,90 FeO 11,39 CaO 8,20 MgO	0,69 SiO_2 0,27 Al_2O_3 0,20 FeO 0,17 CaO 0,12 MgO (1,45)
Pyroxen-Gr. 3,30—3,60	1,10 %		41,84 SiO_2 8,36 Al_2O_3 29,06 FeO 15,95 CaO 3,60 MgO	0,47 SiO_2 0,09 Al_2O_3 0,32 FeO 0,18 CaO 0,04 MgO (1,10)
Granat-Gr. 3,60—4,20	2,70 %		33,02 SiO_2 0,66 TiO_2 20,04 Al_2O_3 36,06 FeO 9,14 CaO 1,63 MgO 0,56 Zirkon	0,88 SiO_2 0,01 TiO_2 0,54 Al_2O_3 0,97 FeO 0,25 CaO 0,04 MgO 0,01 Zirkon (2,70)
Rutil-, Zirkon- und Eisenerz-Gr. 4,20—5,20	0,13 %	3 % Granat 20 % TiO_2 22 % Zirkon 55 % Fe_3O_4		0,004 Granat 0,03 TiO_2 0,02 ZrO_2 0,01 SiO_2 0,07 Fe_3O_4 0,13